世界智力玩具玩法全解

王宗一 著

上海科学技术文献出版社

图书在版编目（CIP）数据

世界智力玩具玩法全解 / 王宗一著. —上海：上海科学技术文献出版社，2011.1
ISBN 978-7-5439-4609-5

Ⅰ.①世... Ⅱ.①王... Ⅲ.①玩具-通俗读物 Ⅳ.①TS958-49

中国版本图书馆 CIP 数据核字（2010）第 241526 号

责任编辑：张　树
封面设计：许　菲

世界智力玩具玩法全解
王宗一　著
*
上海科学技术文献出版社出版发行
（上海市长乐路 746 号　邮政编码 200040）
全国新华书店经销
昆山市亭林印刷有限责任公司印刷
*
开本 740×1000　1/16　印张 30.5　插页 16
2011 年 1 月第 1 版　2011 年 11 月第 2 次印刷
ISBN 978-7-5439-4609-5
定价：58.00 元
http://www.sstlp.com

前言

智力玩具以其工艺精巧、解法奥妙、变化无穷，成为人们丰富业余生活、提高智力水平，且老少皆宜的休闲玩具，它在中国有上千年的历史。随着古老智力玩具的演变与进化，以及广泛的中外文化交流，智力玩具的种类、形式和材质，日趋多样化、系列化。在科技迅猛发展、网络游戏风靡的今天，这些蕴含数理逻辑等科学原理和思维智慧的玩具，其品位和魅力仍无与伦比。256 步才能分解的九连环，有 180 种开局的华容道，能组合成 400 种结构的鲁班锁，以及会拼出 2000 种图形的七巧板，一直蜚声世界。至于把两根互相勾连在一起的弯曲铁钉拆开（双钉扣），将穿过眼镜框内用双环卡死的绳索解下（眼镜环），或把 4 块边长不等的四边形木板拼进一个方盒里（神板），让 4 块同一规格的五面体木块，搭成一个金字塔（魔块）……更是巧妙奇绝，简单中潜藏深奥。还有，日本的四巧板、丹麦的七巧块、法国的独粒钻石、匈牙利的魔方、源于瑞士的数独，这些玩具都历久弥芳，深得世人的喜爱。

智力玩具被称之为 3~100 岁的玩具。在把玩的过程中，少儿可以提高观察和辨识能力，理解物体的形色变化和相互关联，通过搭配锻炼手眼协调，培养耐心、集中力和坚持性，还具有一定的心理矫治功能；中青年能缓解学习和工作疲劳，释放紧张和压力，不仅怡情醒脑、增长知识，还可拓展思维、激发创造性、体验成功感；老年人可排解孤寂，加强手指运动，激活脑细胞，防止早衰和痴呆症的发生，给晚年生活增添情趣和慰藉。智力玩具一个人玩，能静心养性、益智健脑；一家人玩，可加深亲情、共享快乐；同学、同事一起玩，可以比试智慧和技巧、感悟挑战和竞争的刺激。那种把不可能变为可能，由束手无策到豁然开朗的感觉，恰是玩具智能性的体现。智力玩具能提高人们的逻辑思维能力，使人更加聪明机敏，对成长中的青少年的影响尤为明显。

基于上述理解，本书对笔者已出版的《神奇的绳环》、《神秘的扣》和《神板魔块巧拆拼》的内容进行遴选，再补充进尚未涉及到的玩具类型，共推出100种智力玩具。首次按照开扣、摘环、取柄、解绳、拼板、组块、连珠、移子等8个方面，采用简明的图解形式，直观通俗地展示了各类智力玩具的形态、规格、结构和分解组合步骤。读者既可依据图例去索购或制作玩具，又能在运作不得要领时，从点拨中找到诀窍。但不要受到答案的诱导，以致兴味索然。因为智力玩具本身无法显现它的实质价值，只有实际操作，参与过程，在探索中破解迷题，才会体验到它的神奇和乐趣，以及给人的感奋和惊叹。本书限于篇幅，对玩法繁复、已有专著问世的“魔方”和“数独”未作介绍，只以彩图示之。彩图中300多种玩具有10%是笔者改进、创制的，其中一些已生产并在国内外销售。

笔者已年愈古稀，期望这些智力玩具的芬芳花朵，能受益于更多的人，永留余香。所以10余年来广泛收集、整理、改造、创新这些“动脑筋”的玩具，精心绘制了这部大众普及读物。其间，许多智力玩具的爱好者、研究者、收藏者以及智力玩具的制造商、经销商、出口商，都热心提供了宝贵的资料和样品，在此向他们深致谢意。同时，对书中可能存在的疏失与不妥，祈请广大读者批评指正。

王宗一

2010年2月

CONTENTS 目录

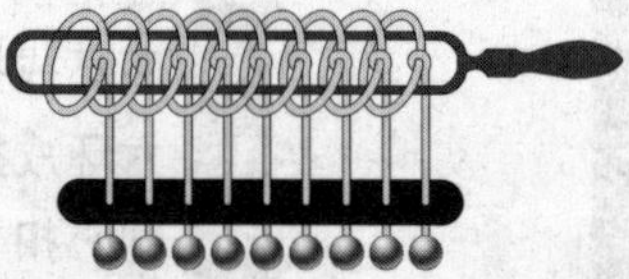

I

开扣

1 双钉扣 I

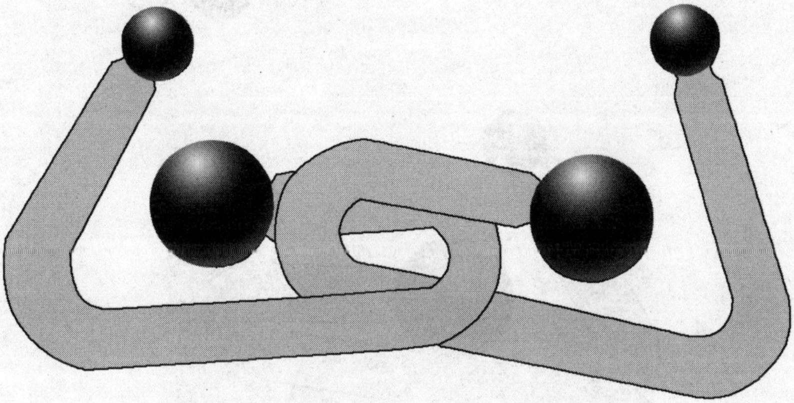

将双钉扣分开。

参考开法：

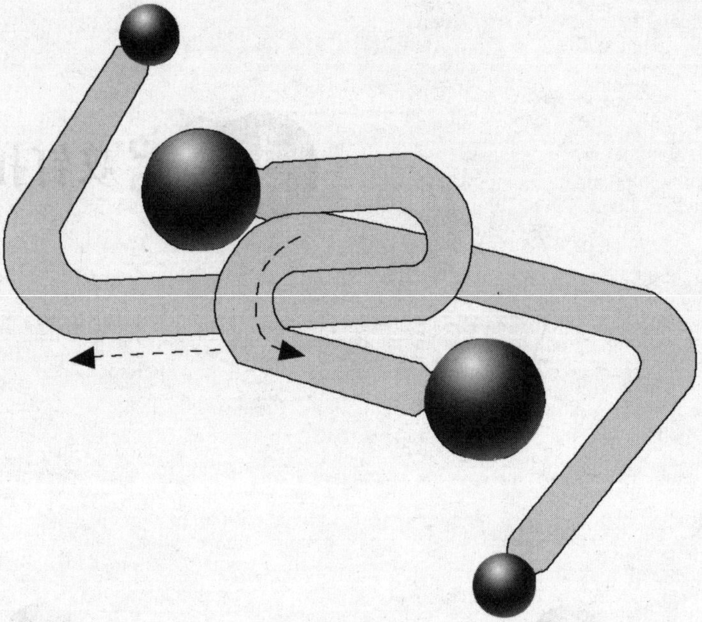

①

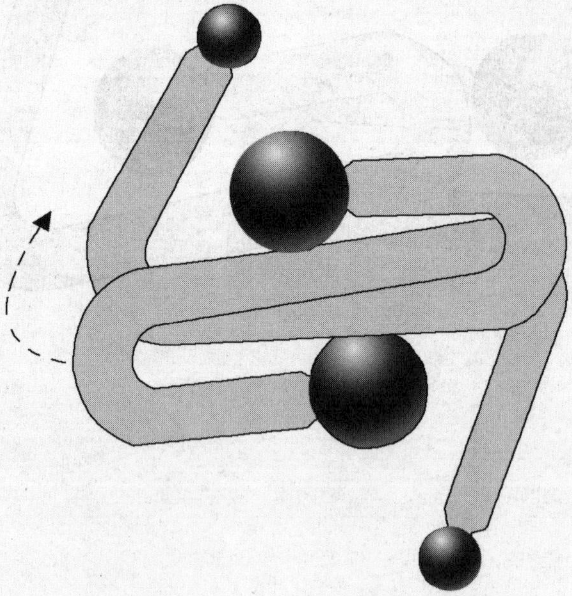

②

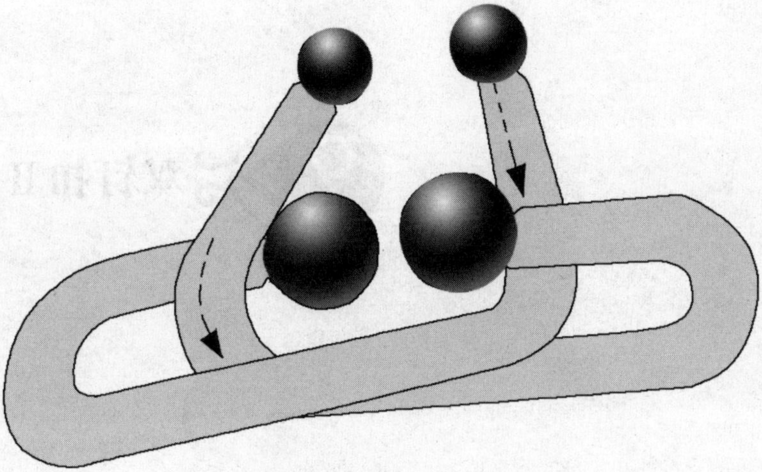

③

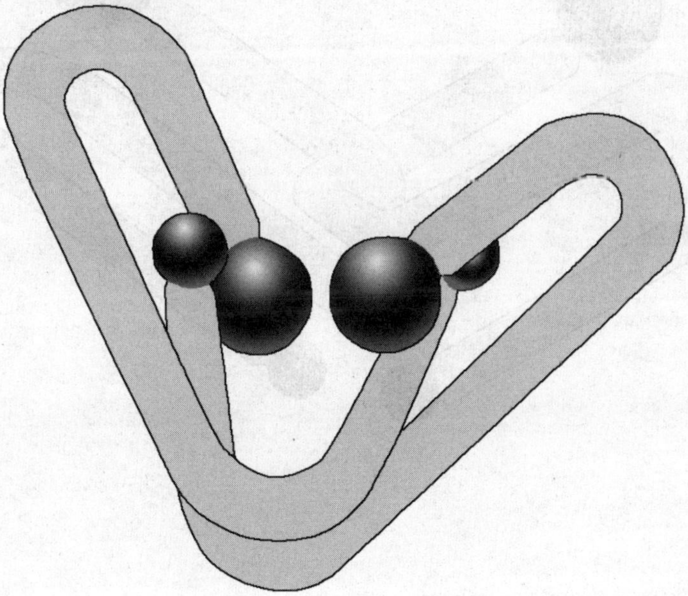

④

2 双钉扣 II

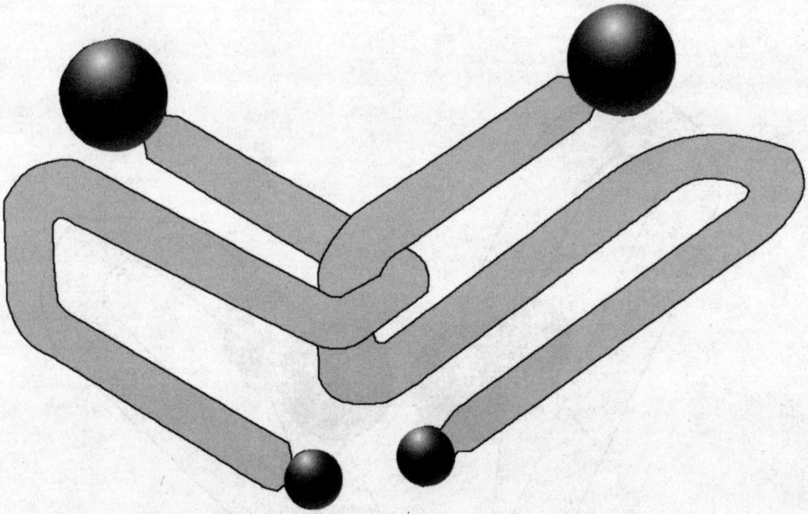

将双钉扣分开。

参考开法：

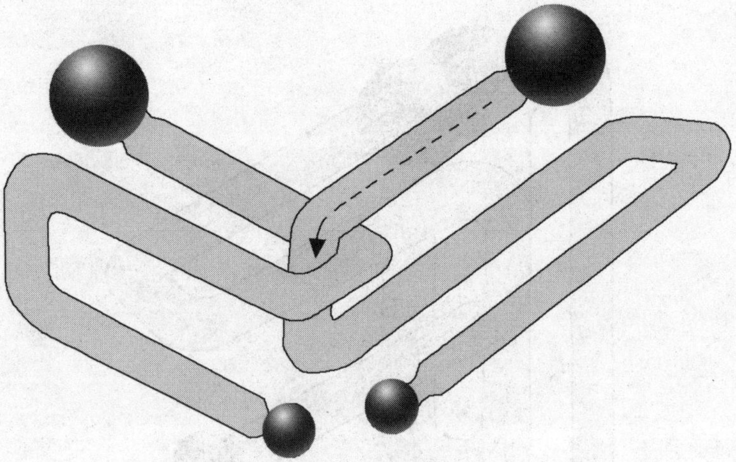

①

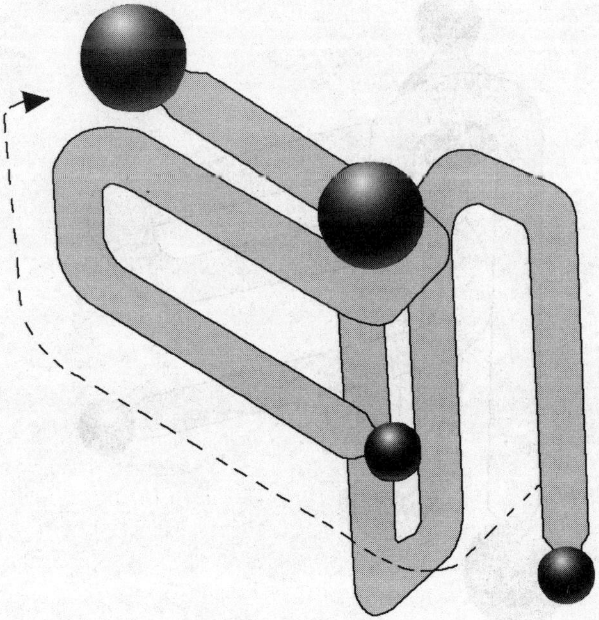

②

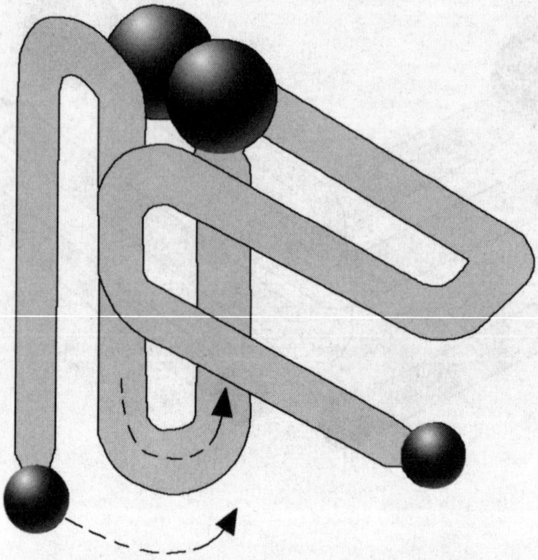

③

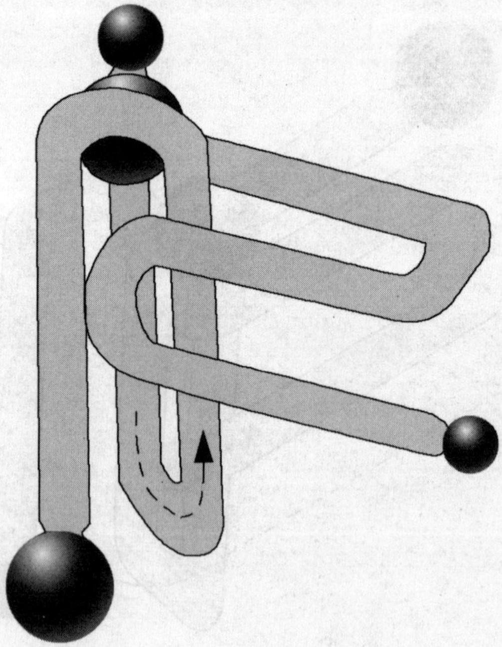

④

⑤

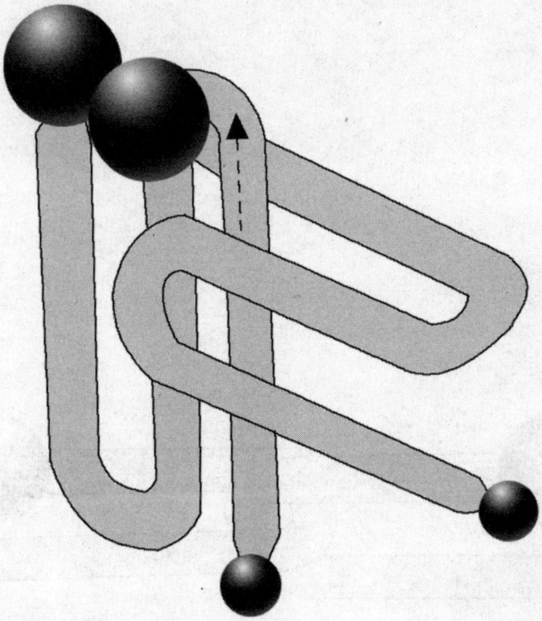

3 双钉扣Ⅲ

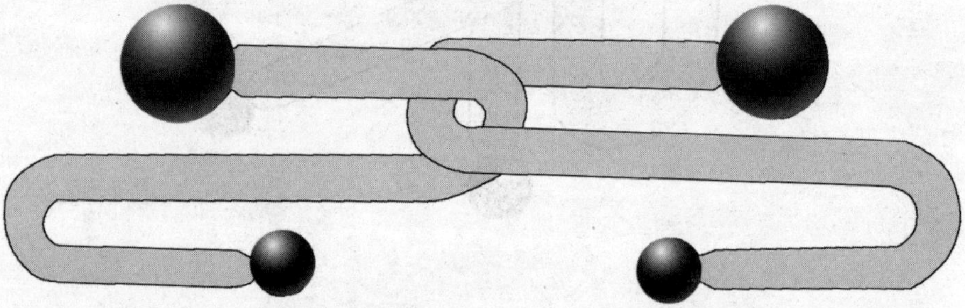

将双钉扣分开。

参考开法：

①

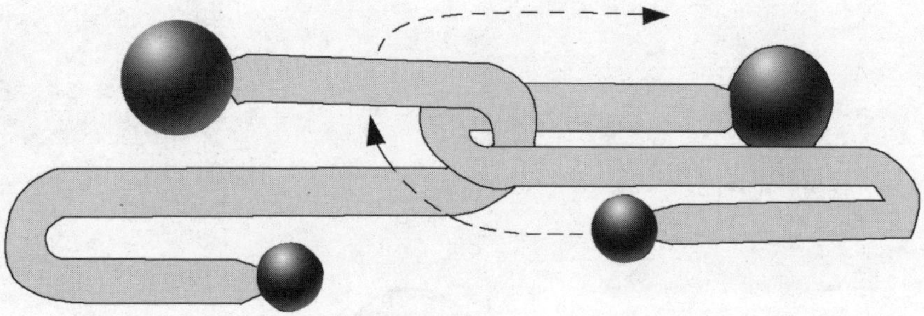

②

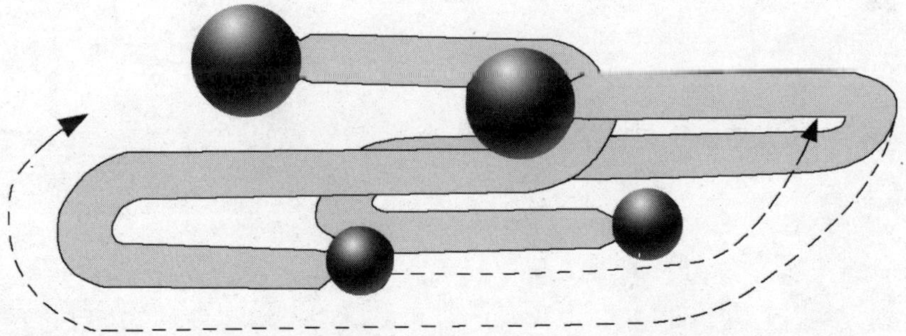

③

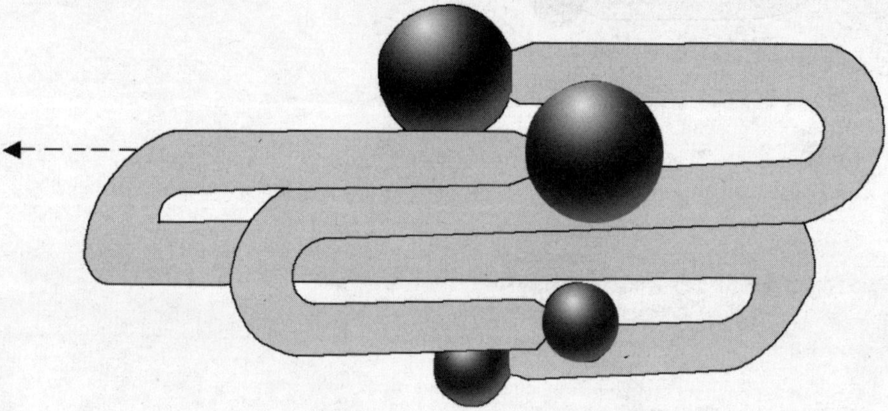

4 鸳鸯扣

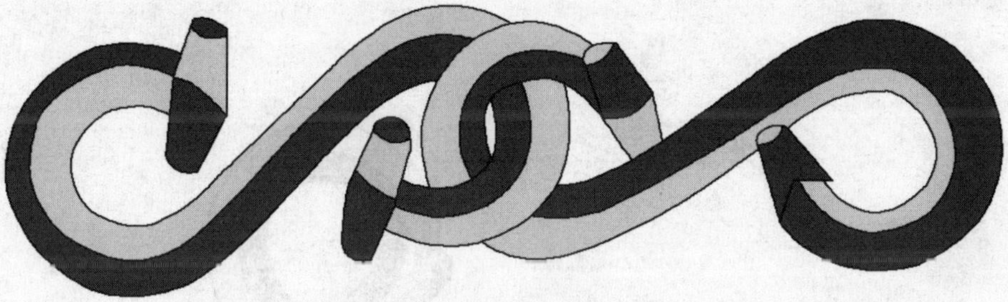

将鸳鸯扣分开。

参考分法：

①

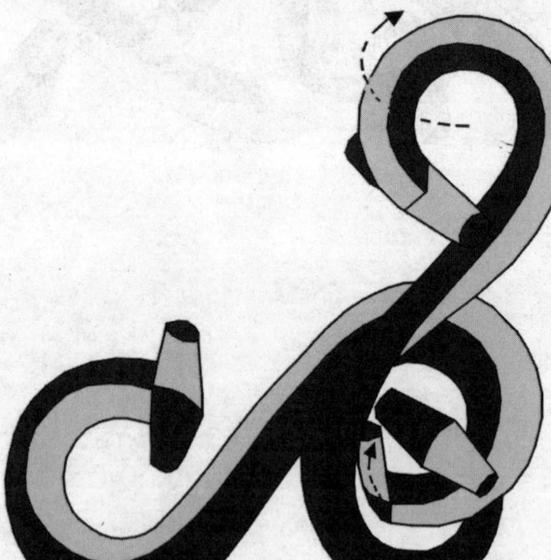

②

③

④

⑤

5 鹿 角 扣

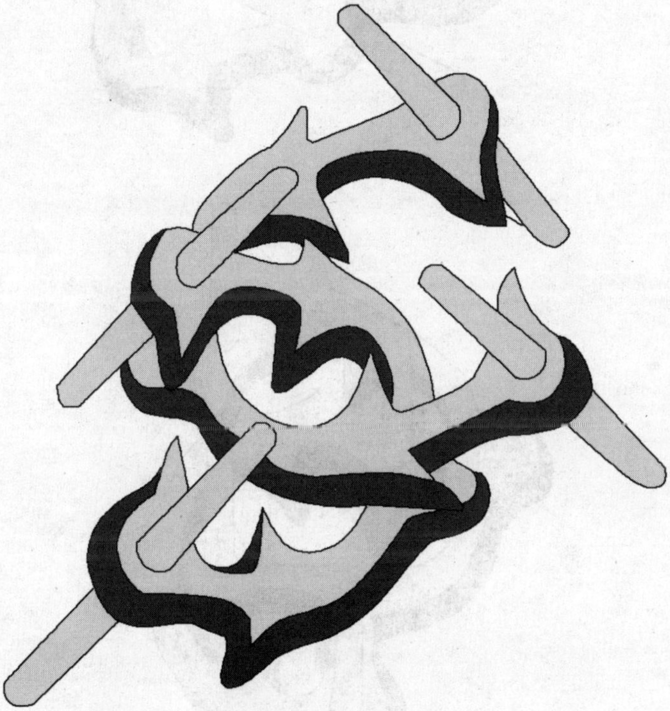

将鹿角扣分开。

参考分法：

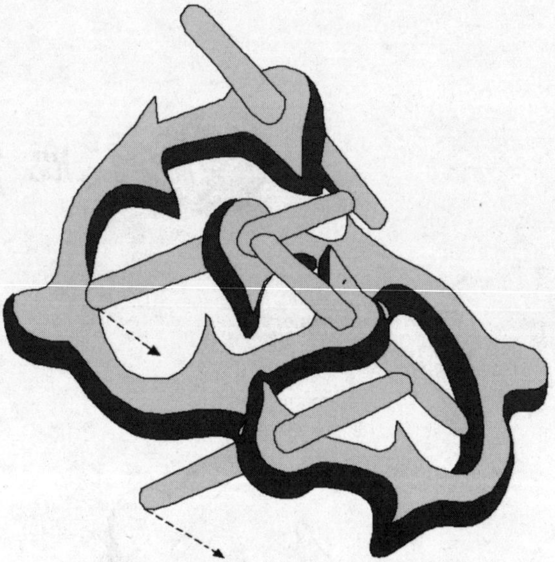

①

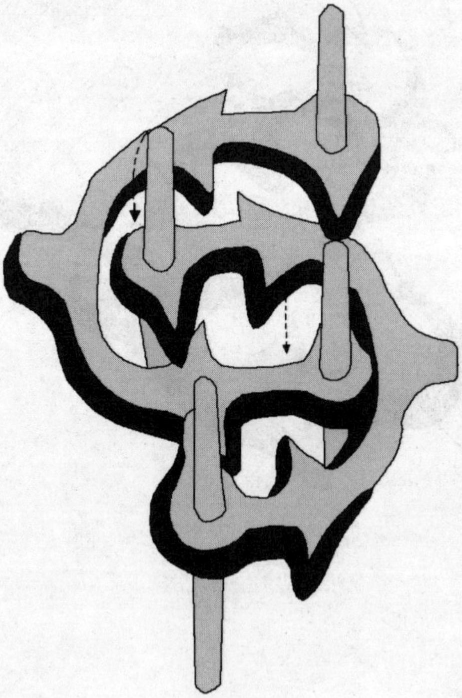

②

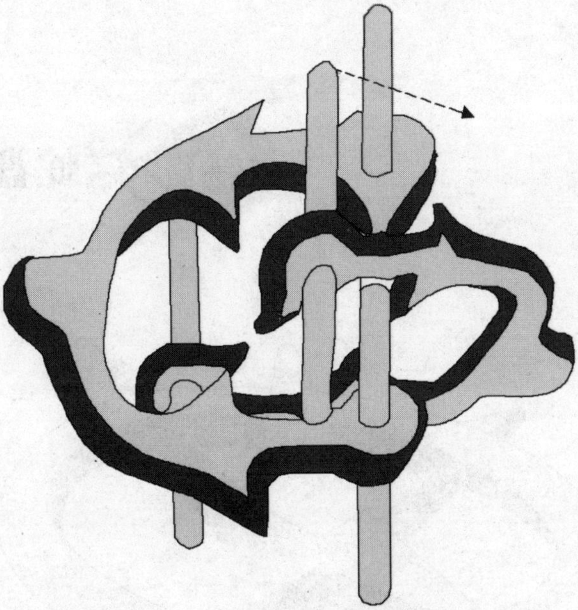

③

④

6 蛇盘星扣

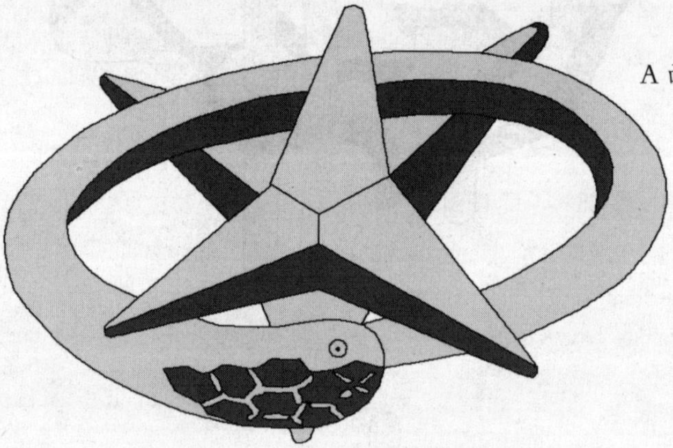

A 面

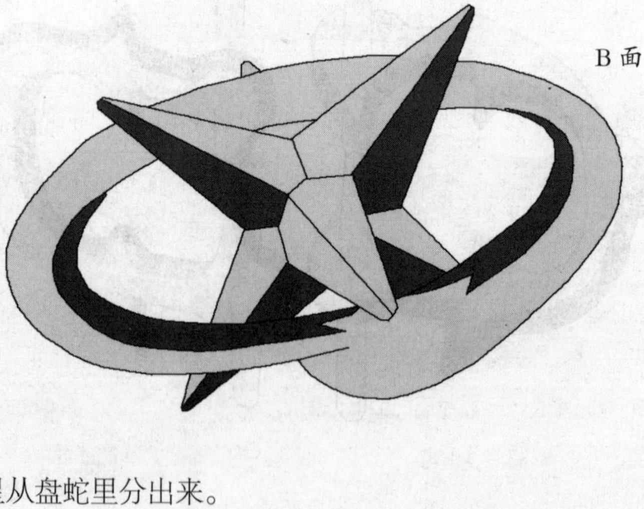

B 面

将星星从盘蛇里分出来。

参考分法:

①

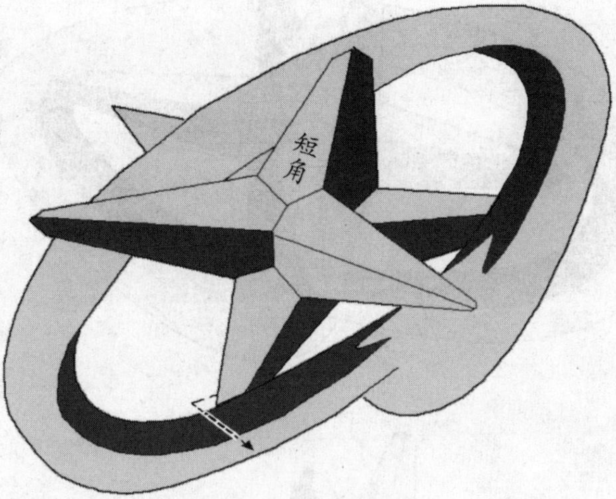

②

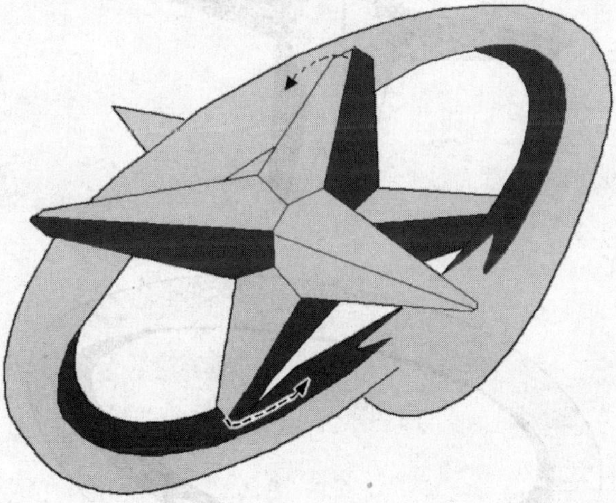

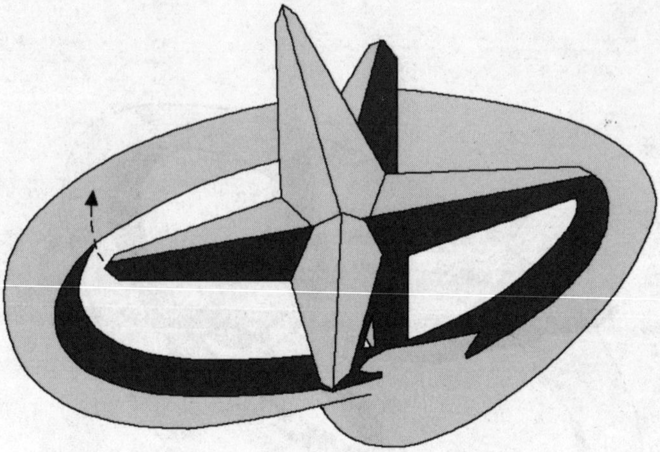

③

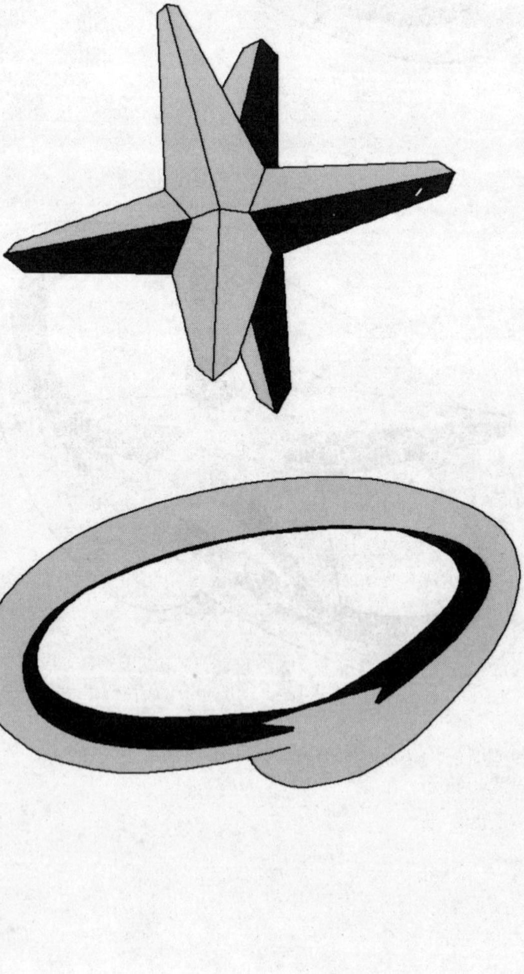

④

7 M 扣

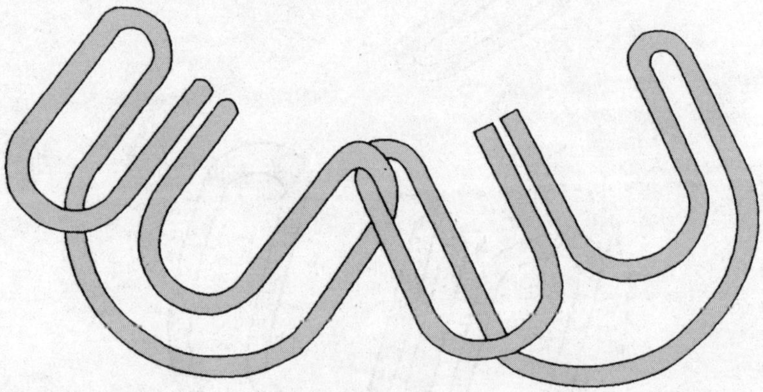

将两个 M 扣分开。

参考分法：

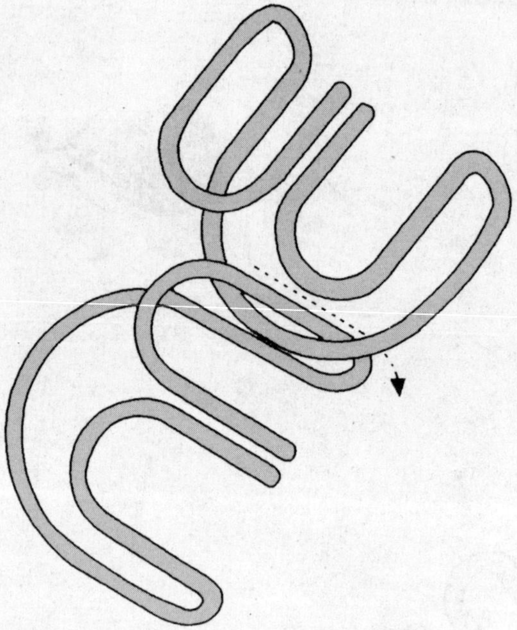

①

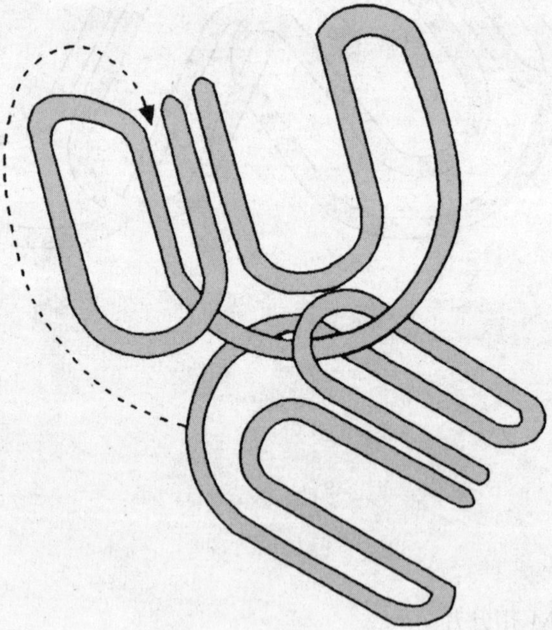

②

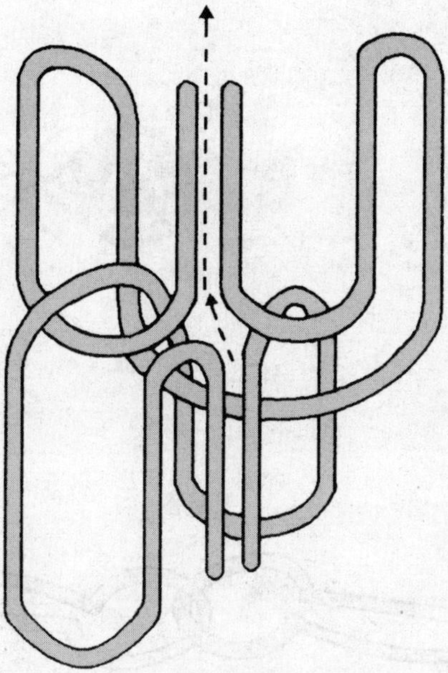

③

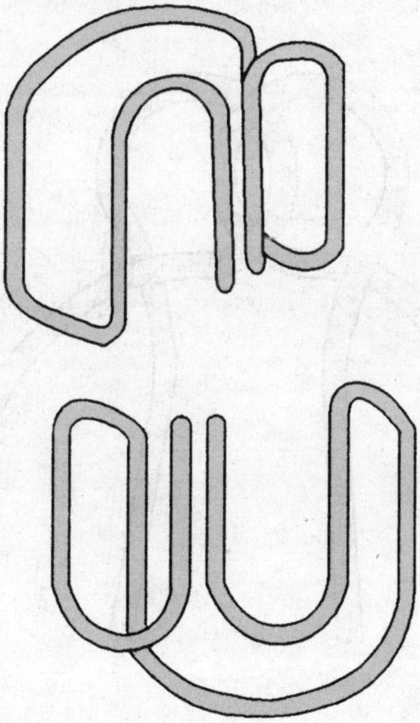

④

8 兄 弟 扣

平视图

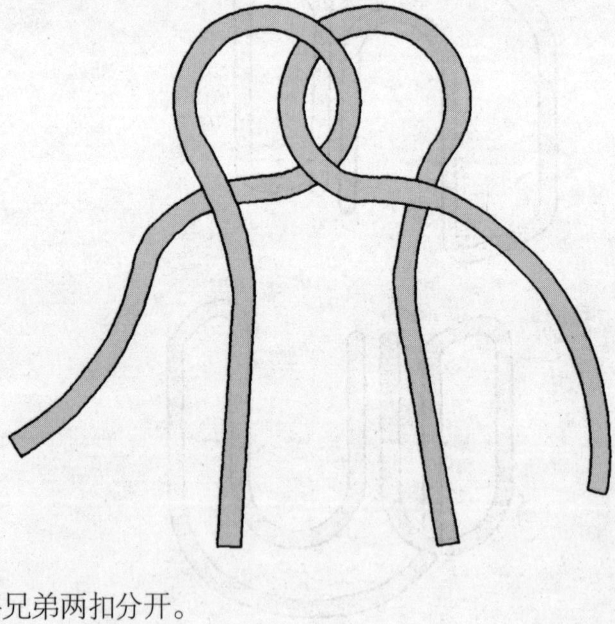

将兄弟两扣分开。

参考分法：

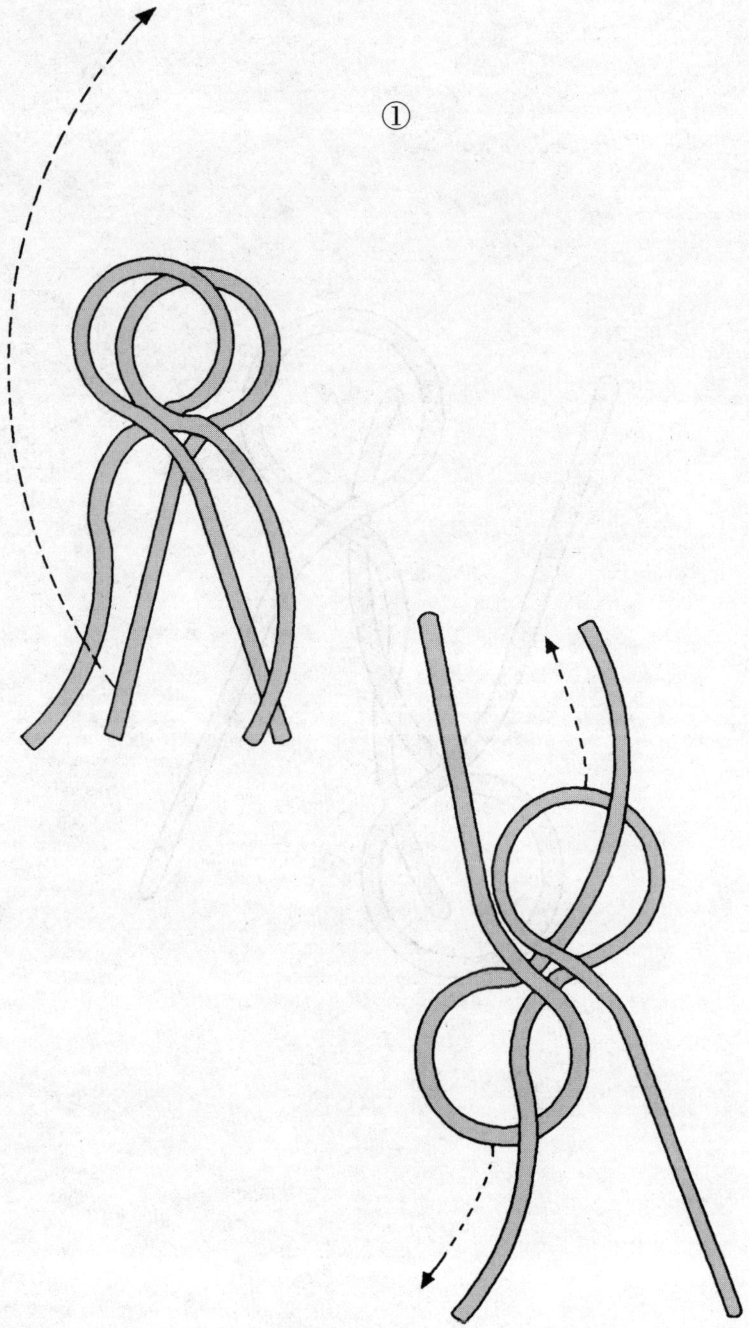

①

②

③

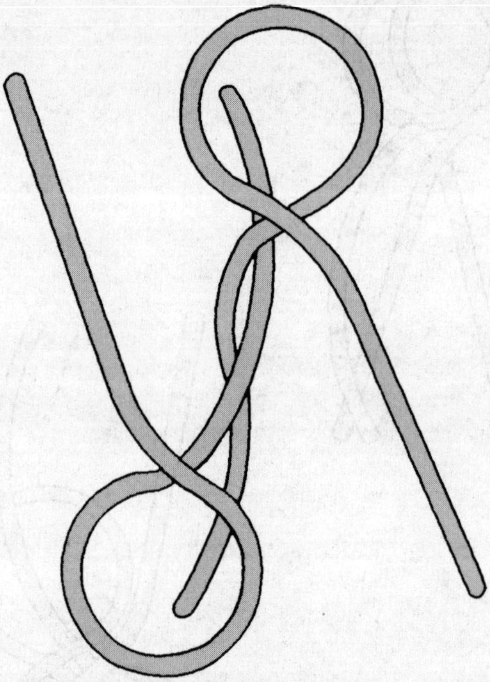

9 螺钩扣

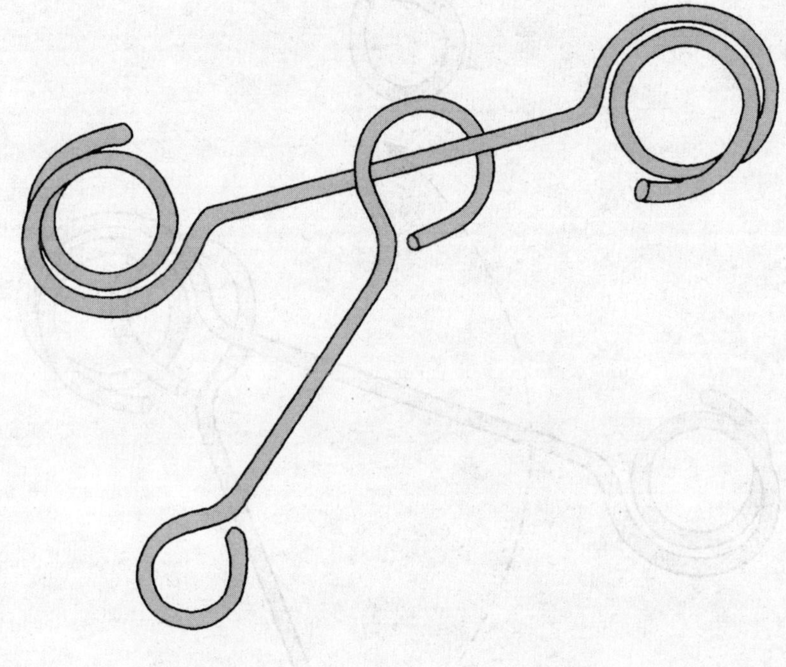

将一个螺钩从另一个螺钩上分下来。

参考分法：

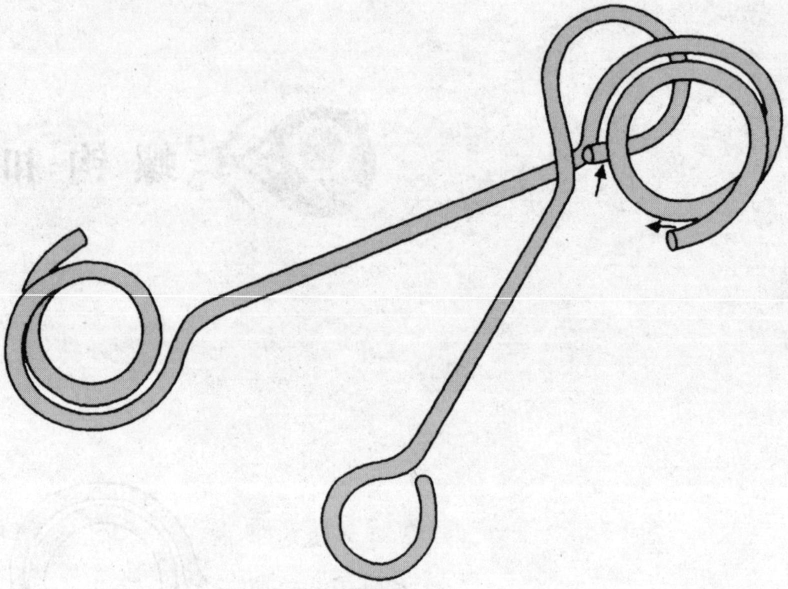

①

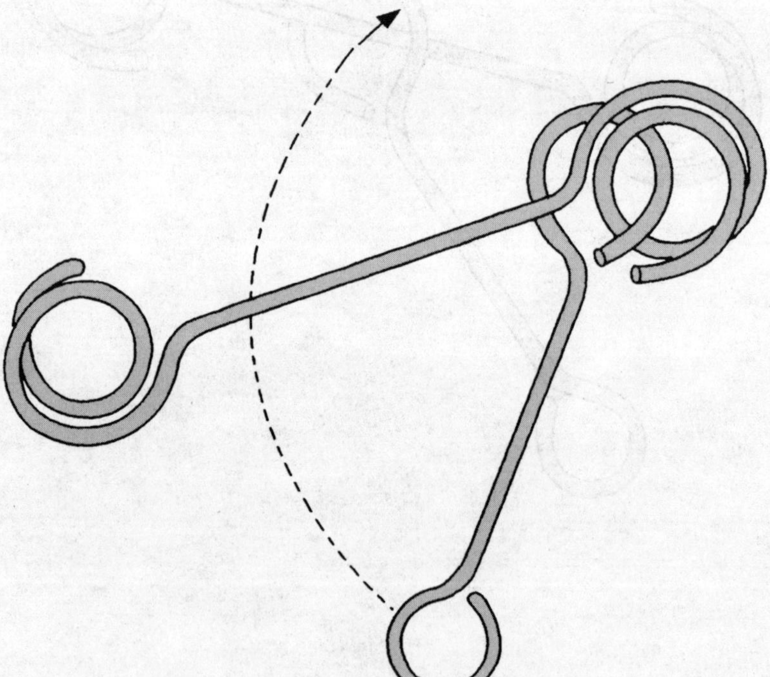

②

③

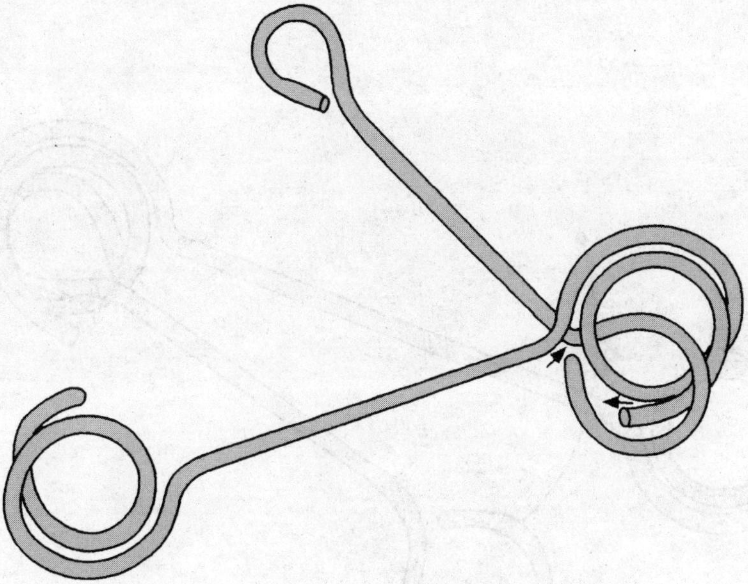

④

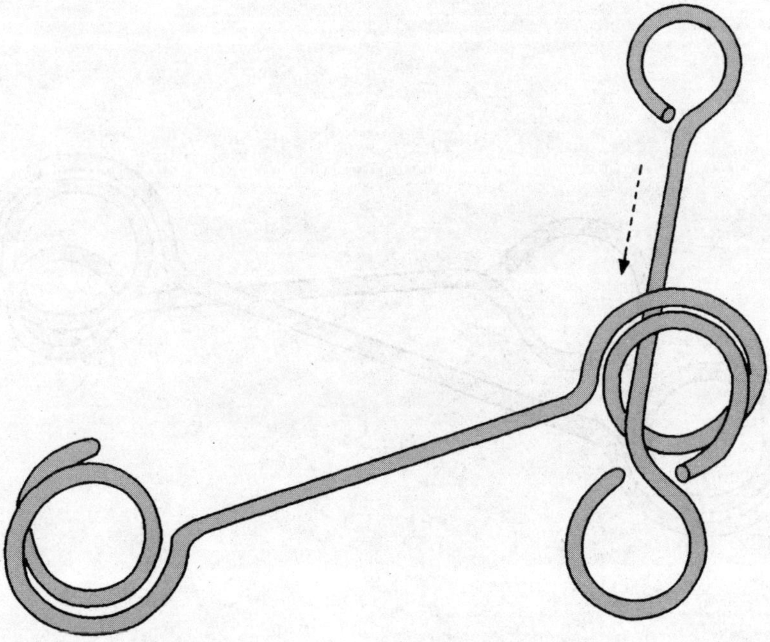

⑤

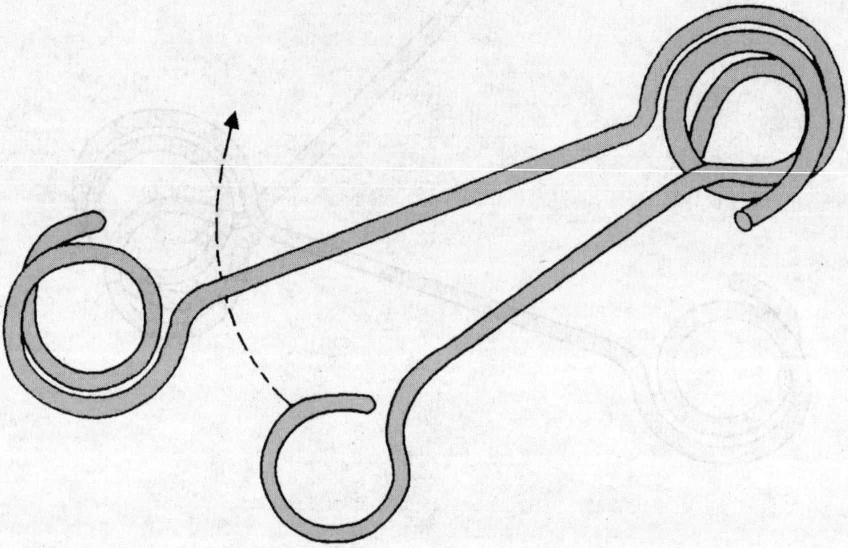

⑥

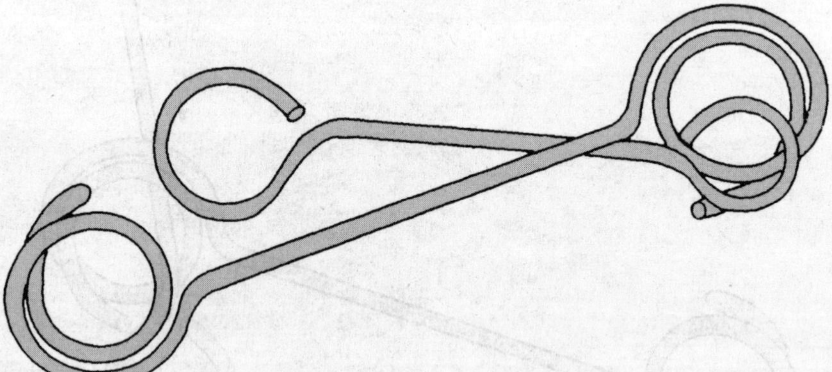

10 瓶　扣

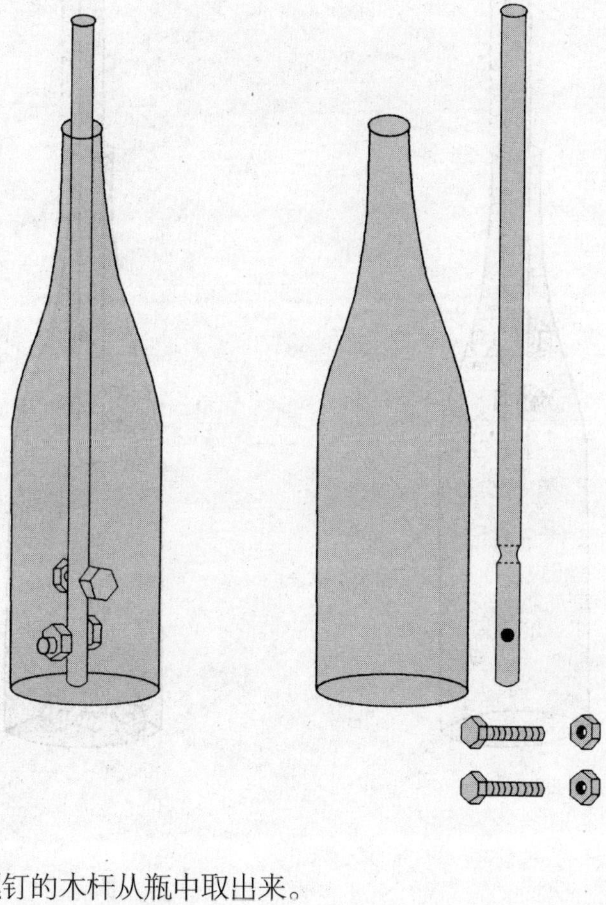

将拧上螺钉的木杆从瓶中取出来。

参考取法：

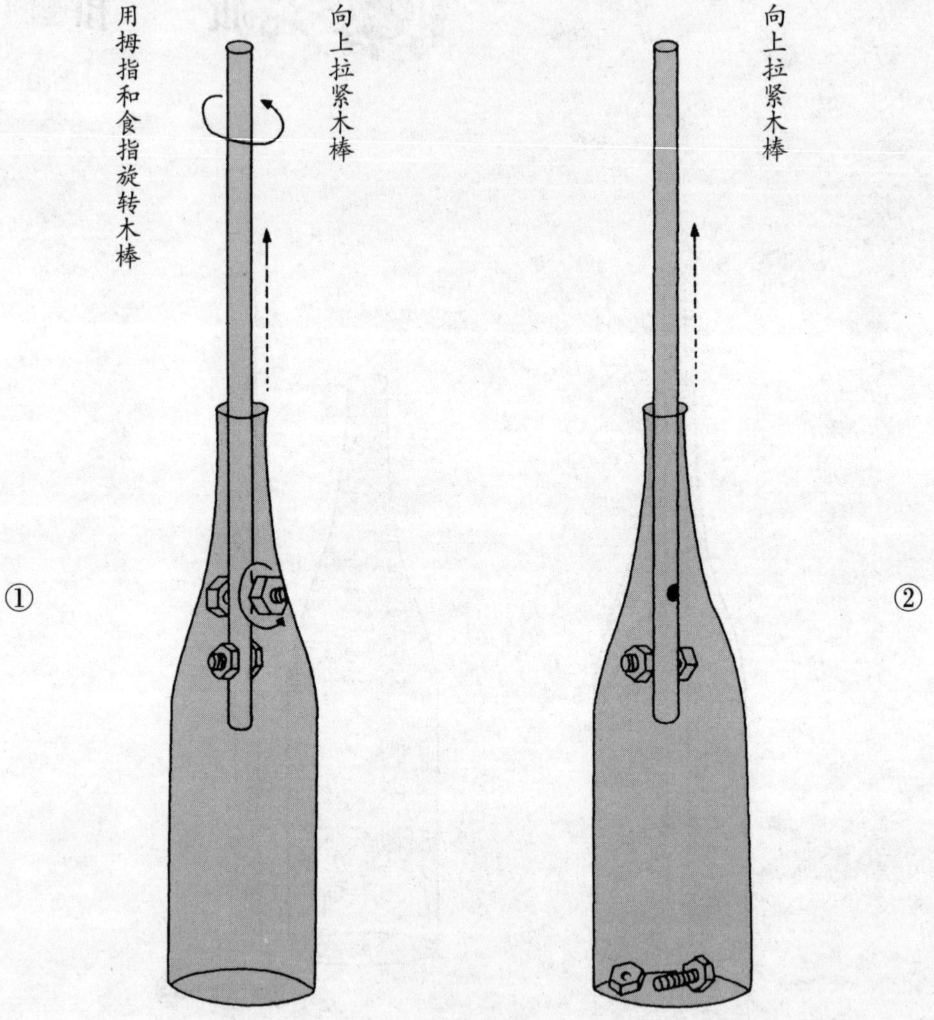

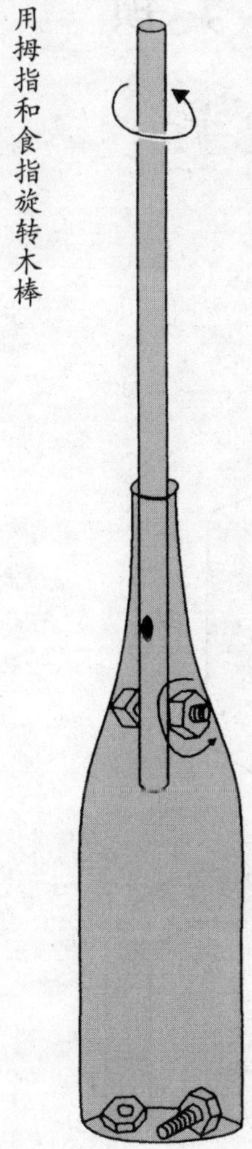

③

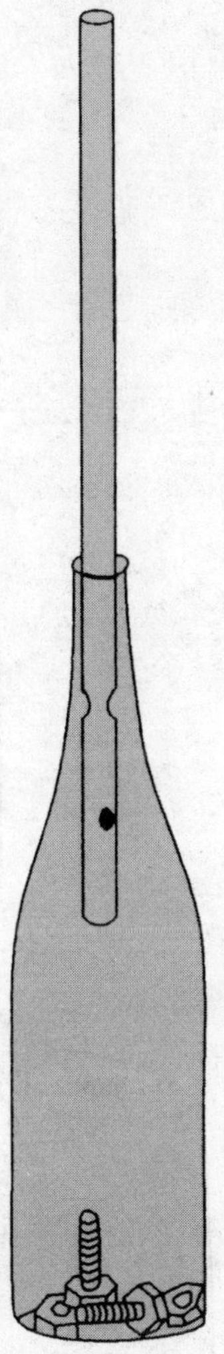

④

11 锁　　扣

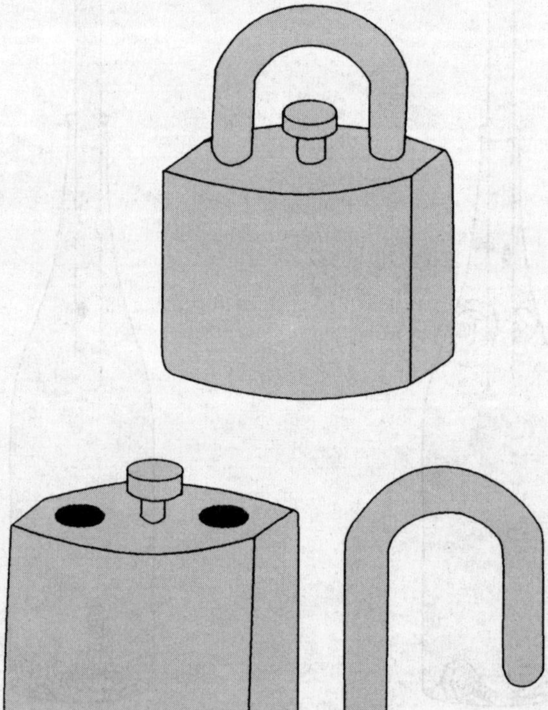

将锁柄从锁体上取下来。

参考取法：

①

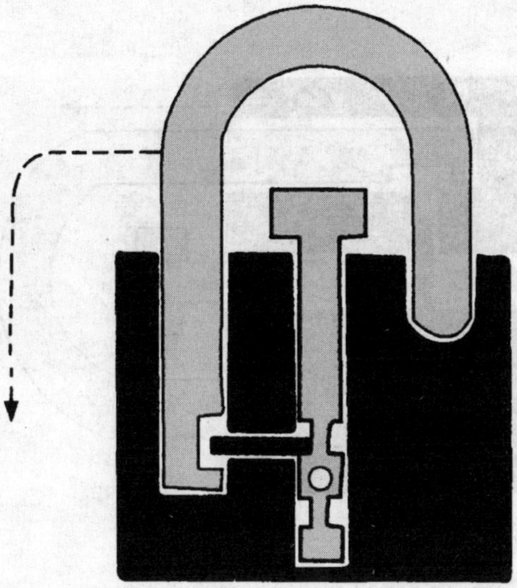

②

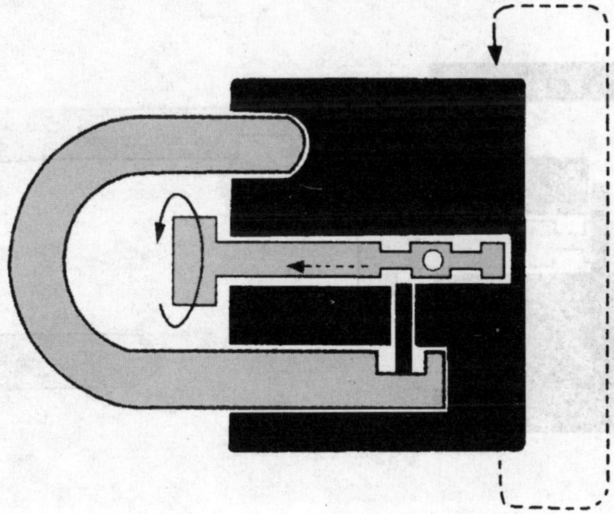

③

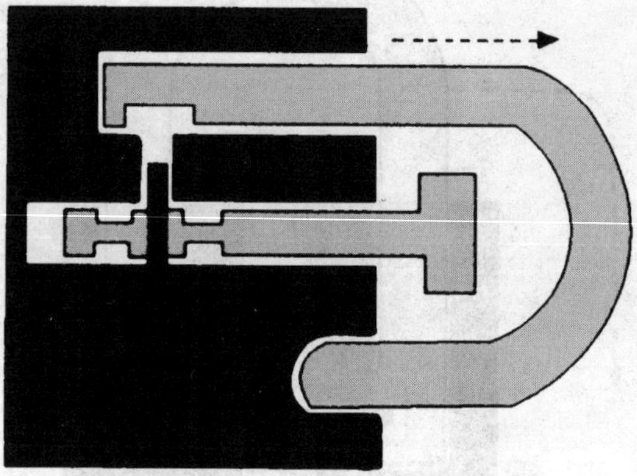

④

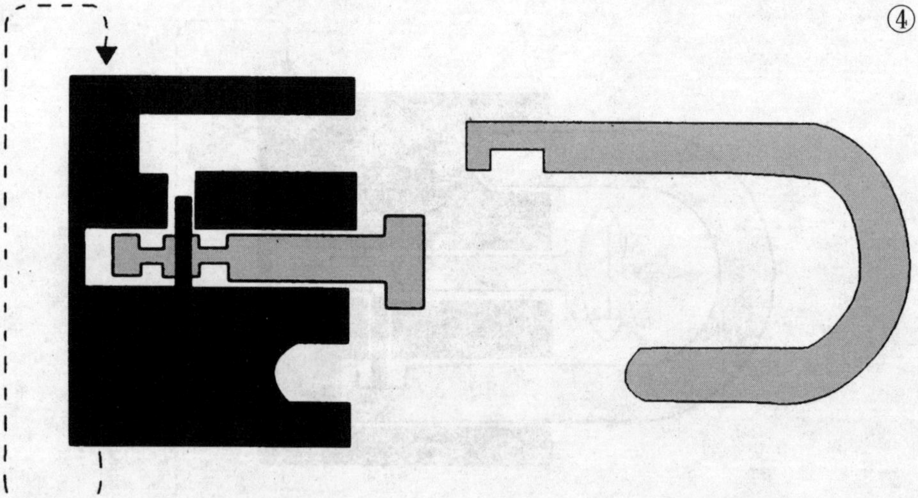

⑤

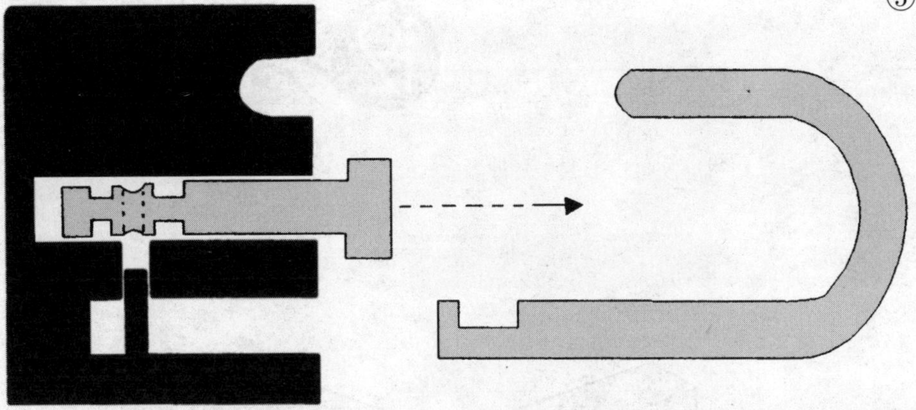

⑥

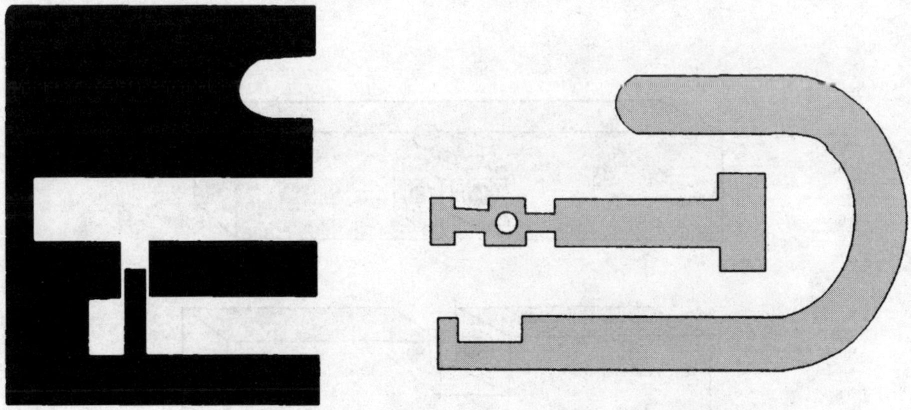

12 木 方 扣

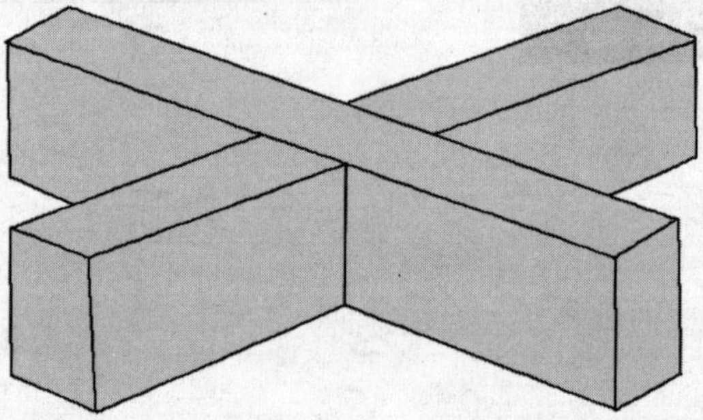

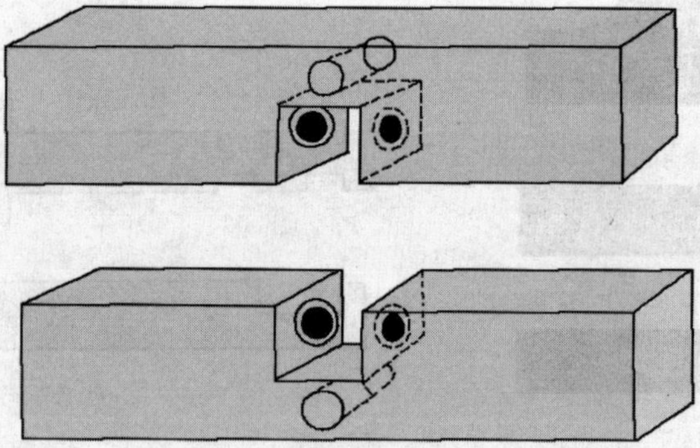

将木方的两个木条分开。

参考取法：

①

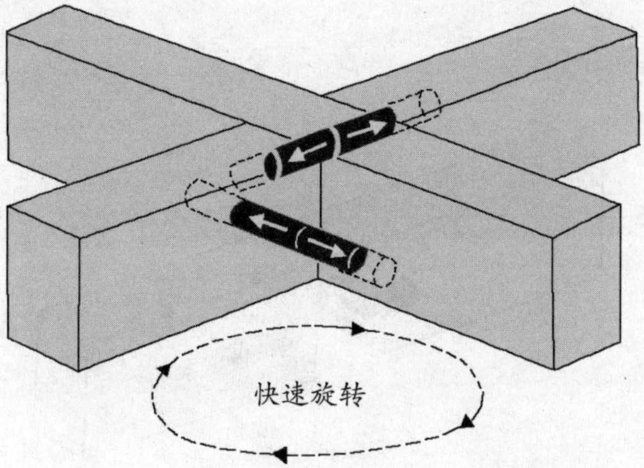

②

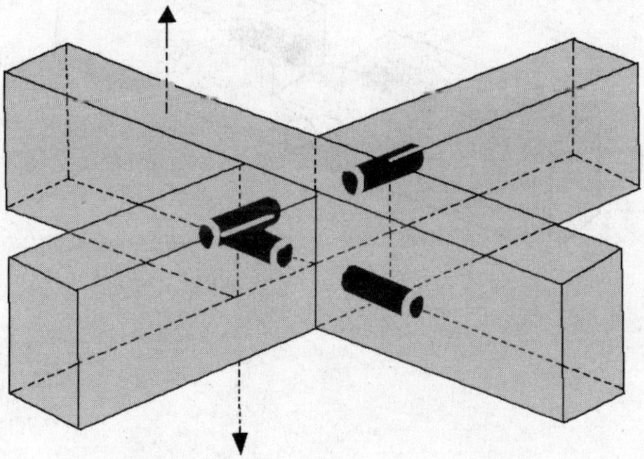

③

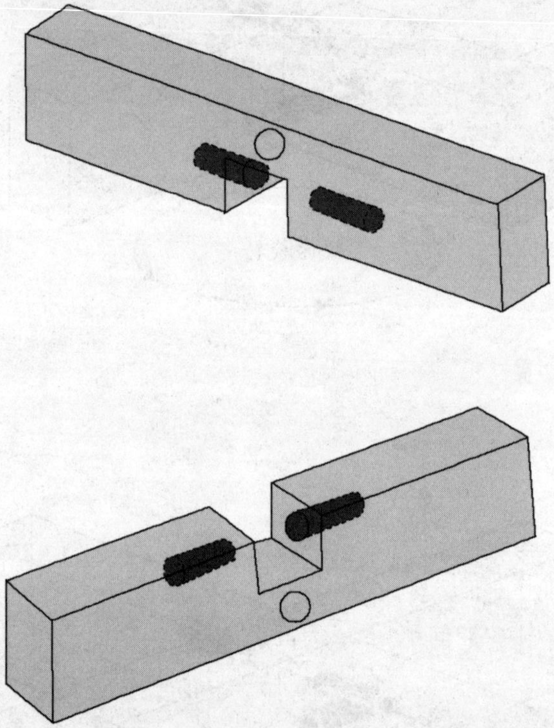

13 挂靴扣

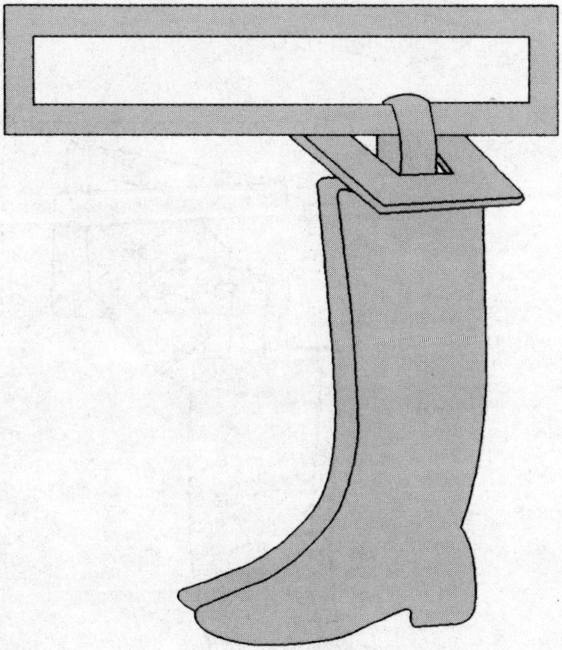

挂靴扣材质为软皮、纸板等。

将挂靴从方架上取下来。

参考取法：

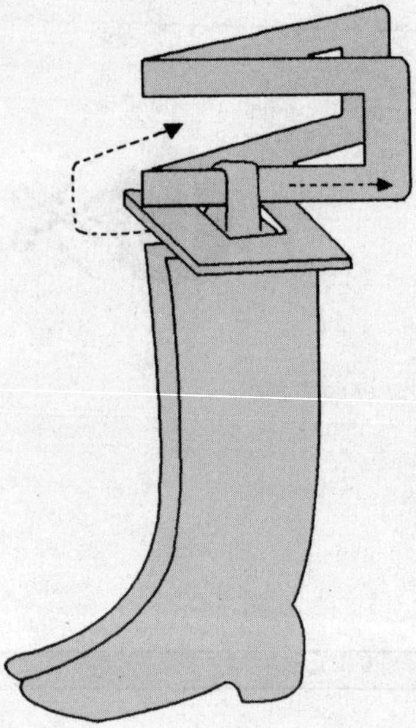

①

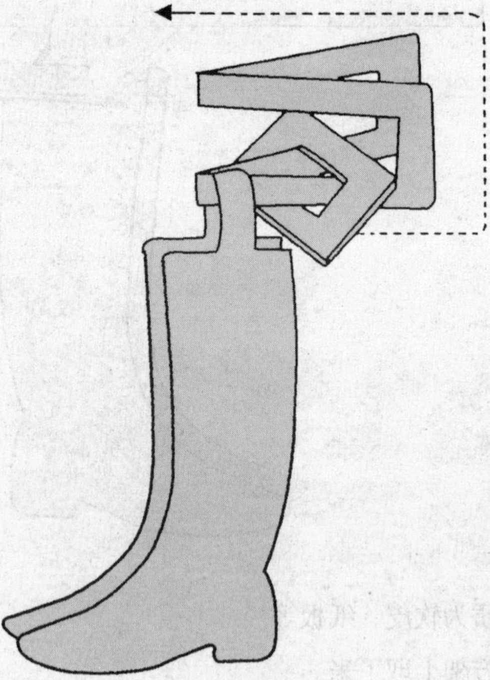

②

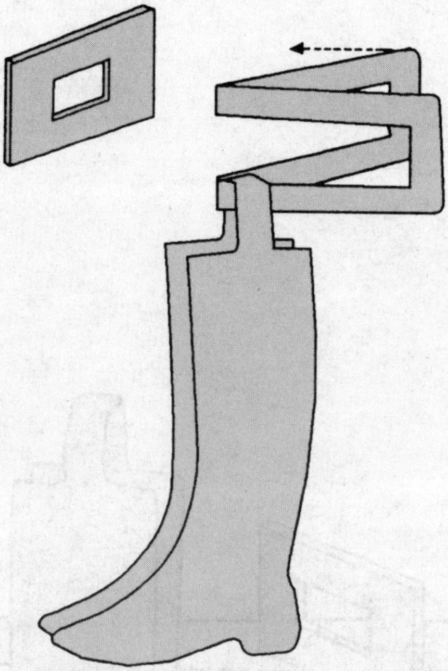

③

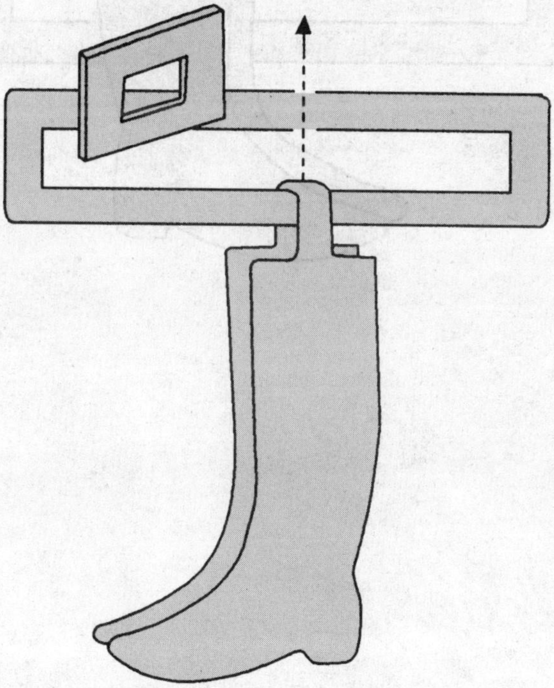

④

⑤

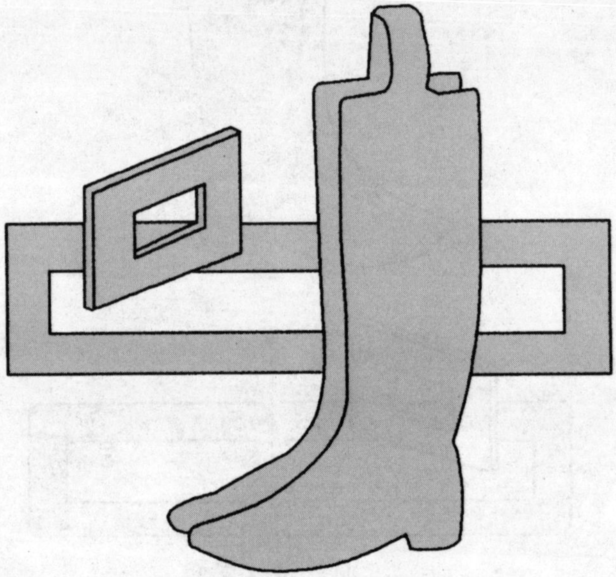

14 四环戒指扣

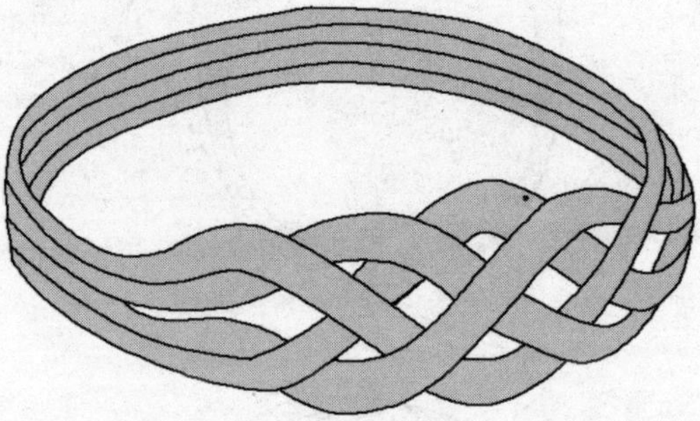

将构成戒指的 4 个环打开后重组。

参考分合法：

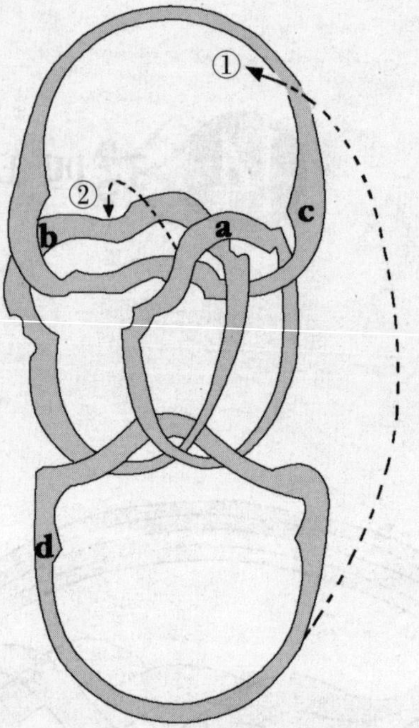

①

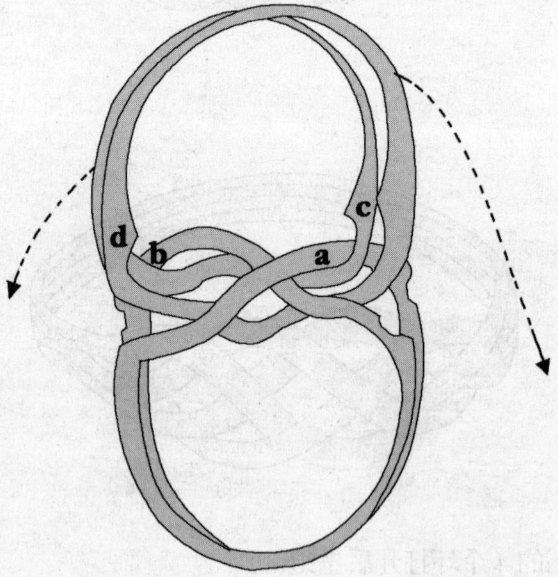

②

③

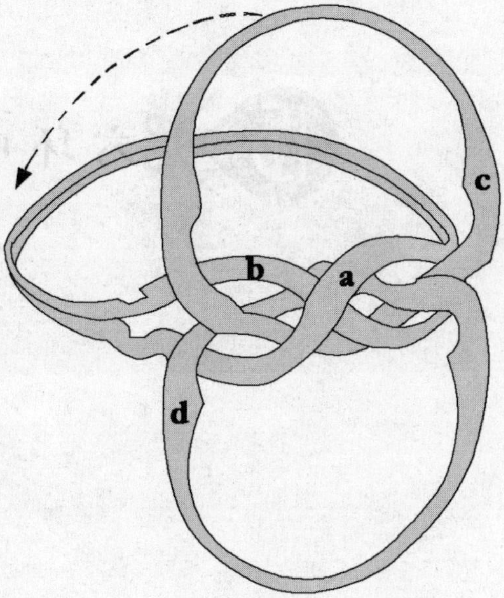

④

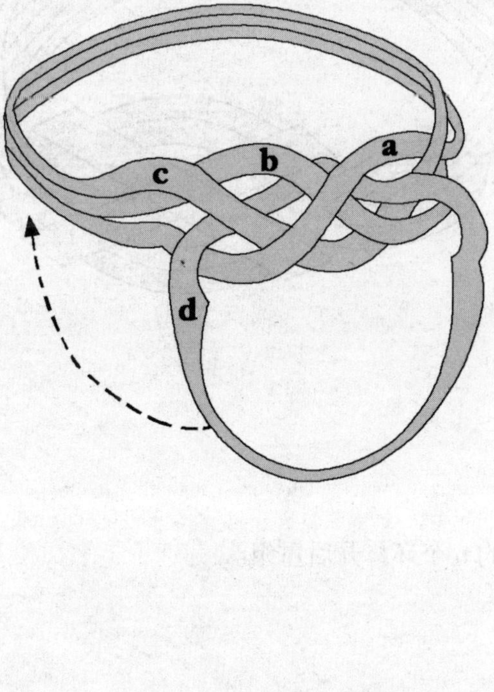

15 六环戒指扣

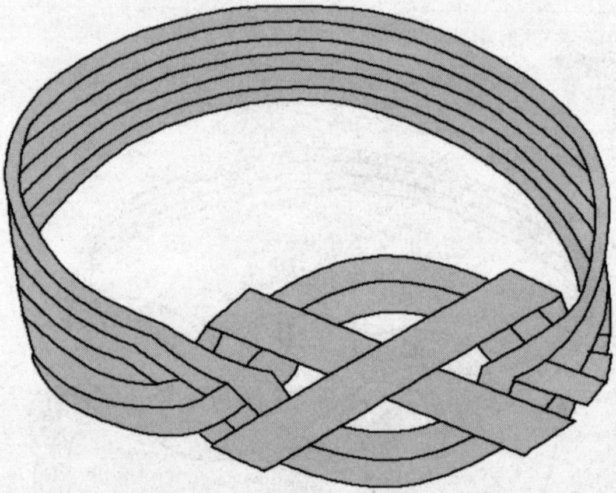

将构成戒指的 6 个环打开后重组。

参考分合法：

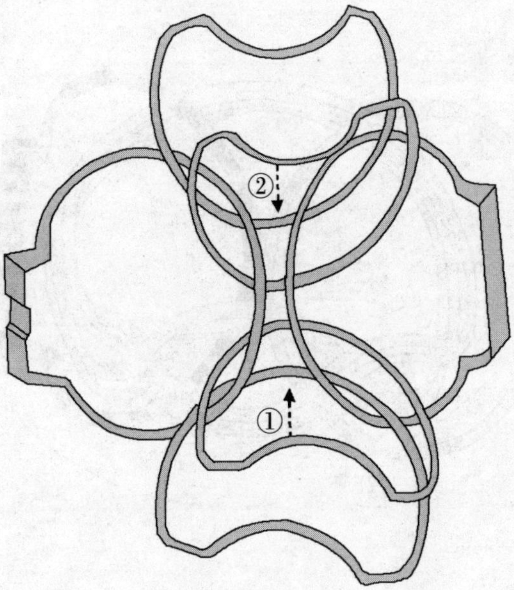

①

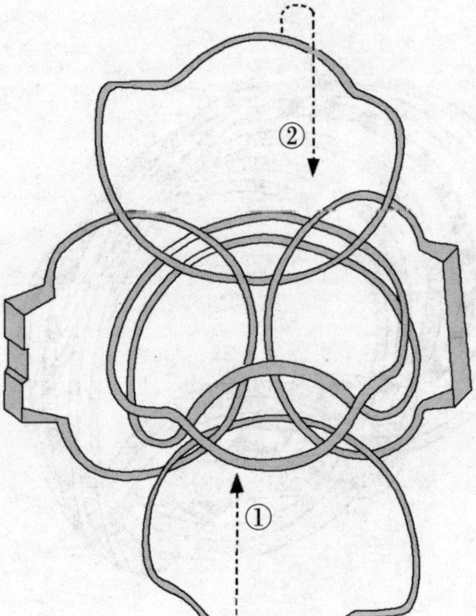

②

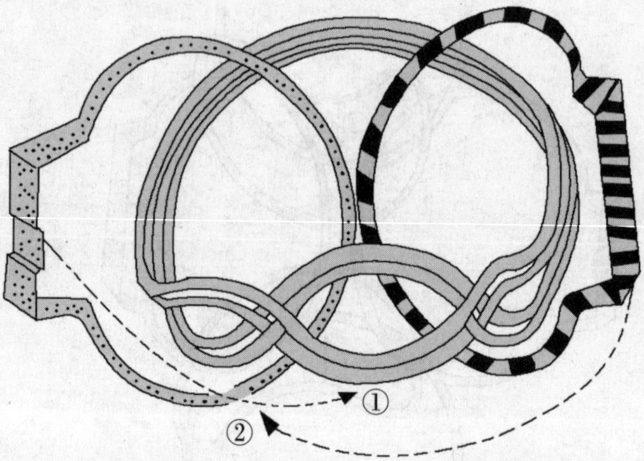

③

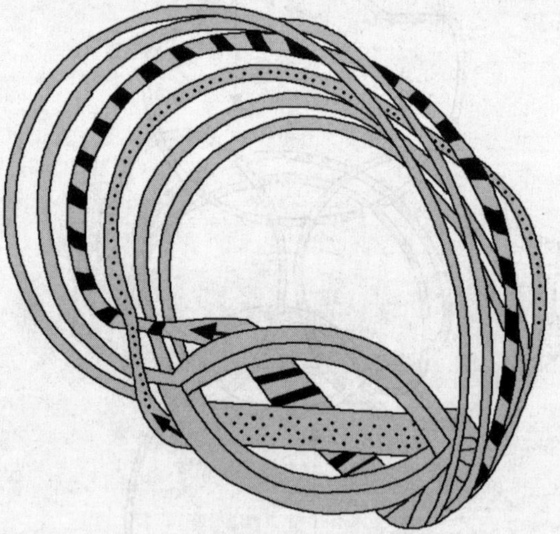

④

⑤

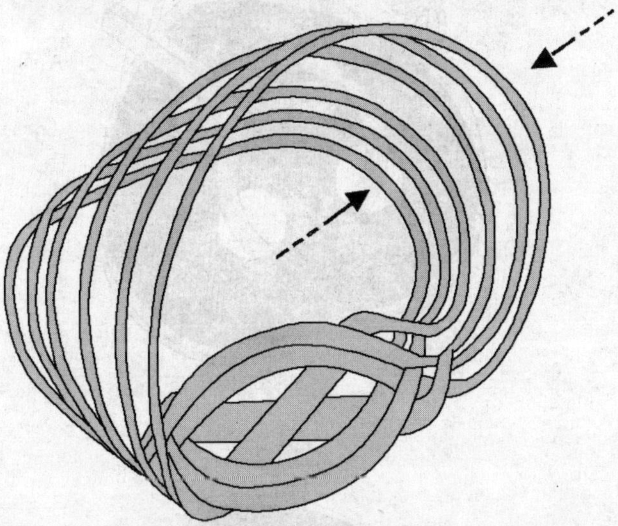

16 同 心 扣

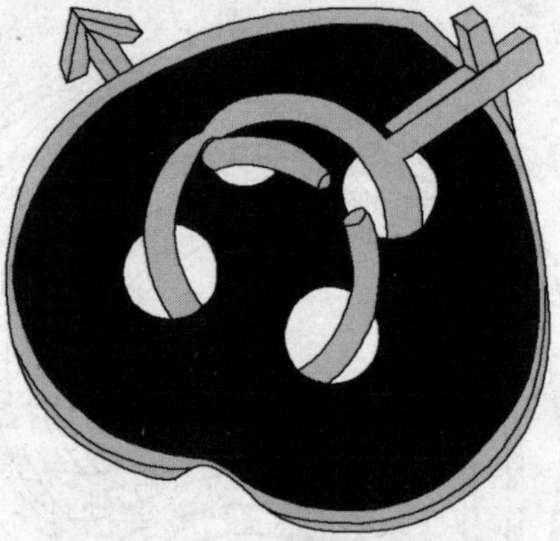

A 面

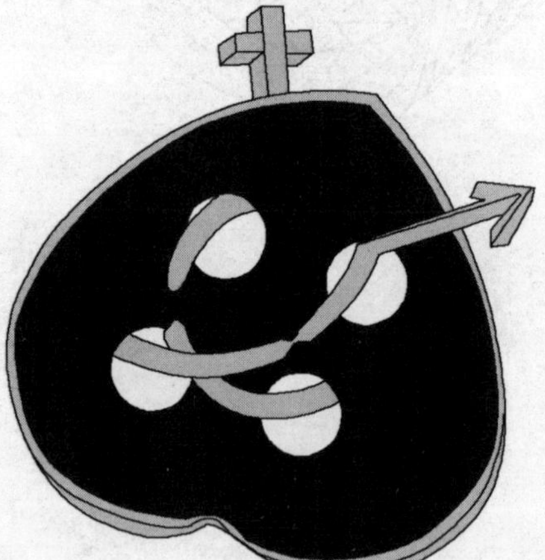

B 面

将心形板上的男女标志扣分开并取出。

参考分法：

①

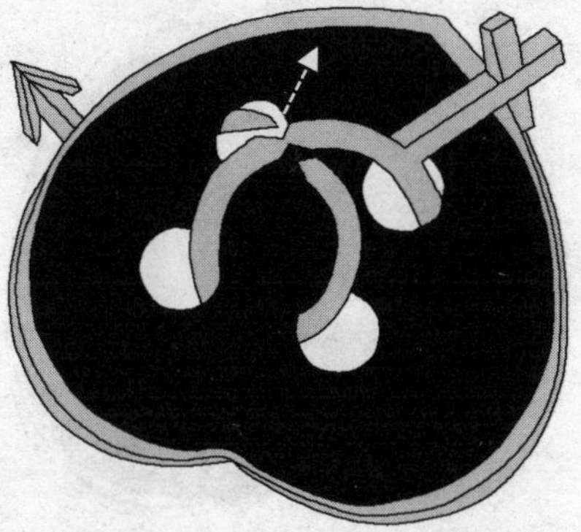

②

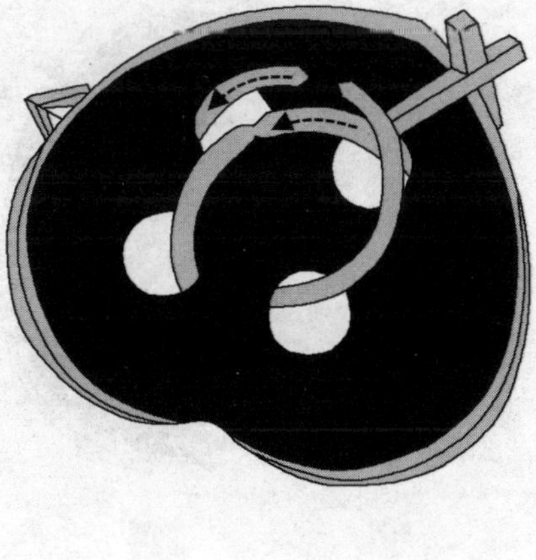

③

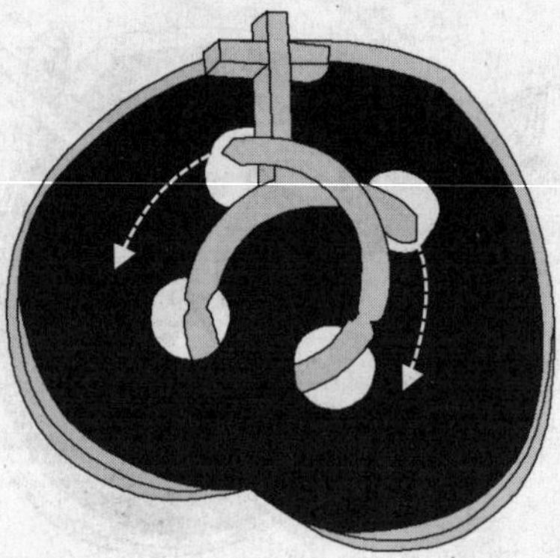

④

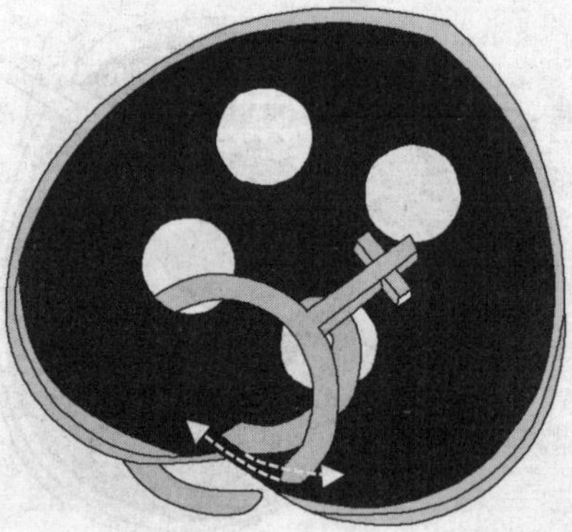

⑤

⑥

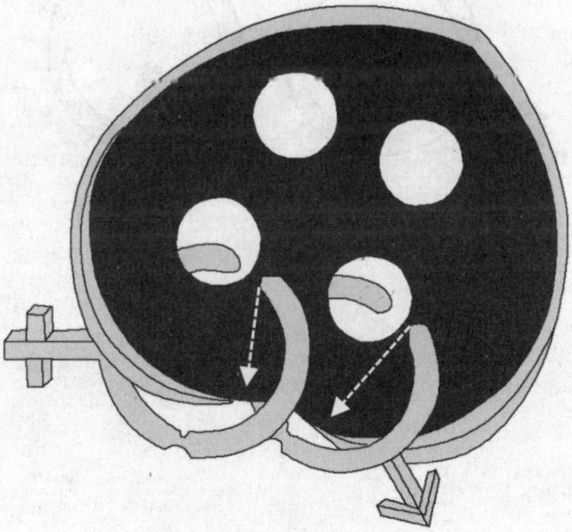

⑦

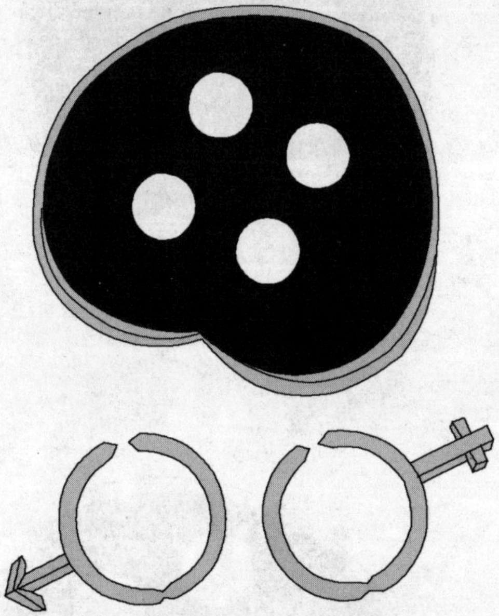

17 神偷扣

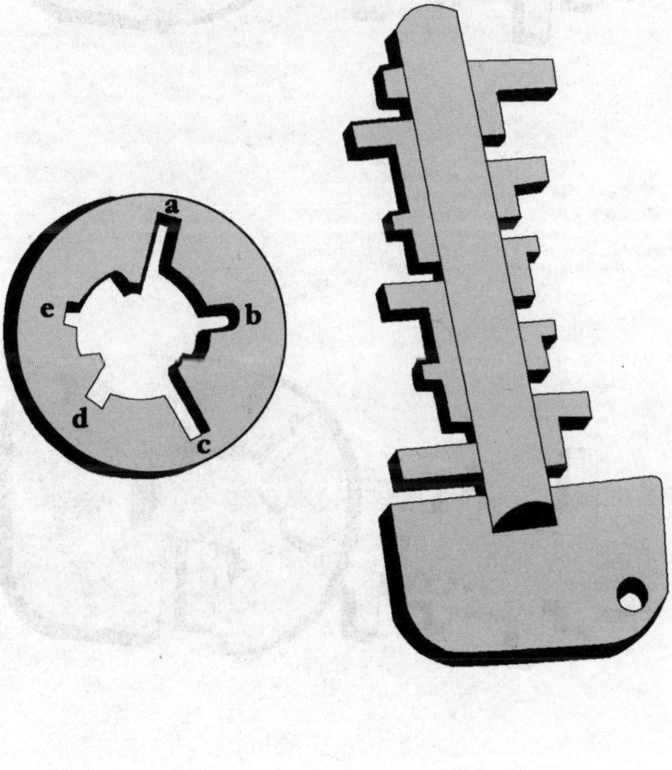

将钥匙从锁孔里取出来。

参考取法：

①

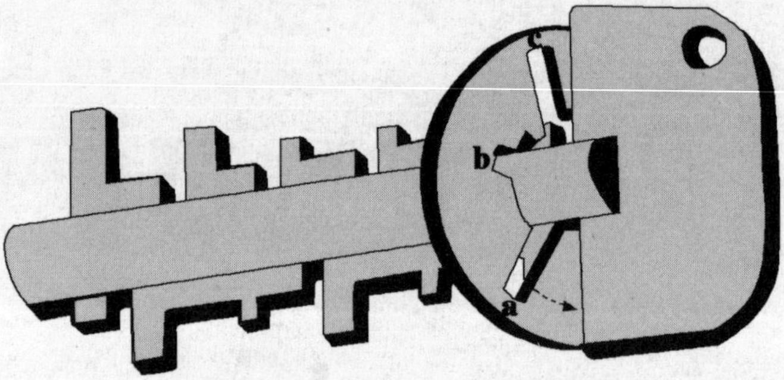

②

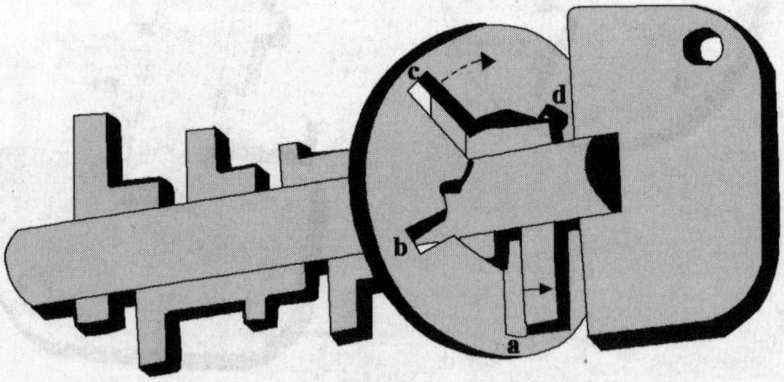

③

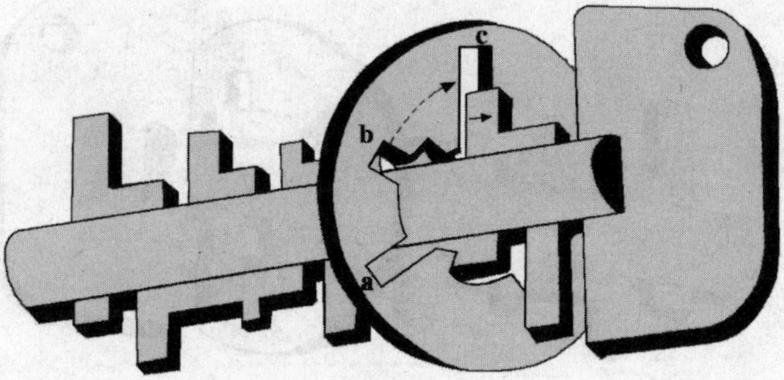

④

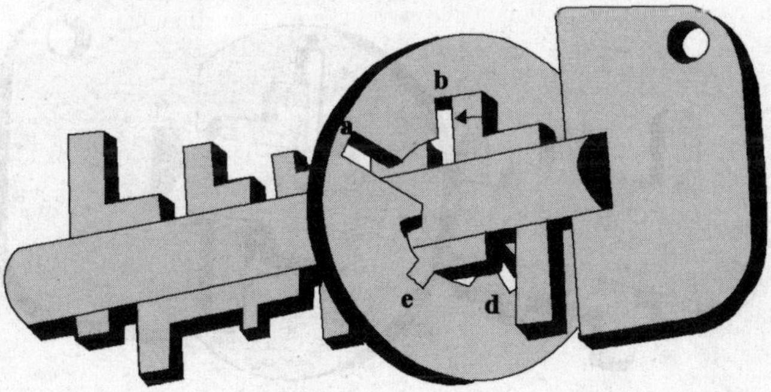

⑤

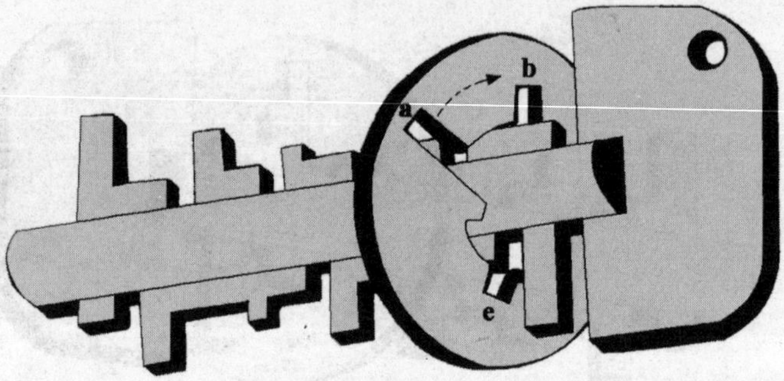

⑥

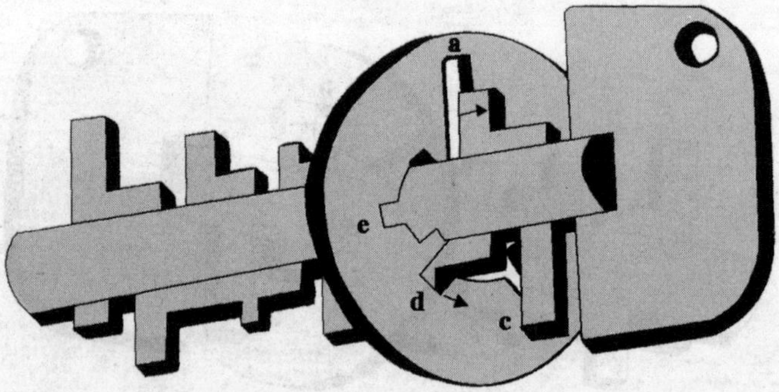

⑦

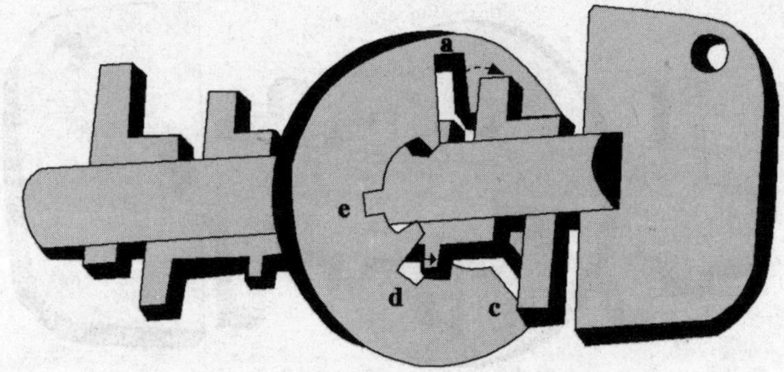

⑧

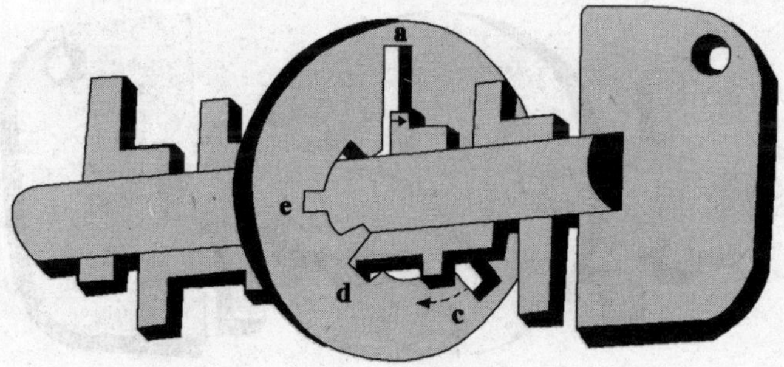

⑨

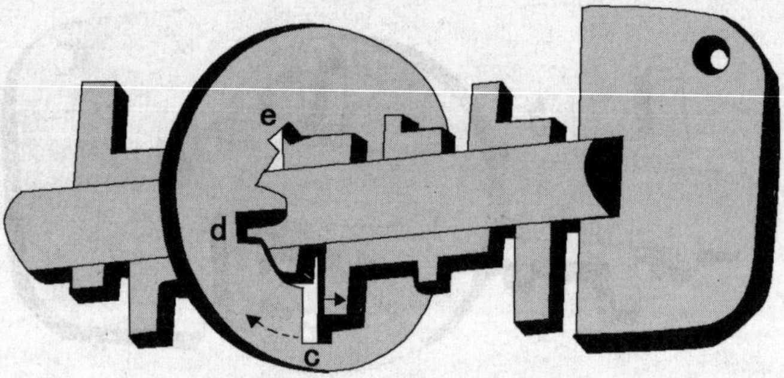

⑩

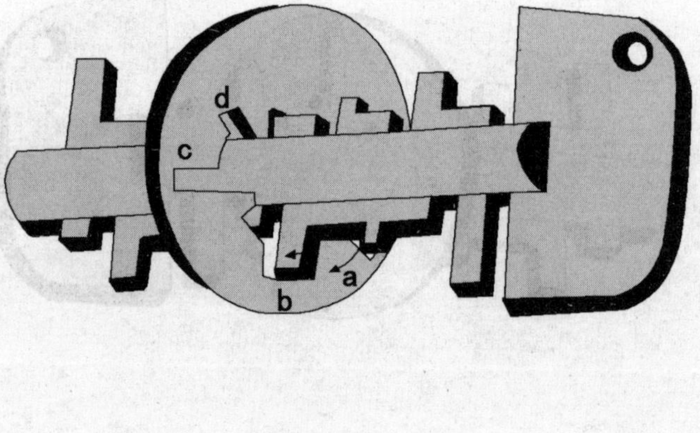

⑪

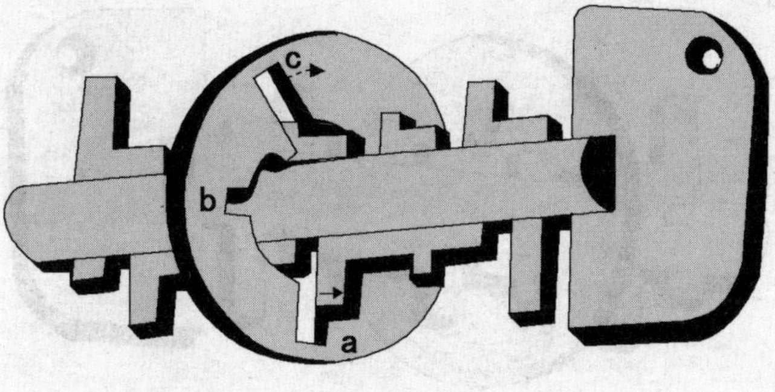

⑫

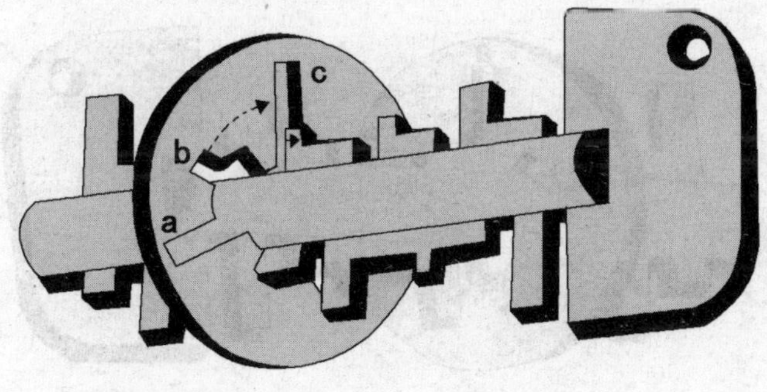

⑬

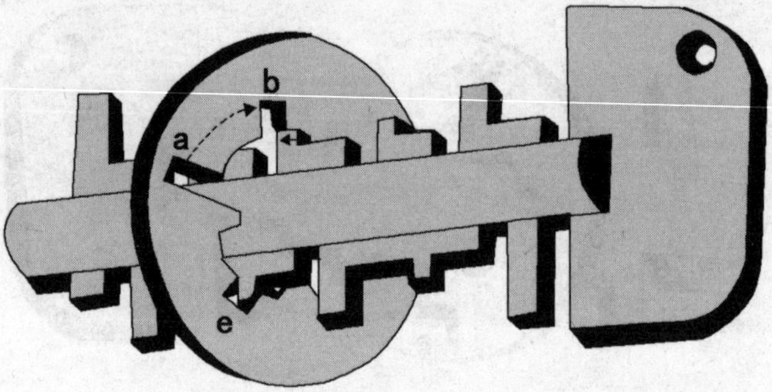

⑭

⑮

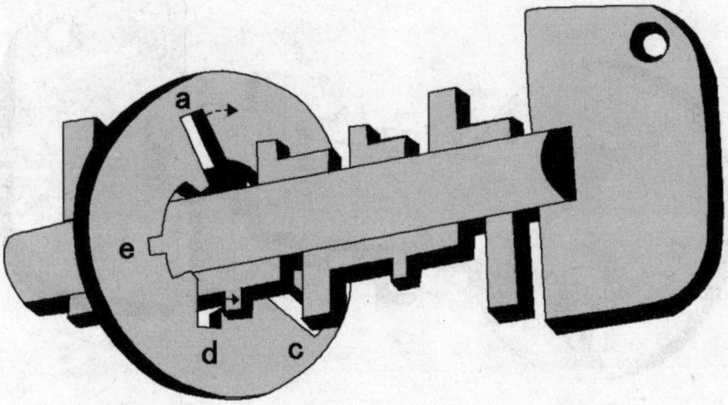

⑯

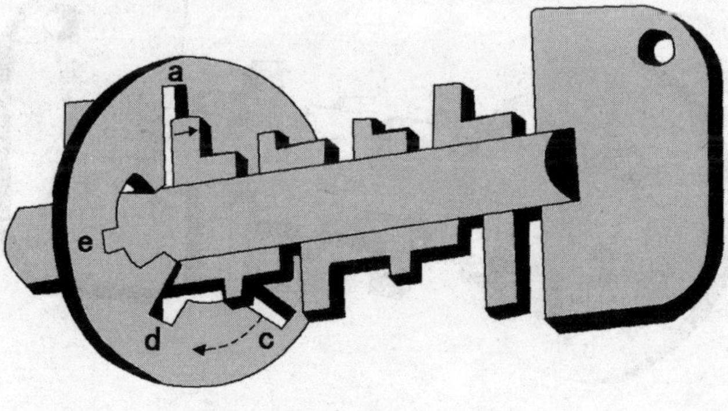

⑰

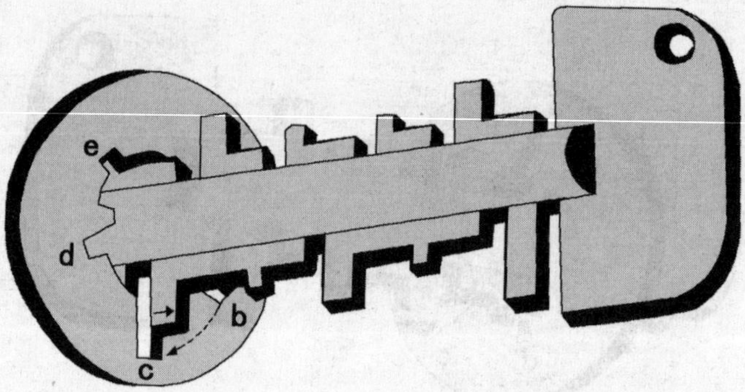

⑱

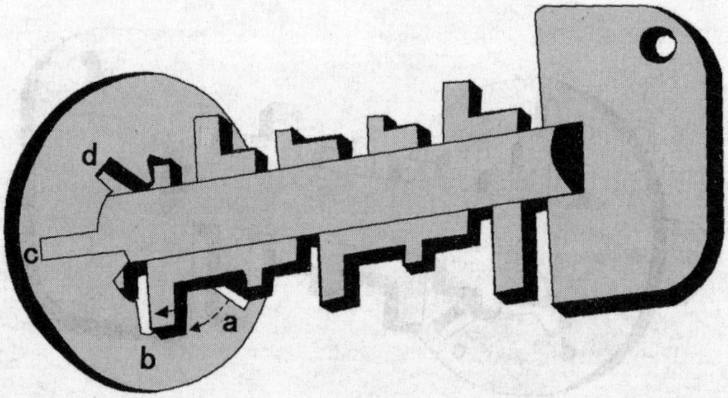

⑲

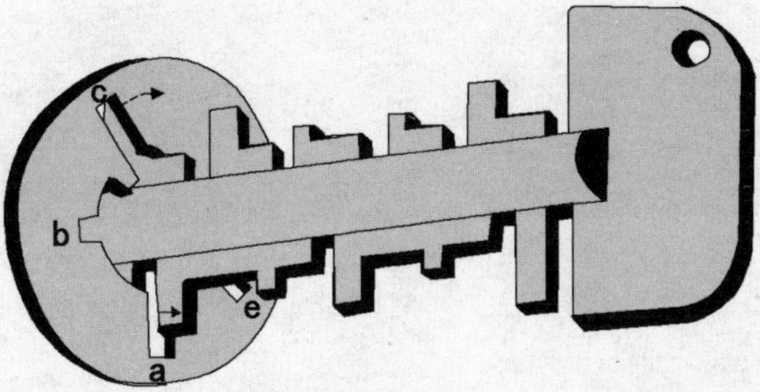

⑳

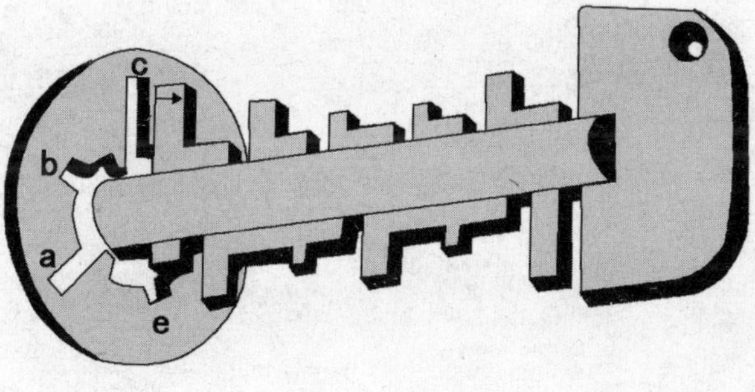

2

摘环

18 手 铐 环

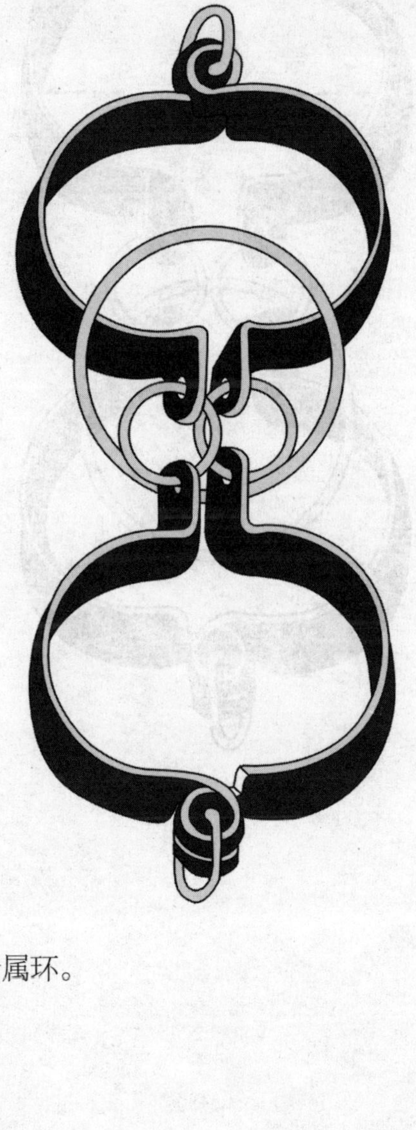

摘掉手铐上的金属环。

参考摘法：

①

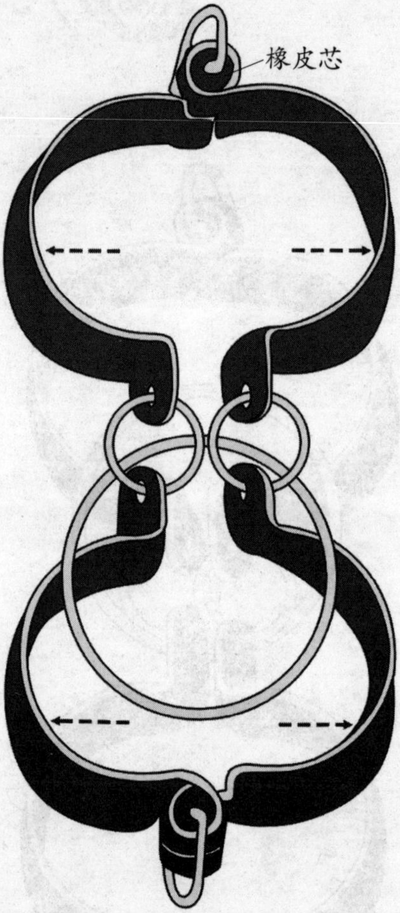

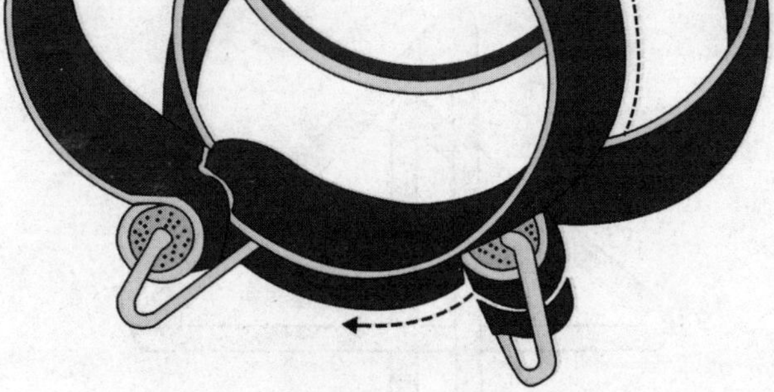

②

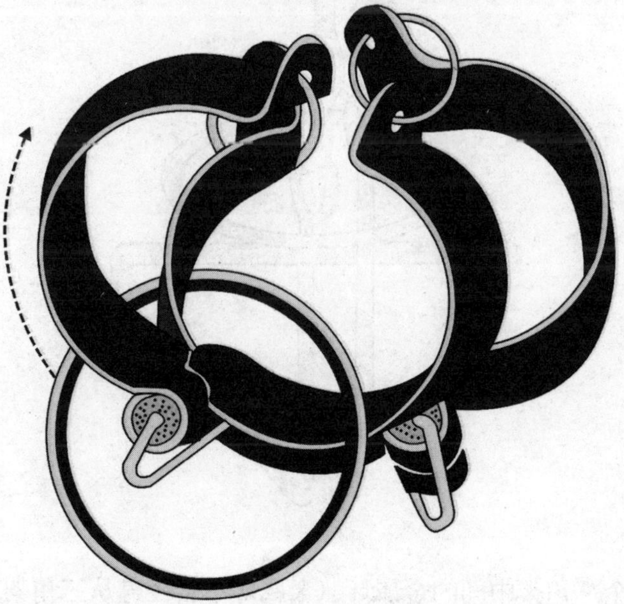

③

19 三角环

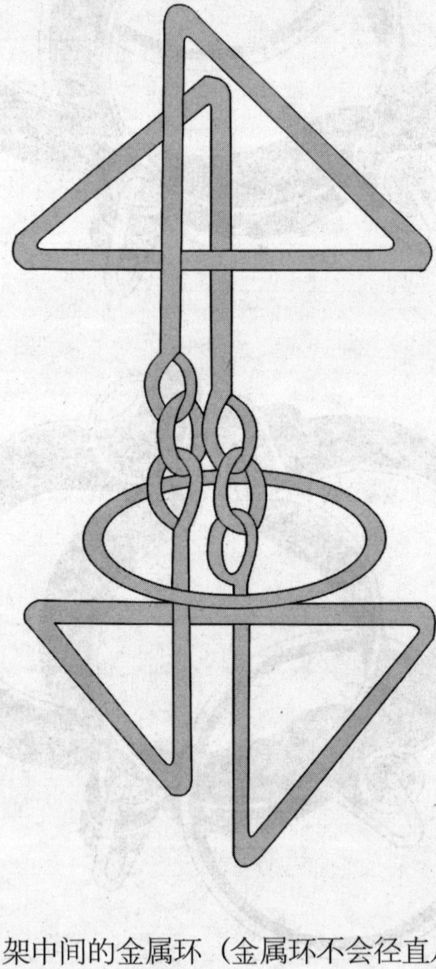

摘掉两个三角架中间的金属环（金属环不会径直从三角架上脱出）。

参考摘法：

①

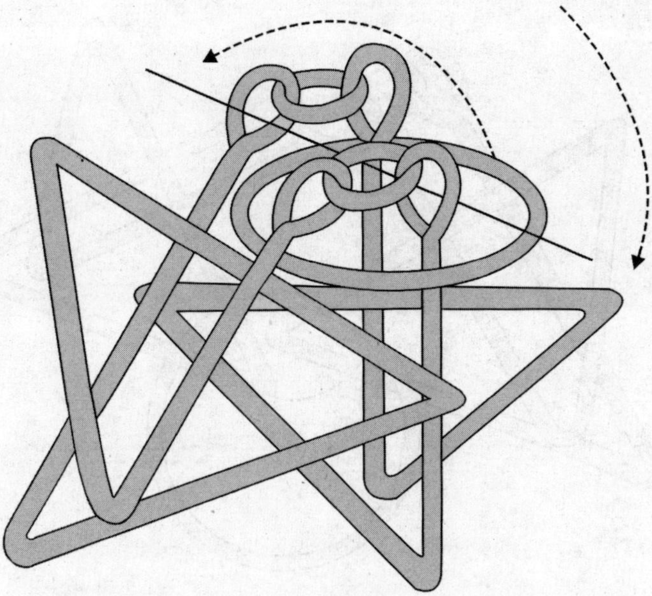

②

③

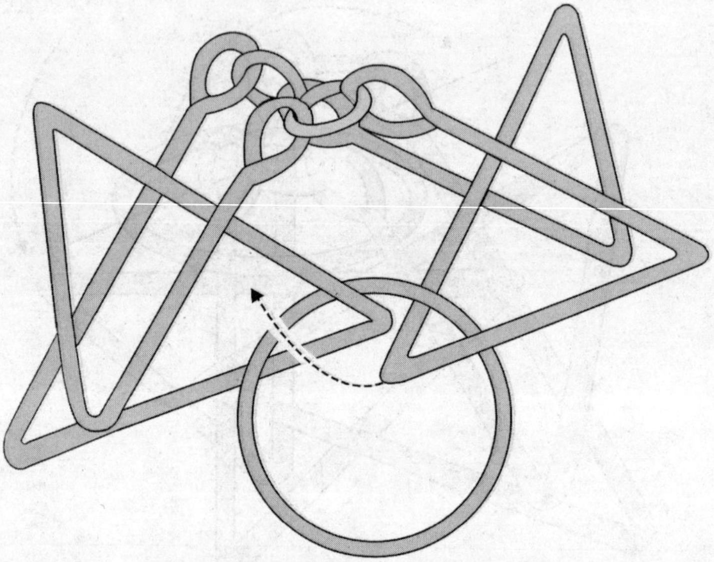

④

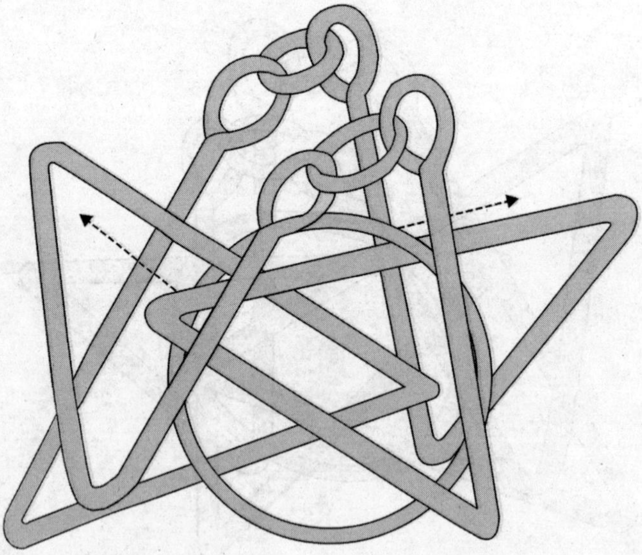

⑤

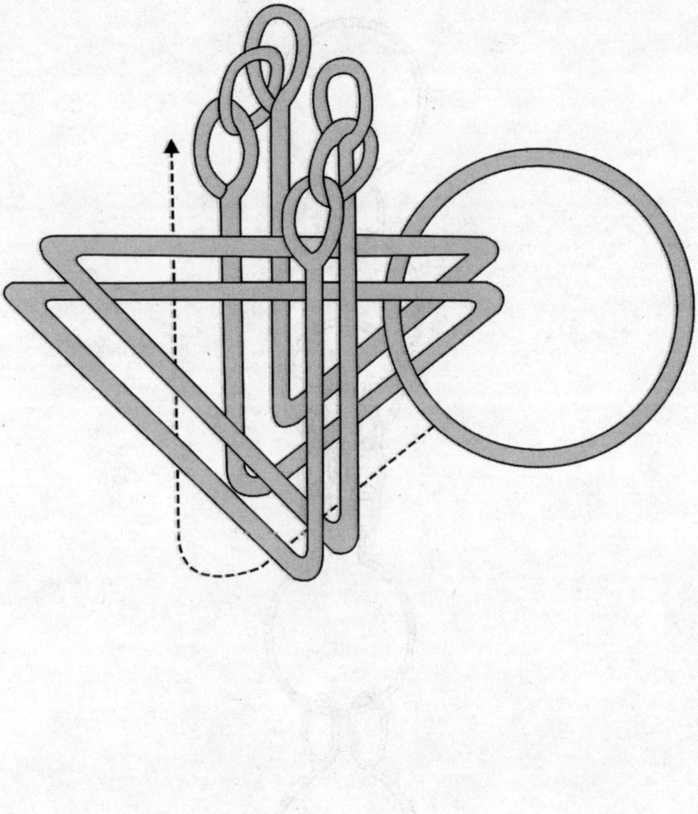

20 三 连 环

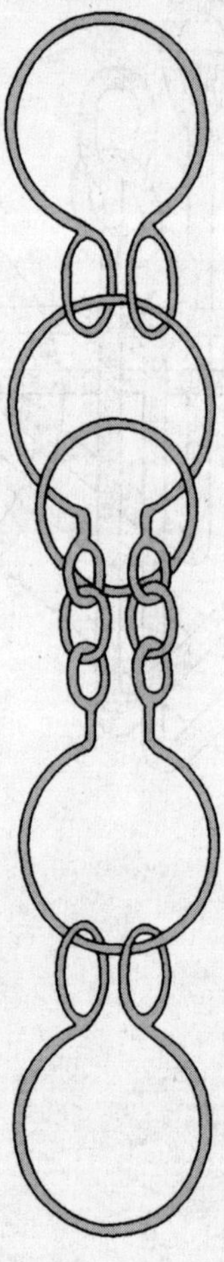

摘掉中间环。

参考摘法：

①

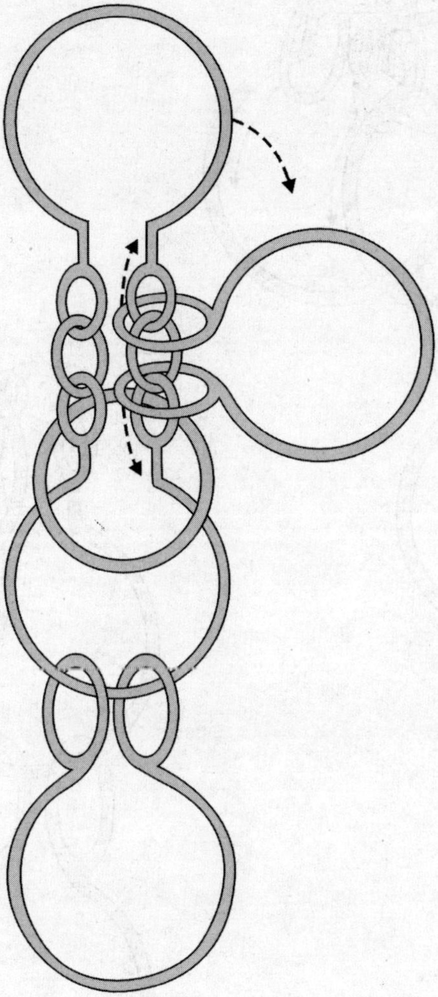

②

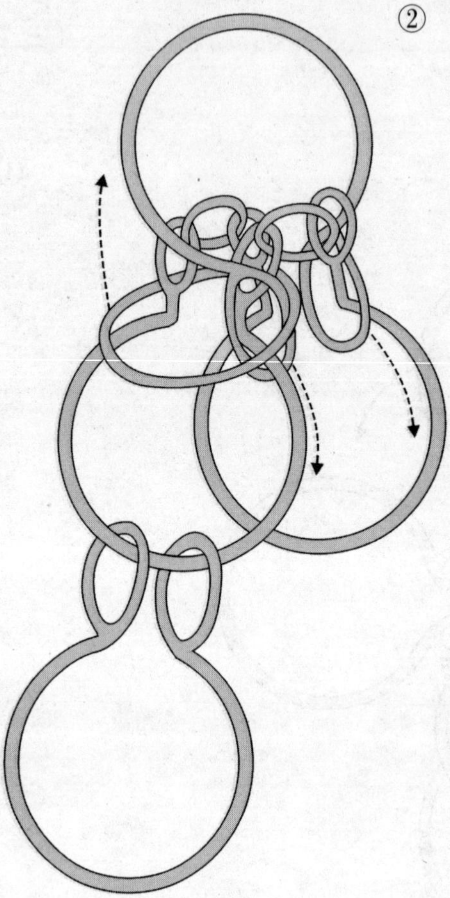

③

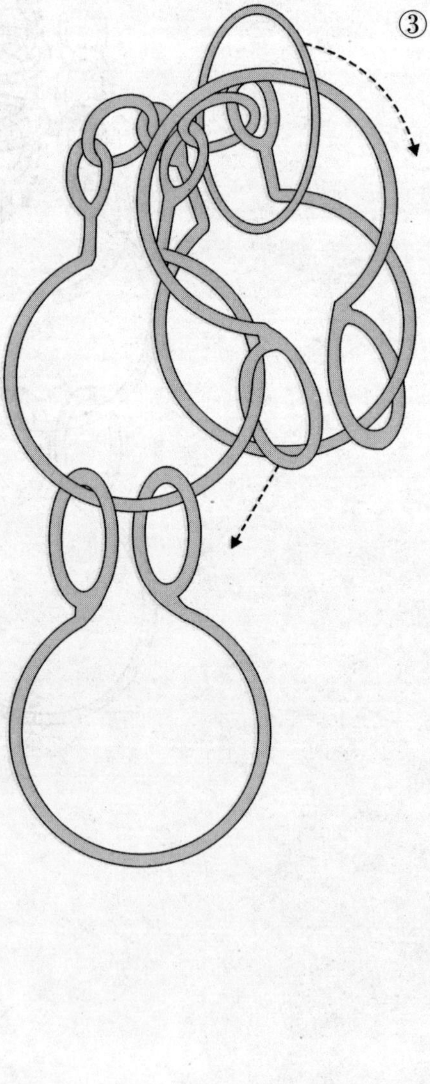

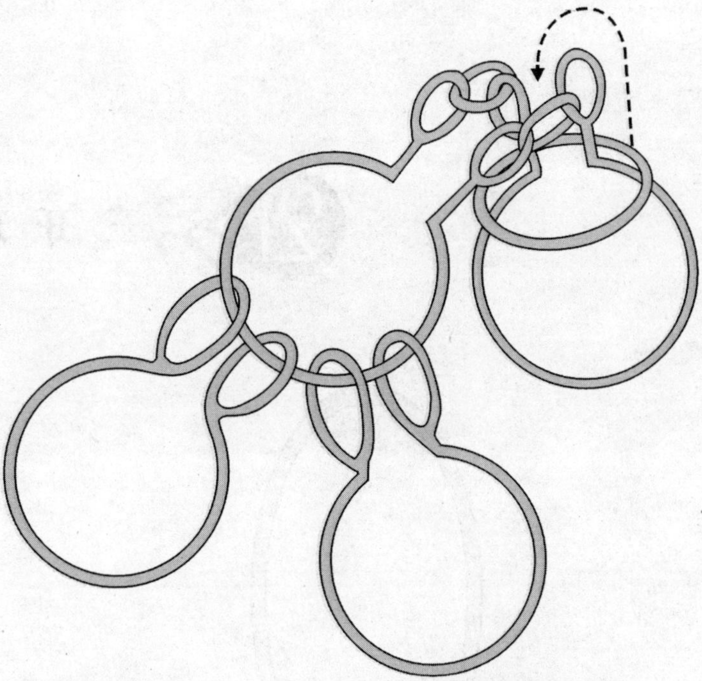

④

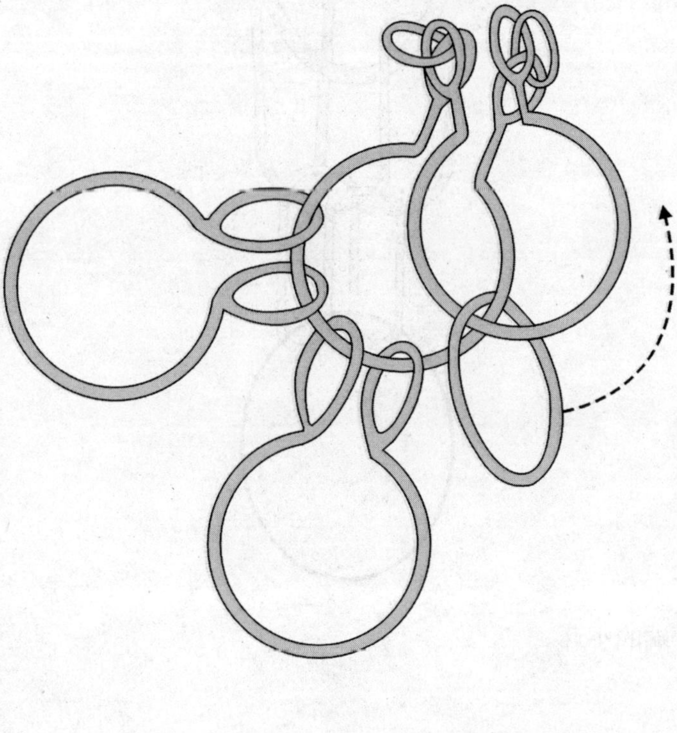

⑤

21 三 开 环

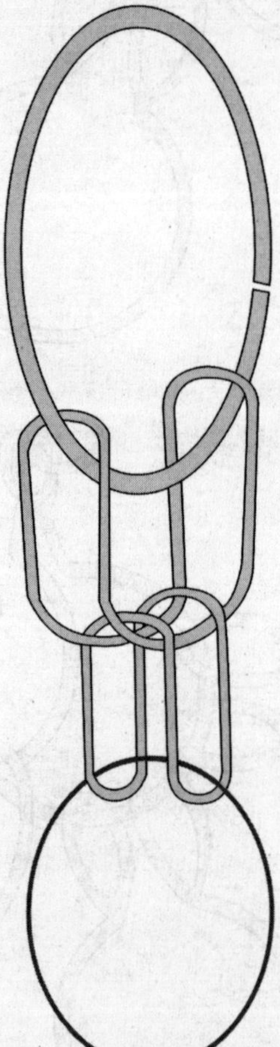

摘掉下端的小环。

参考摘法：

①

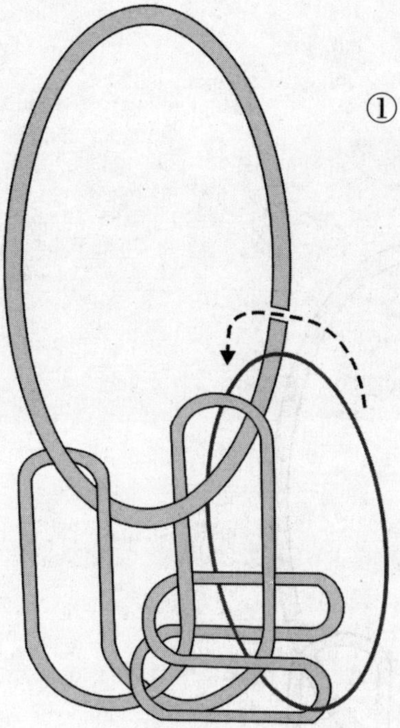

②

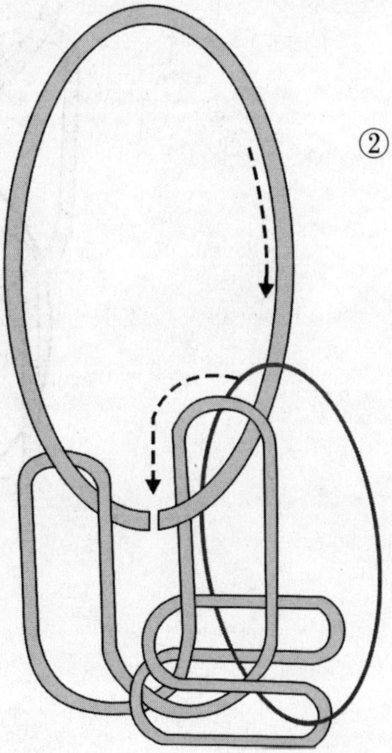

③

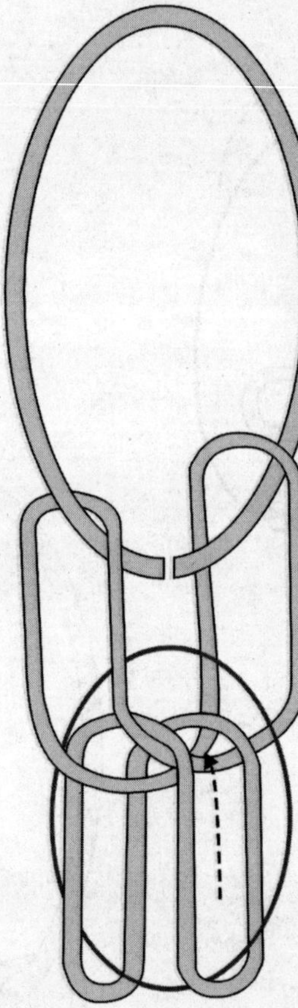

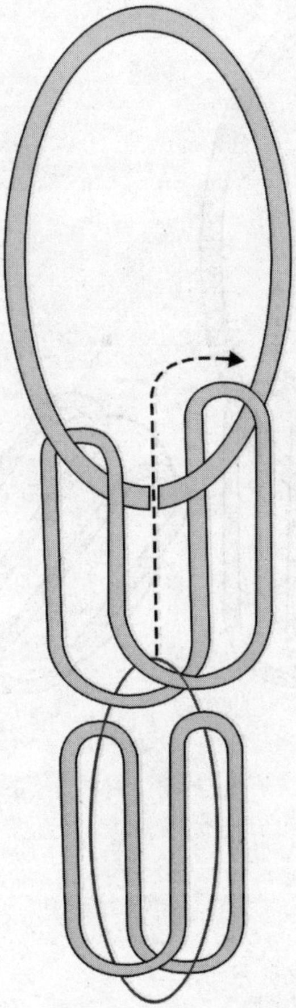

④

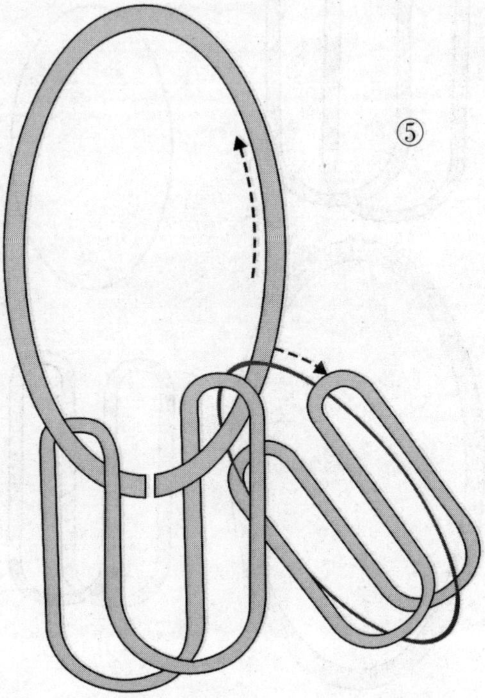

⑤

⑥

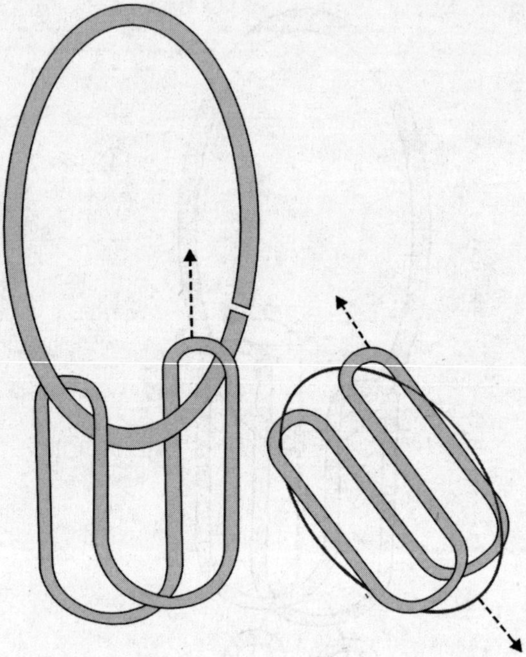

⑦

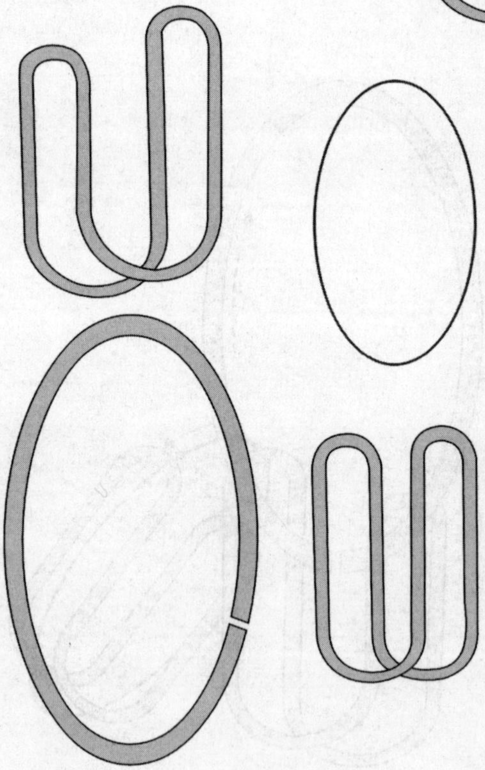

22 盘花环

摘掉盘花上的金属环。

参考摘法：

①

②

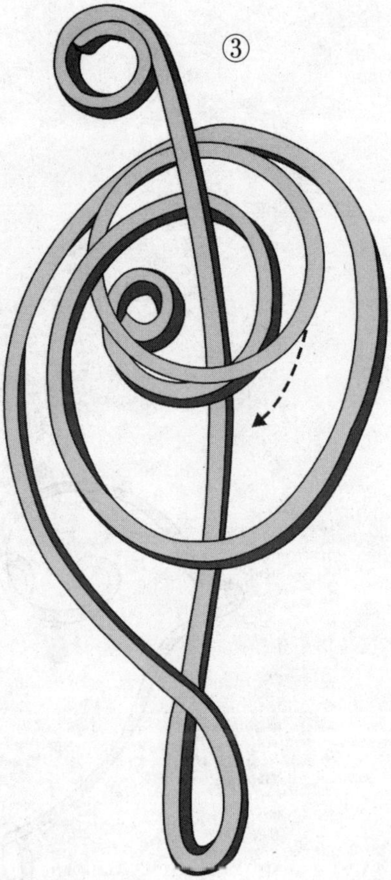

③

④

23 小 鸟 环

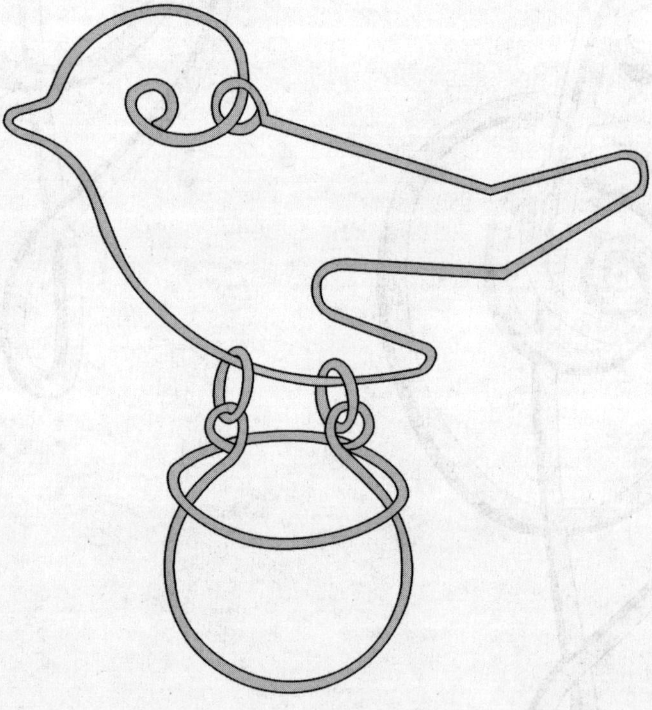

摘掉鸟身上的金属环。

参考摘法：

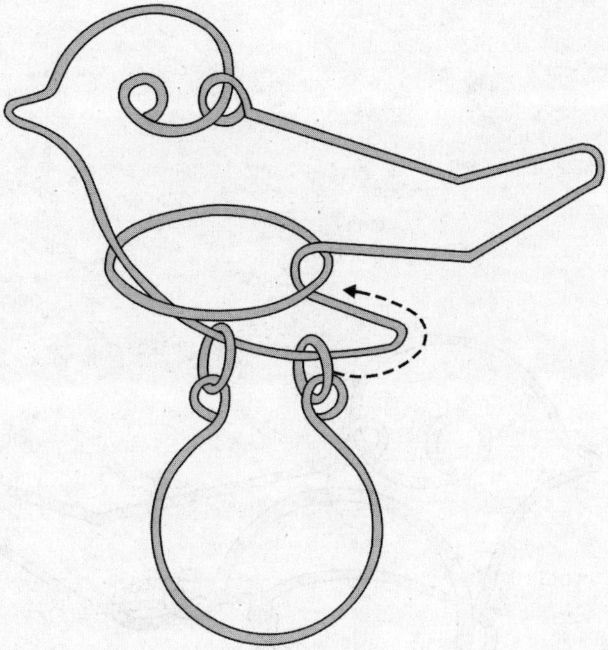

①

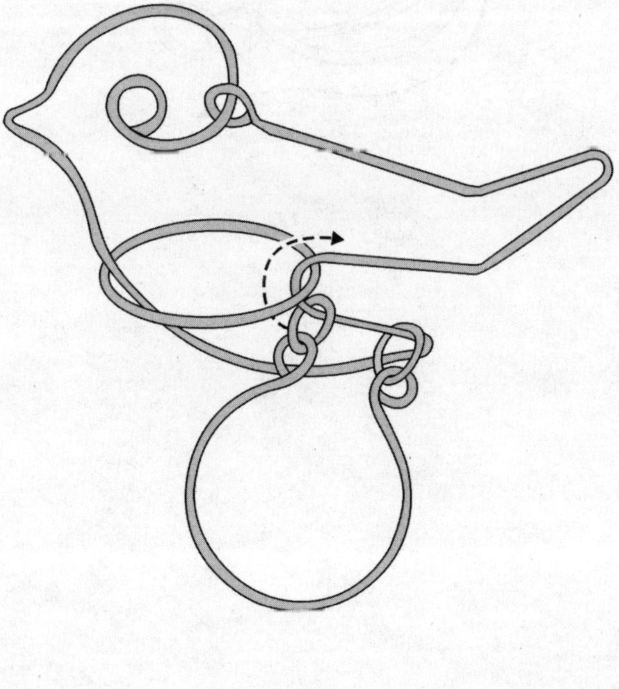

②

③

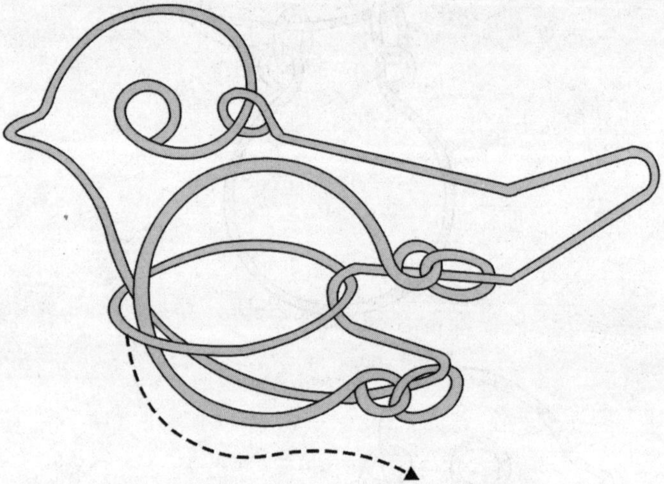

24 梅 花 环

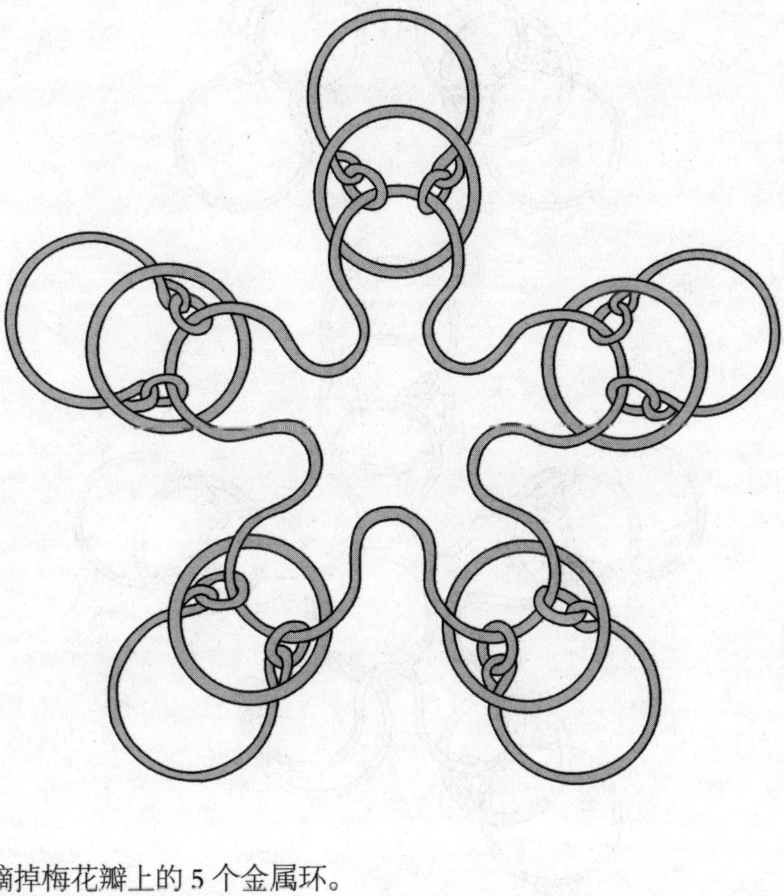

摘掉梅花瓣上的 5 个金属环。

参考摘法：

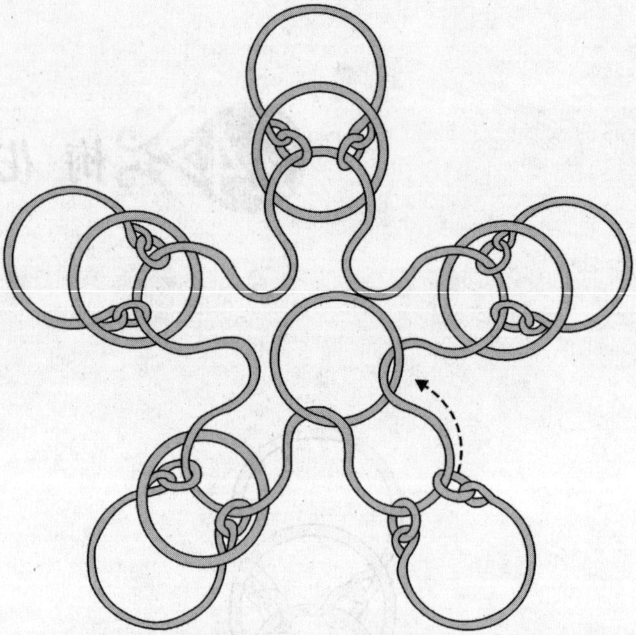

①

②

③

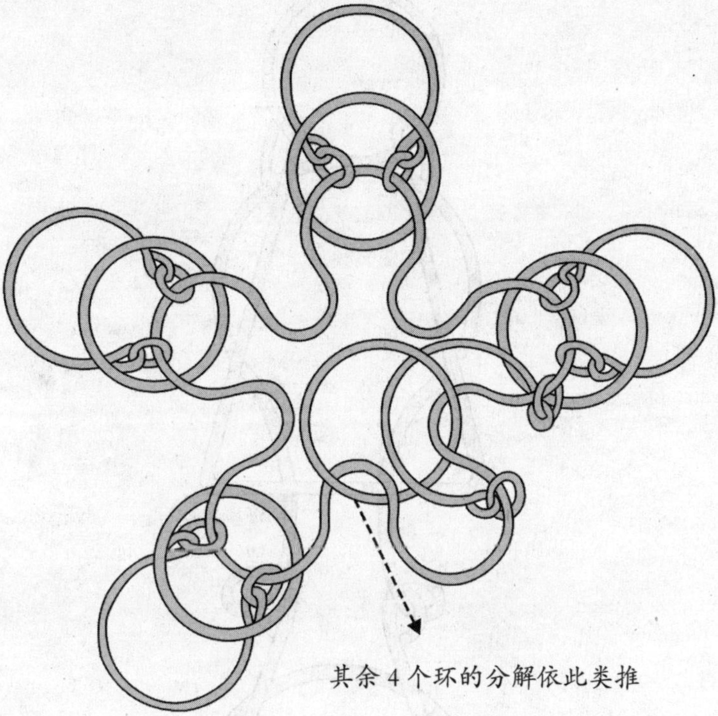

其余 4 个环的分解依此类推

25 少 女 环

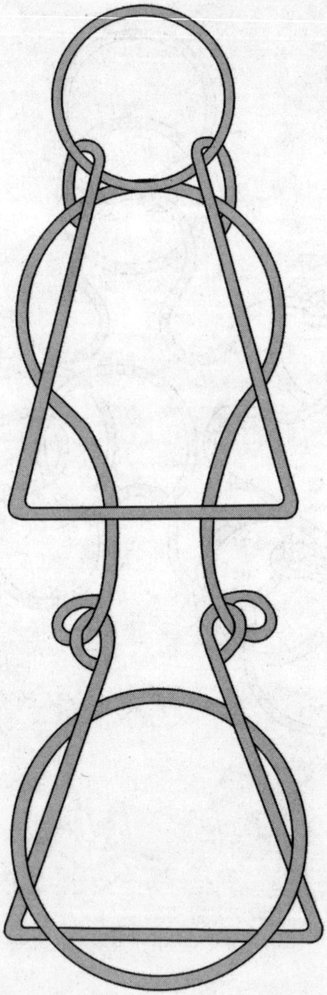

摘掉少女下摆的金属环。

参考摘法：

①

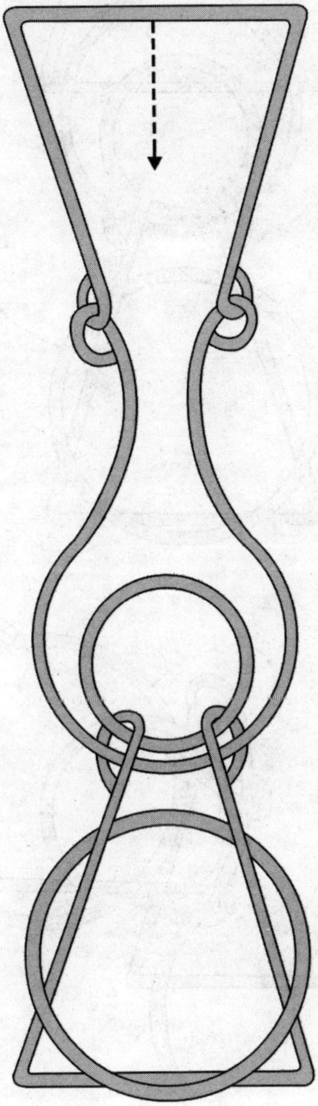

②

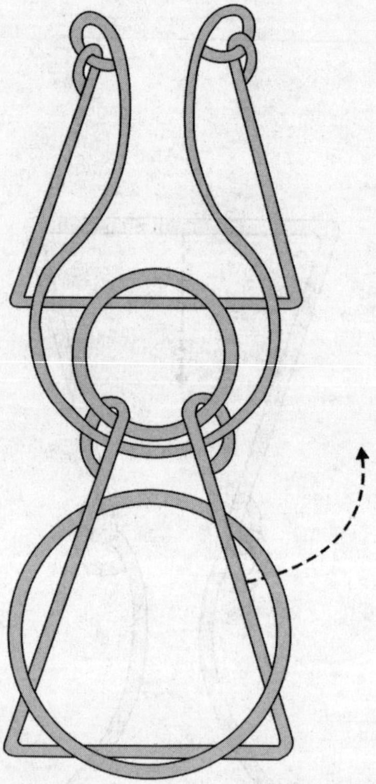

③

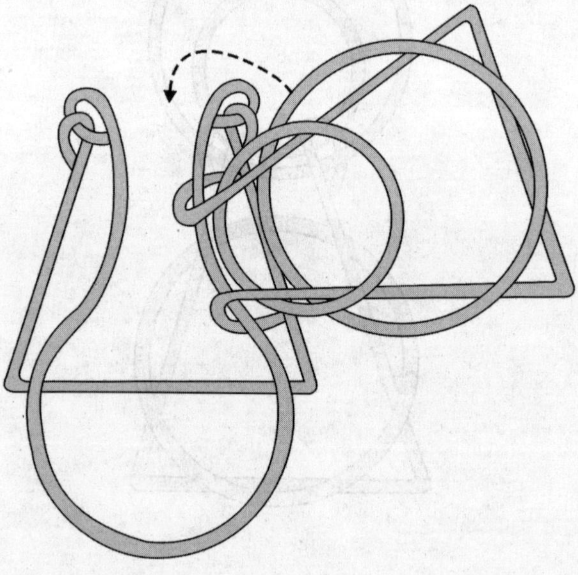

④

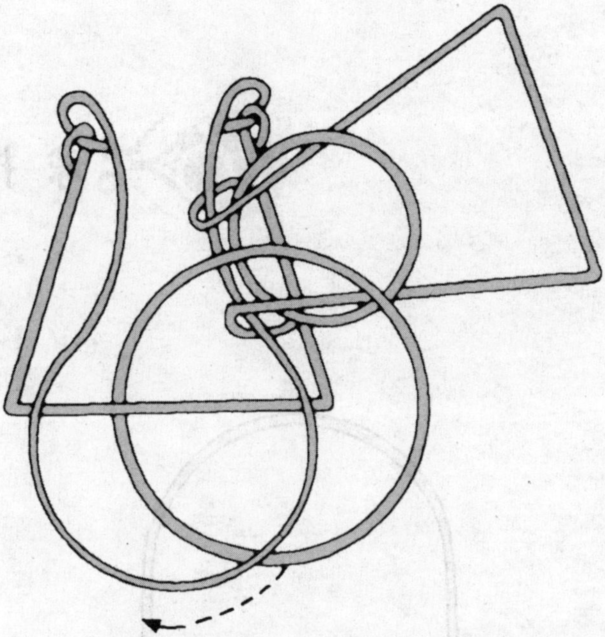

⑤

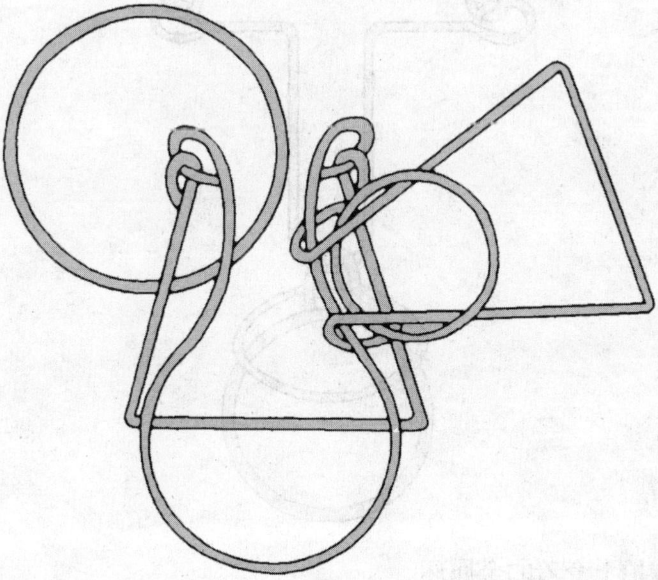

26 球 拍 环

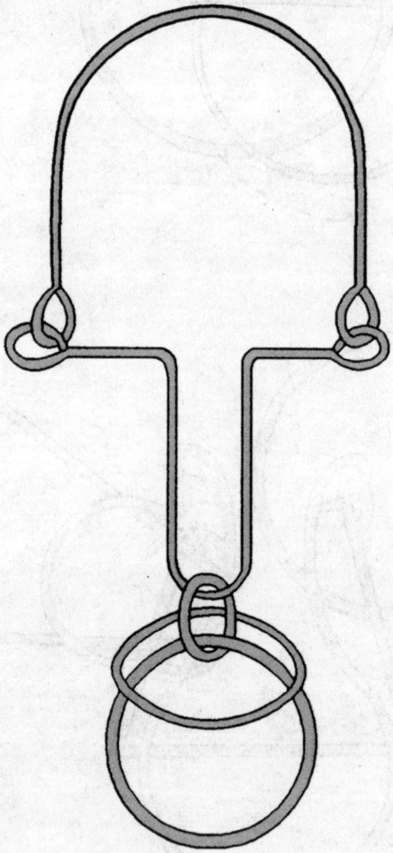

摘掉球拍上套着的金属环。

参考摘法：

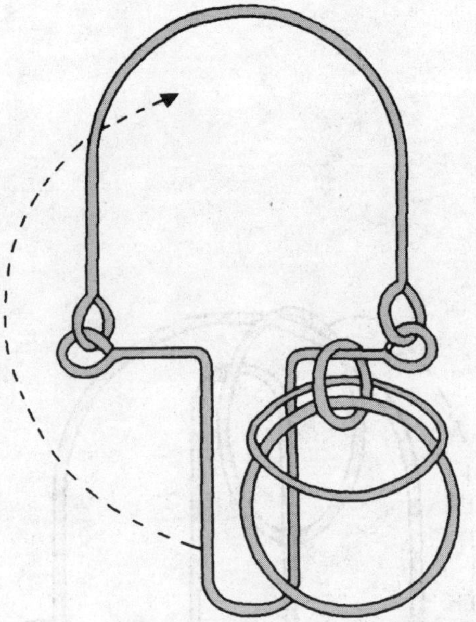

①

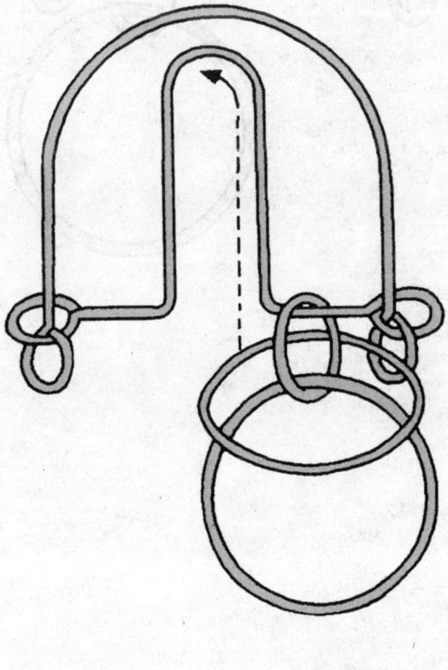

②

③

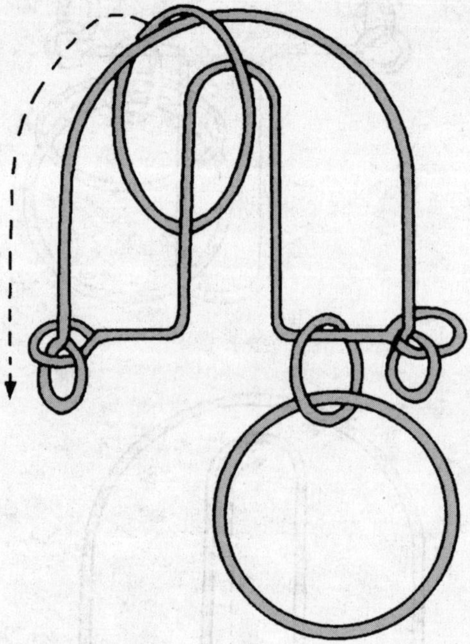

27 五 圆 环

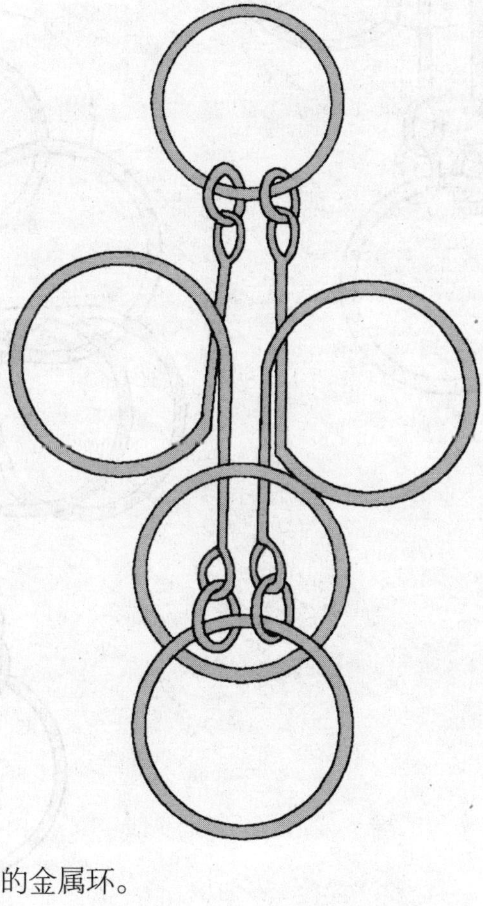

摘掉来回滑动的金属环。

参考摘法：

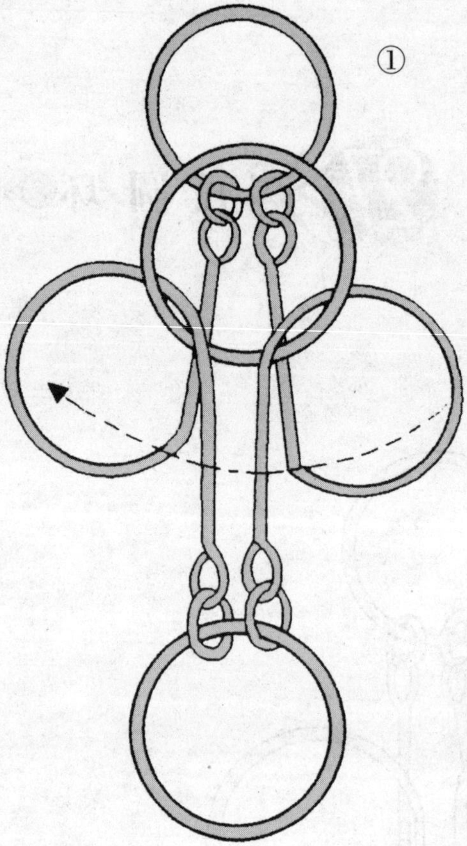

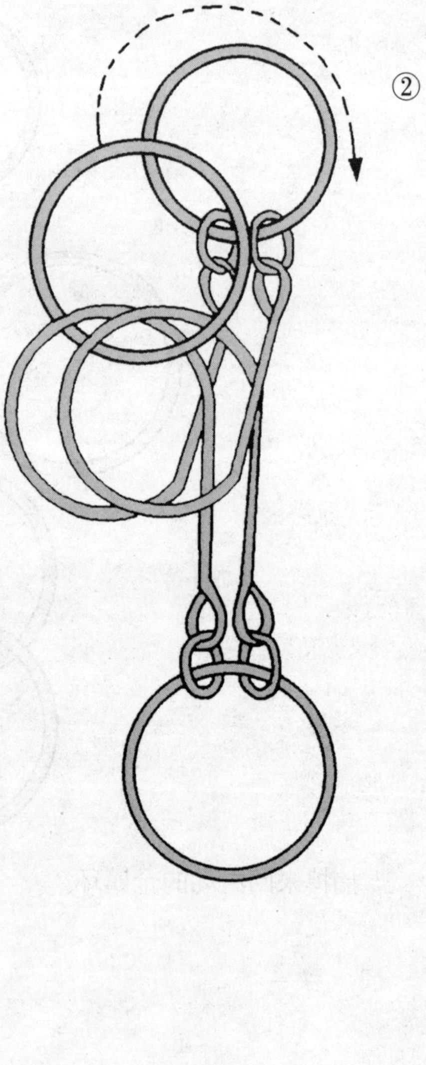

③

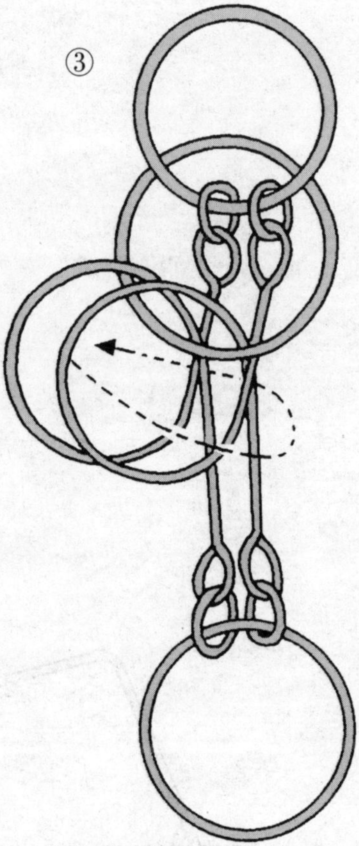

④

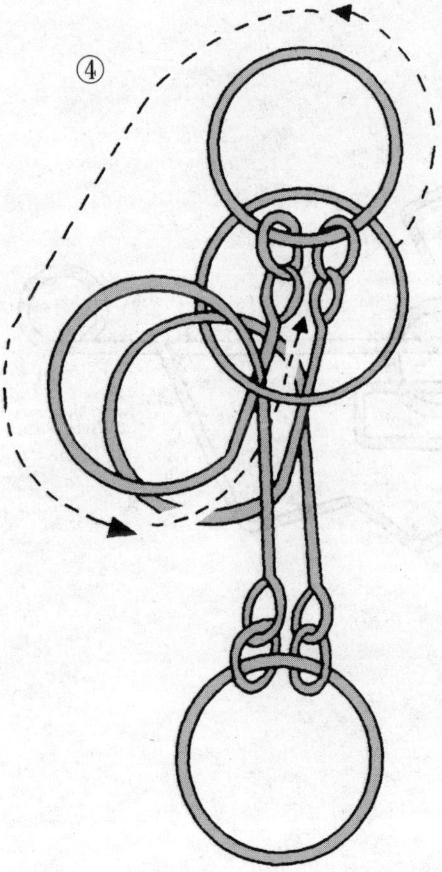

28 划 船 环

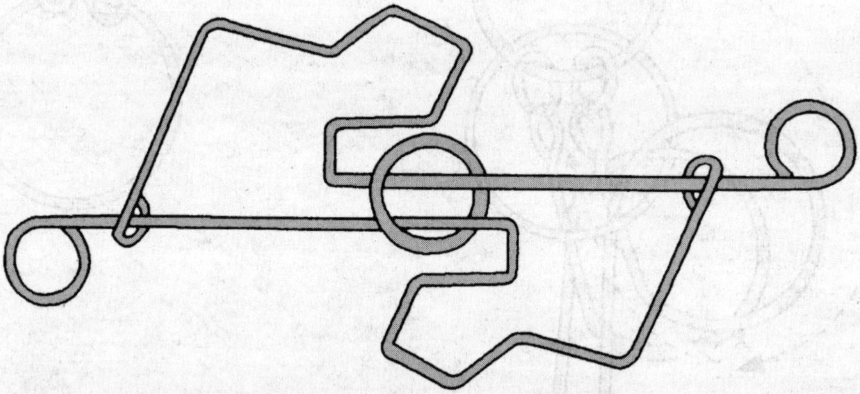

摘掉船上的活动环。

参考摘法：

①

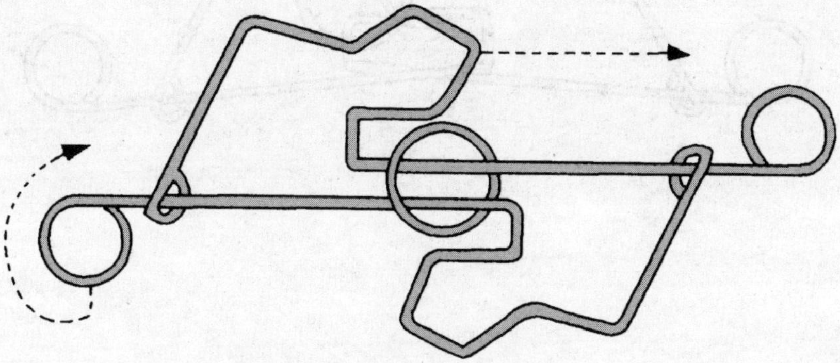

②

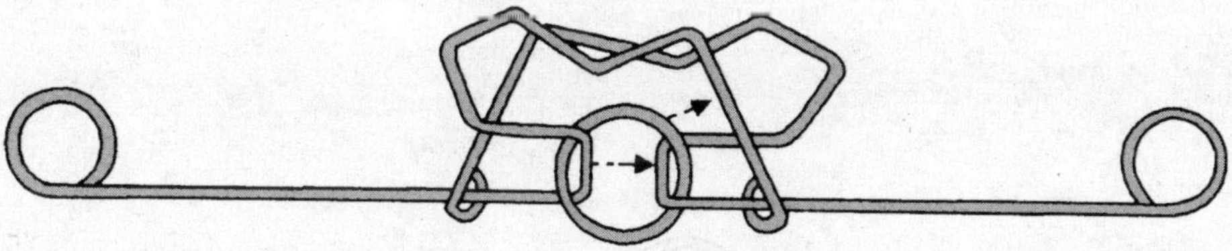

③

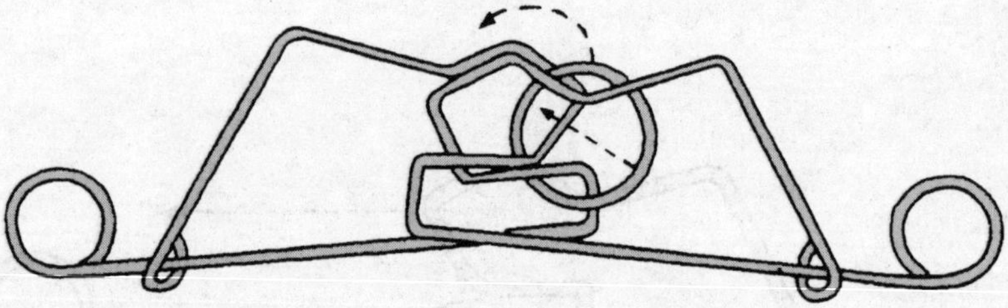

④

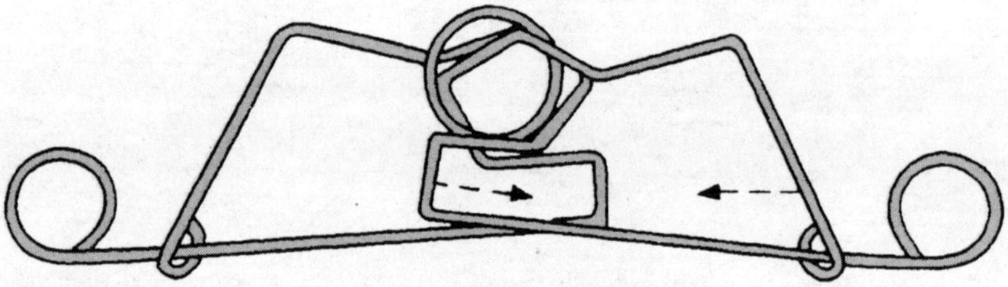

⑤

29 秋千环

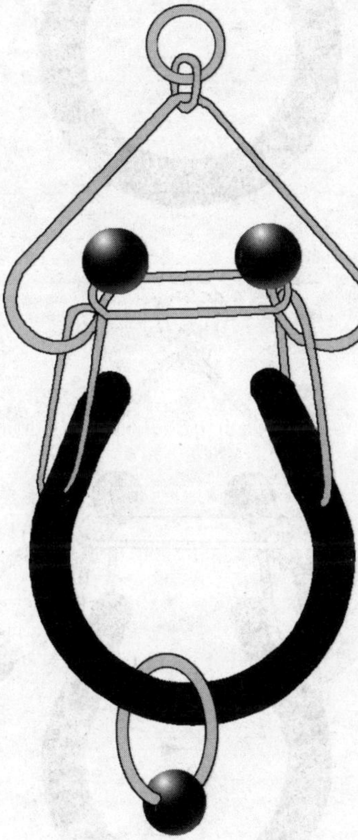

摘掉带圆球的金属环。

参考摘法：

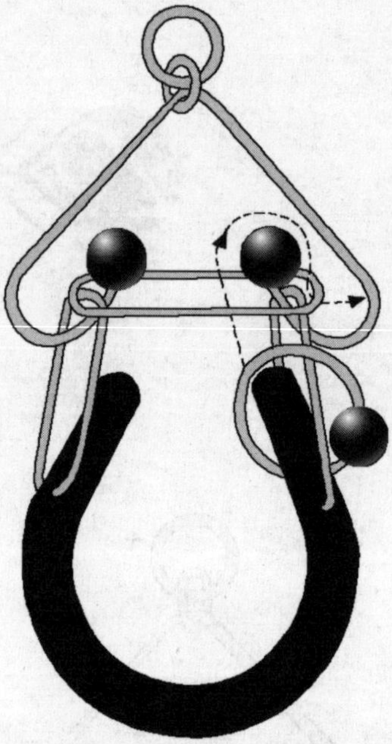

①

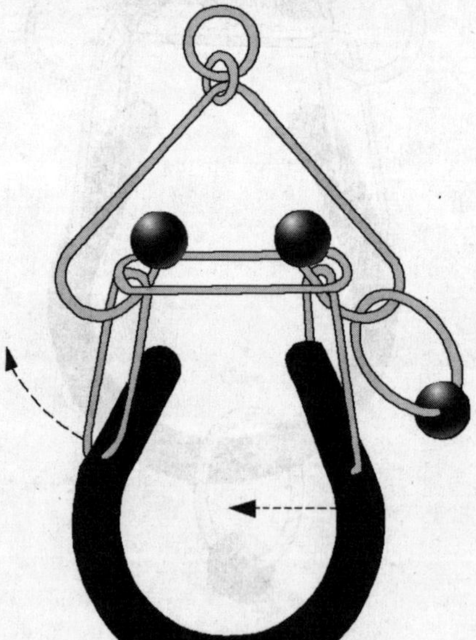

②

③

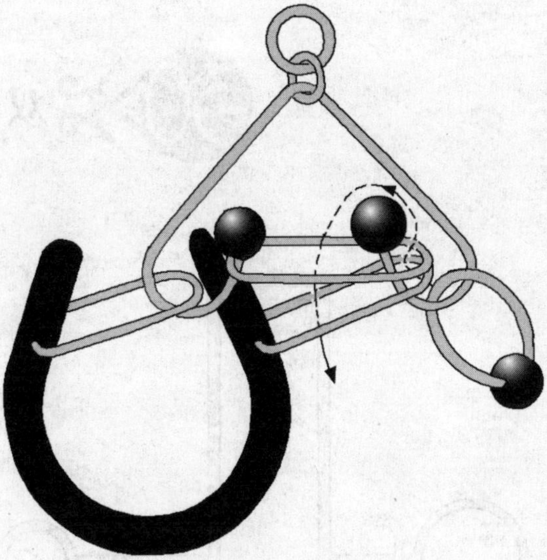

④

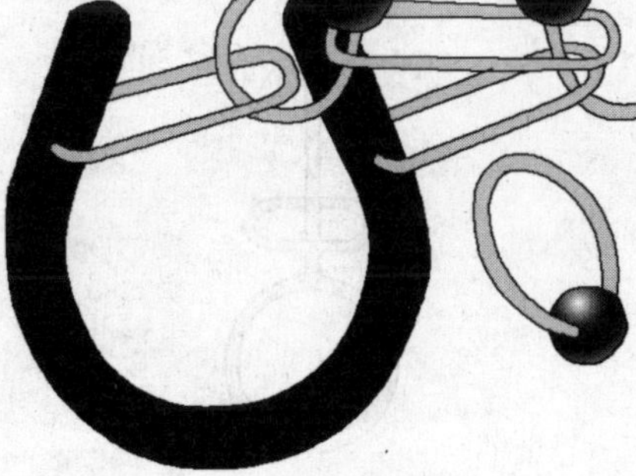

30 双 架 环

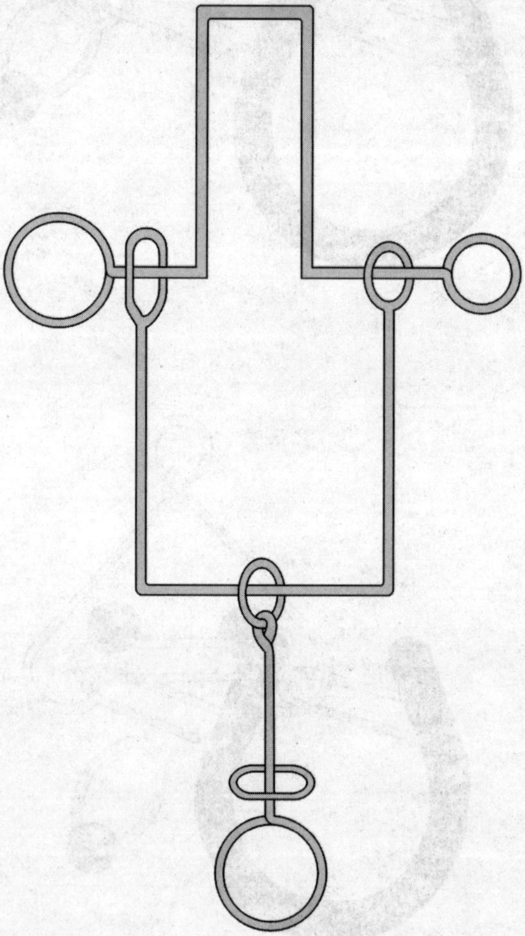

摘下套在吊环上的扁环。

参考摘法：

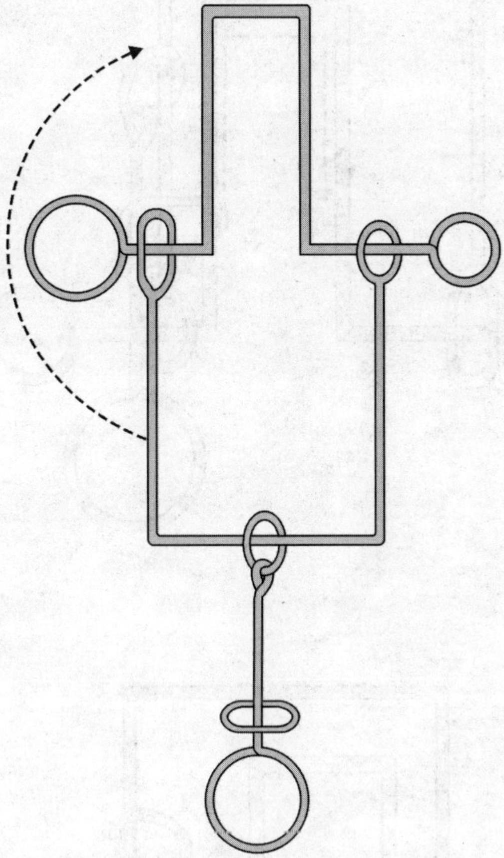

①

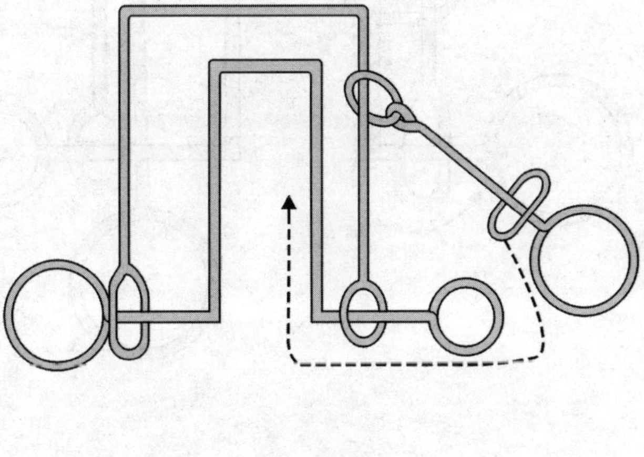

②

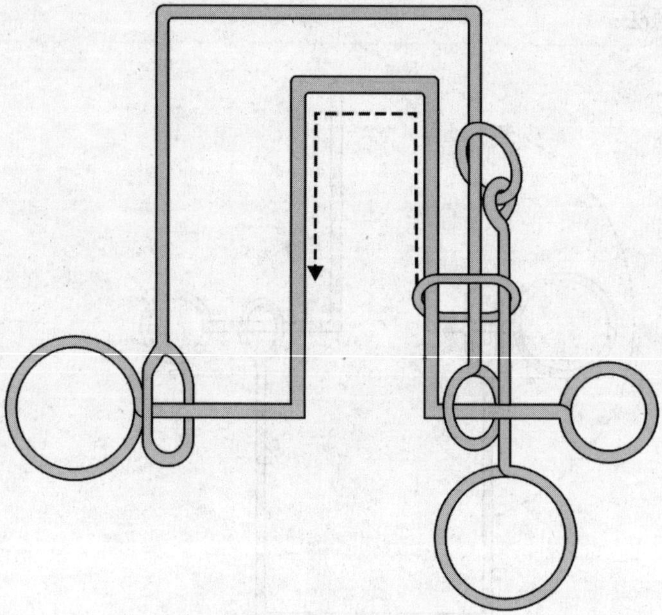

③

④

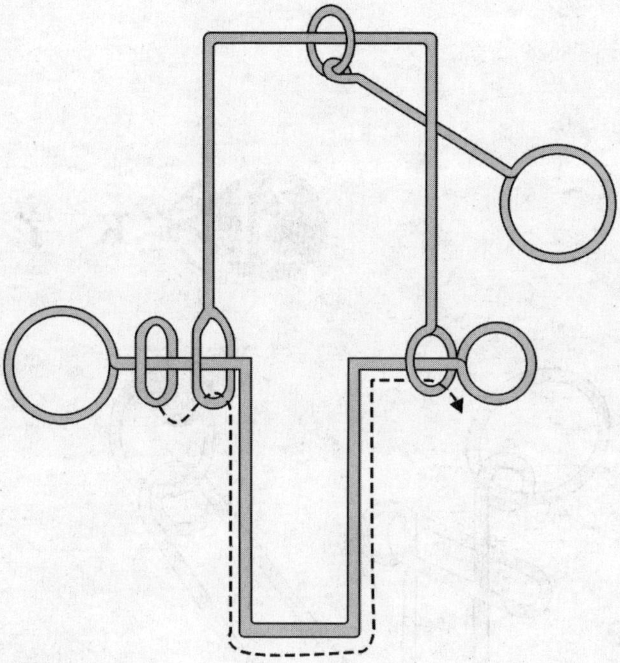

⑤

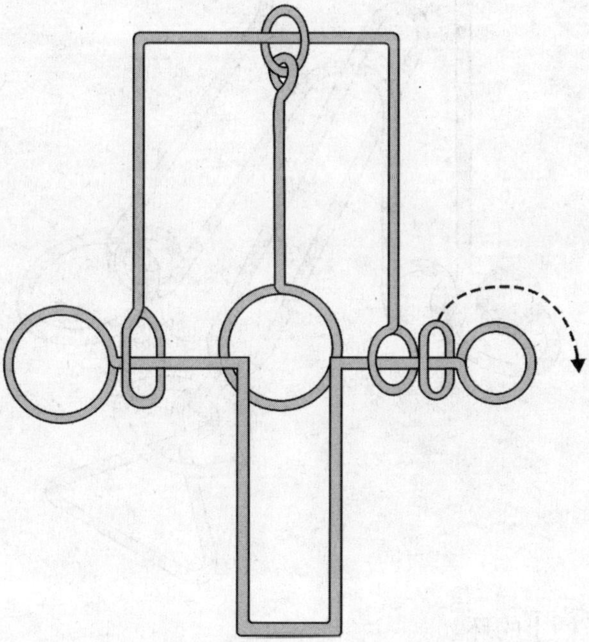

⑥

31 K 字环

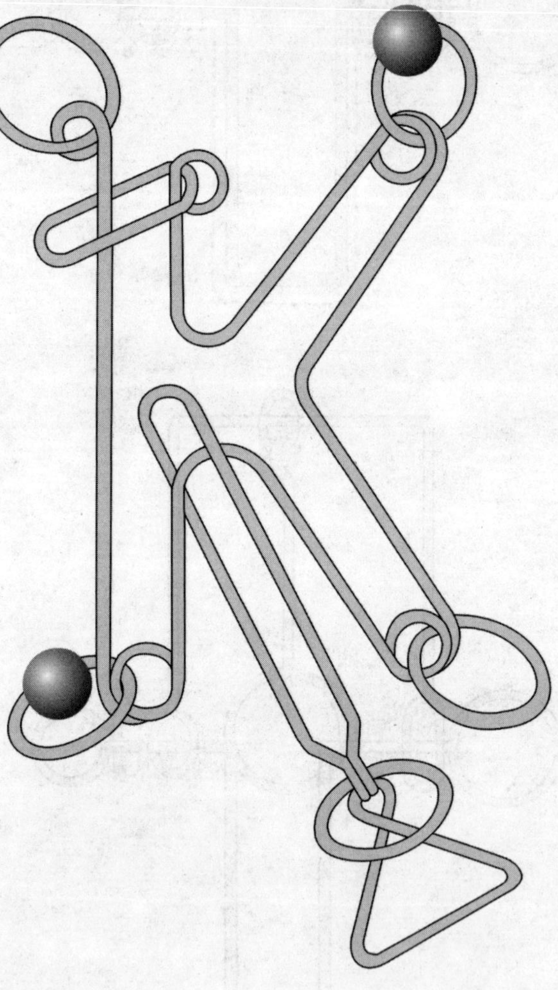

摘下套在长柄上的环。

参考摘法：

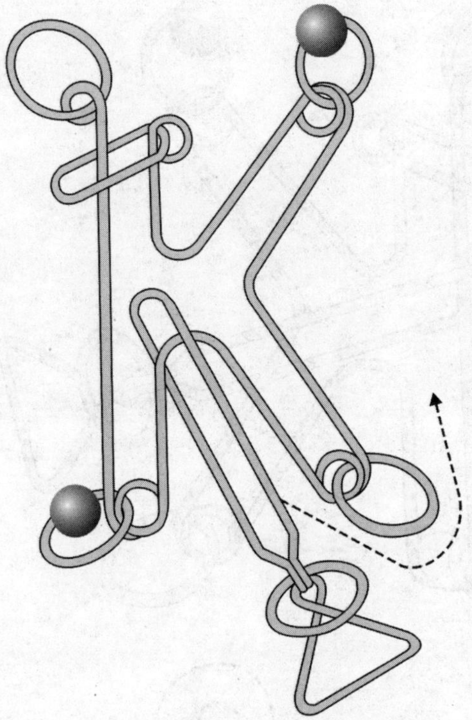

①

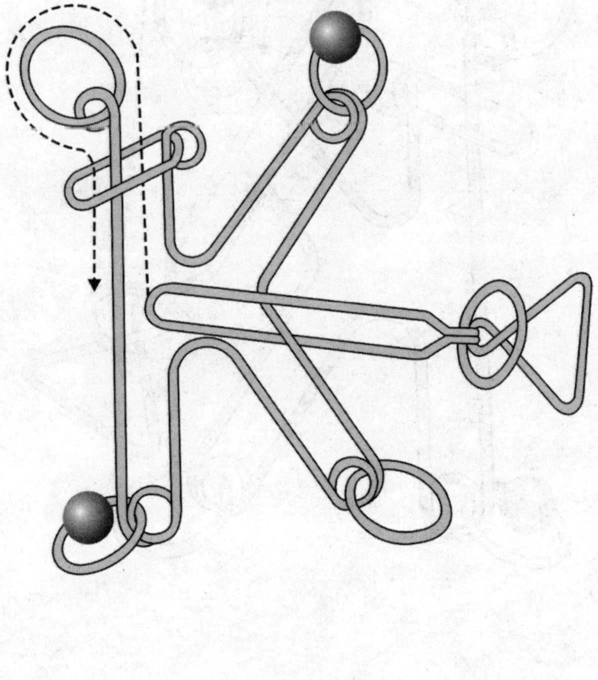

②

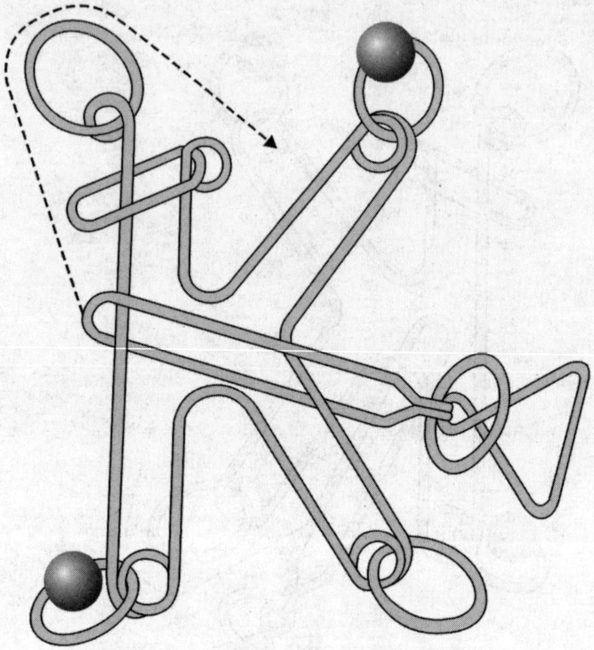

③

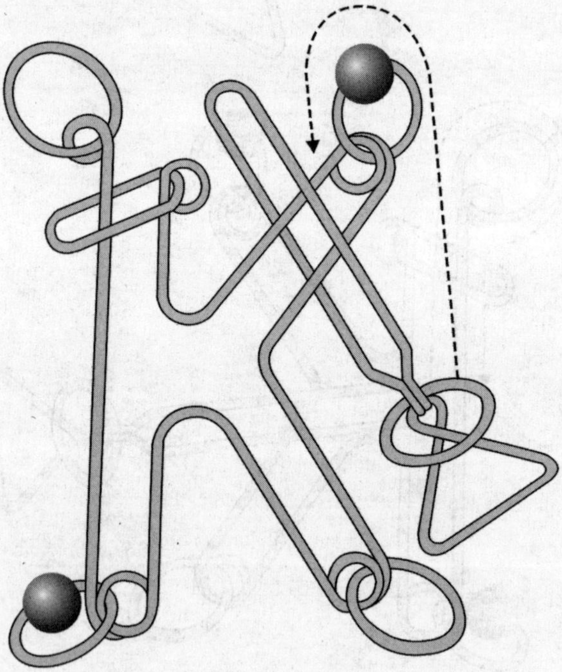

④

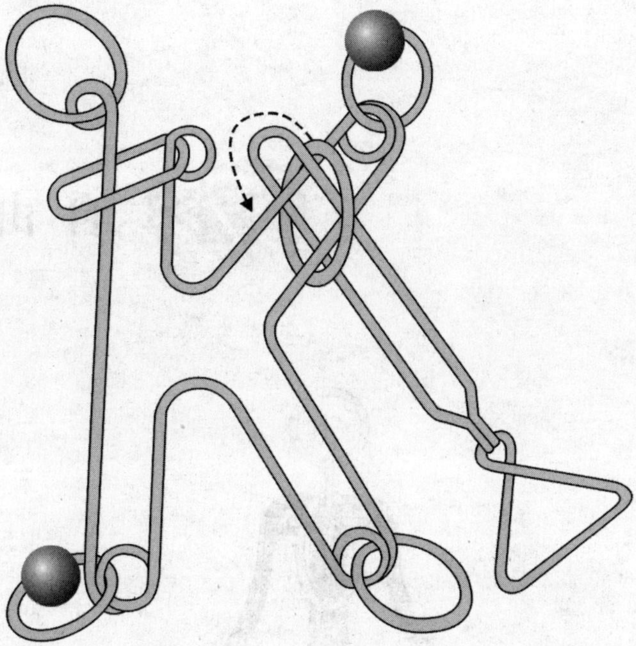

⑤

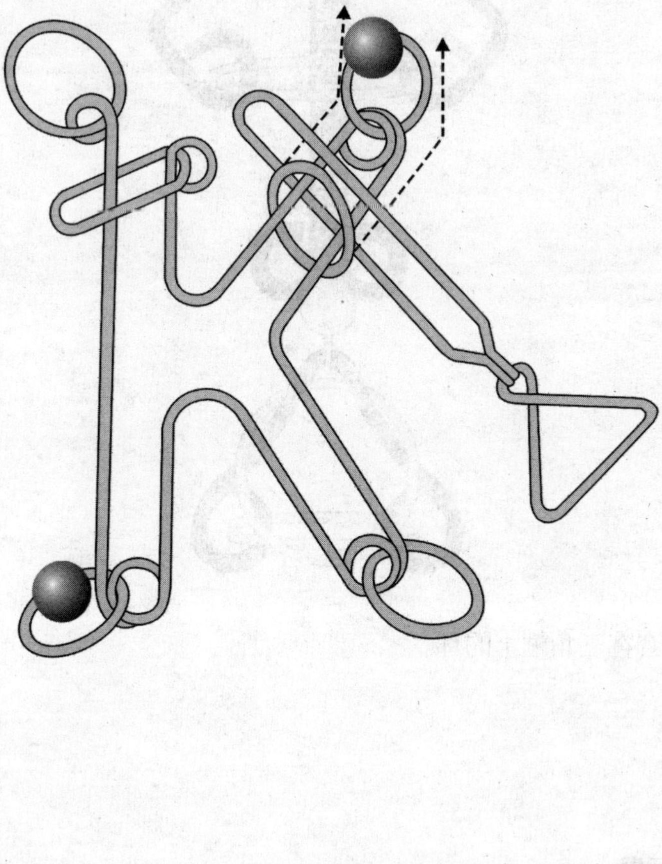

⑥

32 自由环

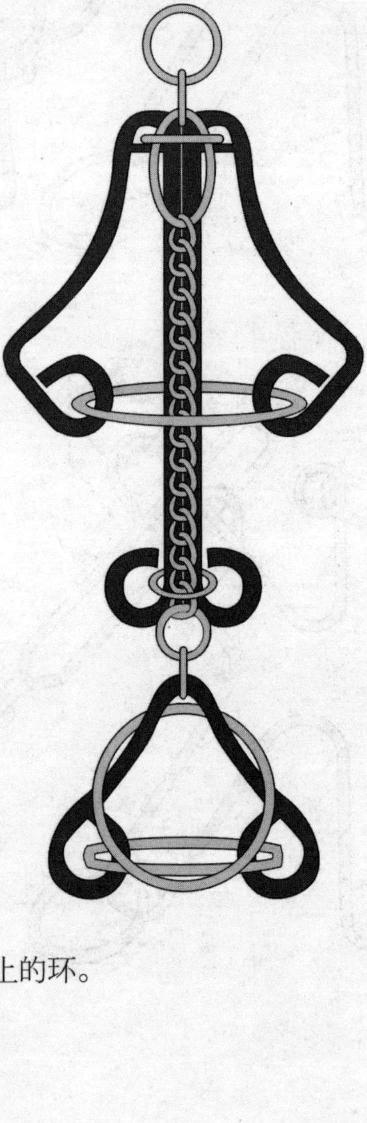

摘下套在三角框上的环。

参考摘法：

①

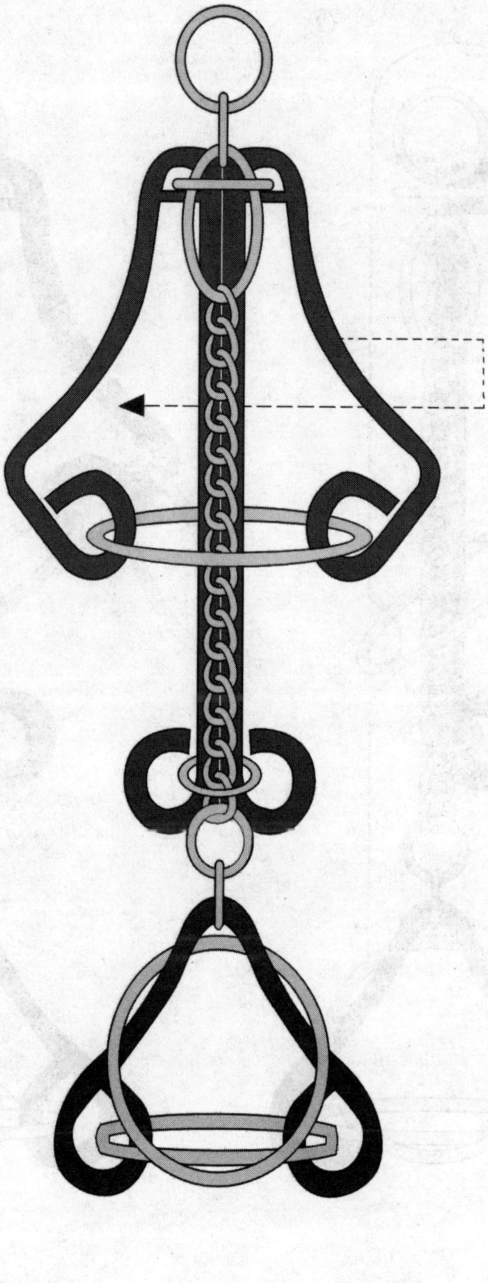

②

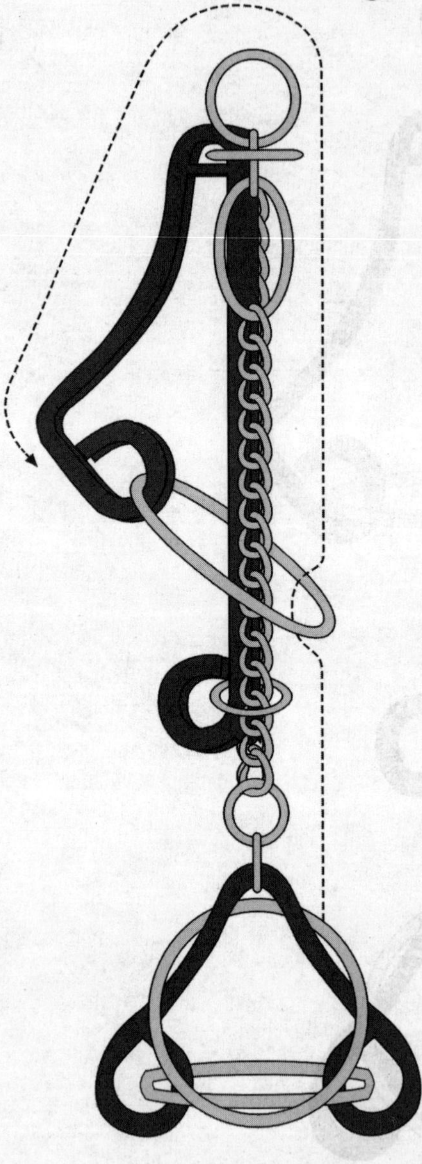

③

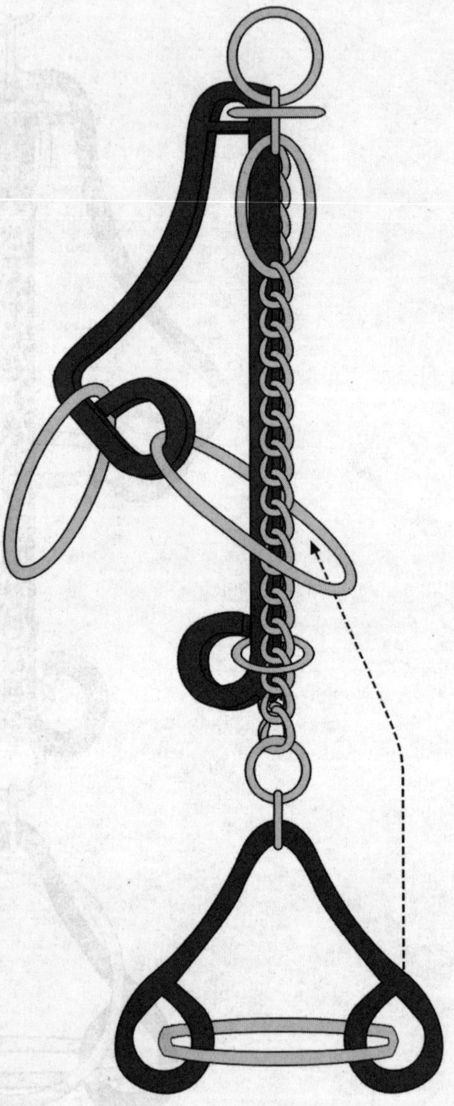

④

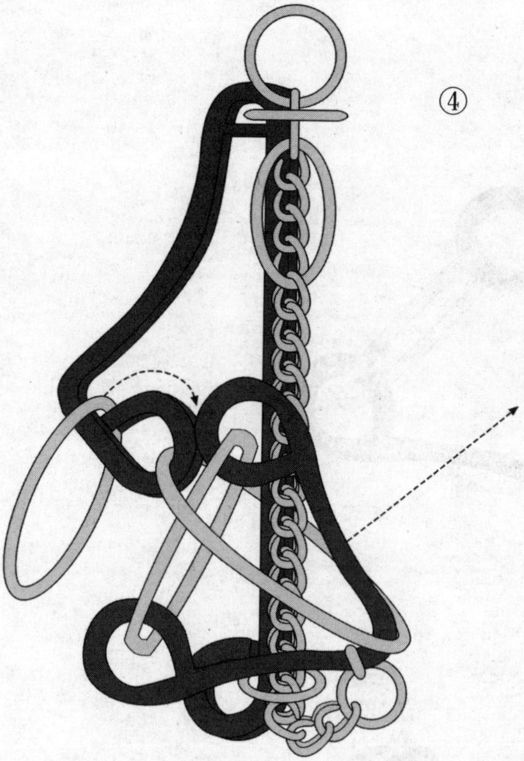

⑤

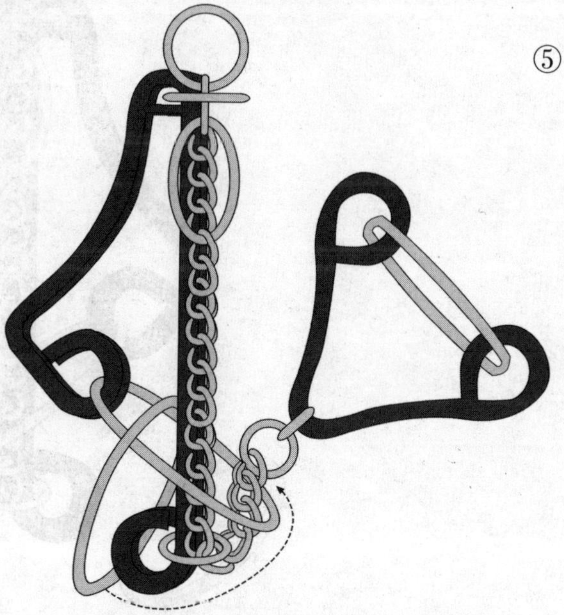

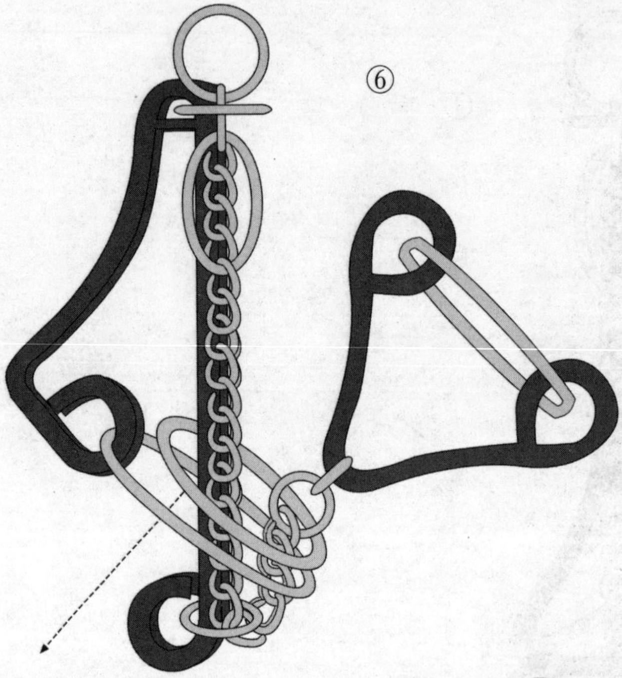

⑥

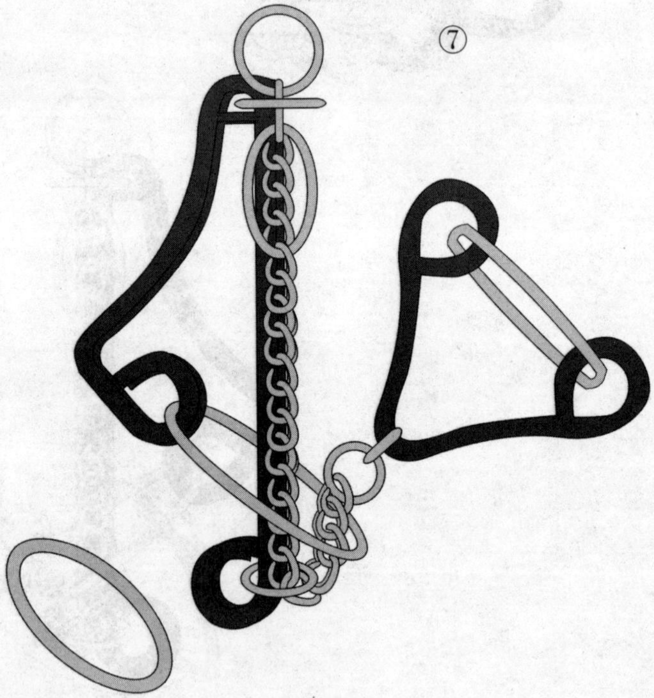

⑦

33 双 轮 环

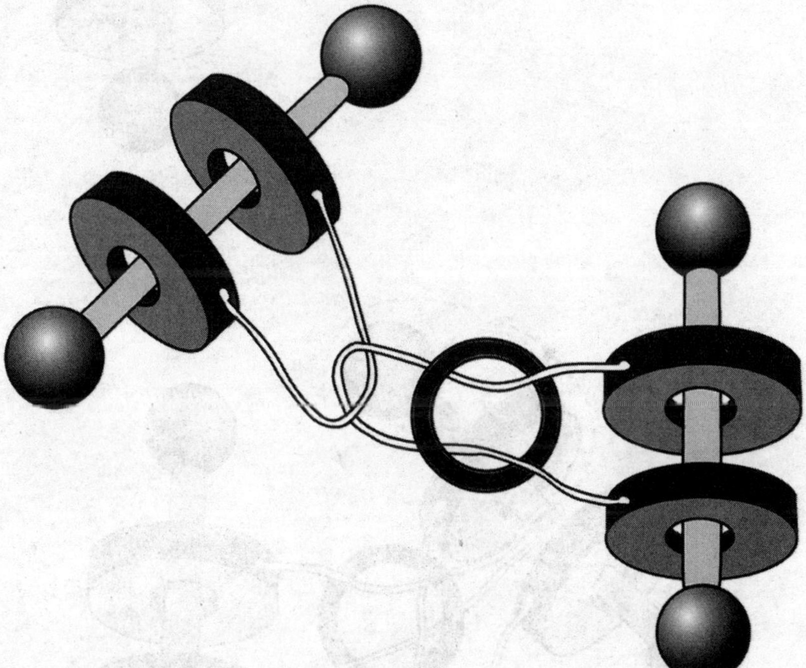

摘下绳上的木环。

参考摘法：

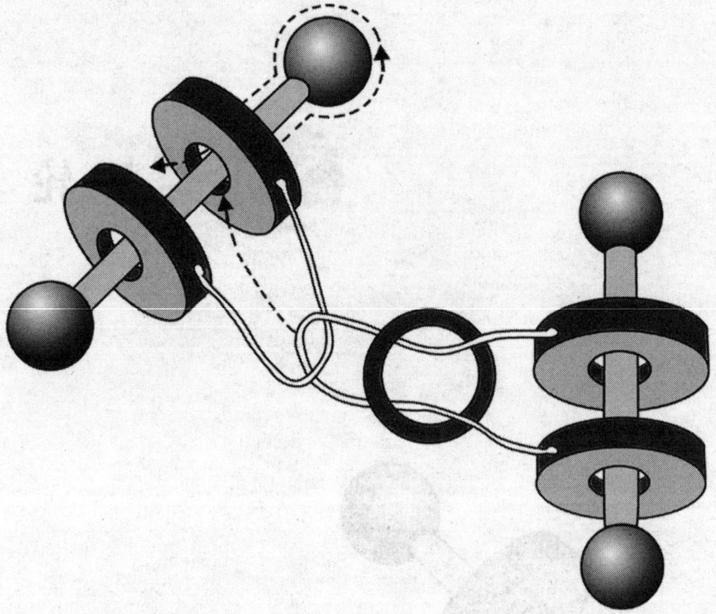

①

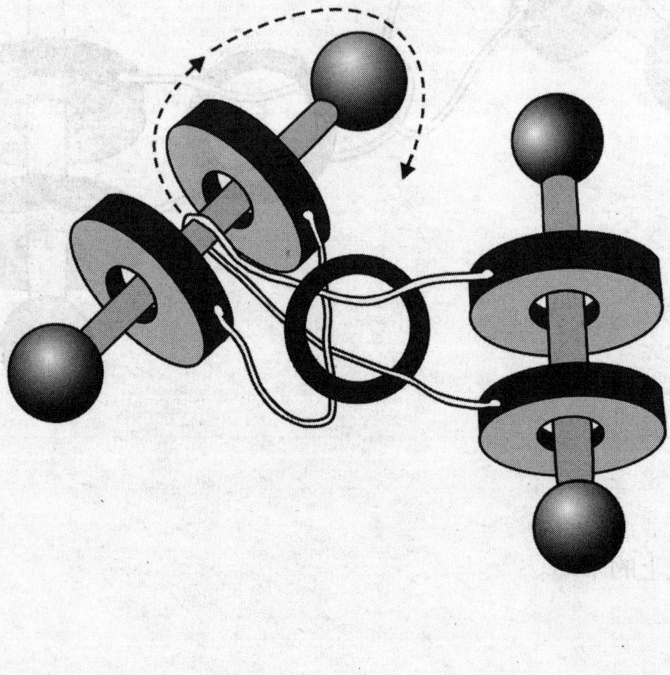

②

③

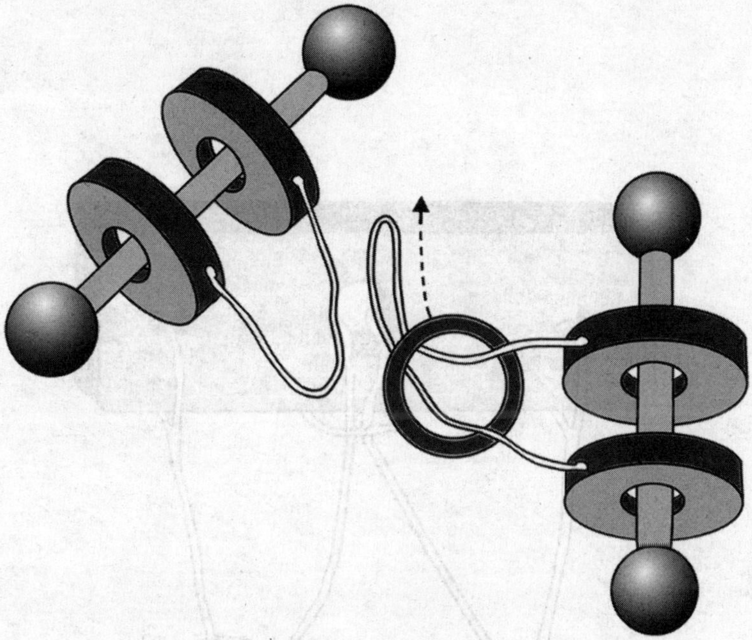

34 单 双 环

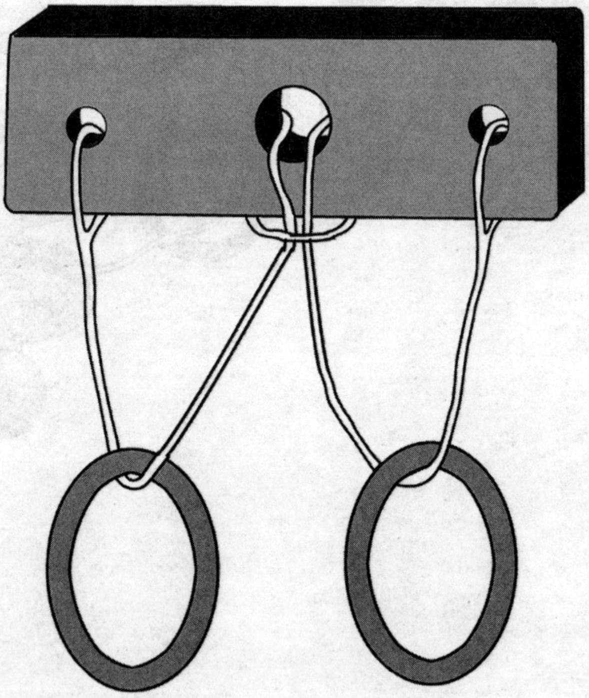

把一个环移靠到另一个环旁，并拢。

参考摘法：

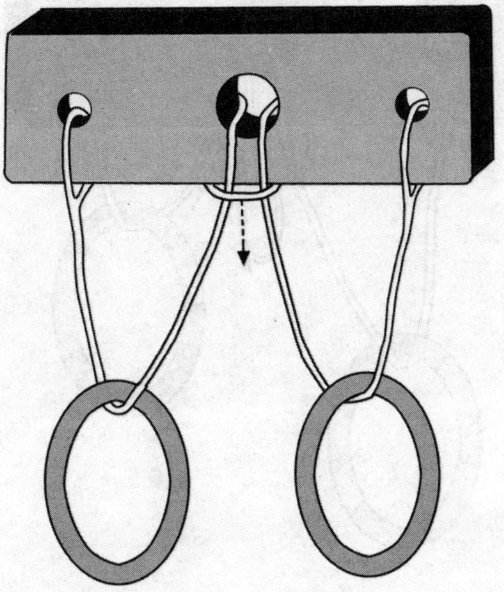

①

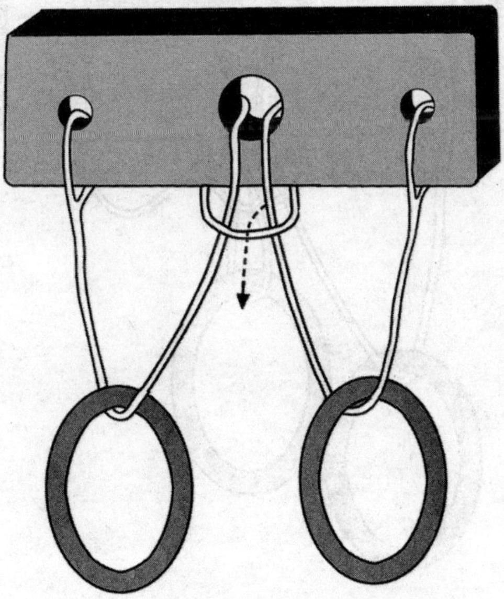

②

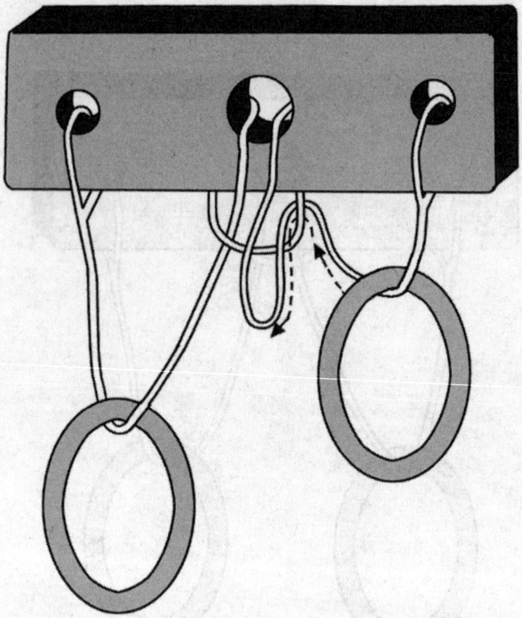

③

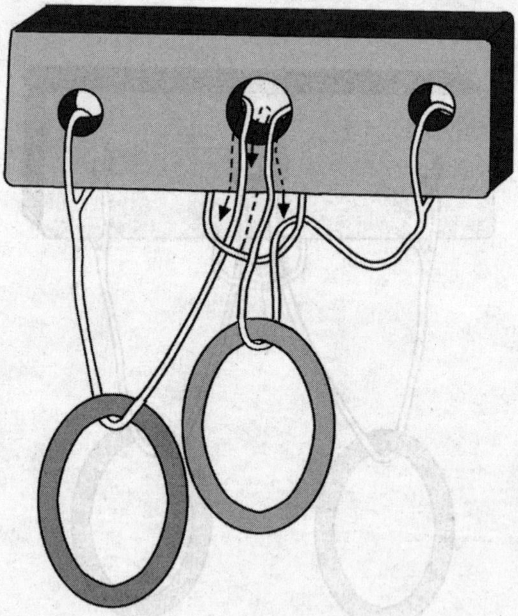

④

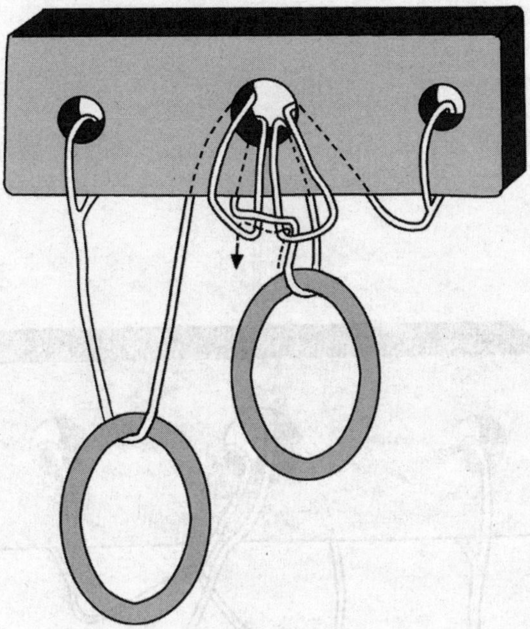

⑤

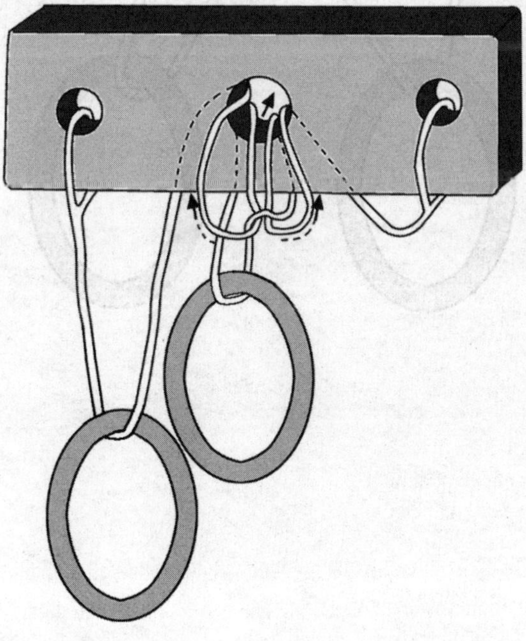

⑥

⑦

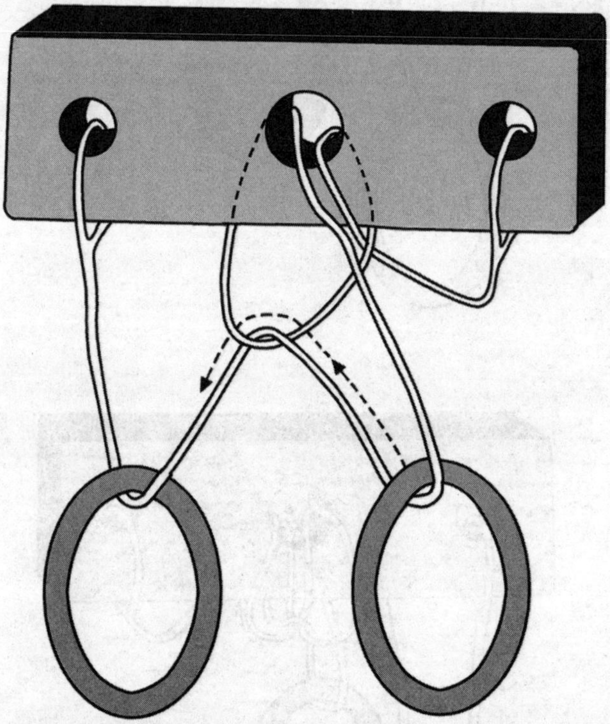

35 象 鼻 环

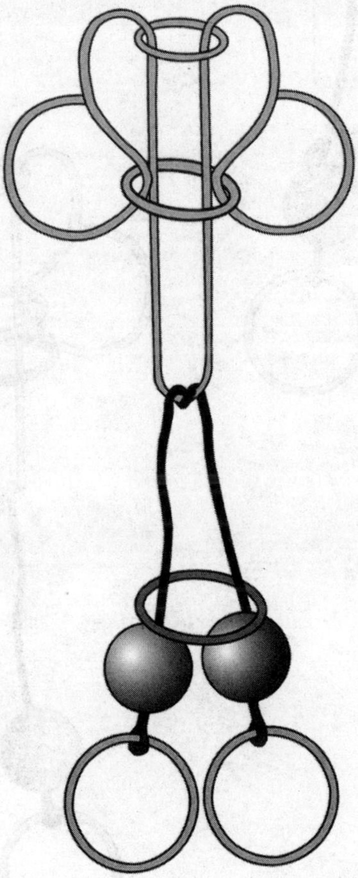

摘下绳上的金属环。

参考摘法：

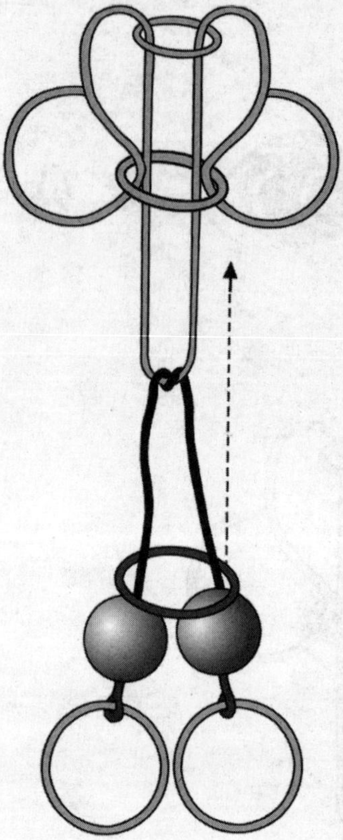

①

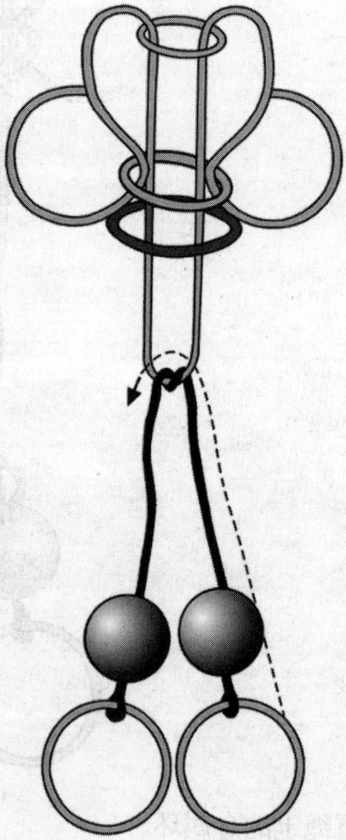

②

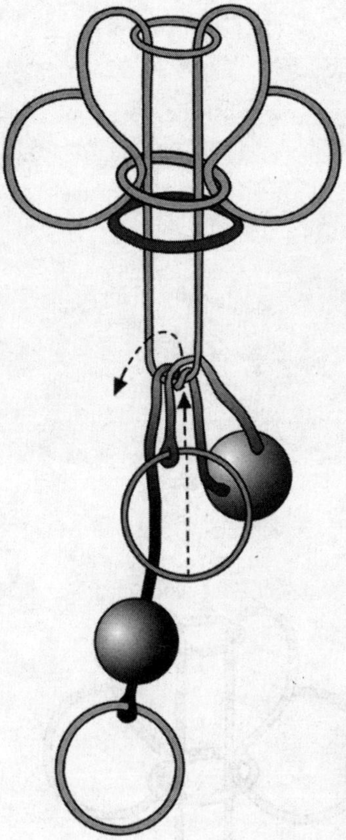

③

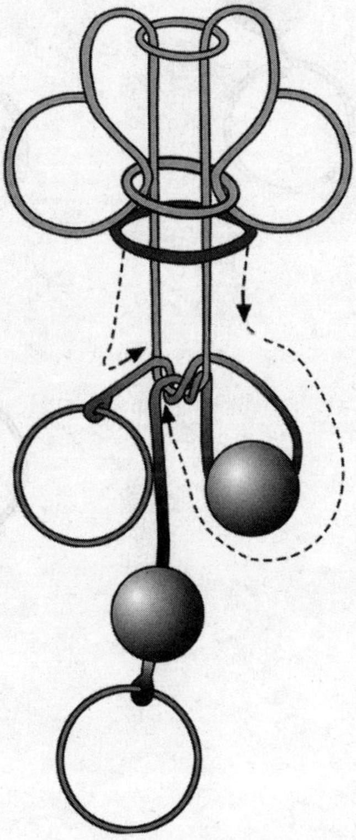

④

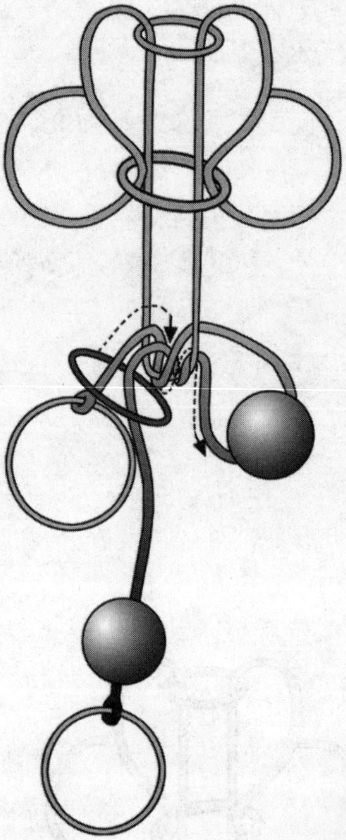

⑤

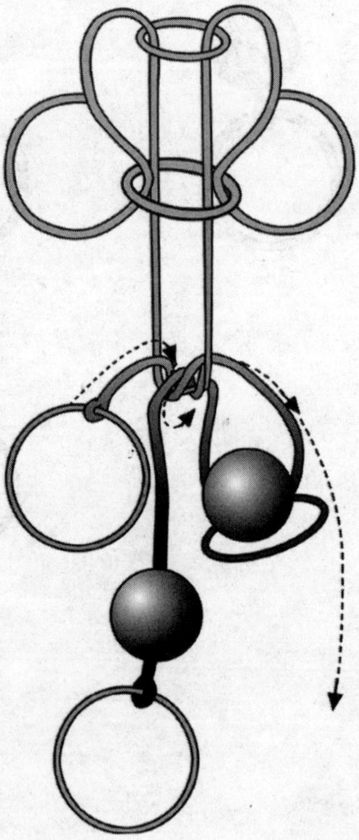

⑥

⑦

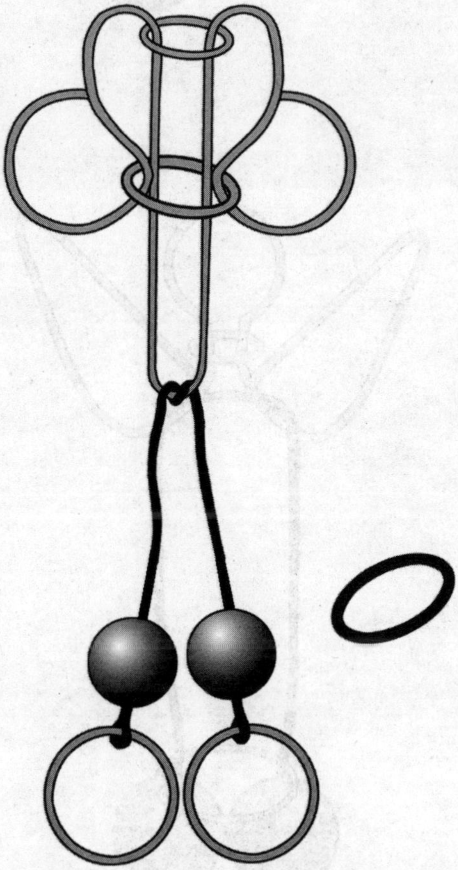

36 马 耳 环

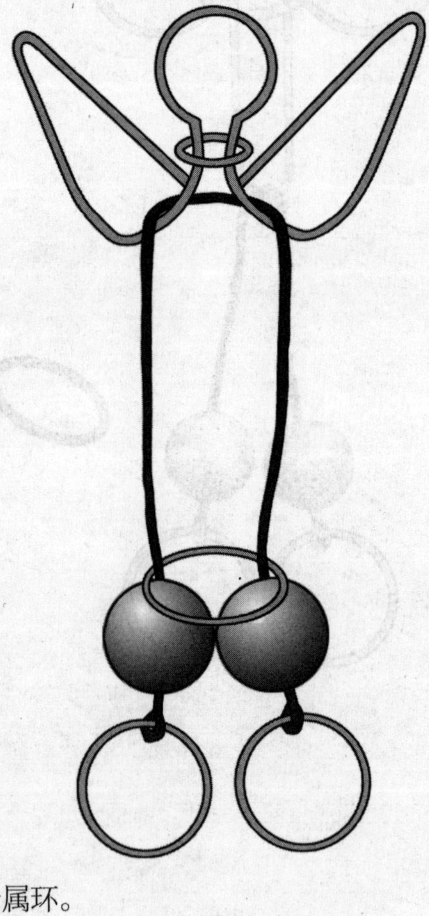

摘下绳上的金属环。

参考摘法：

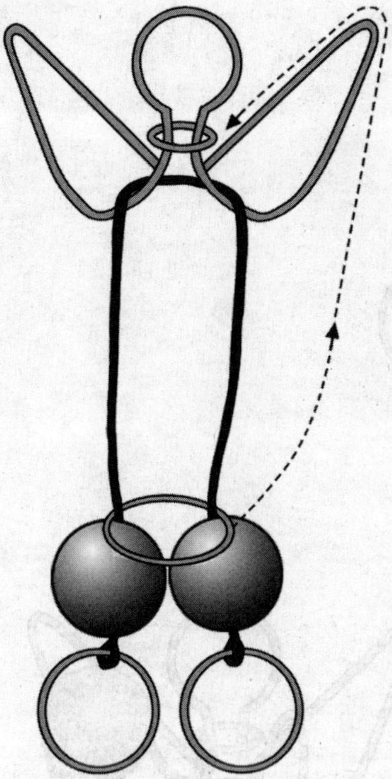

①

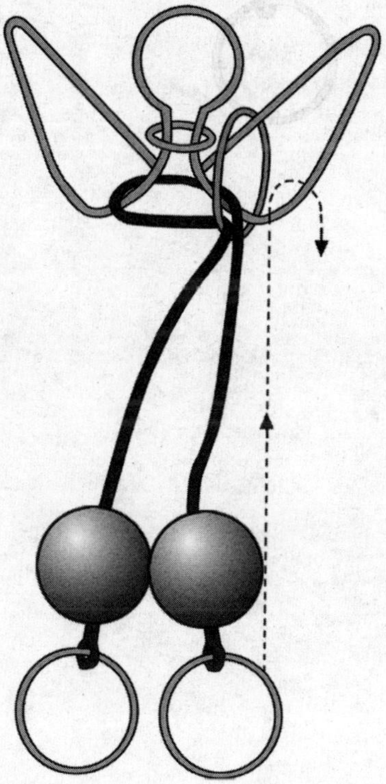

②

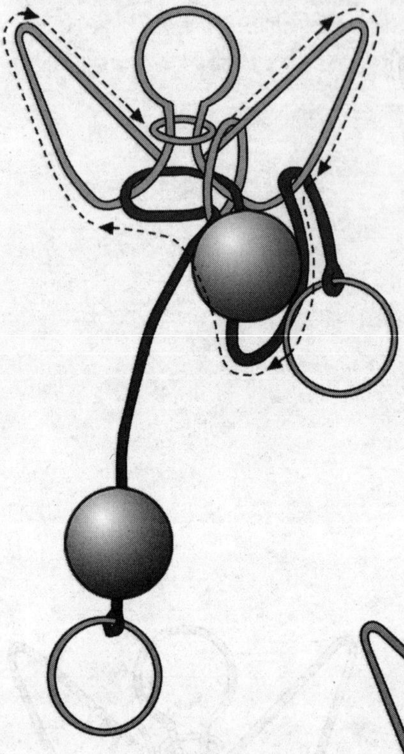

③

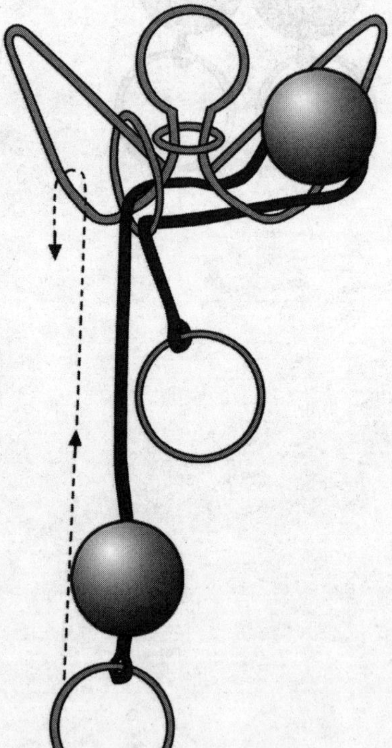

④

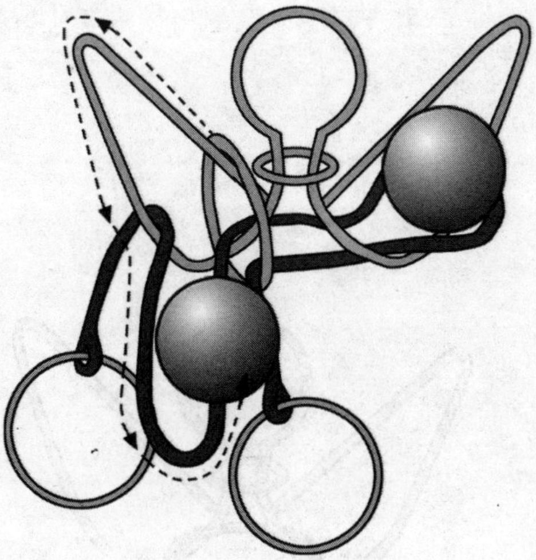

⑤

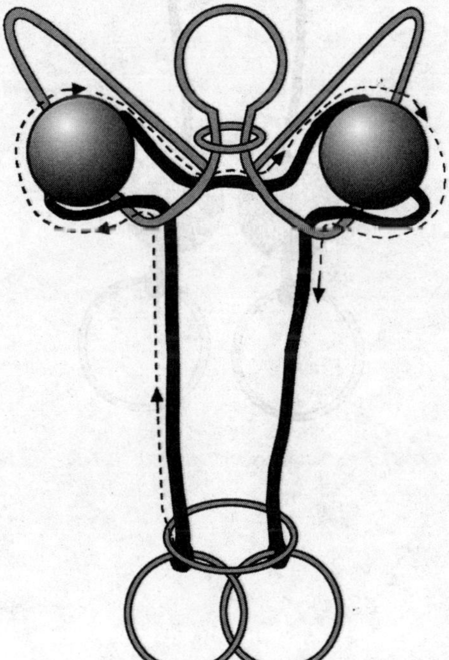

⑥

⑦

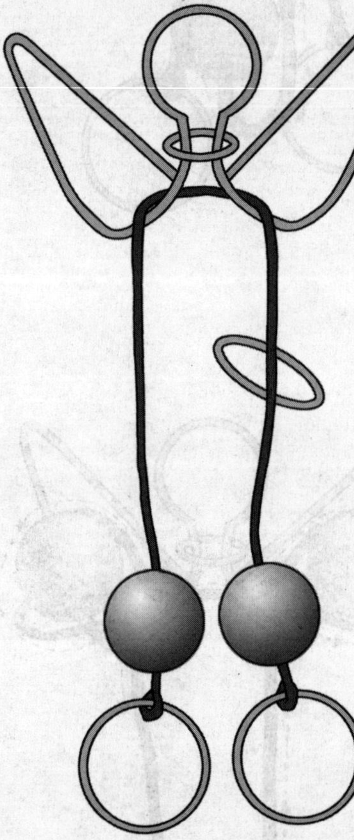

37 孔明锁

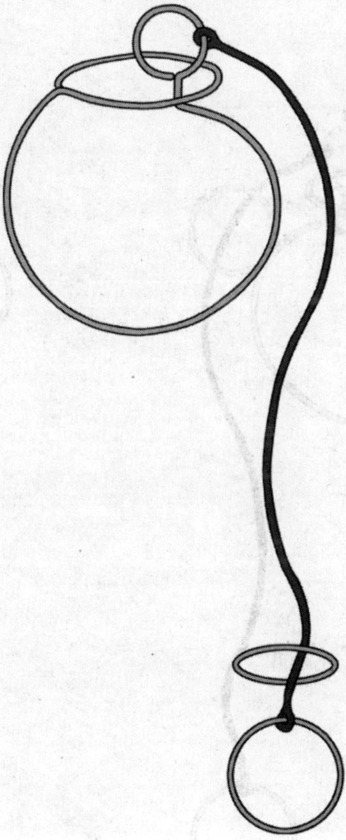

摘下绳上的金属环。

参考摘法：

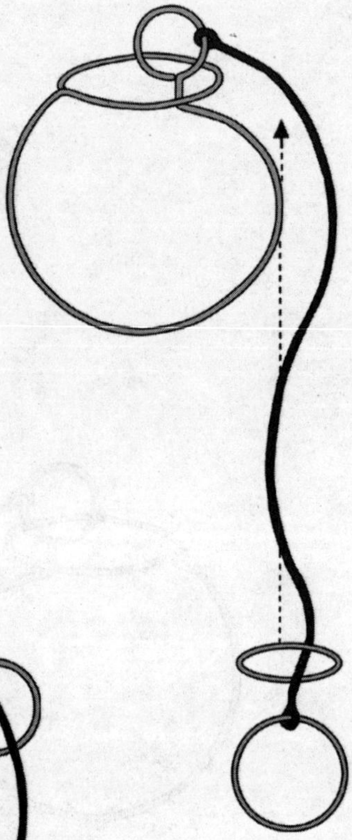

①

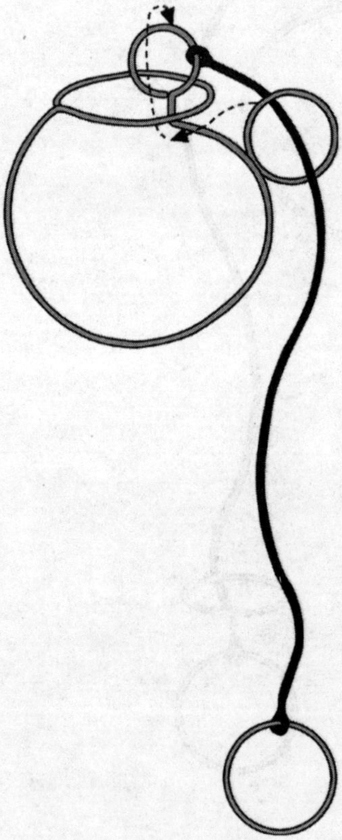

②

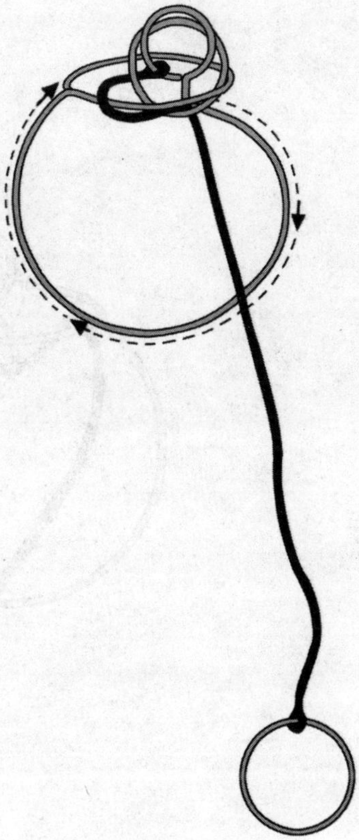

③

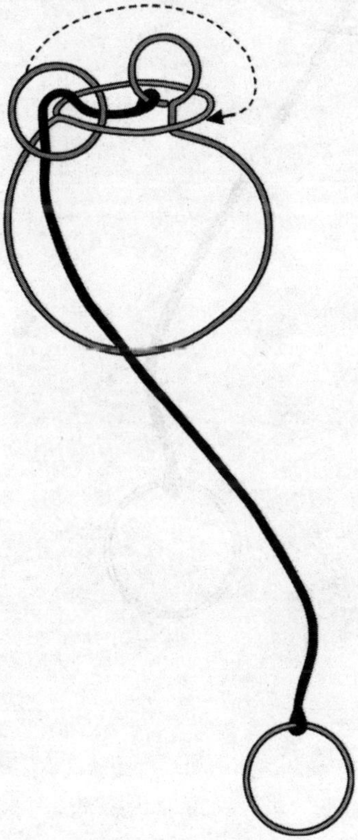

④

⑤

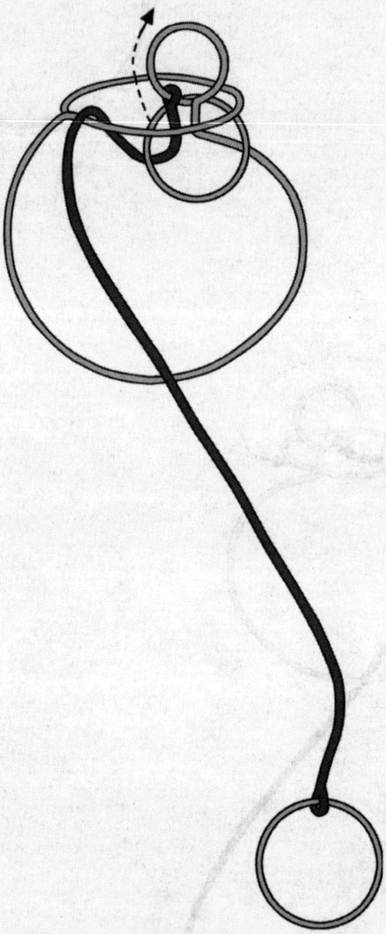

3

取柄

38 双 心 环

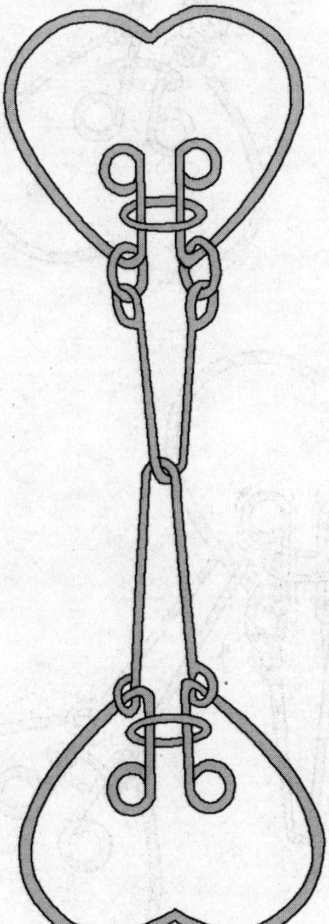

将双心相连的长柄分开。

参考分法：

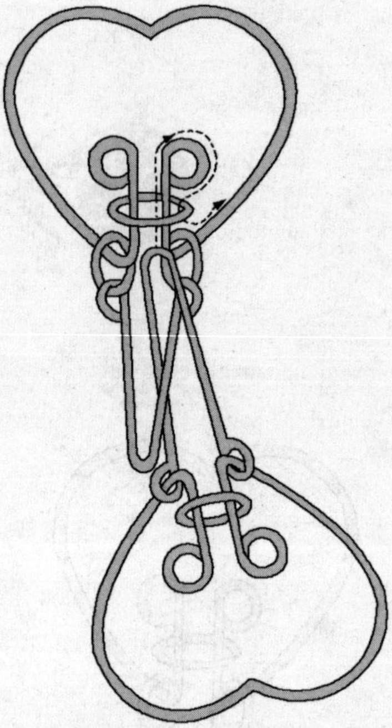

①

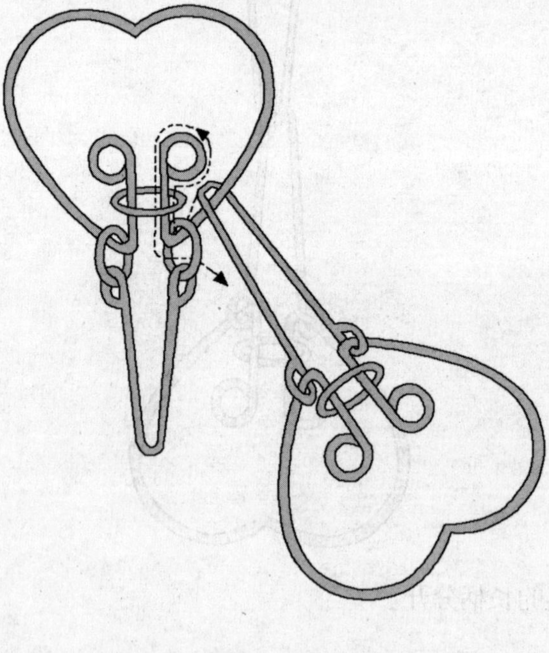

②

③

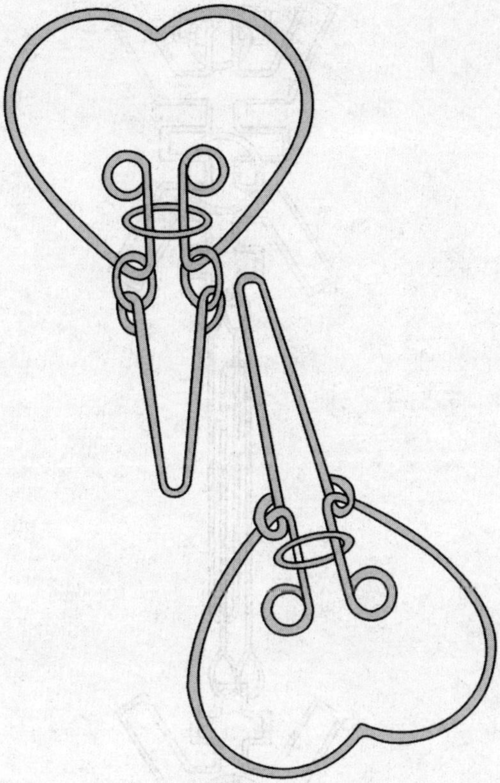

39 双 寿 环

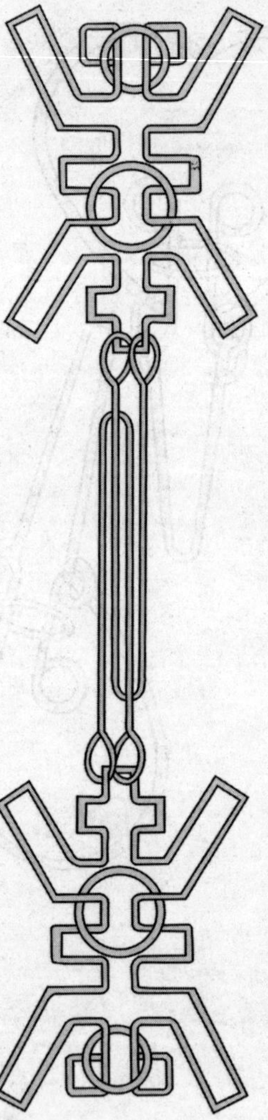

将双寿环上的两个长柄分开。

参考分法：

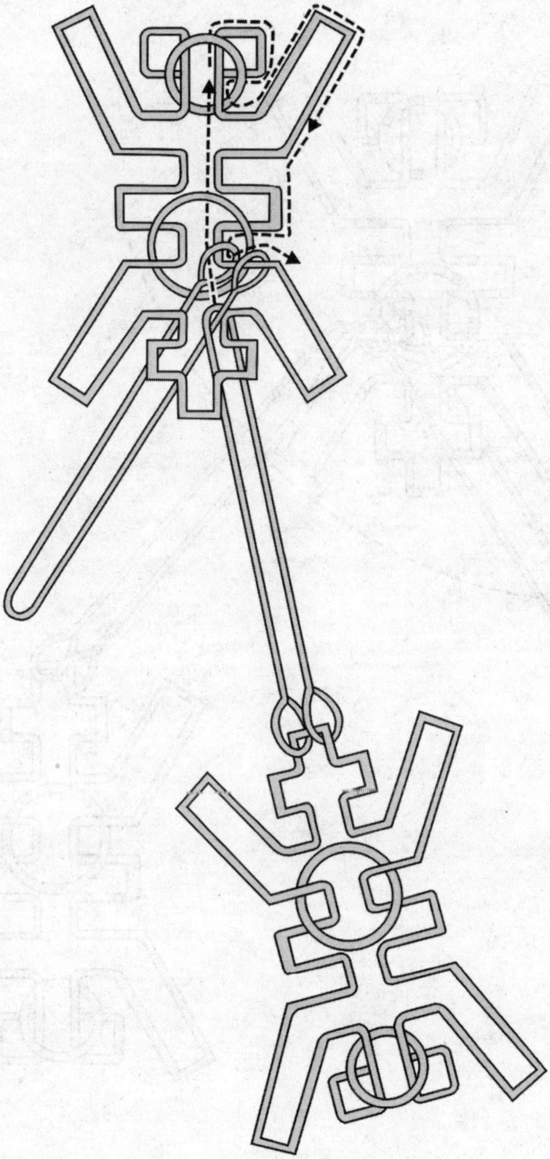

①

②

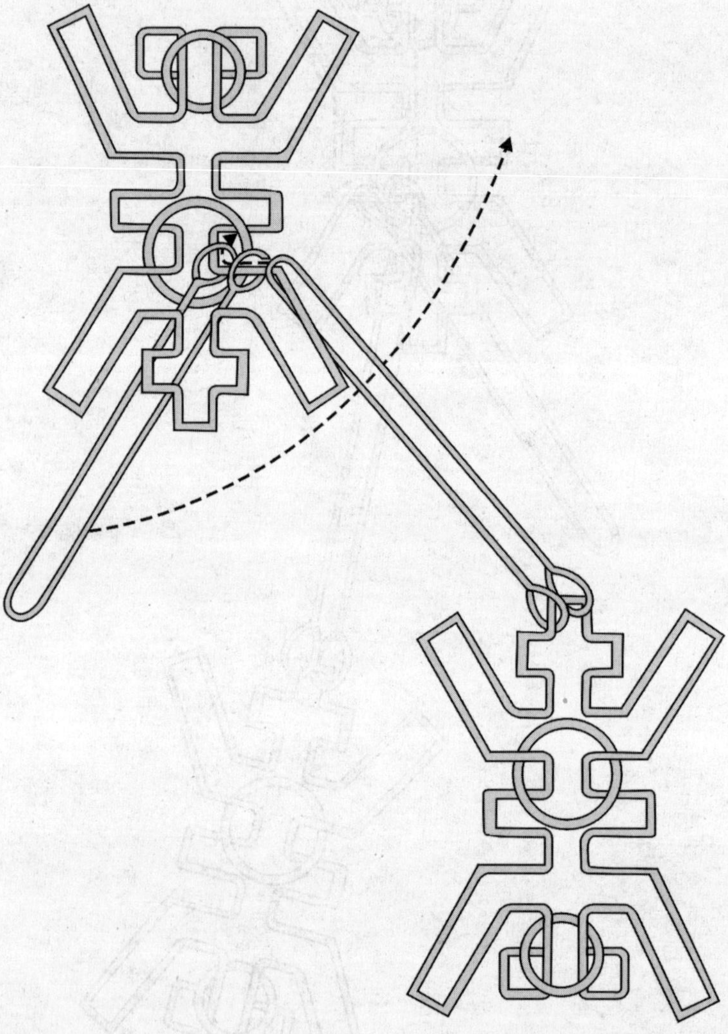

③

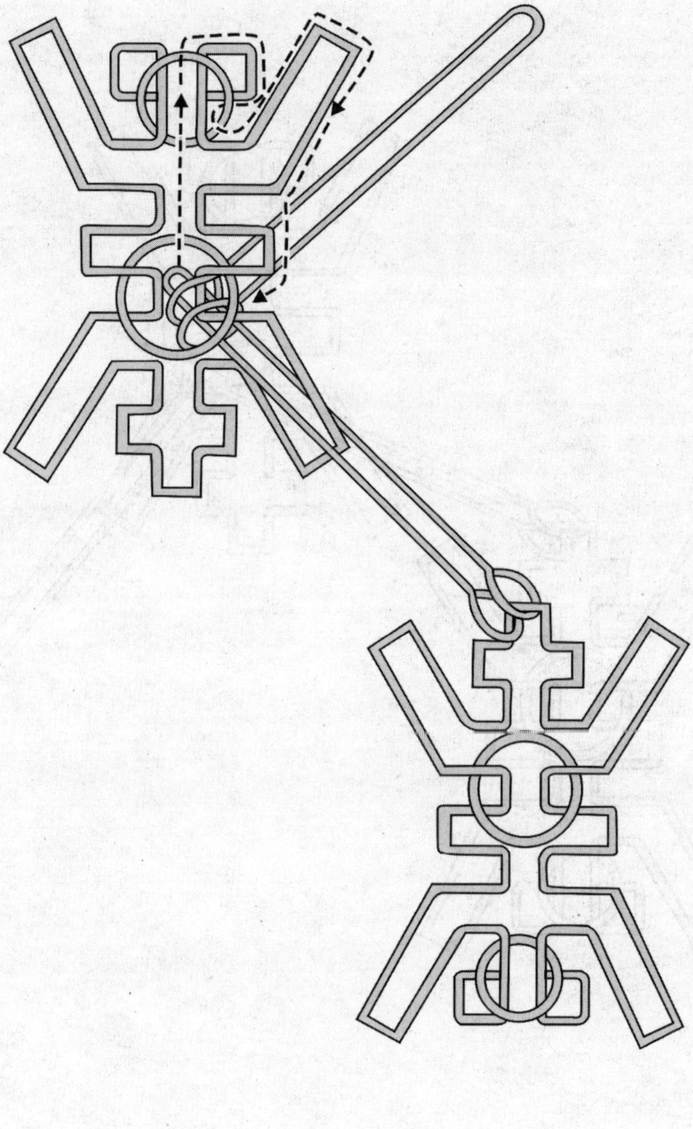

④

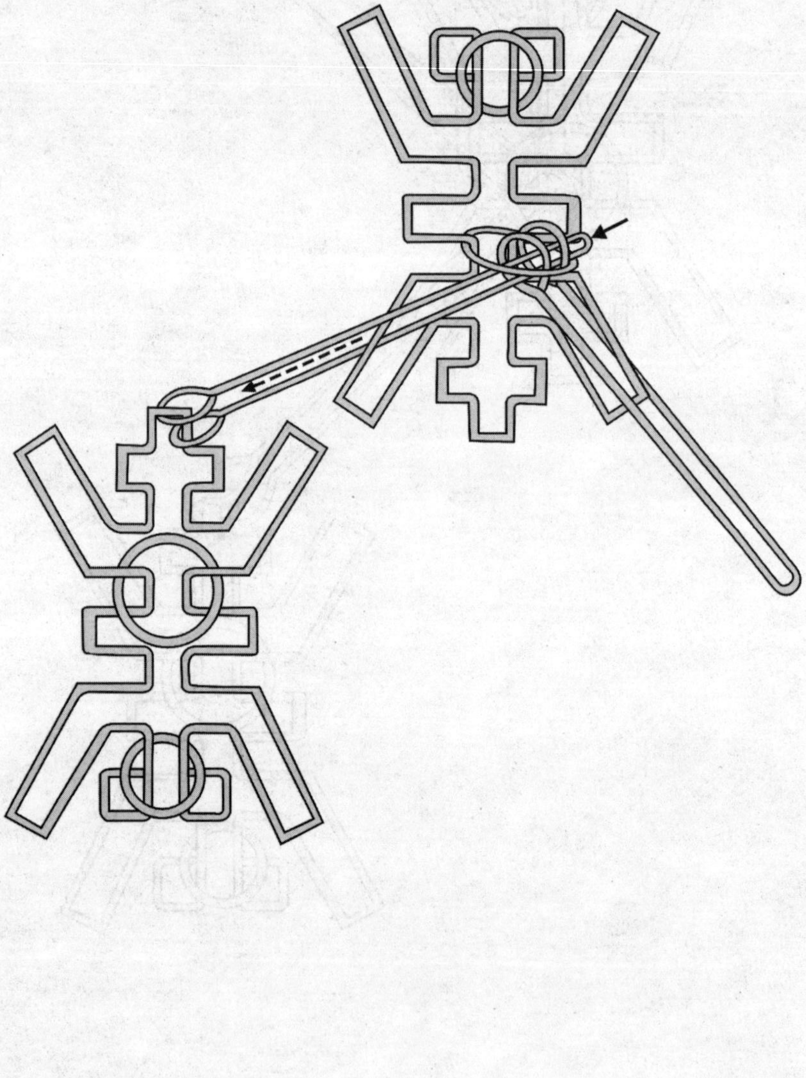

40 五 星 环

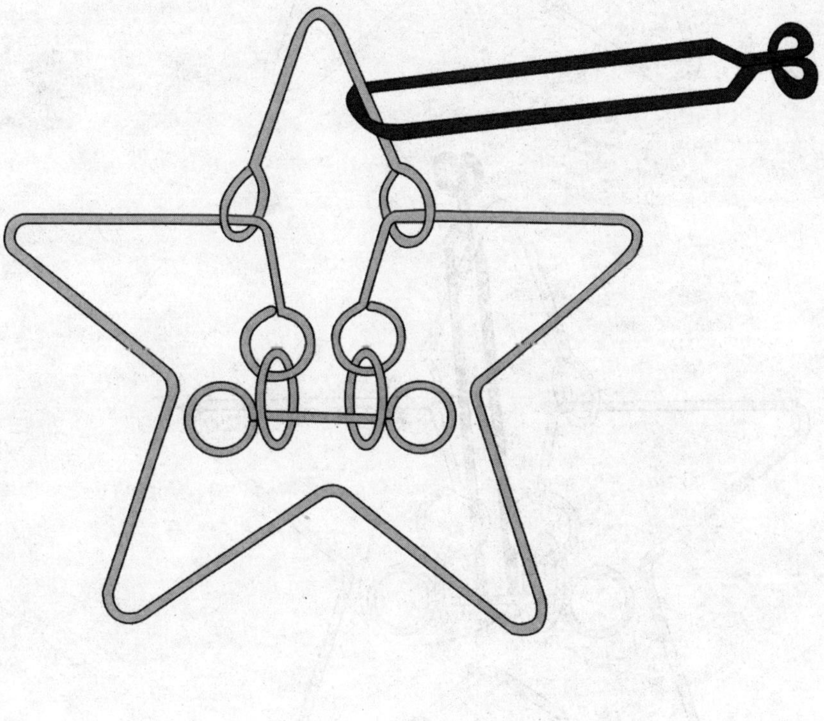

取出五星环上的套柄。

参考取法：

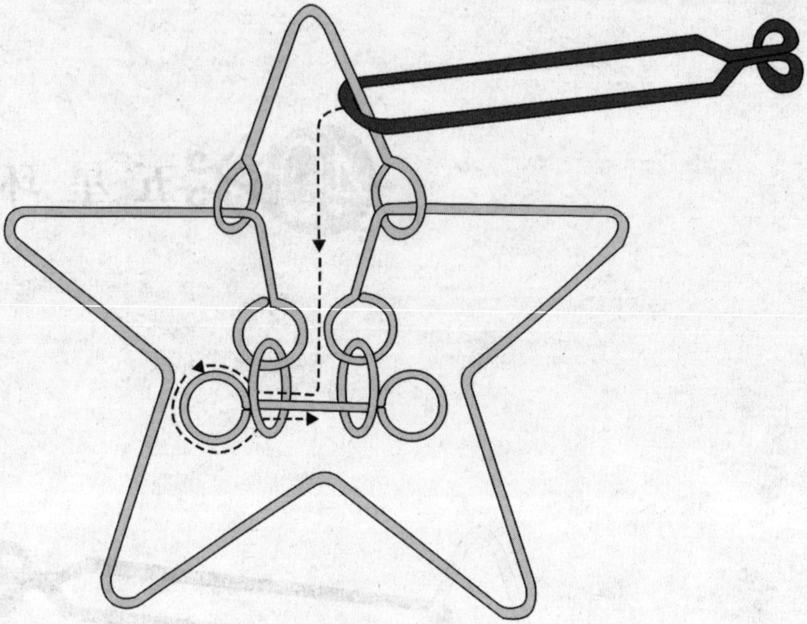

①

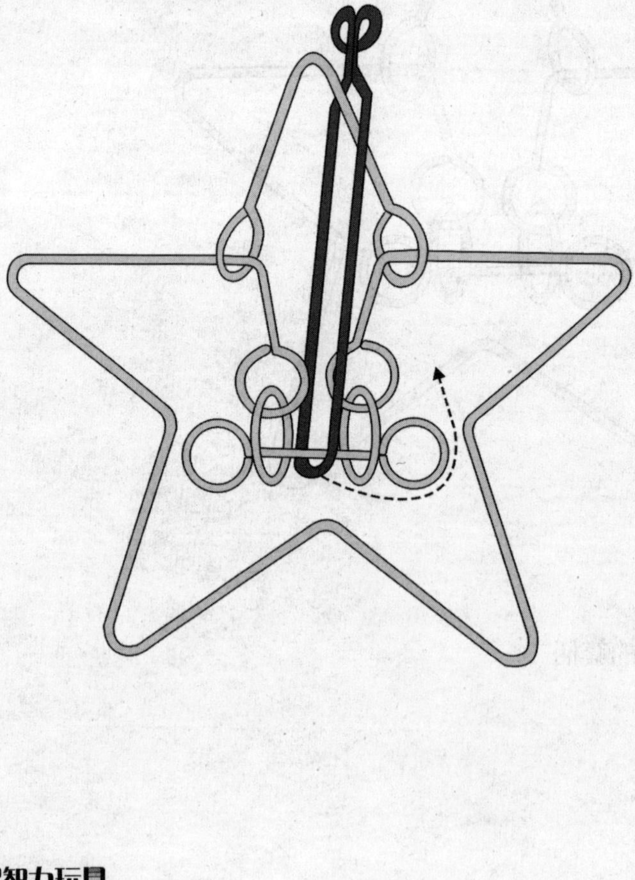

②

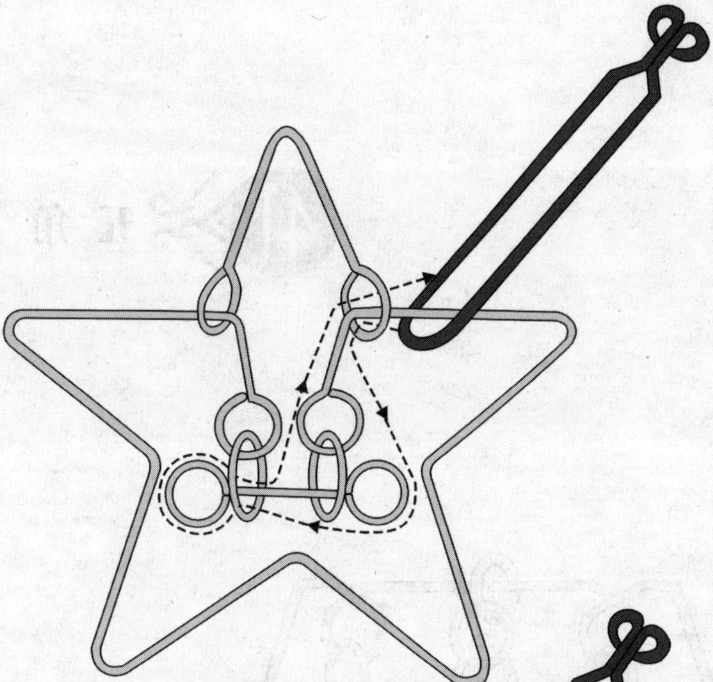

③

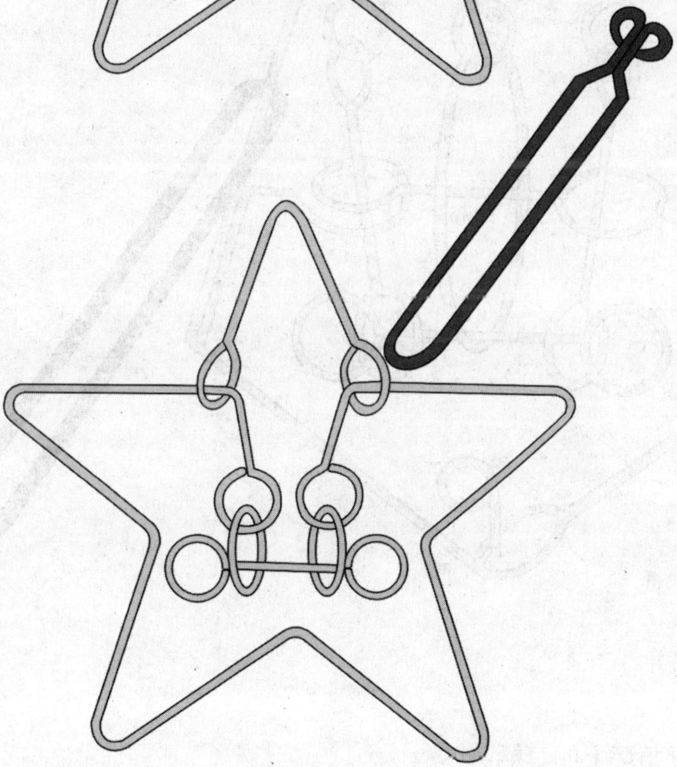

④

41 五 角 环

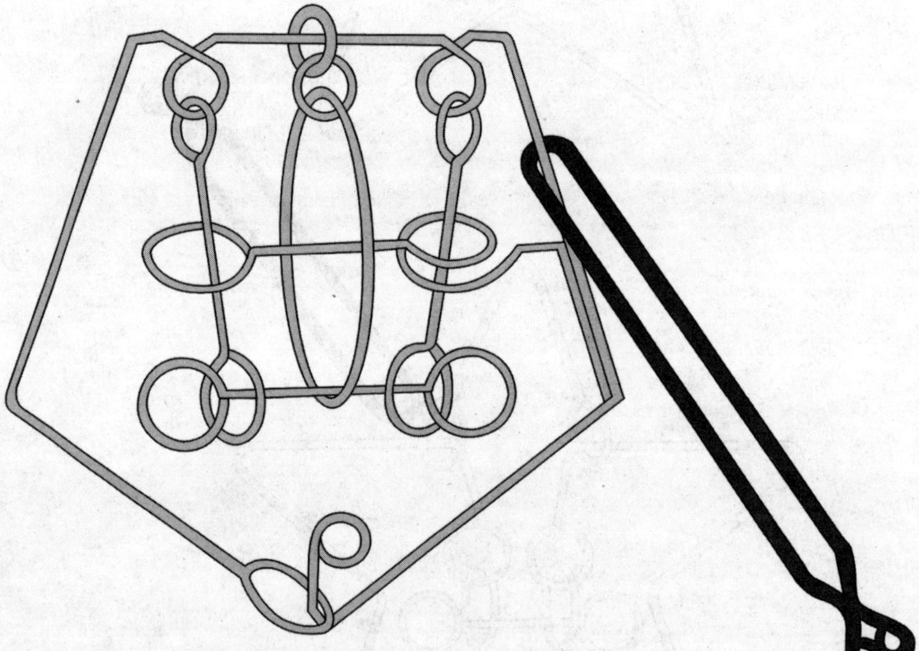

取出五角环上的套柄。

参考取法：

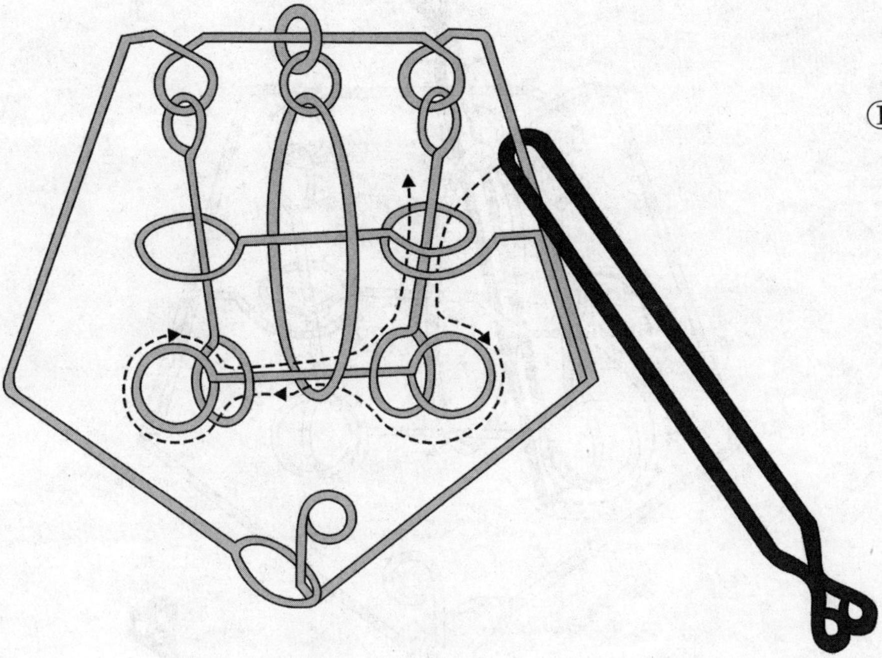

①

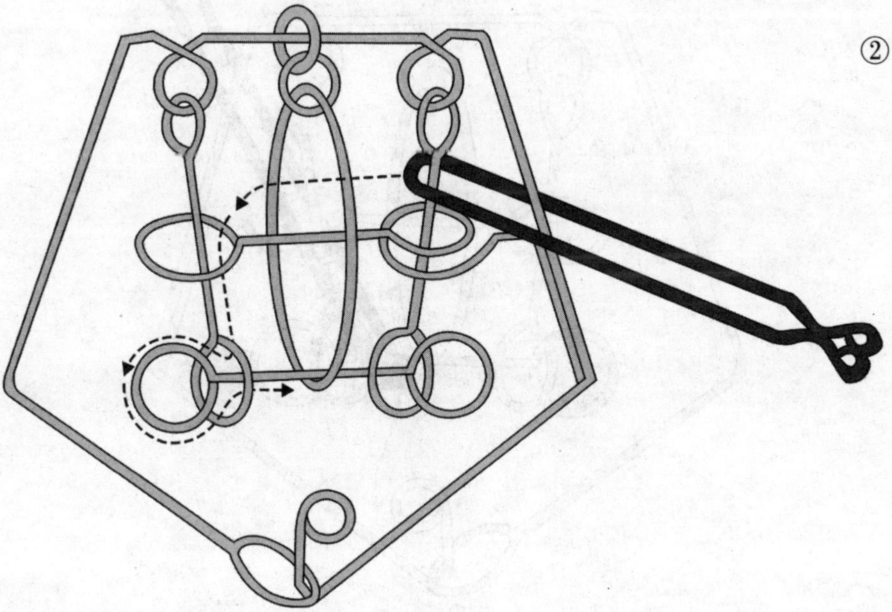

②

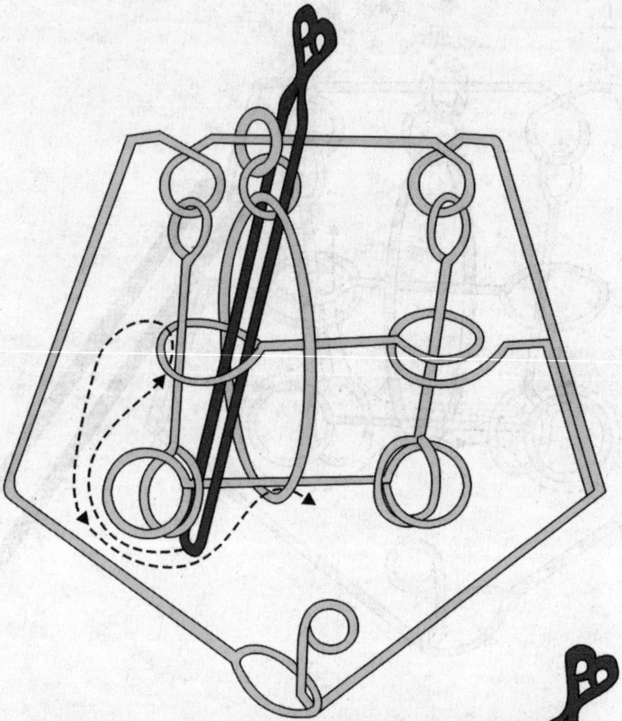

③

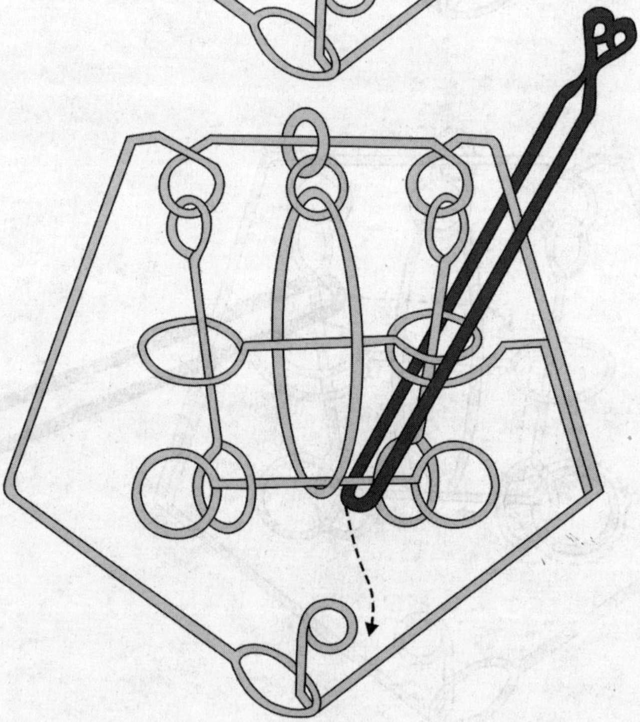

④

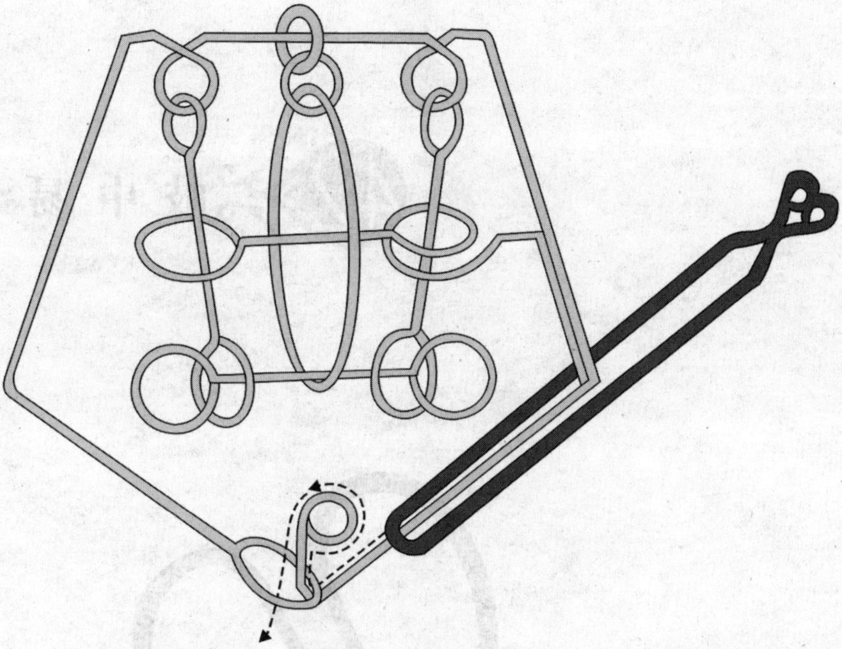

⑤

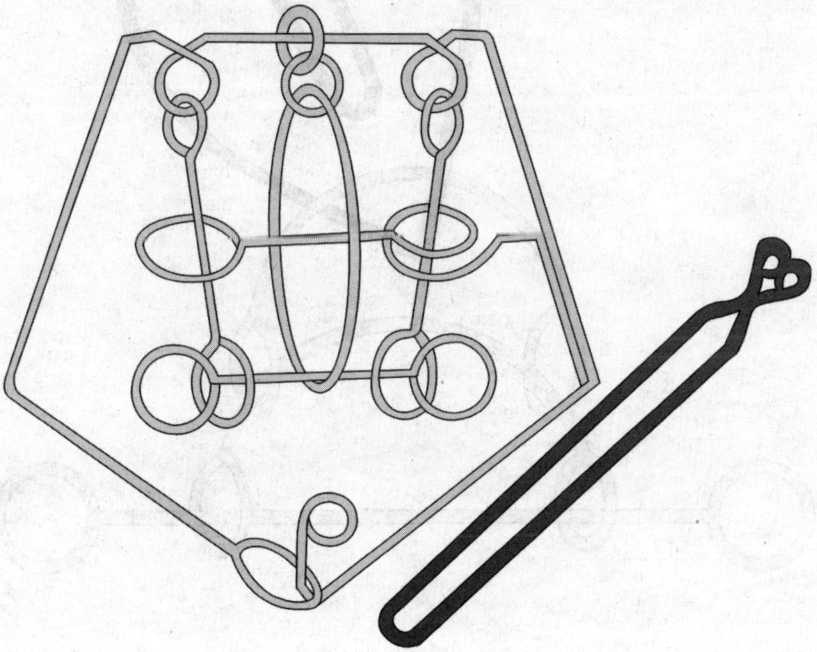

⑥

42 岐中易

取出弓背上的心形套柄。

参考取法:

①

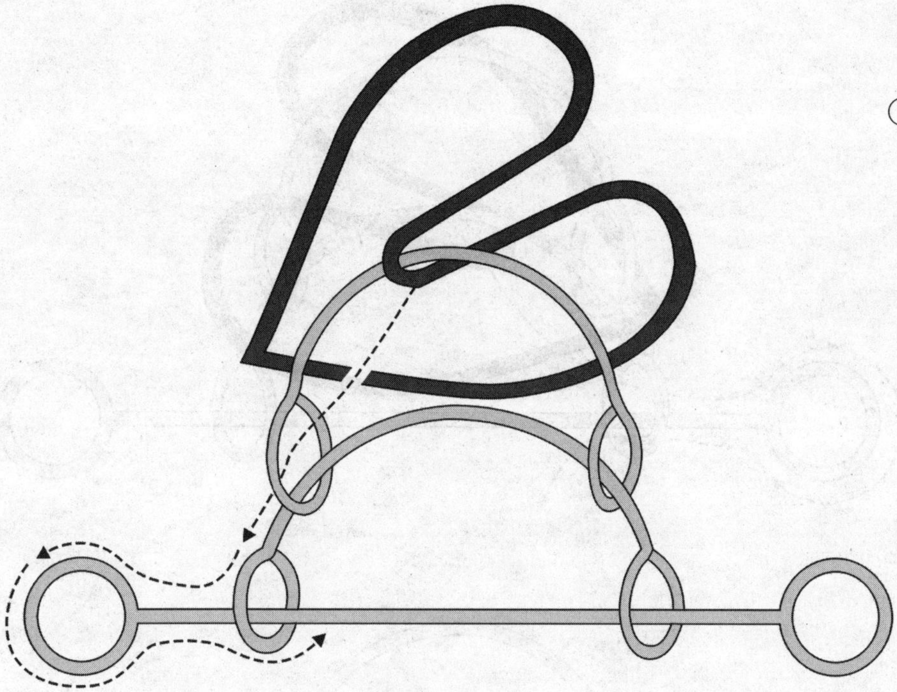

②

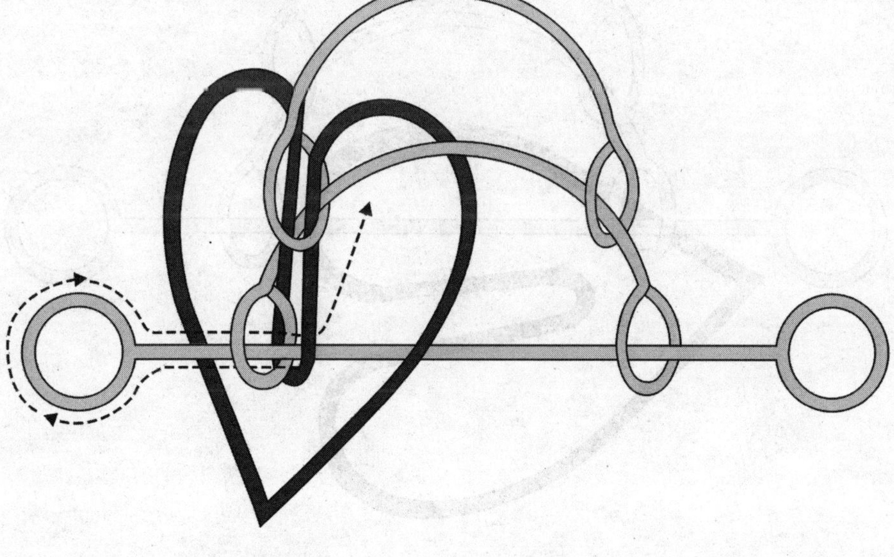

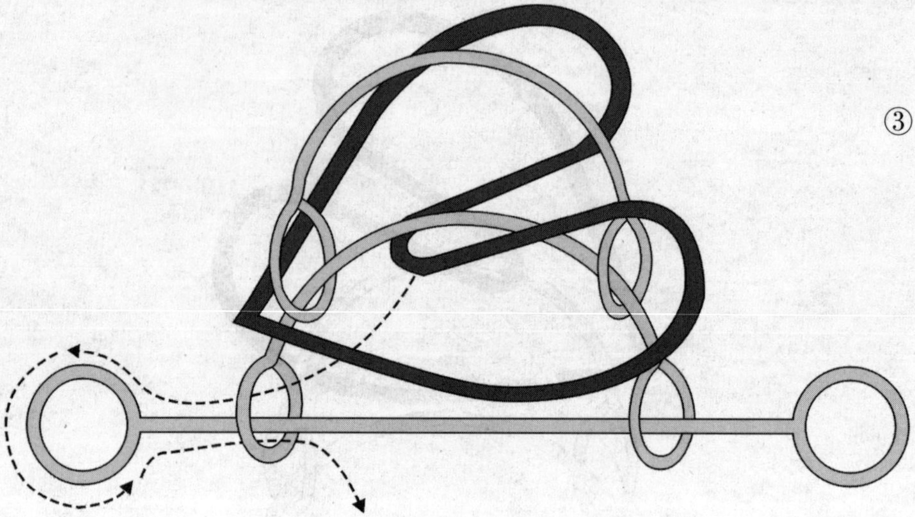

③

④

43 锚桩环

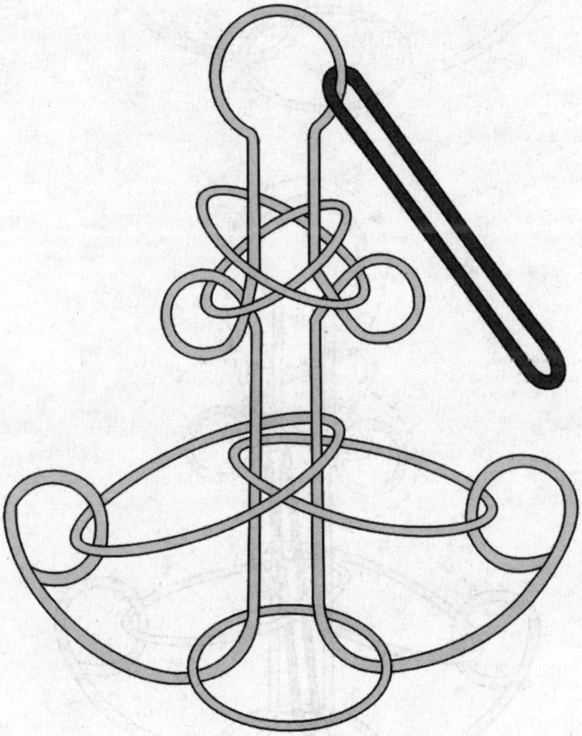

取出锚桩环上的长柄。

参考取法：

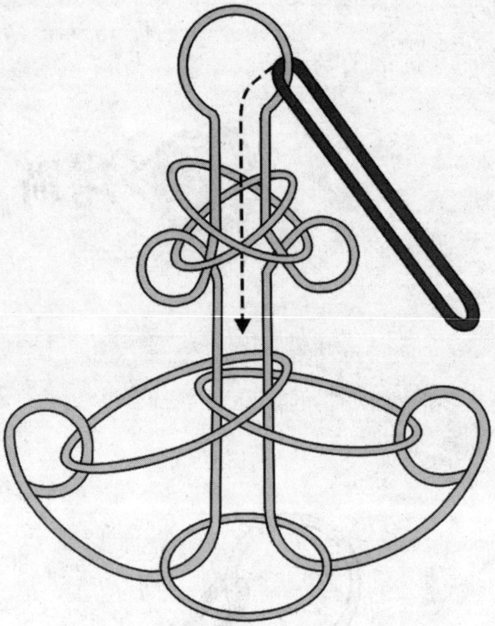

①

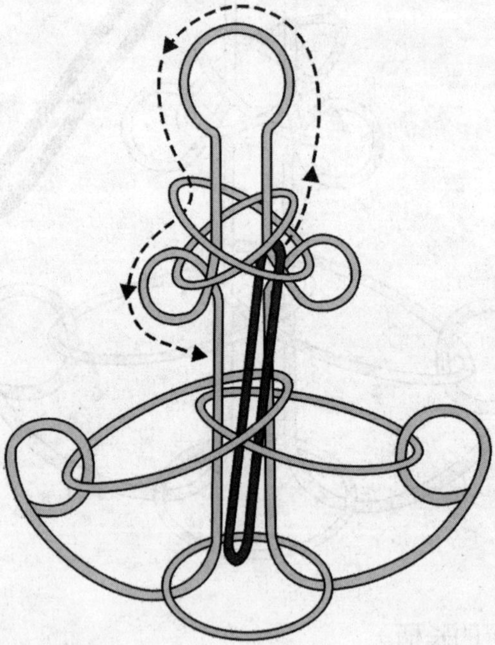

②

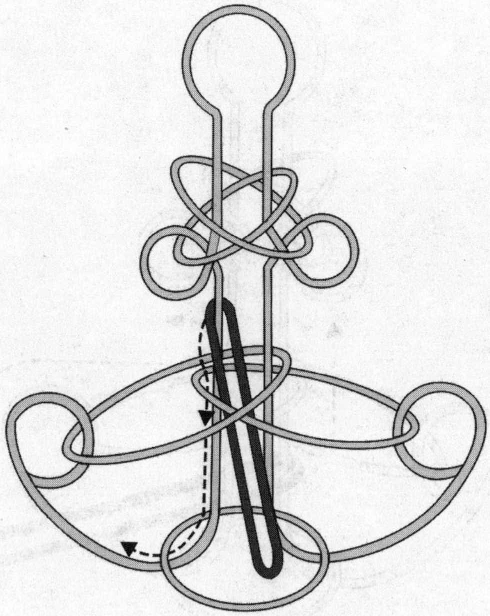

③

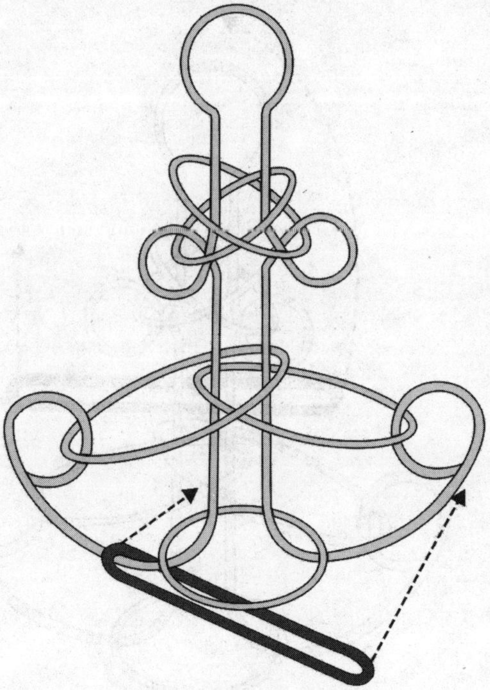

④

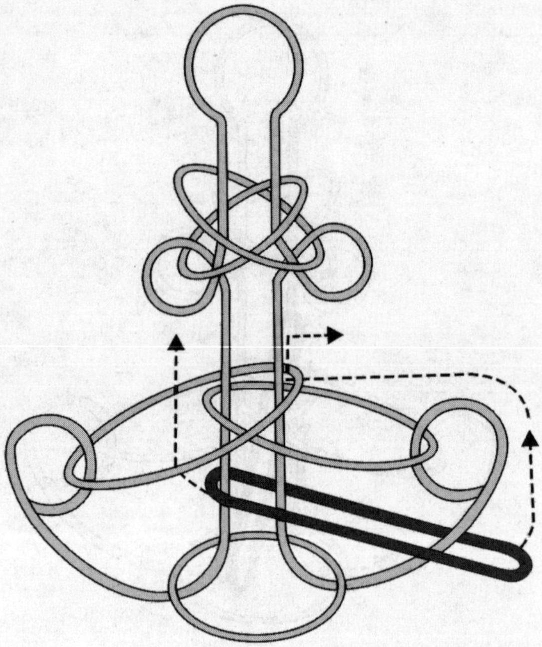

⑤

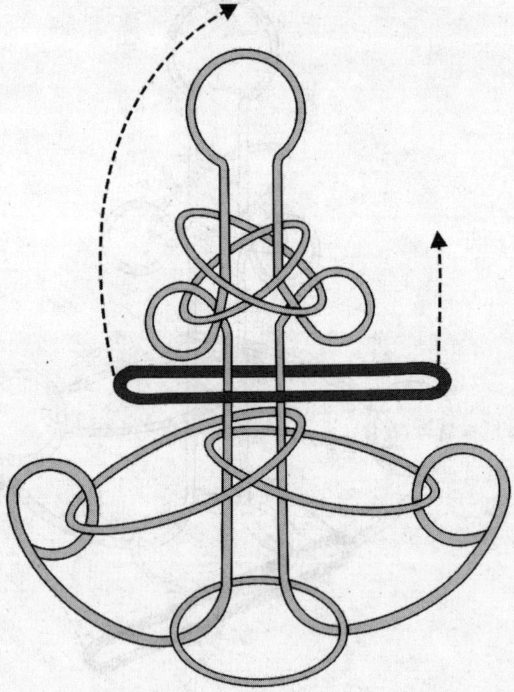

⑥

⑦

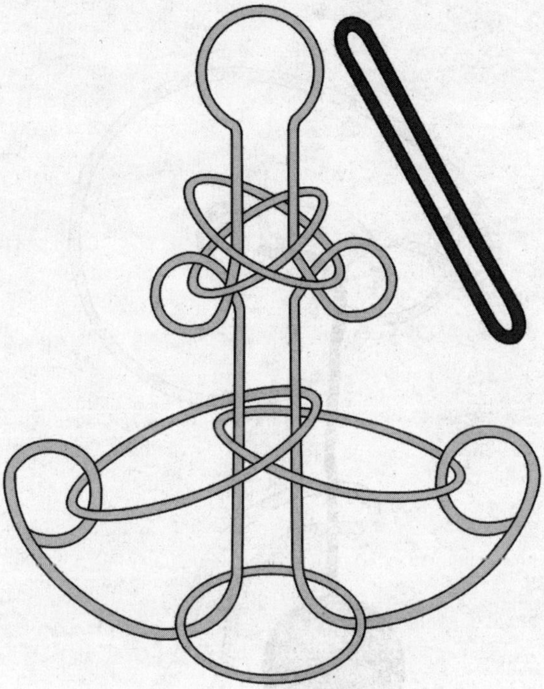

44 蜗 牛 环

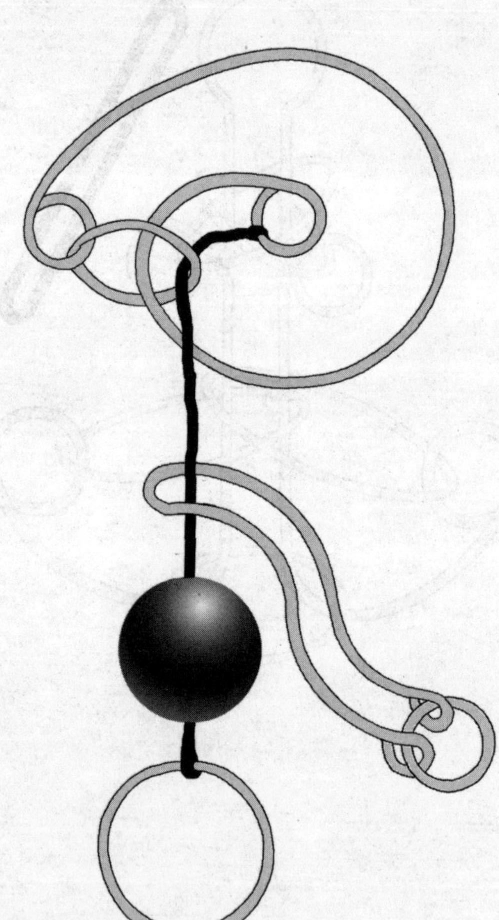

取出套在环绳上的弯柄。

参考取法：

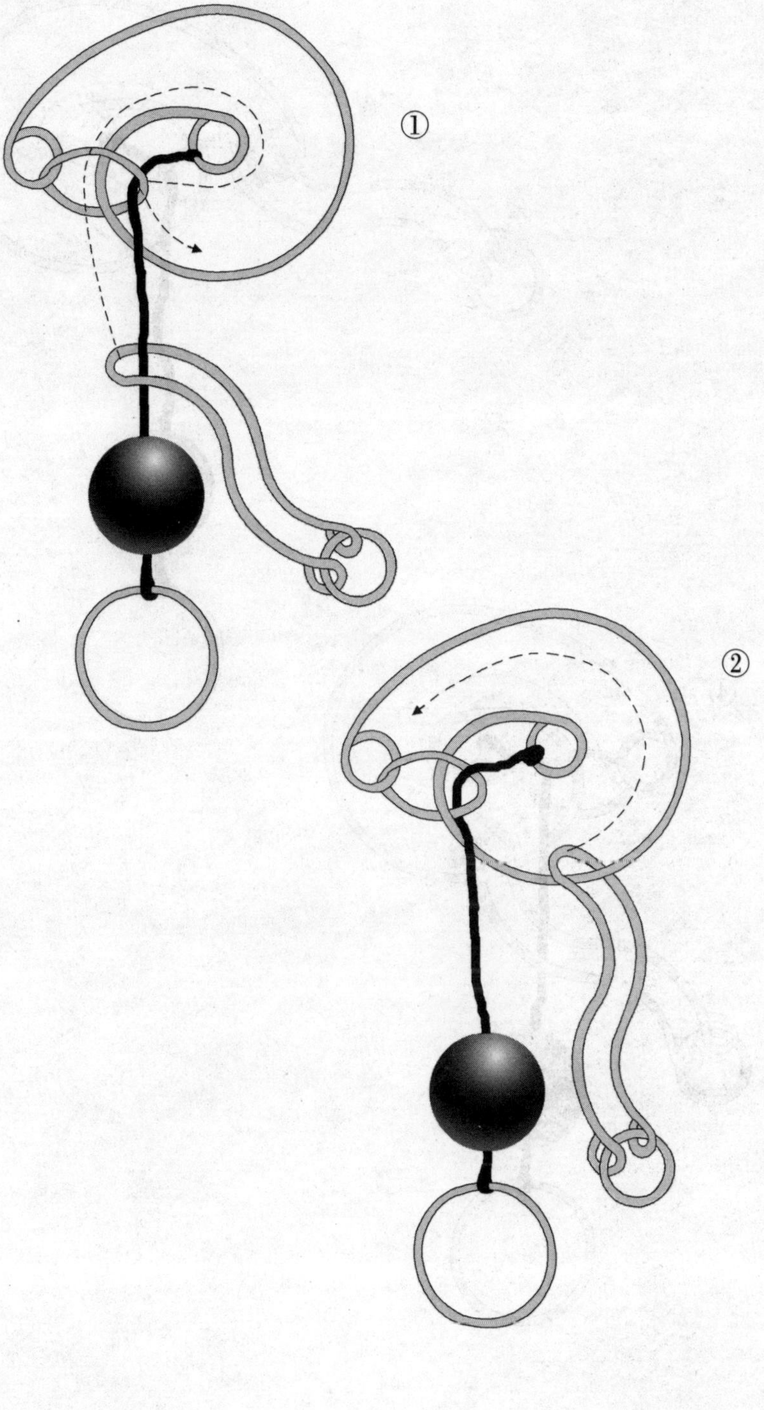

③

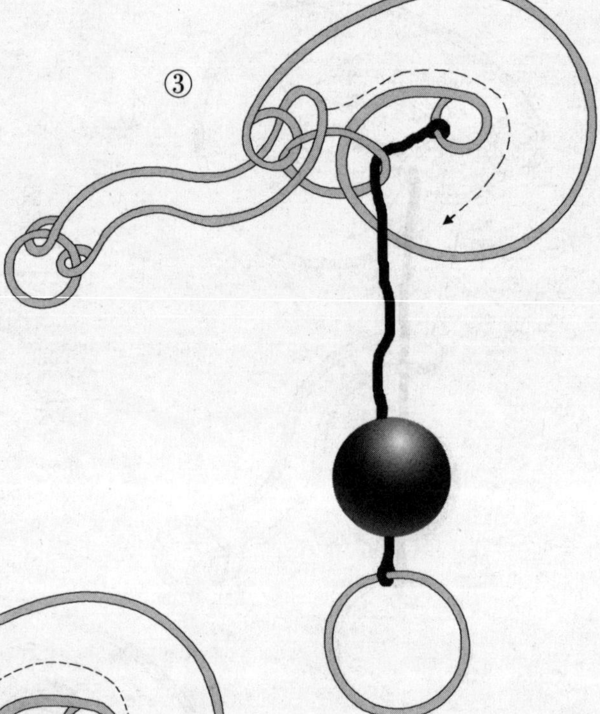

④

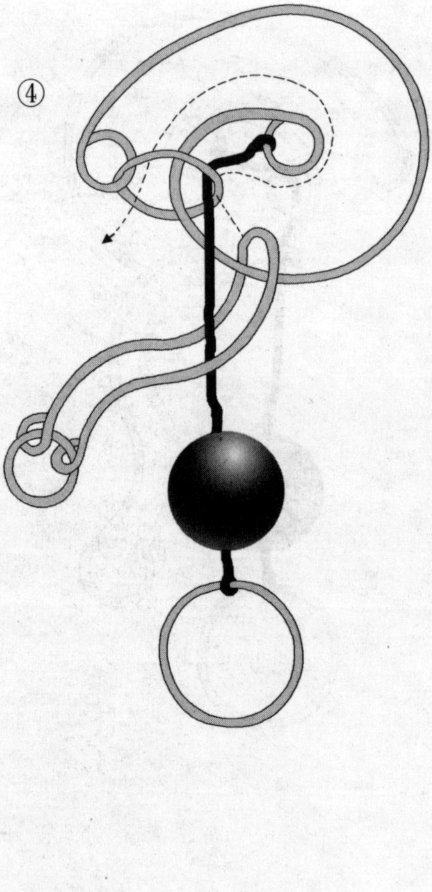

⑤

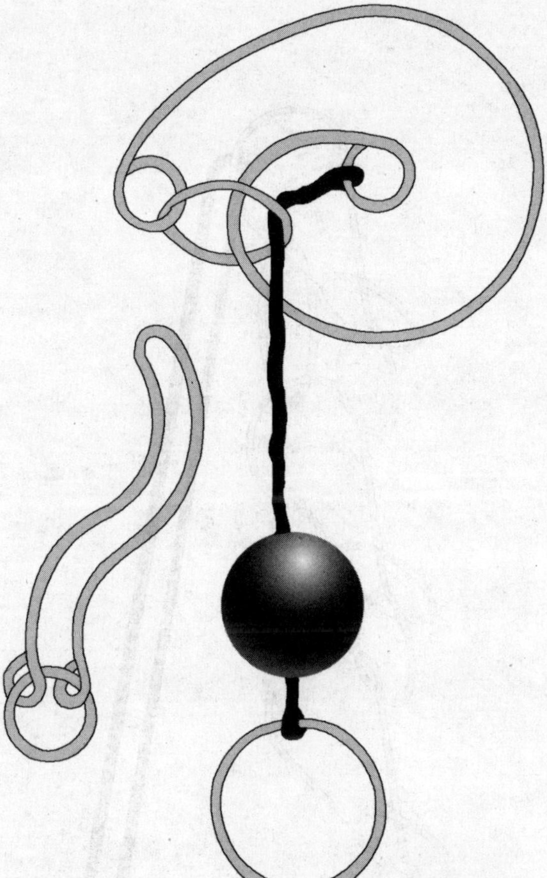

45 蜗 牛 串

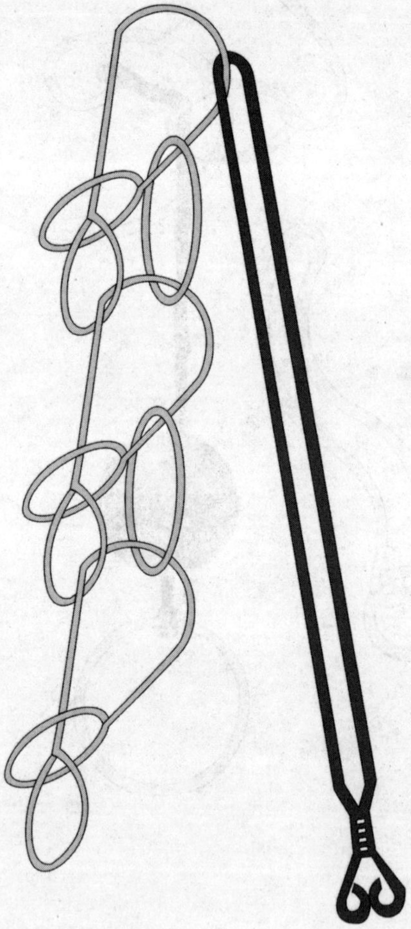

取出蜗牛串上的长柄。

参考取法：

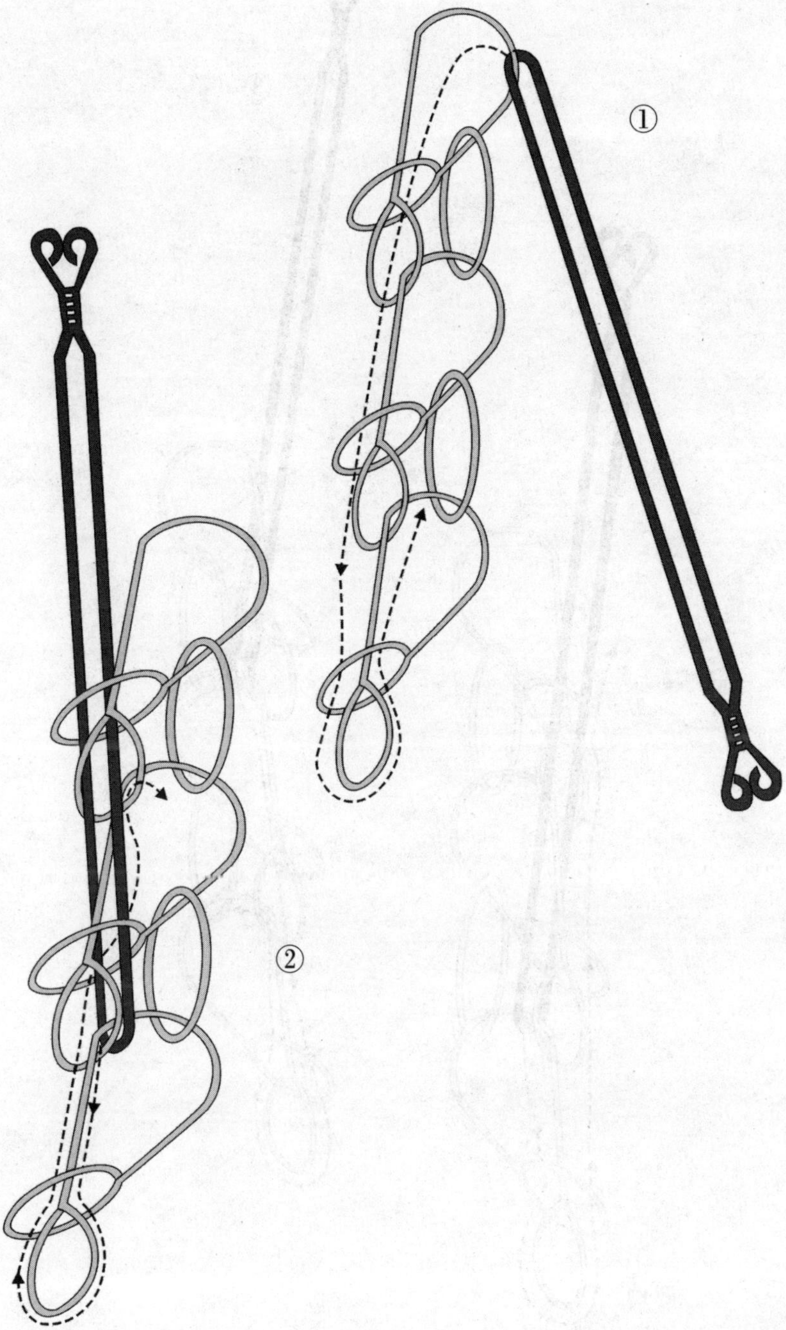

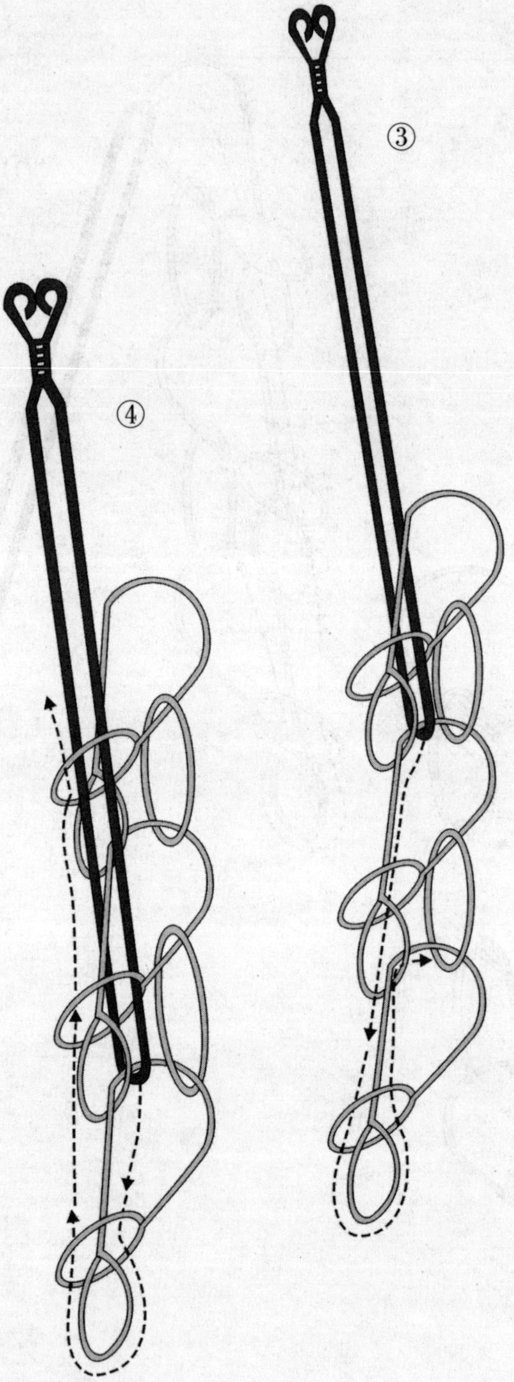
③
④

⑤

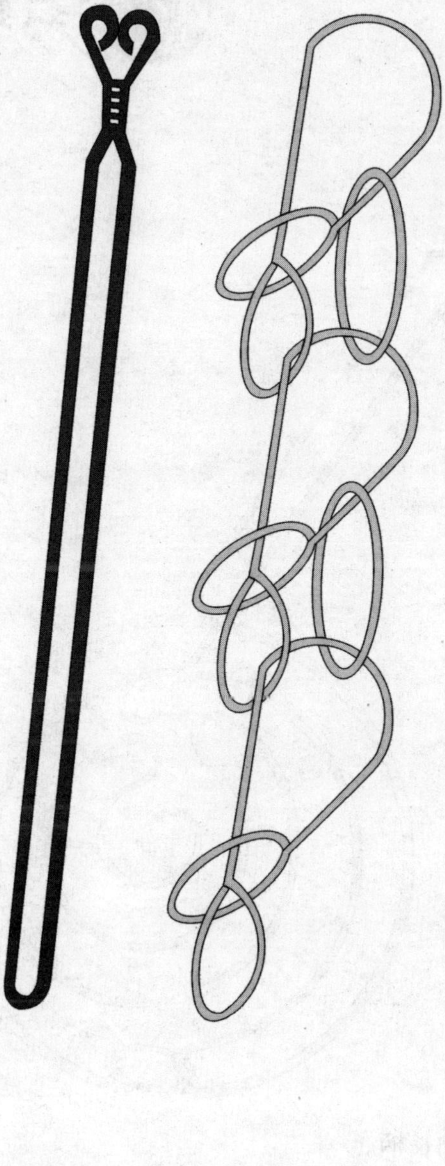

46 螺旋环

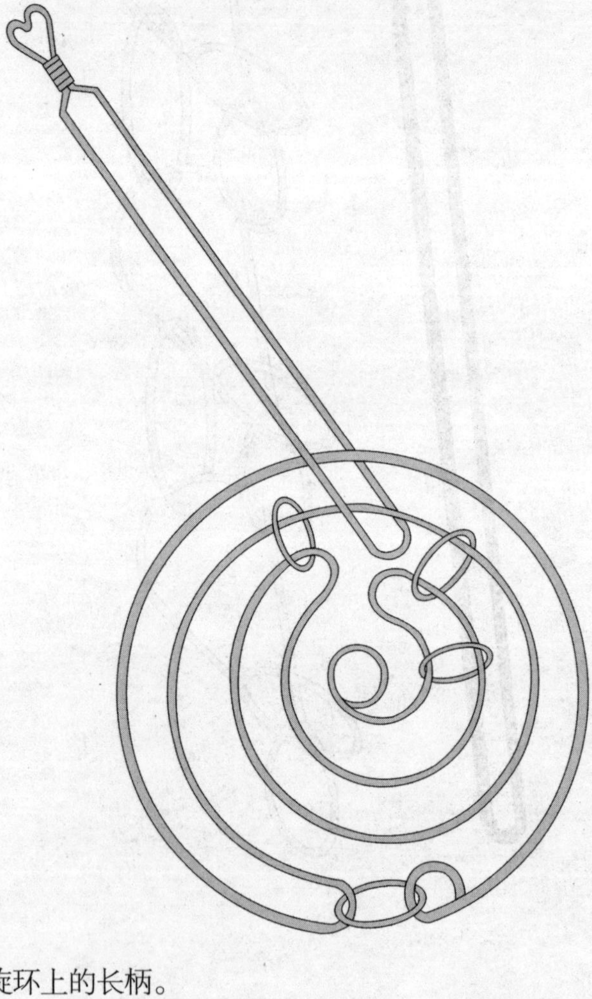

取出螺旋环上的长柄。

参考取法：

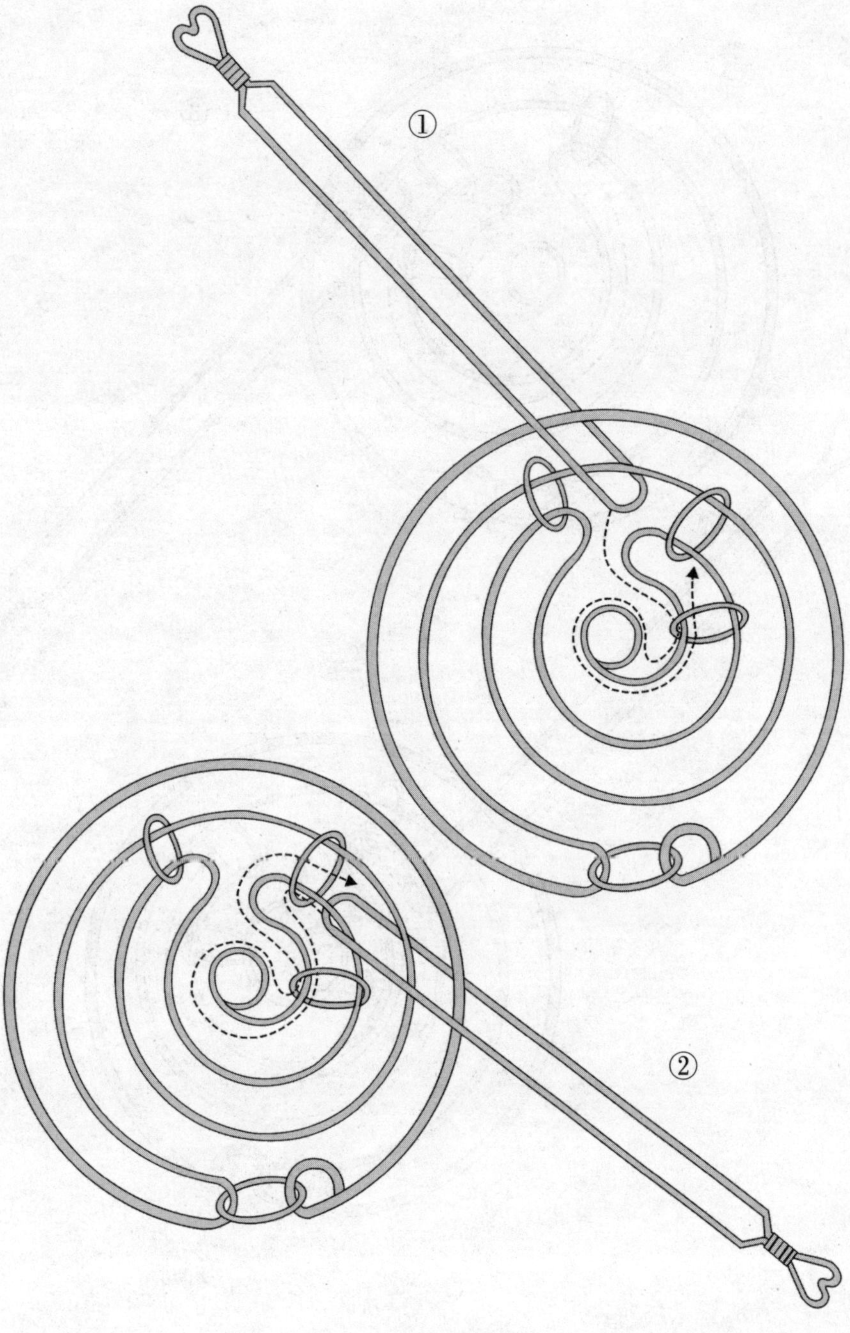

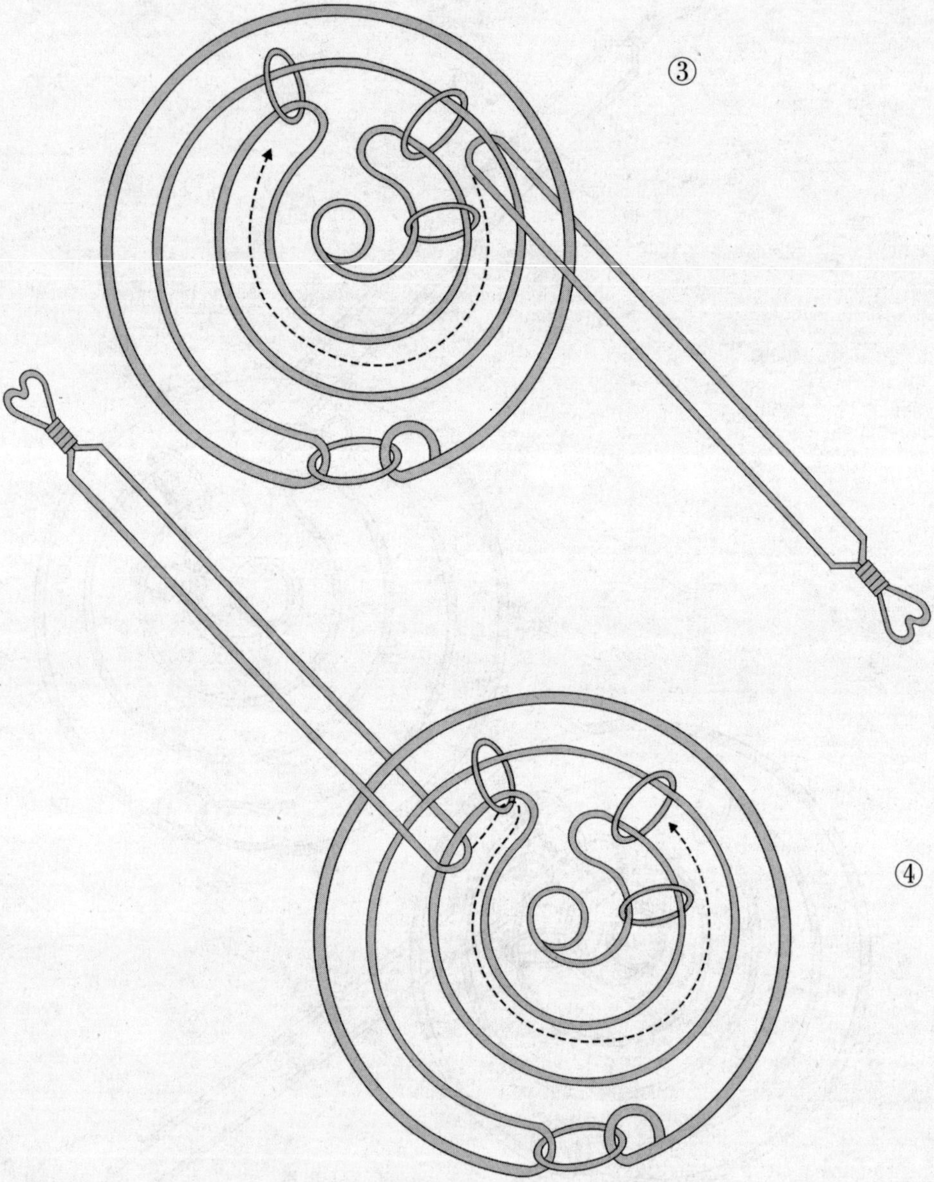

③

④

⑤ ⑥

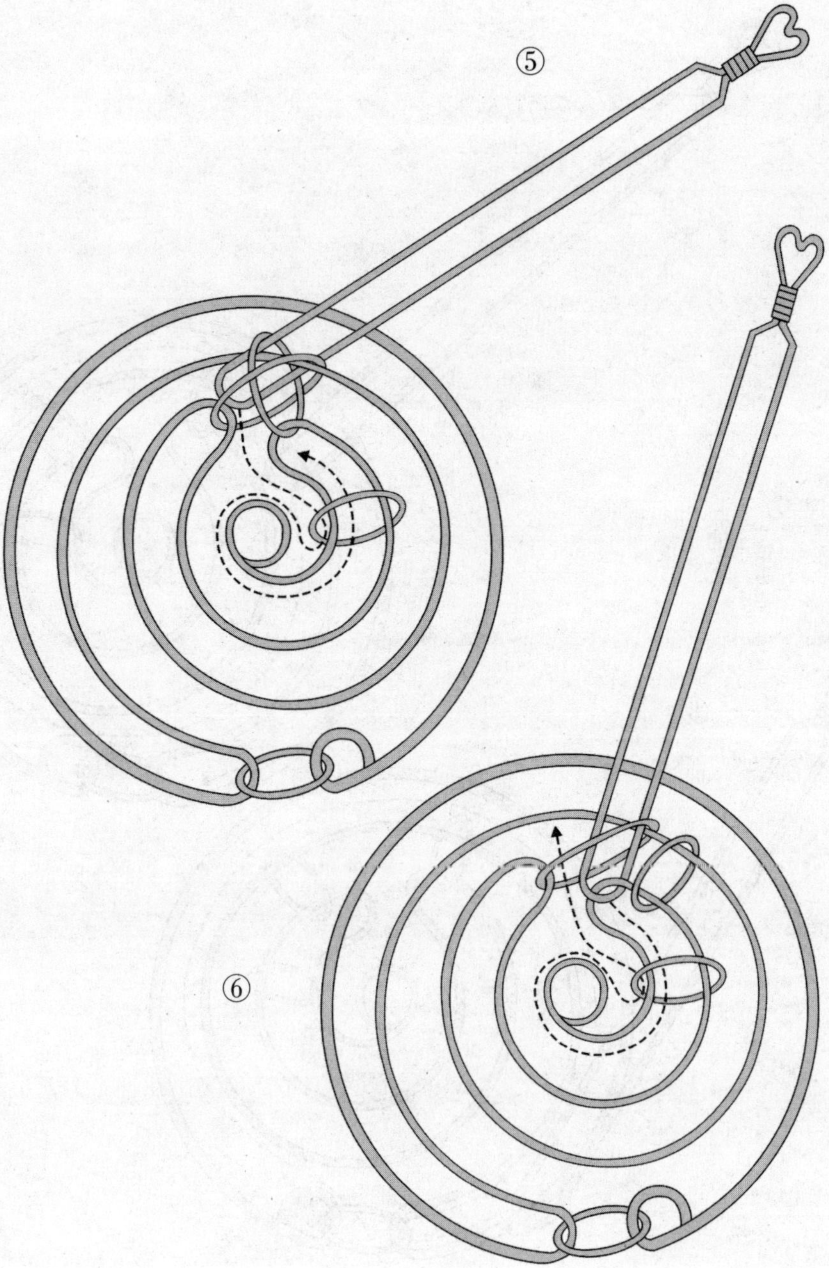

⑦

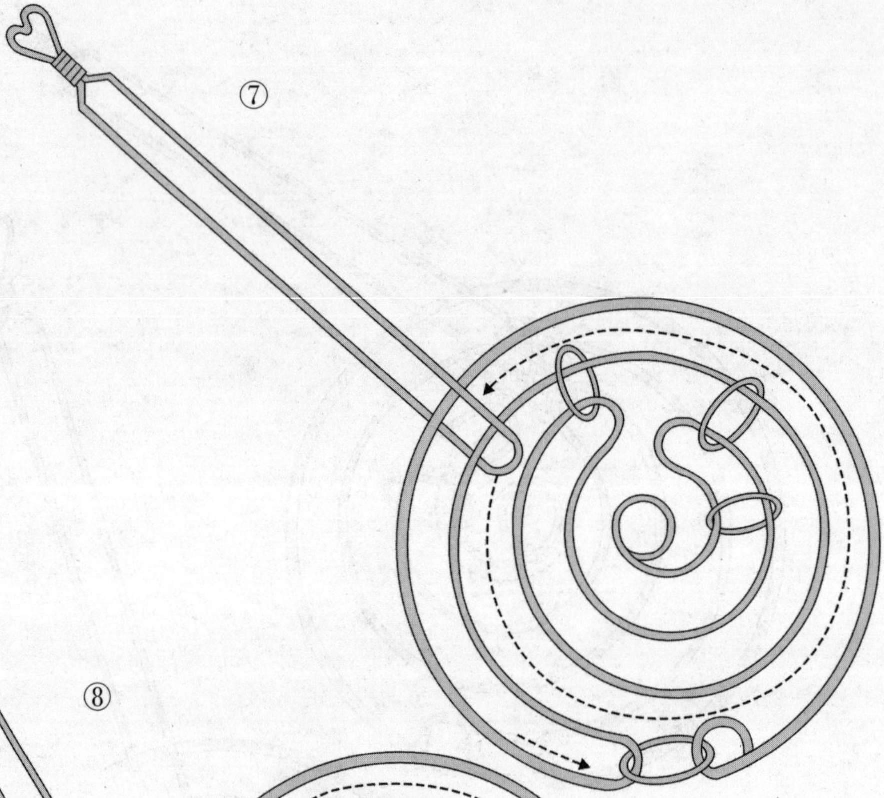

⑧

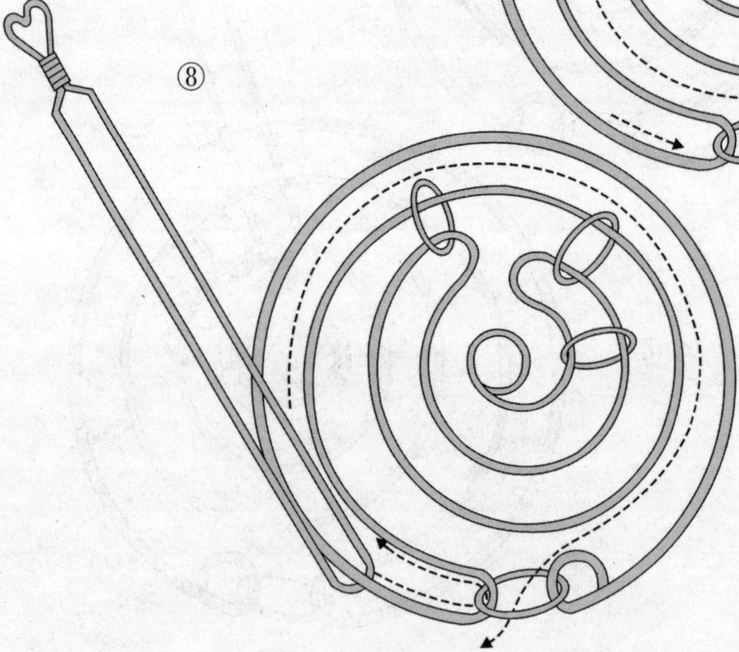

47 塔　环

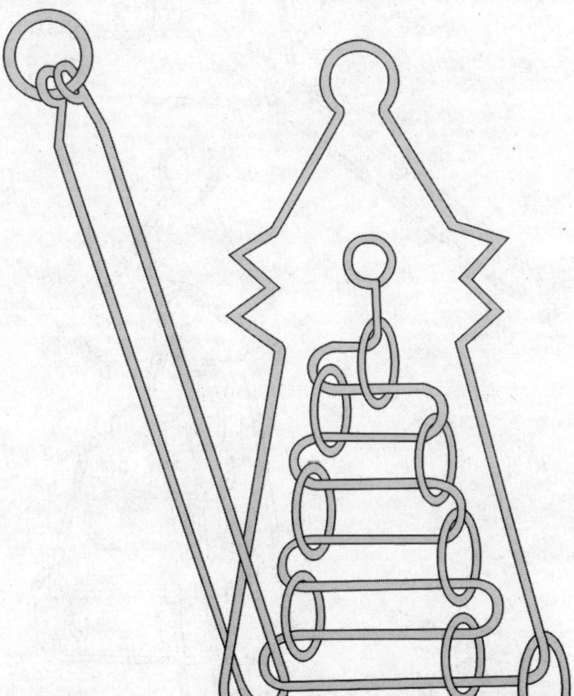

取出塔环上的长柄。

塔环结构的拆解有一定规律，为缩减拆解的图幅，可以按比例减少梯级和环数。现以六环为例，同样能够掌握八环的拆解方法。

参考取法:

①

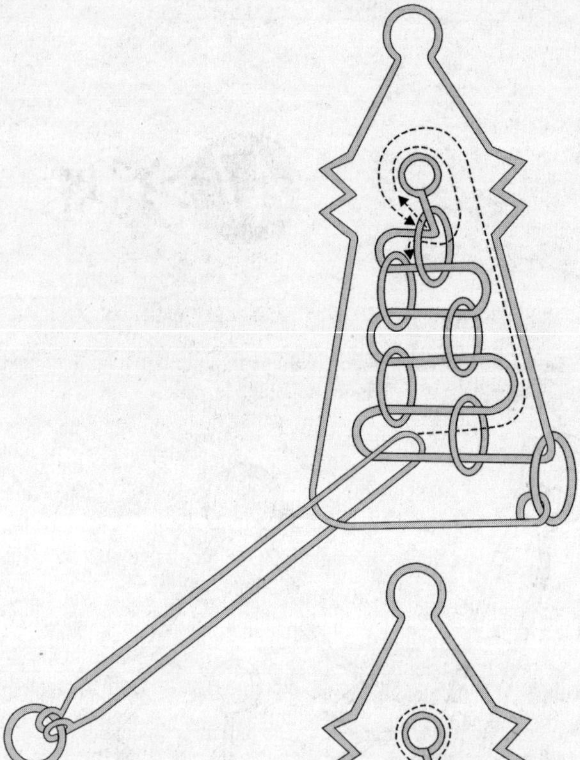

②

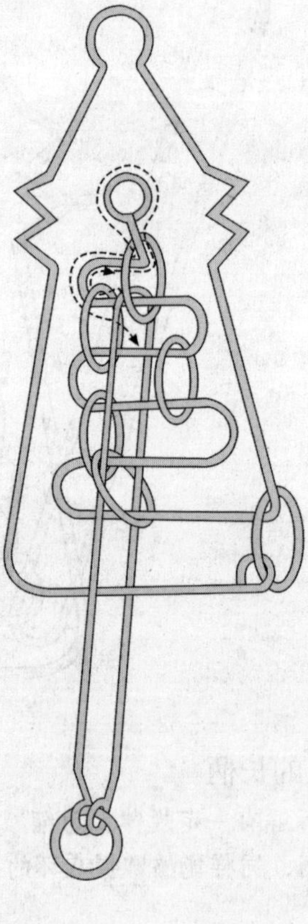

③

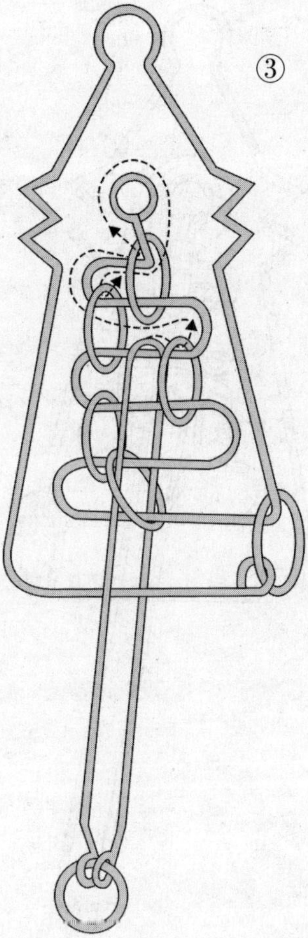

④

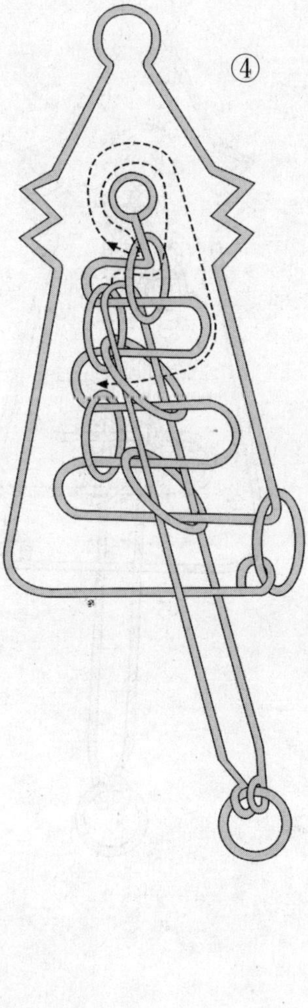

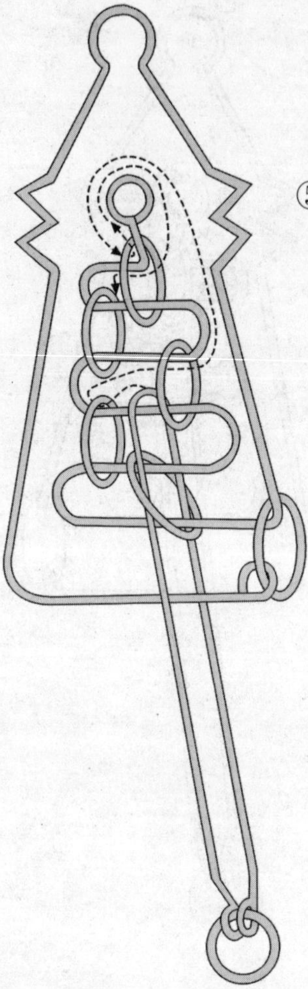

⑤

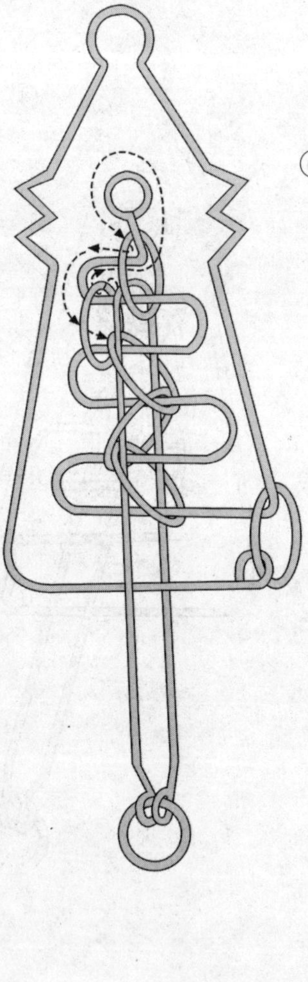

⑥

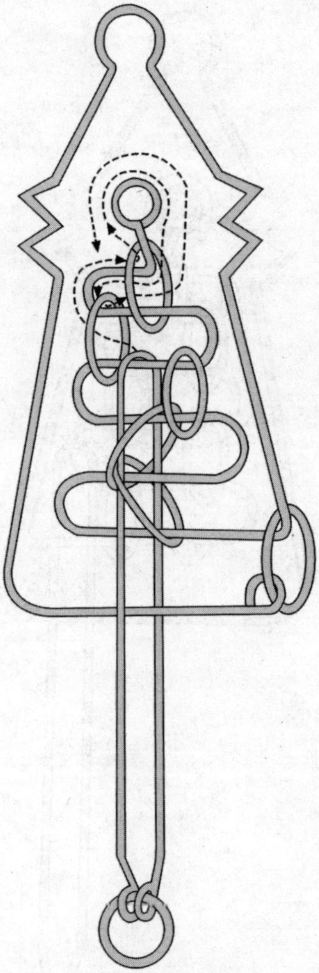

⑦

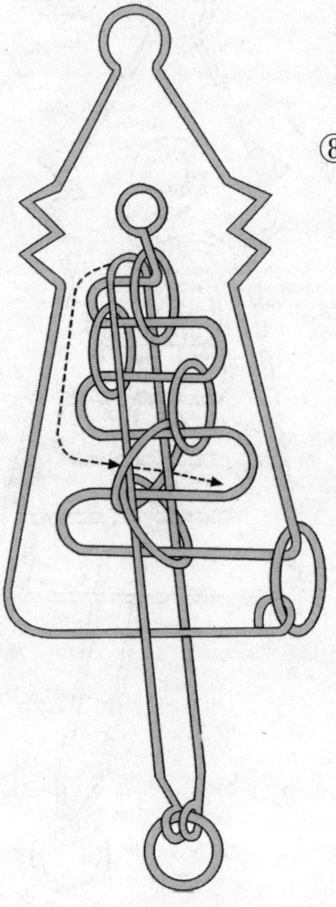

⑧

⑨

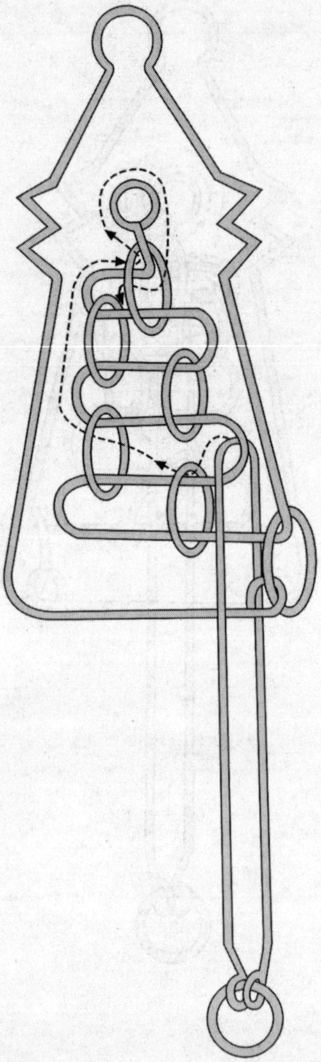

⑩

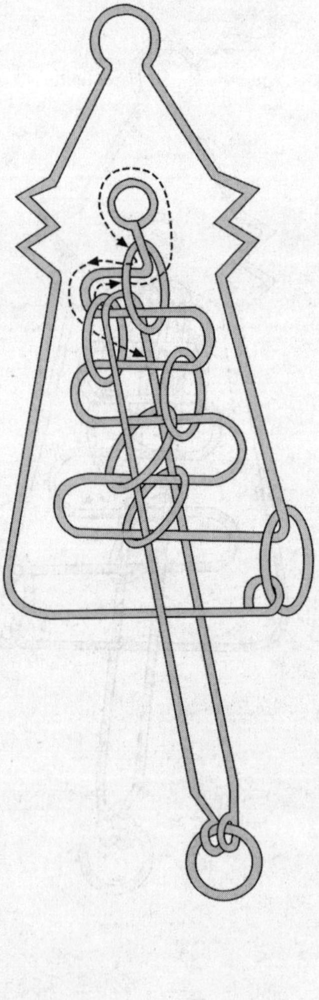

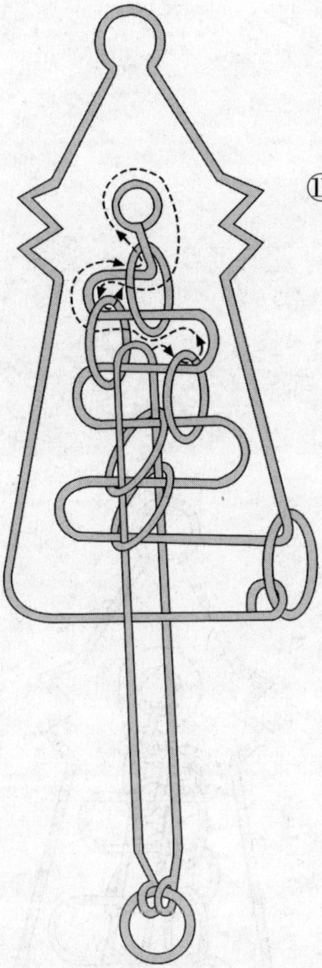

⑪

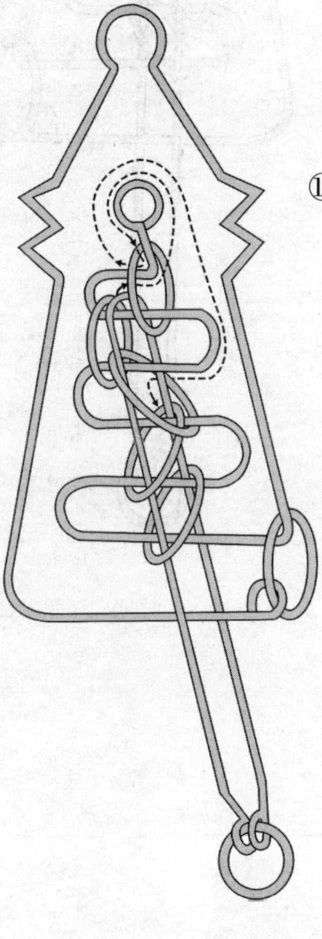

⑫

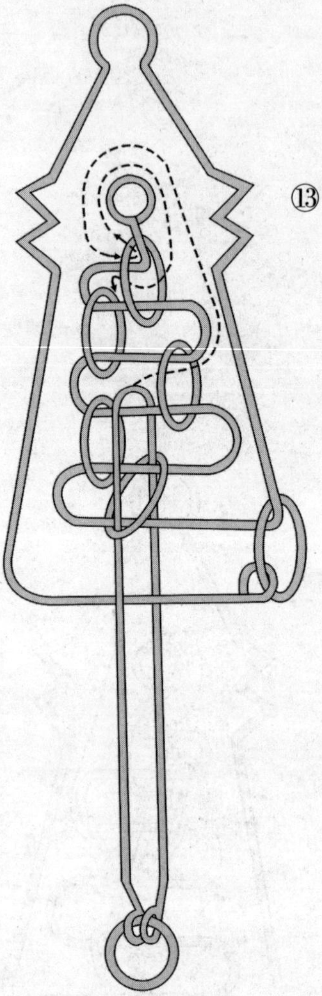

⑬

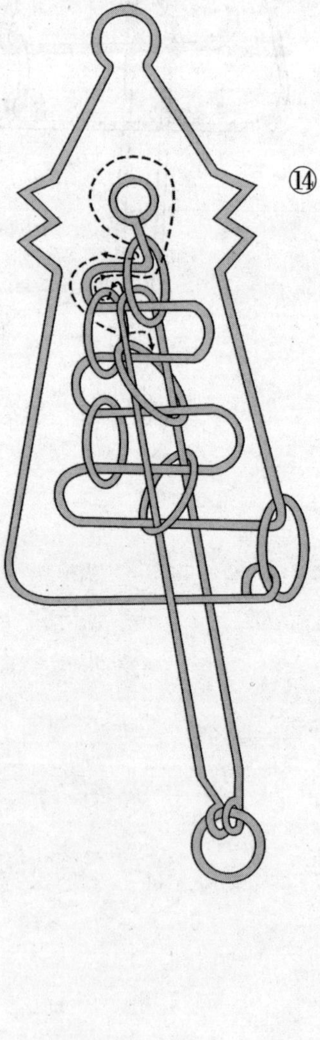

⑭

⑮

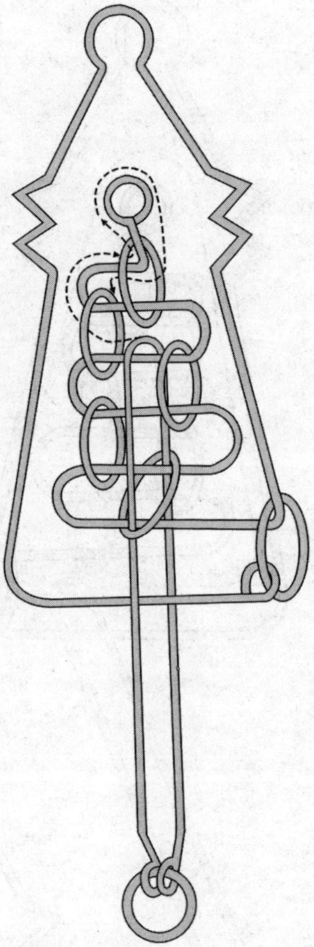

⑯

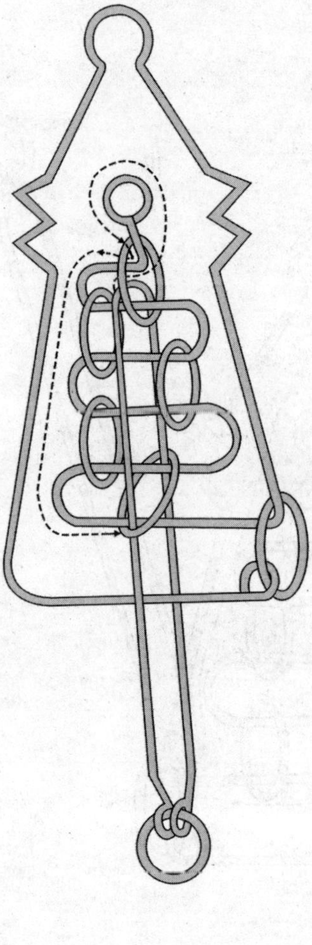

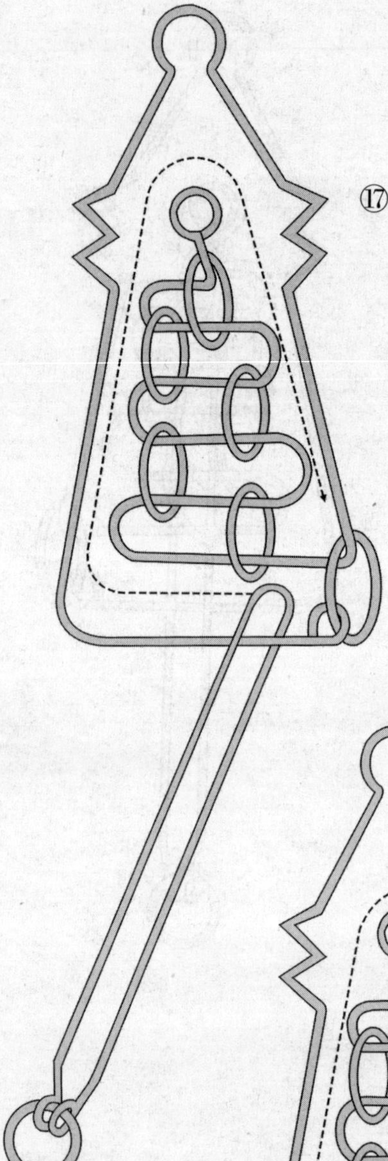

⑰

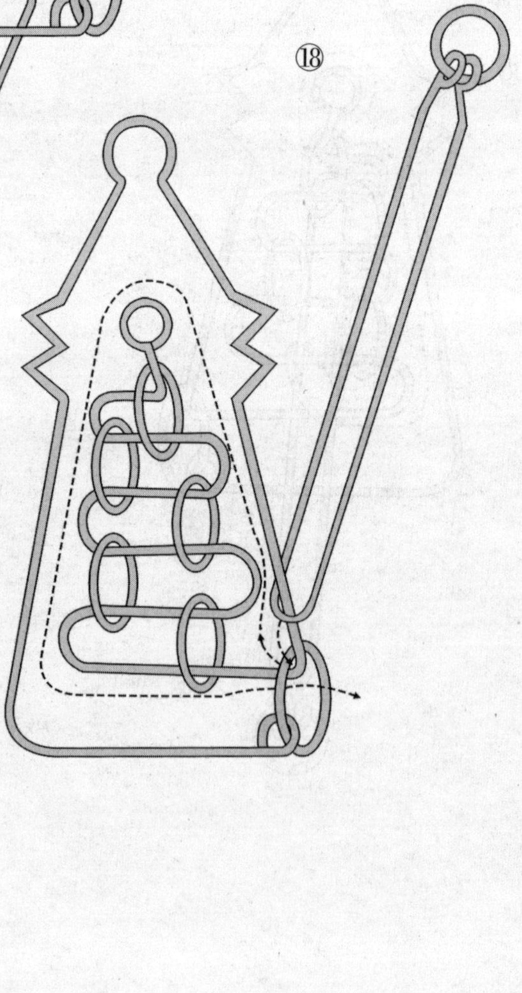

⑱

48 九 连 环

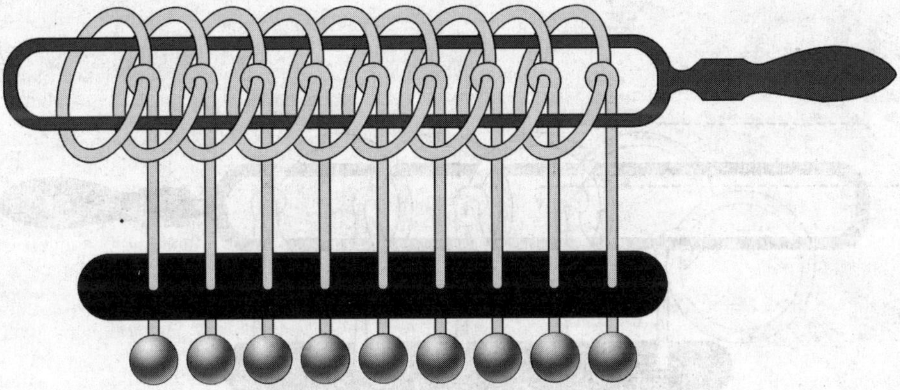

取出九连环上的长柄。

九连环源于中国古代、流传世界。它分合有序，数理逻辑缜密，解出九环全程总共 256 步。现以解五环为例，绘图 16 幅；并附解七环简图 64 步。至此，即可掌握九环或更多连环的分解方法。

参考取法：

①

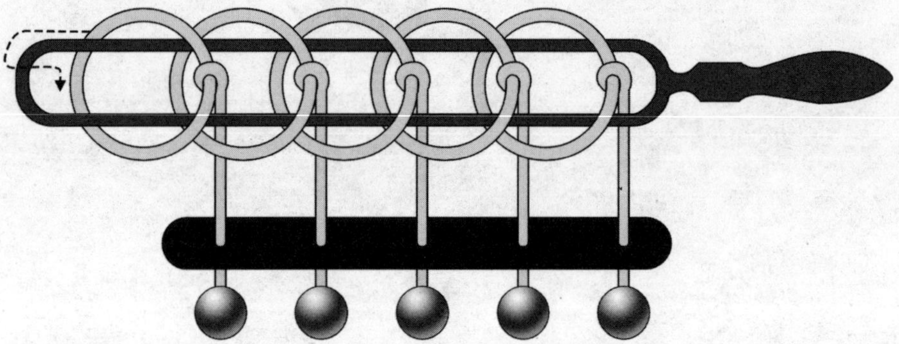

②

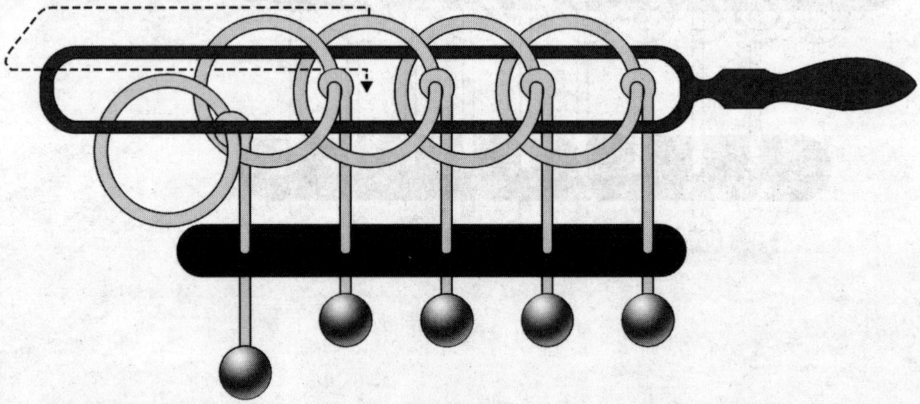

左起第三环若从长柄中落下，必须先推动第二环离开长柄，待落入长柄后，再将第二环退回长柄原位。

③

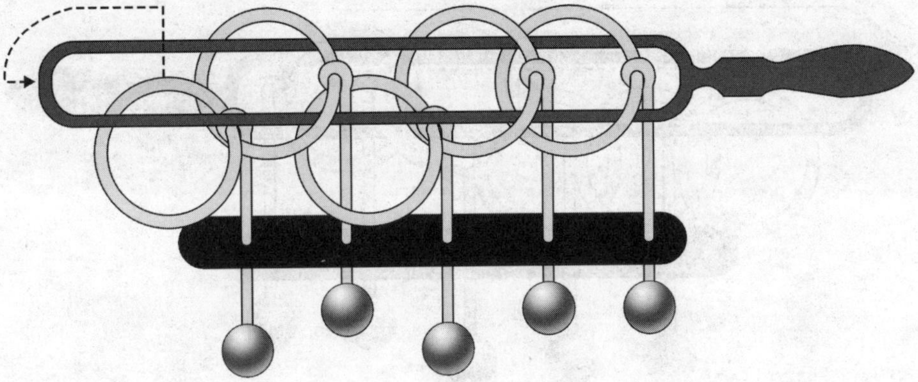

④

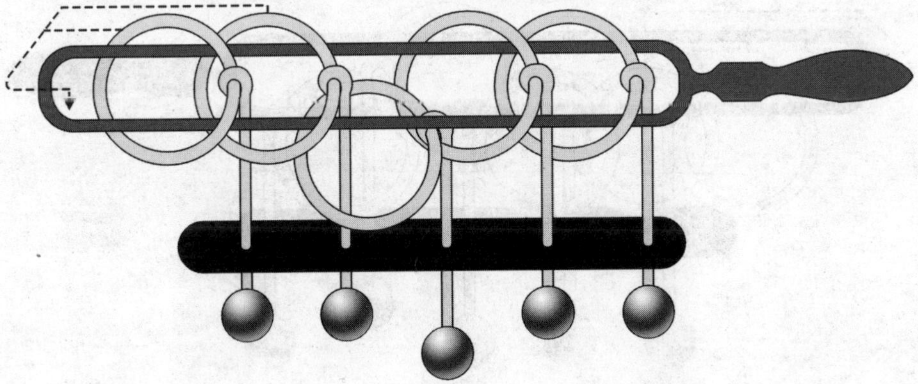

⑤

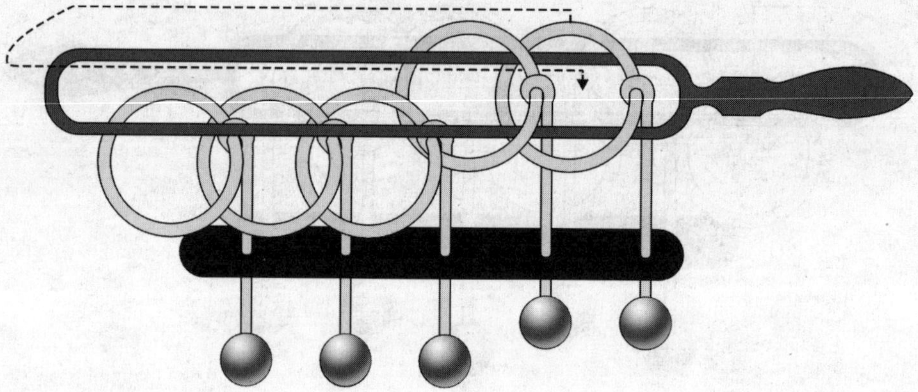

⑥

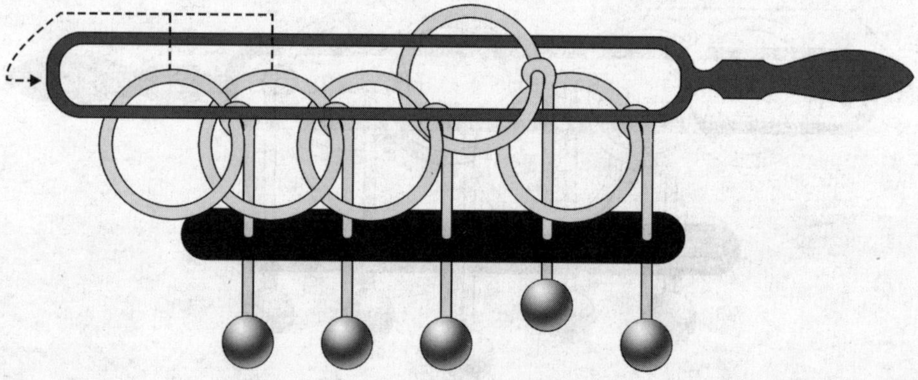

⑦

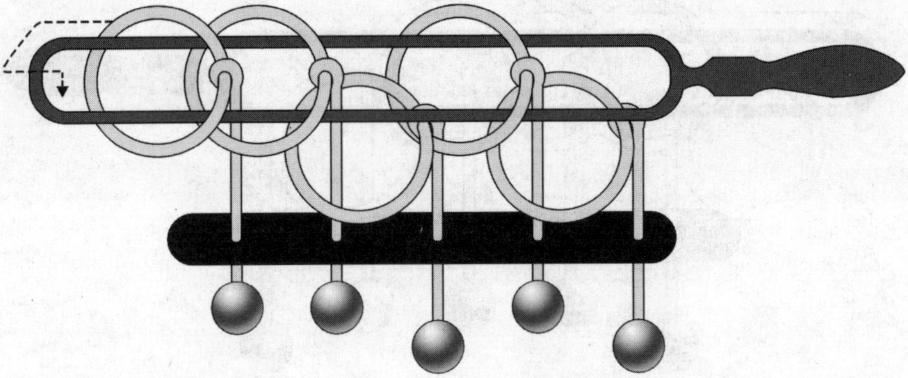

⑧

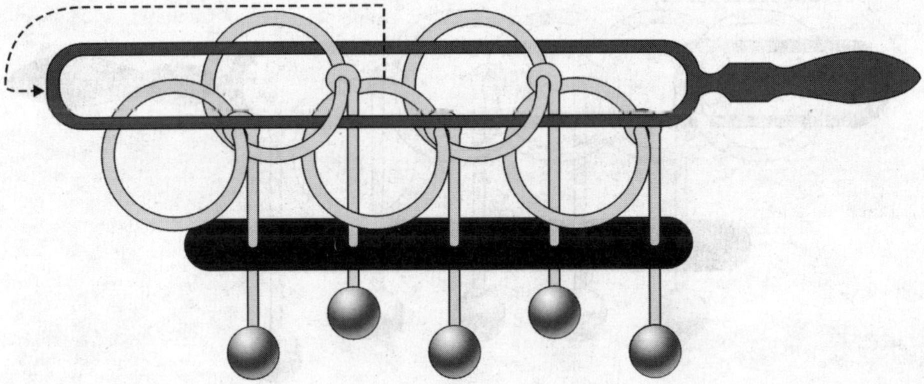

左起第三环若从长柄中提出，套进长柄上，必须先推动第二环离开长柄，待套进长柄后，再将第二环退回长柄原位。

⑨

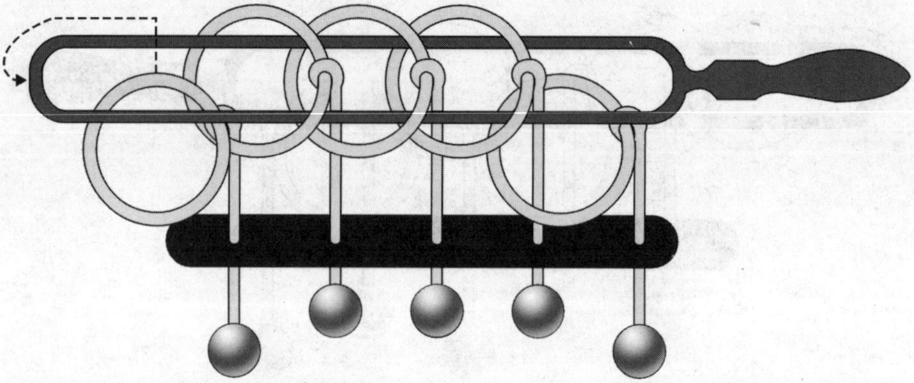

⑩

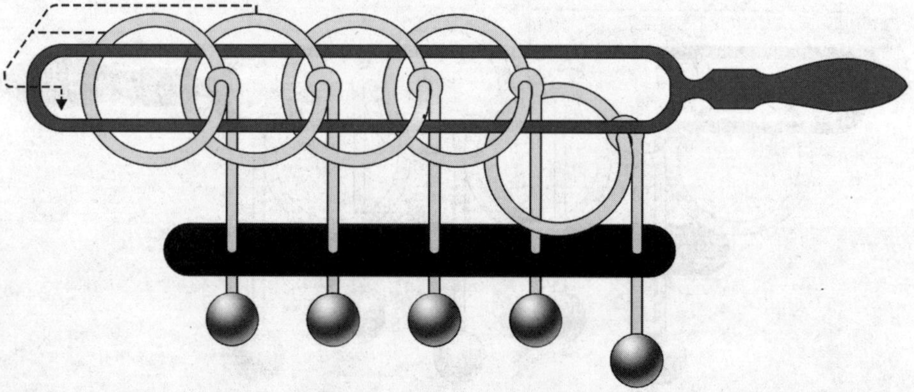

⑪

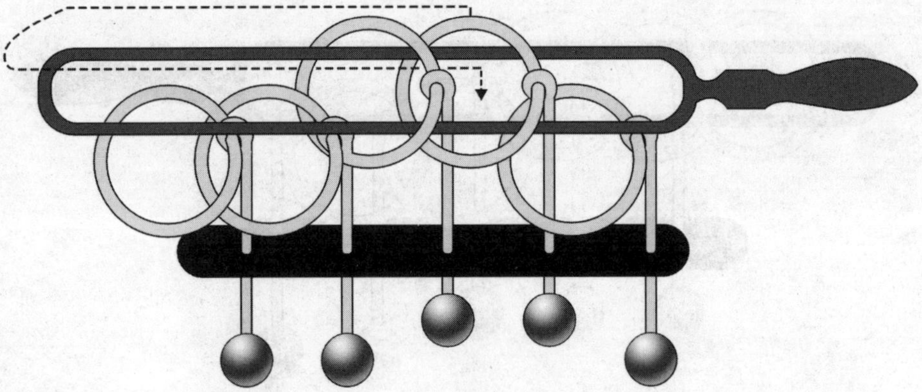

⑫

⑬

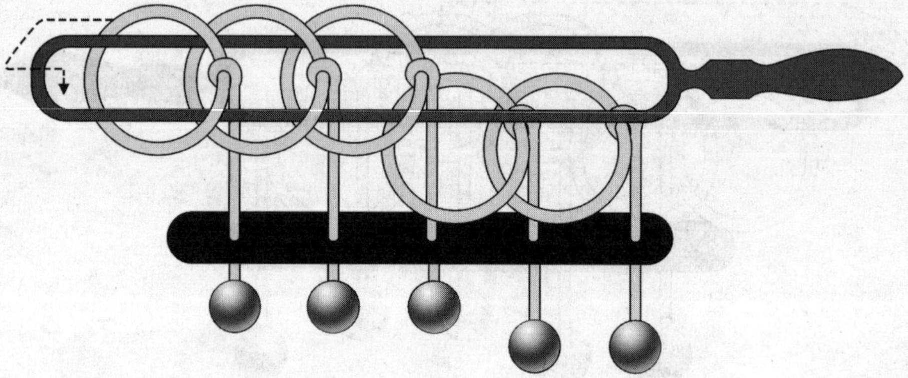

⑭

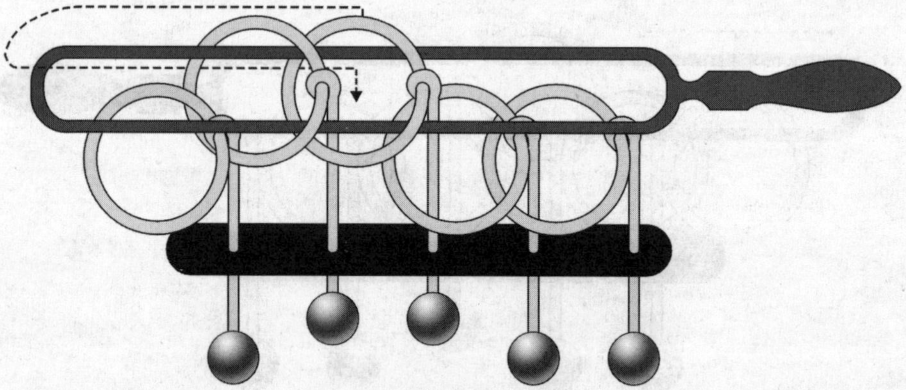

⑮

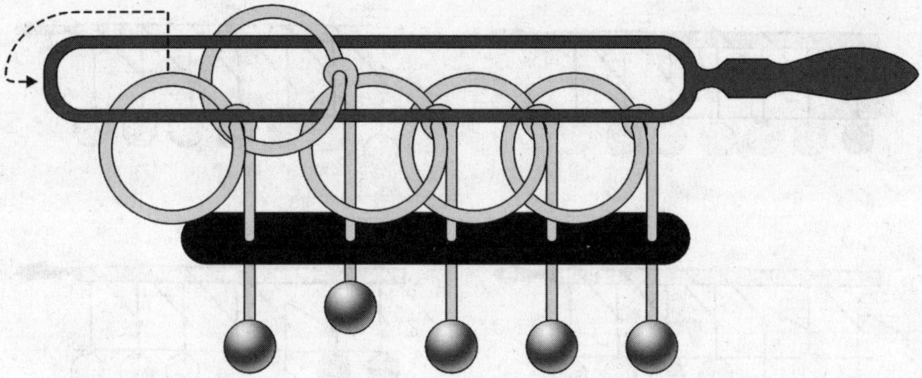

⑯

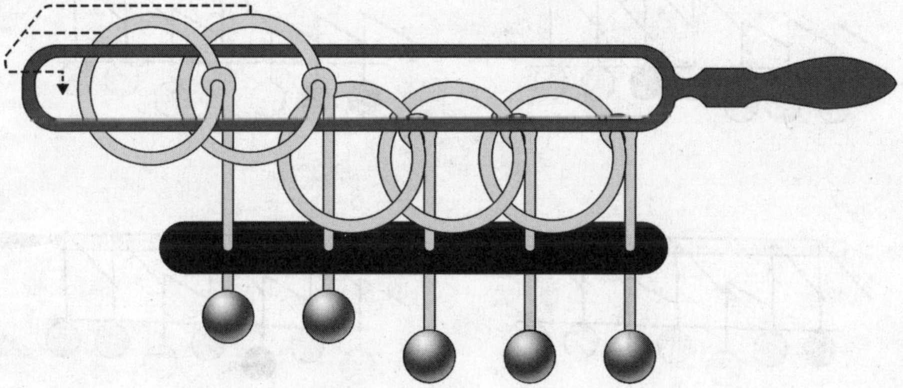

附录：七连环分解步骤

1

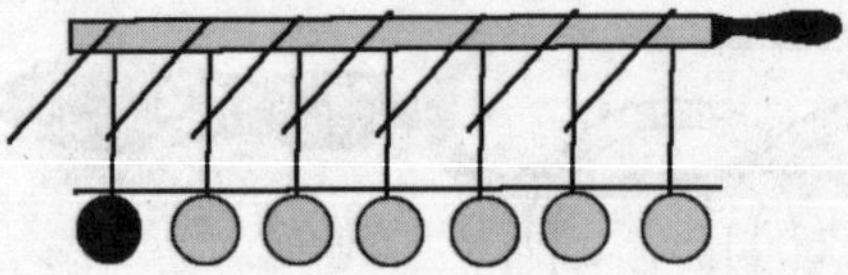

2

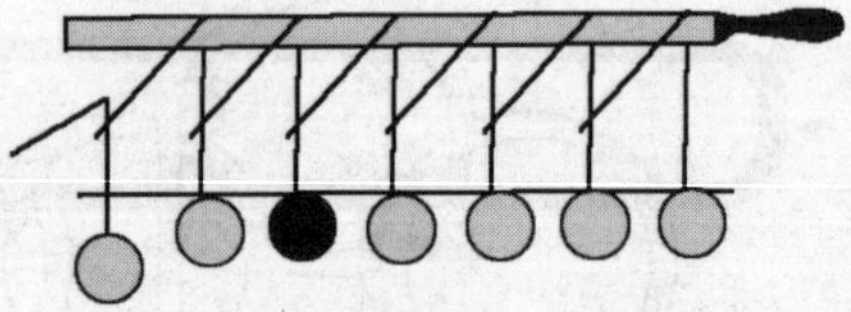

3

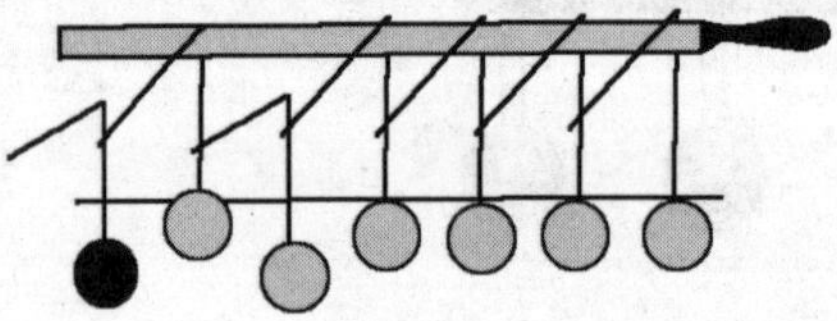

4

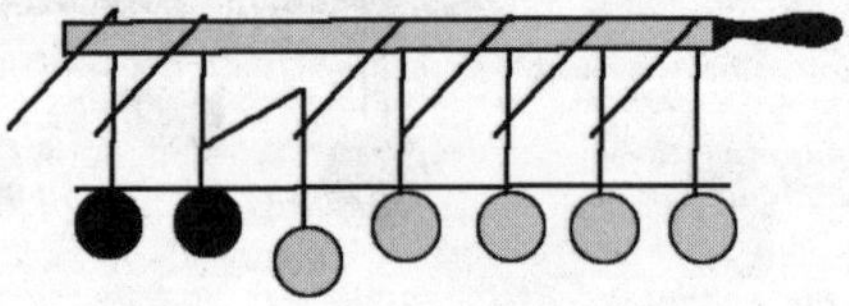

5

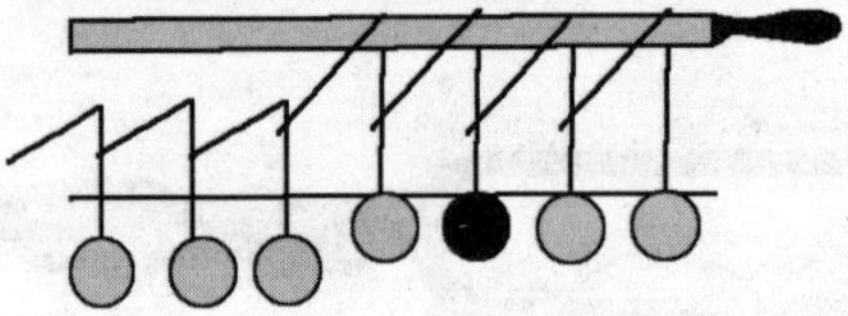

6

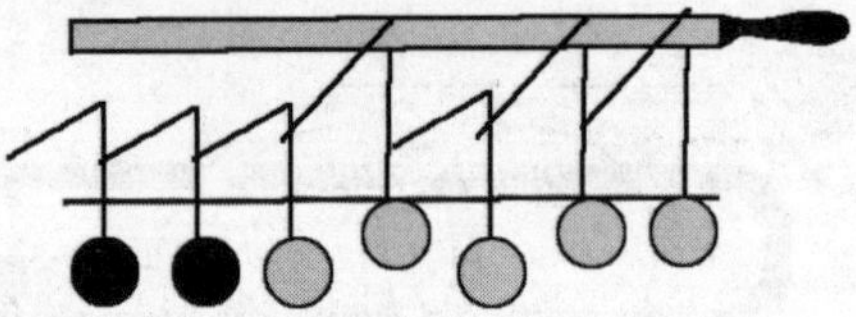

7

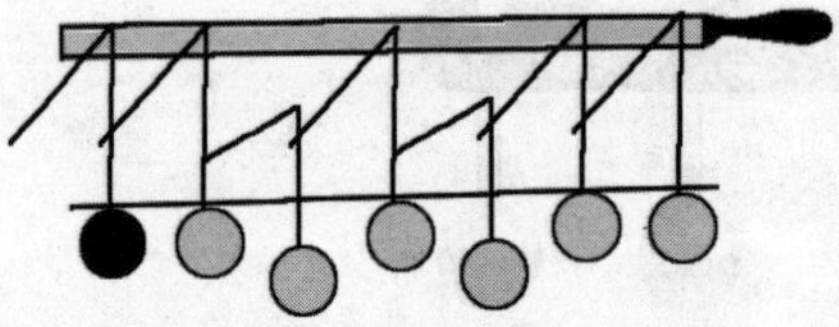

8

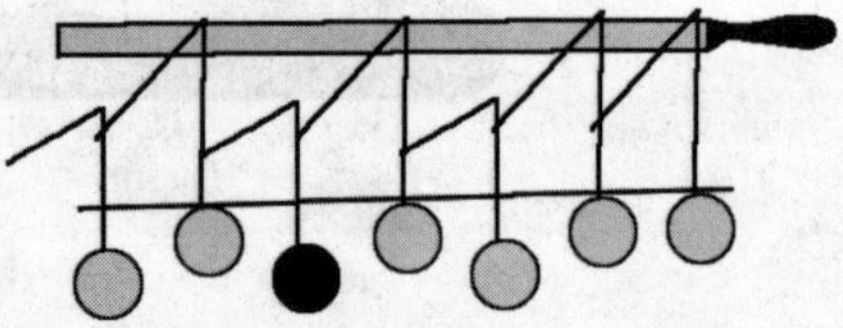

涂黑的球表示下一步应动的环。

9

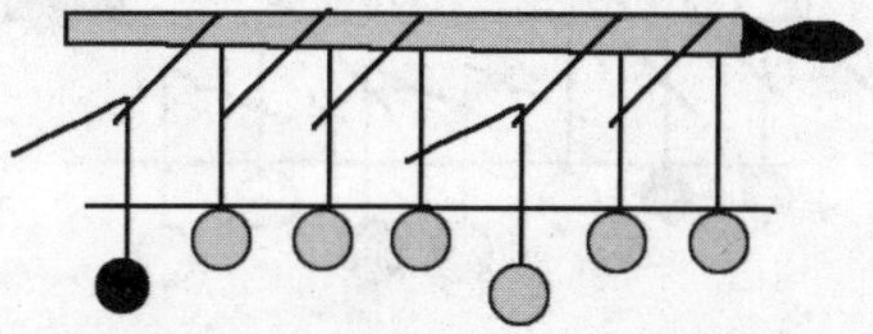

10

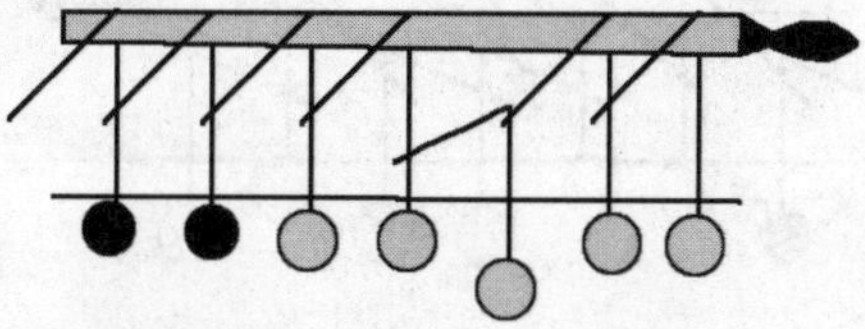

11

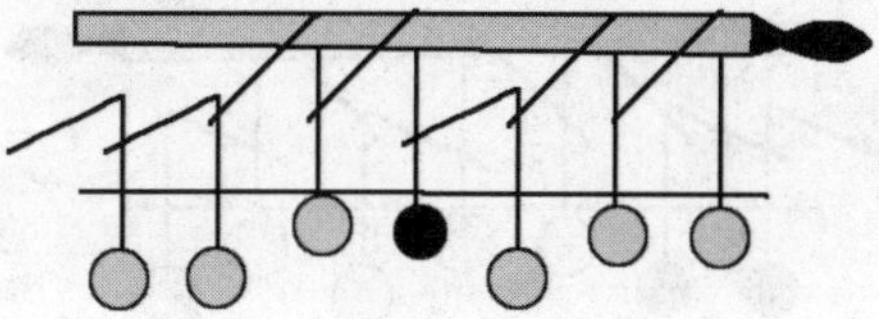

12

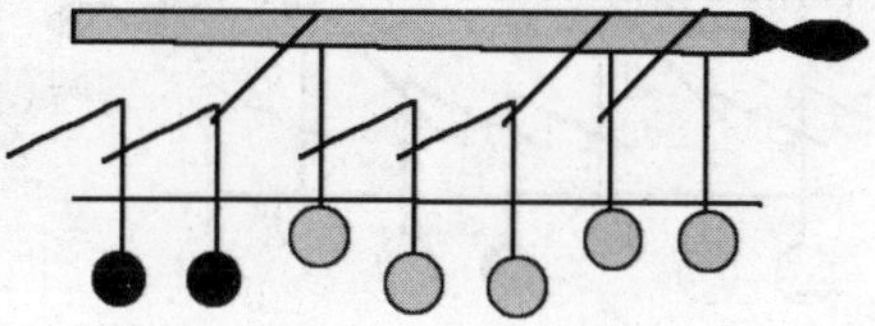

13

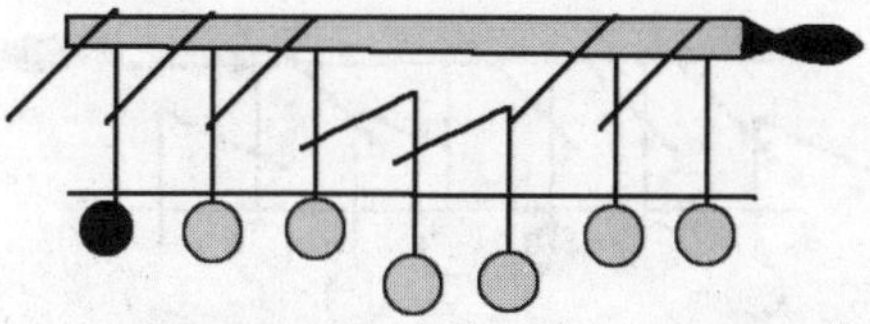

14

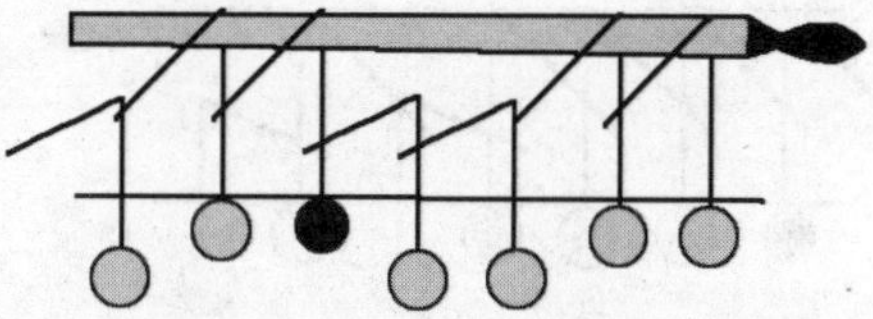

15

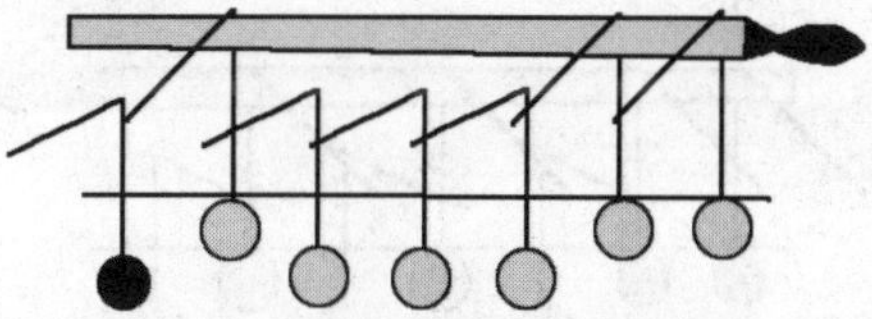

16

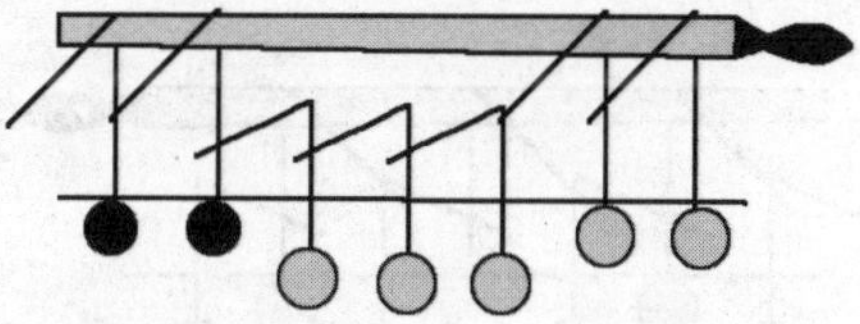

17

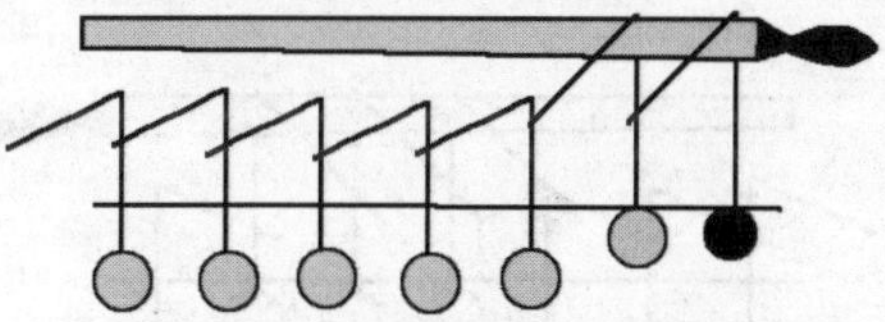

18

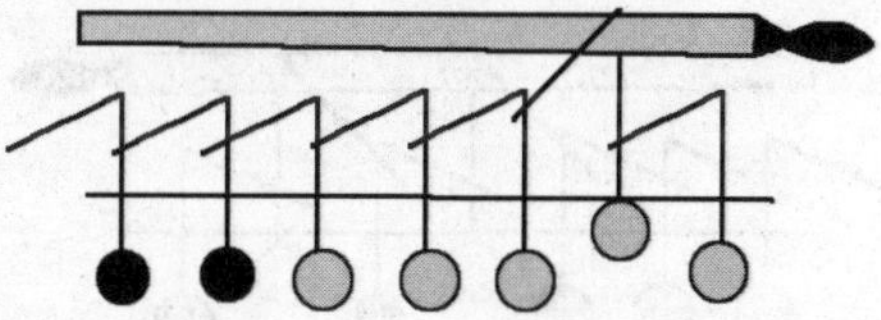

19

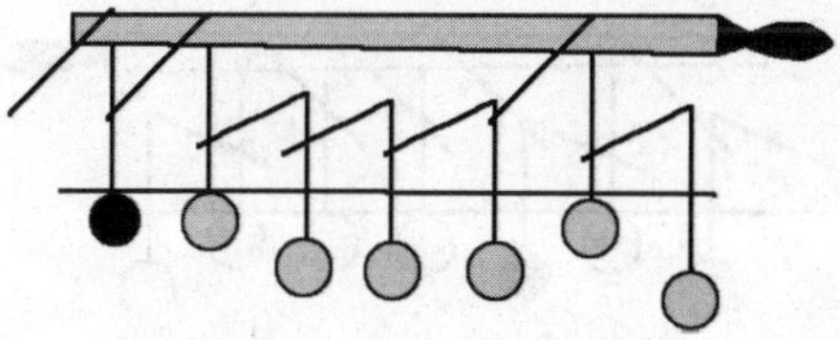

20

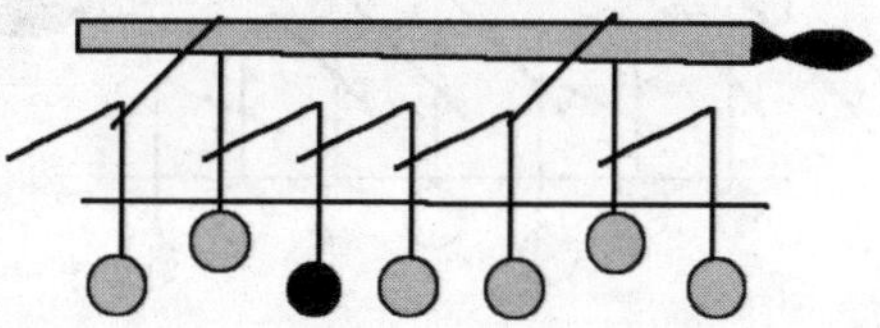

21

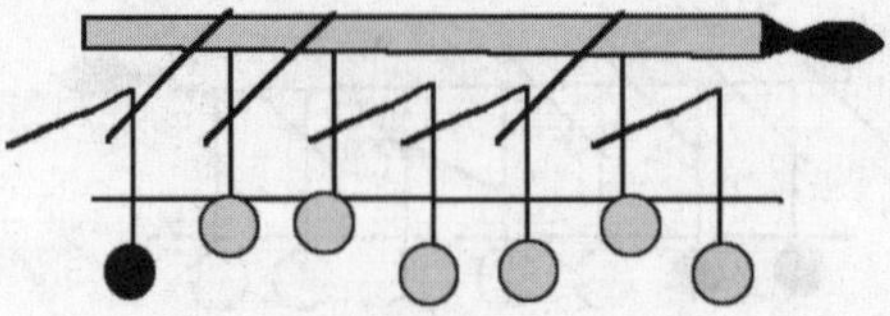

22

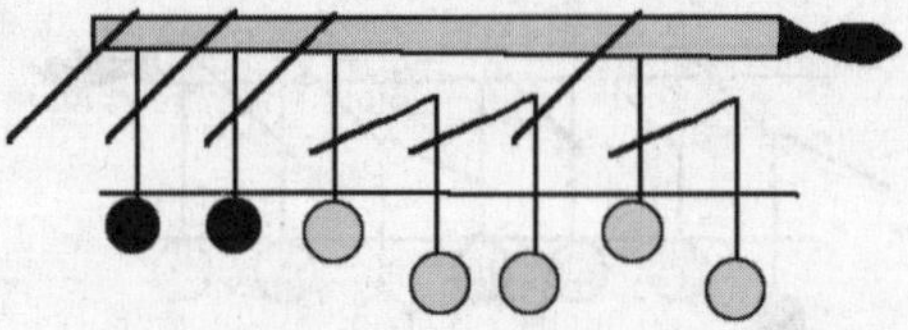

23

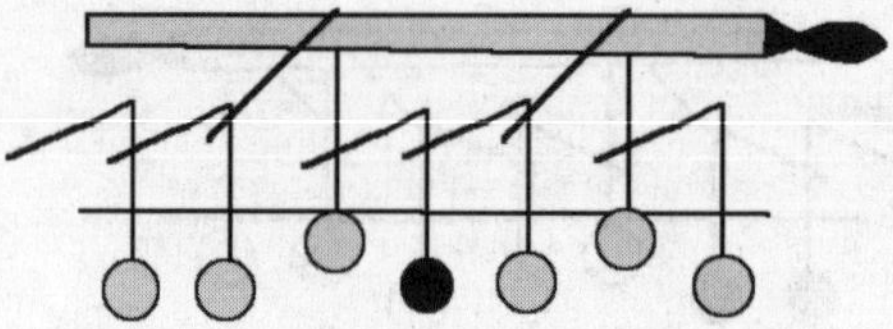

24

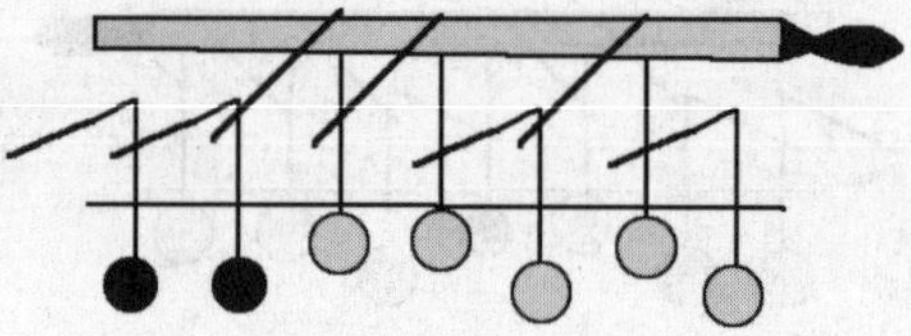

25

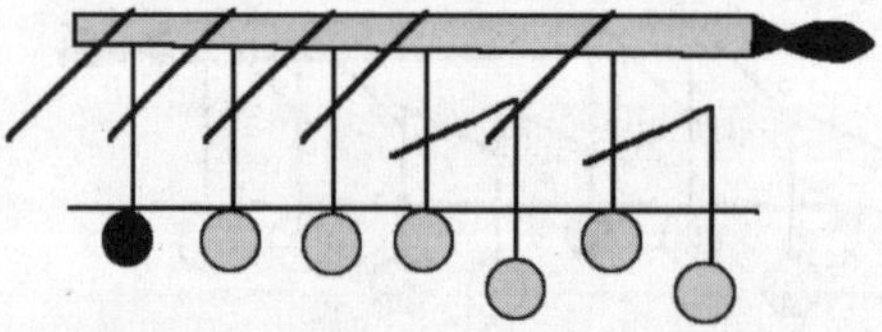

26

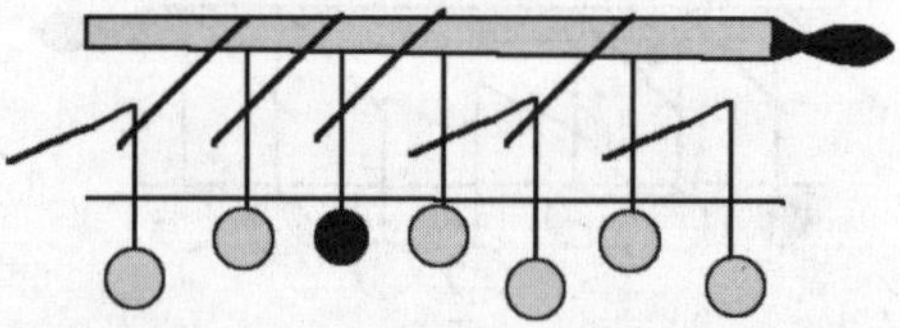

27

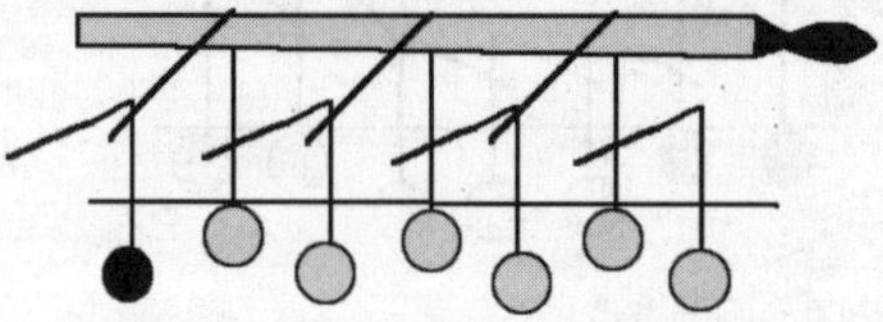

28

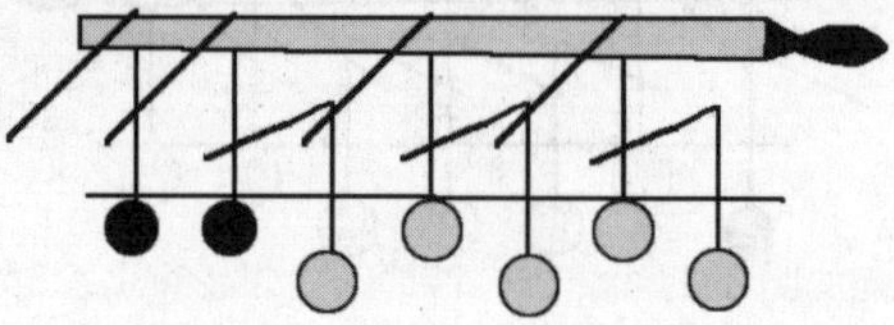

29

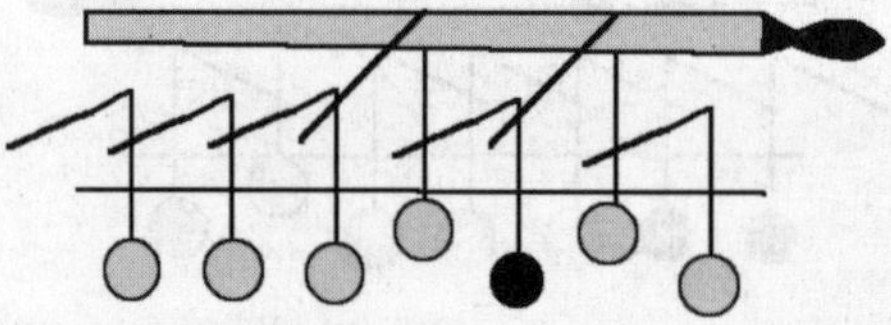

30

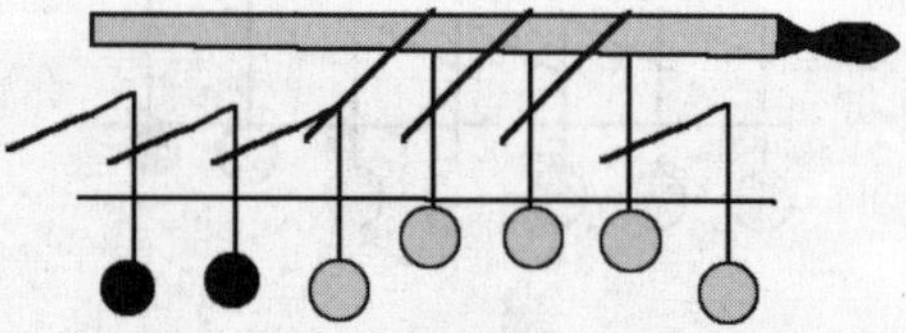

31

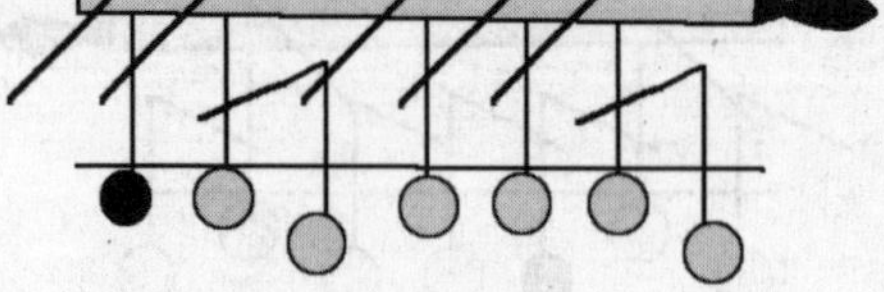

32

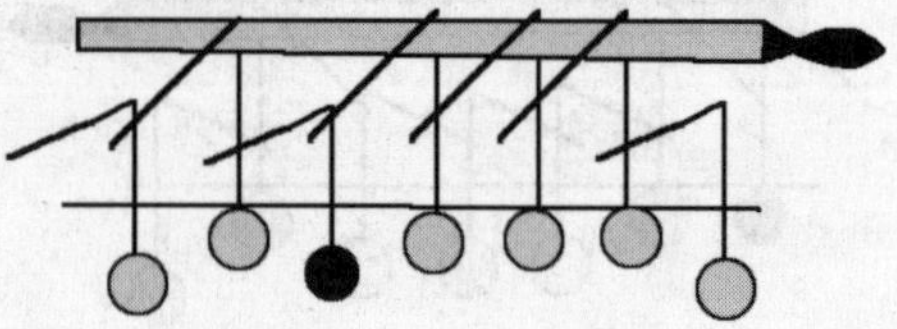

33

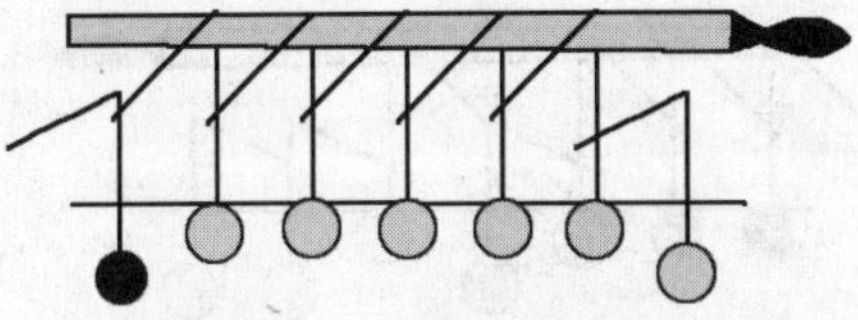

34

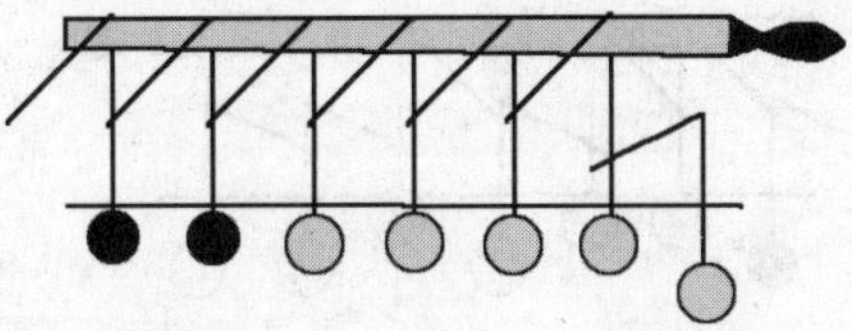

35

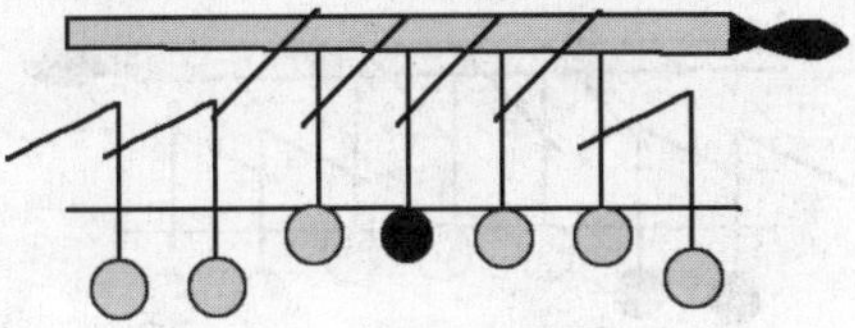

36

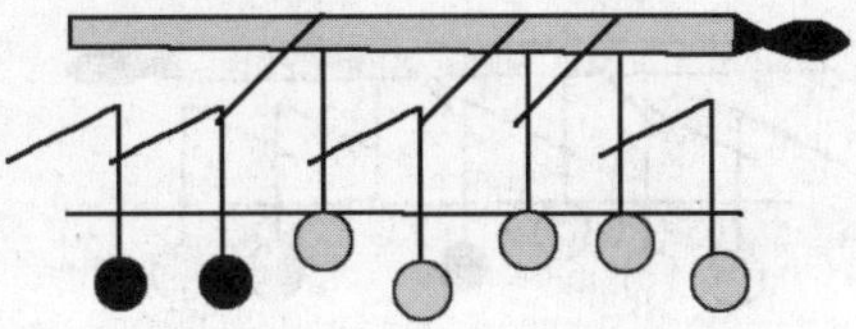

37

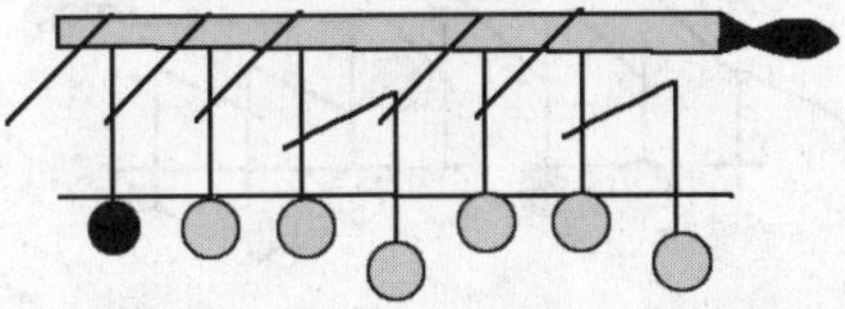

38

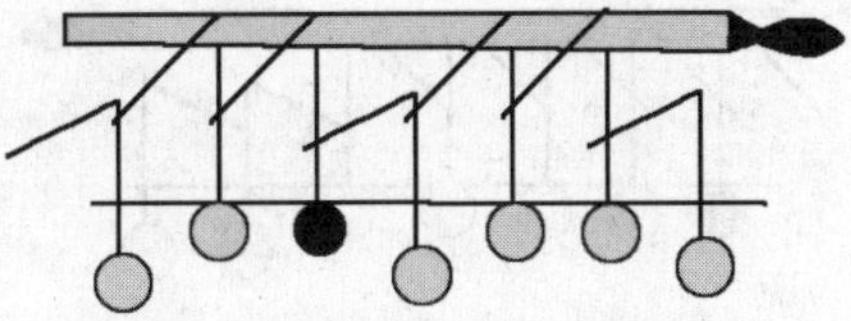

39

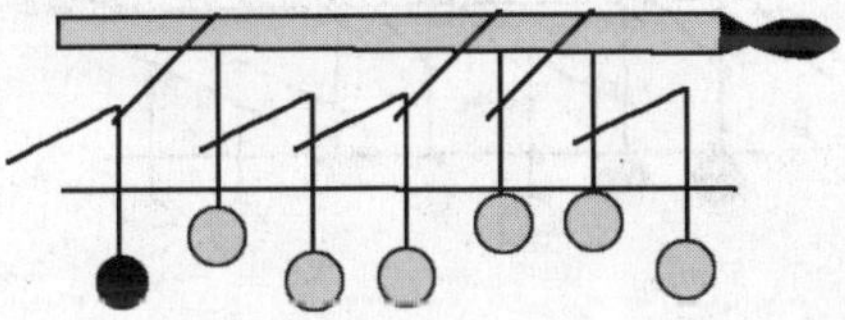

40

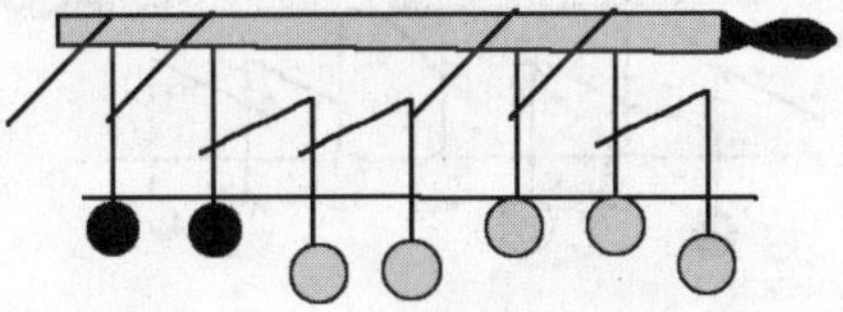

41

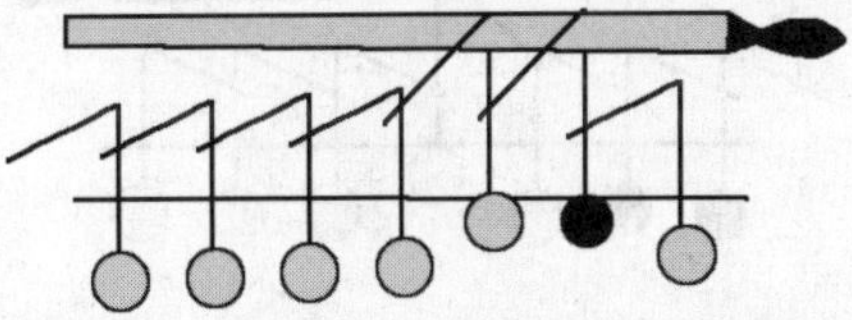

42

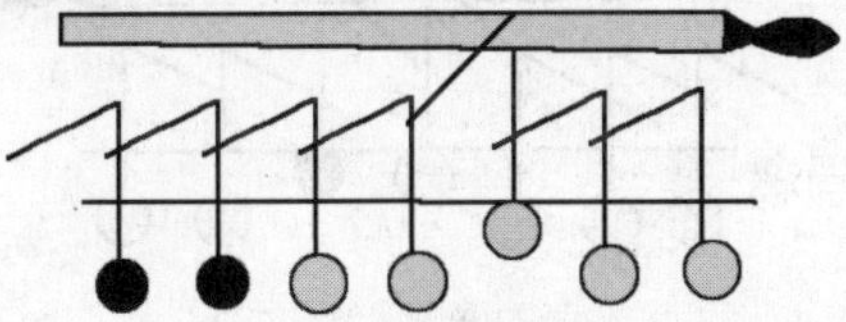

43

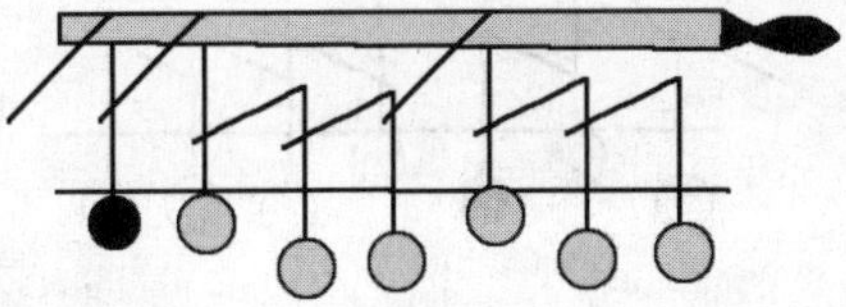

44

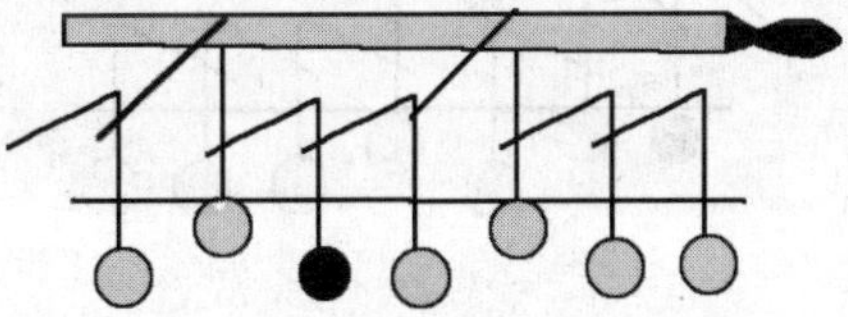

45

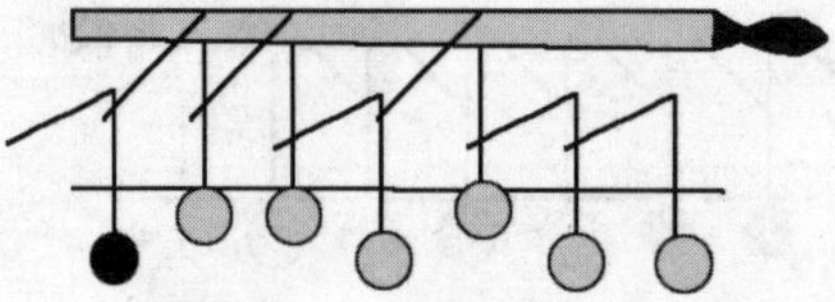

46

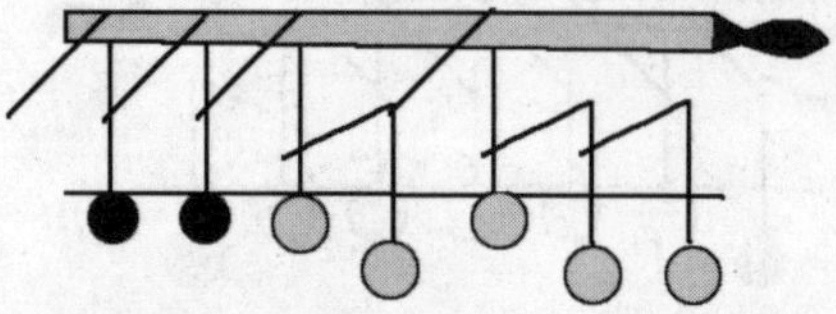

47

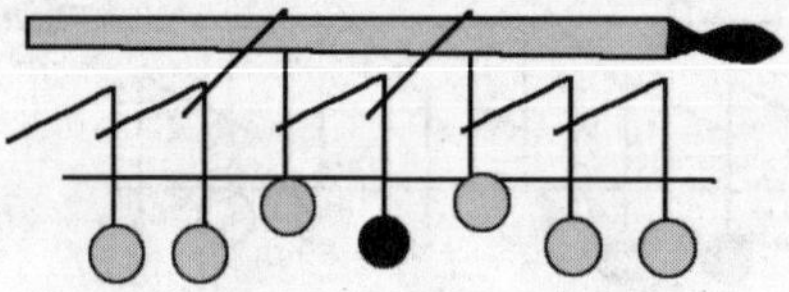

48

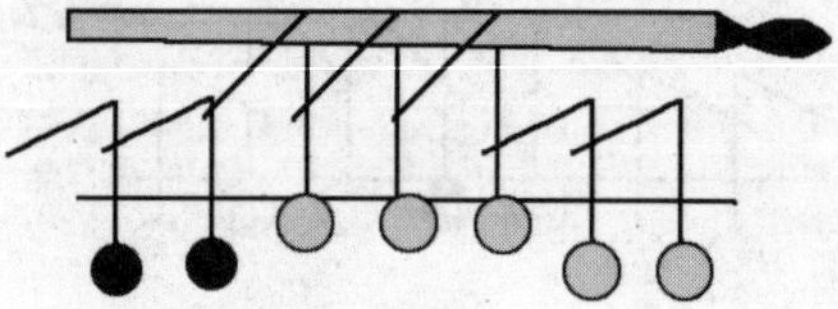

49

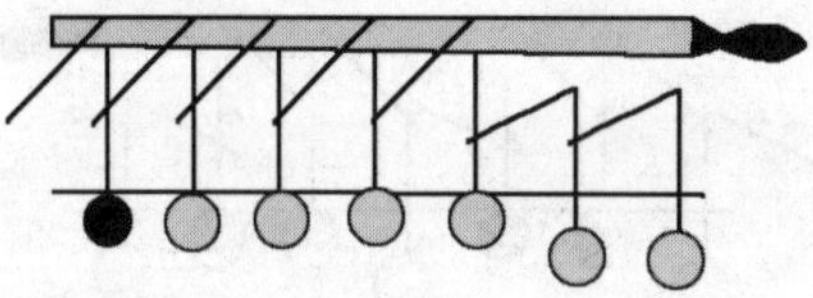

50

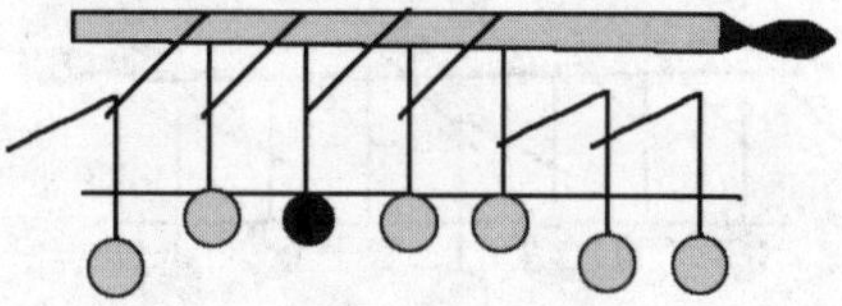

51

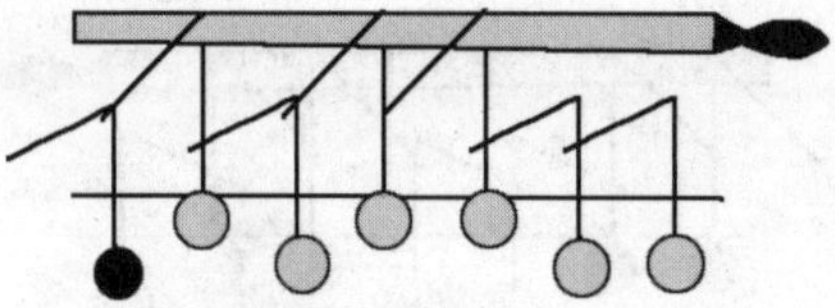

52

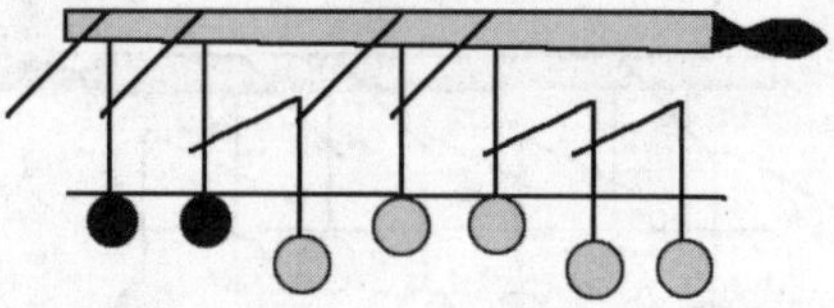

53

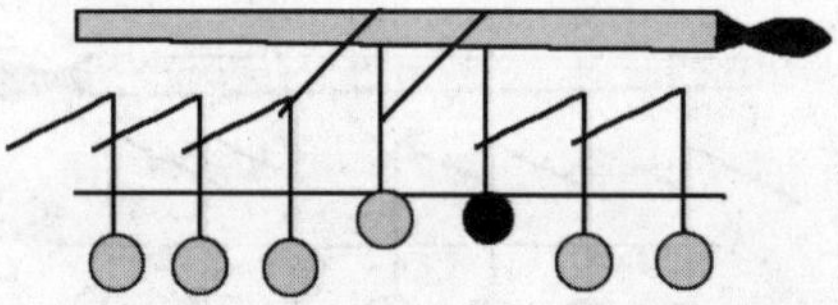

54

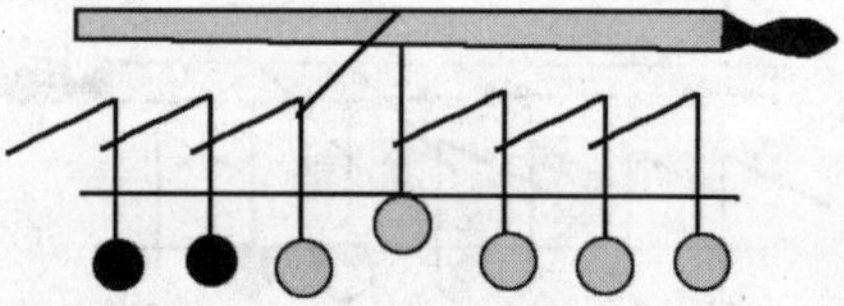

55

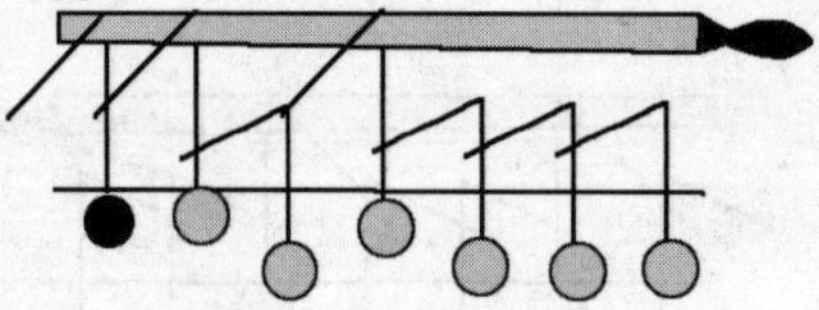

56

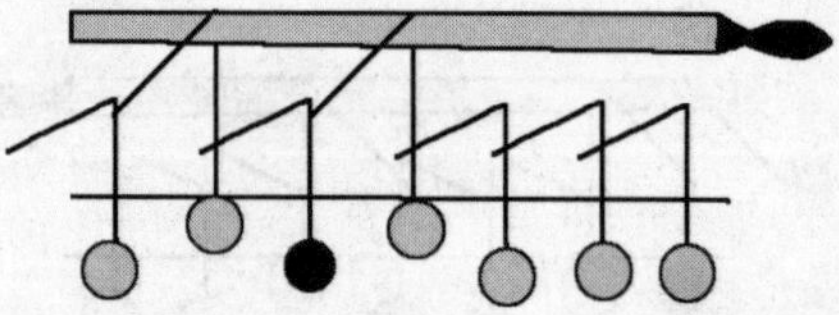

57

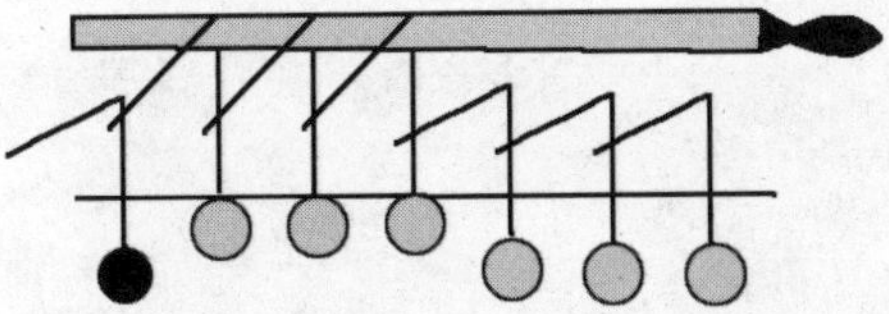

58

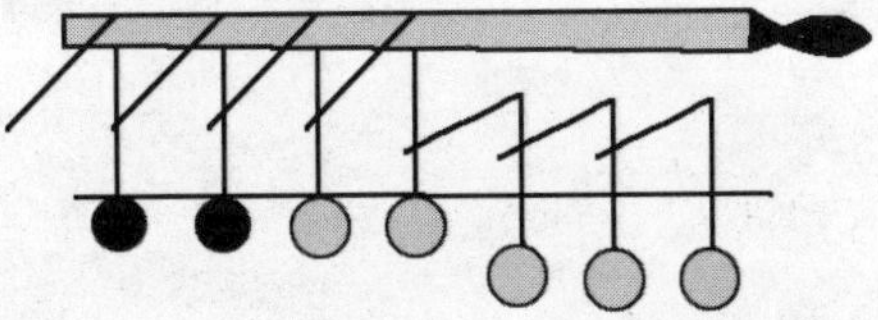

59

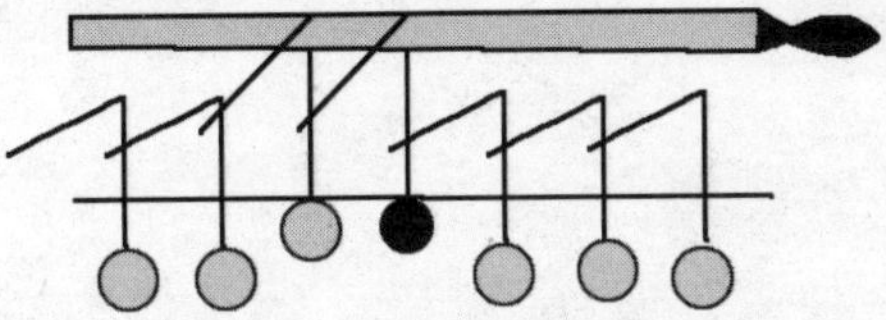

60

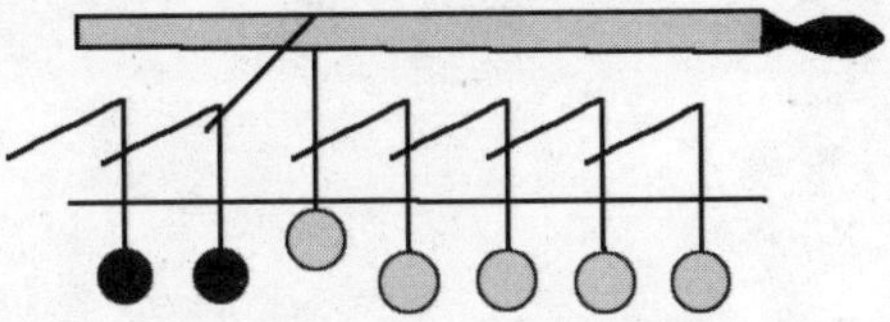

61

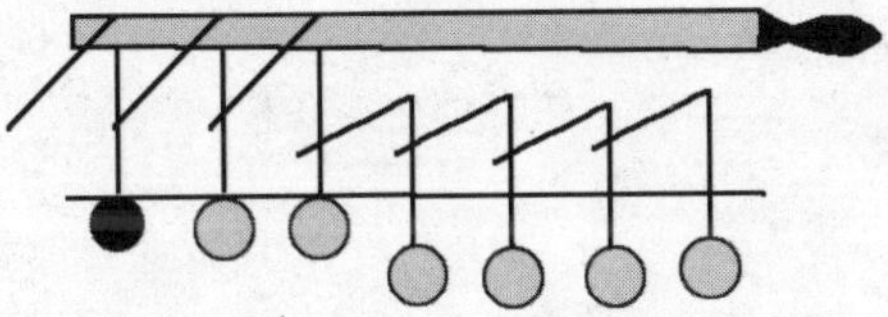

62

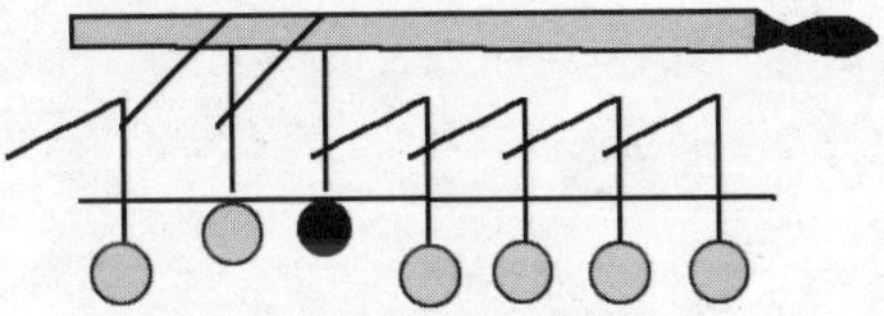

63

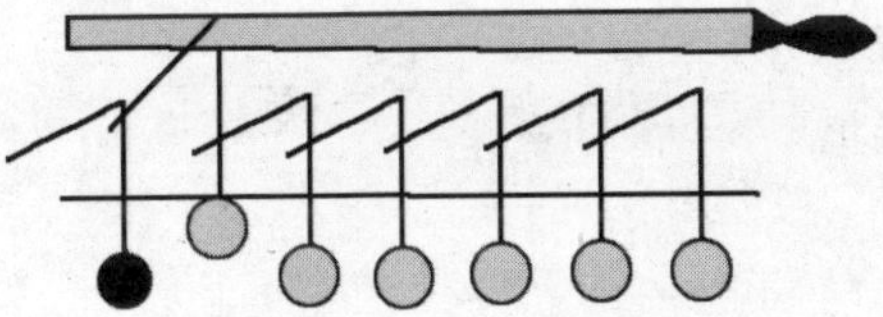

64

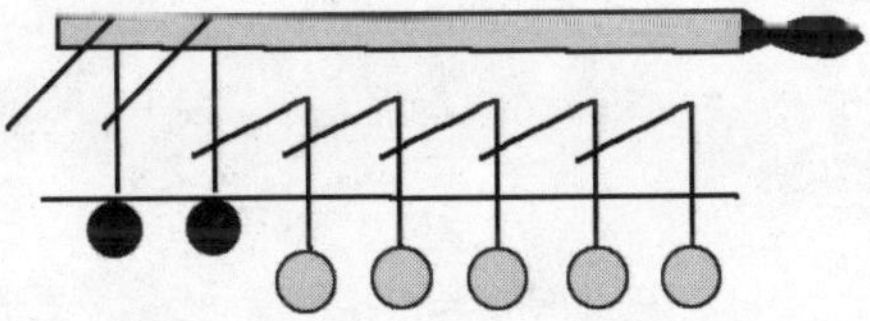

4 解绳

49 桃李环 I

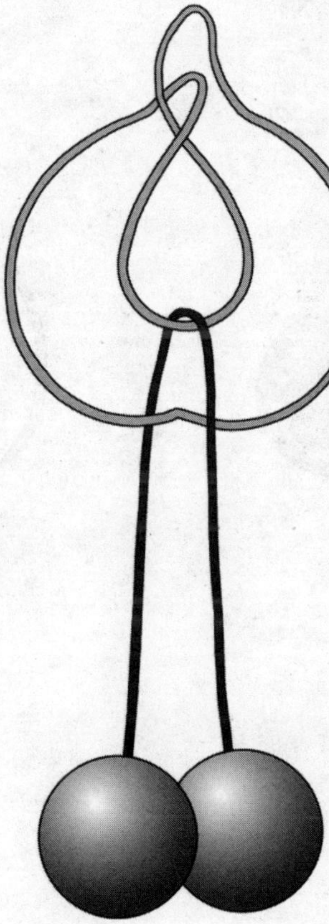

解下带双球的绳索。

参考解法：

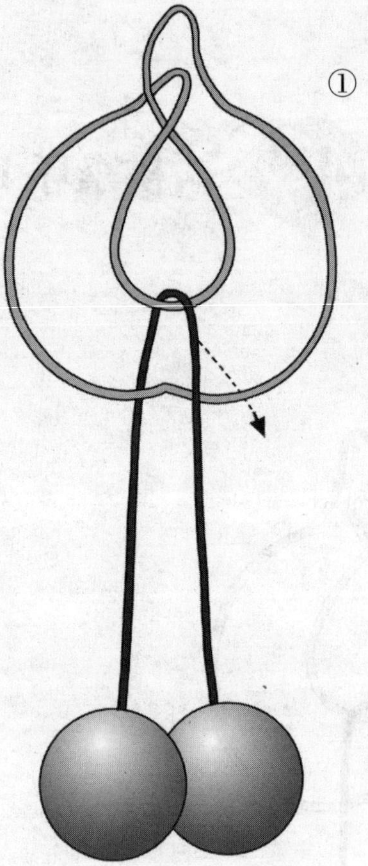

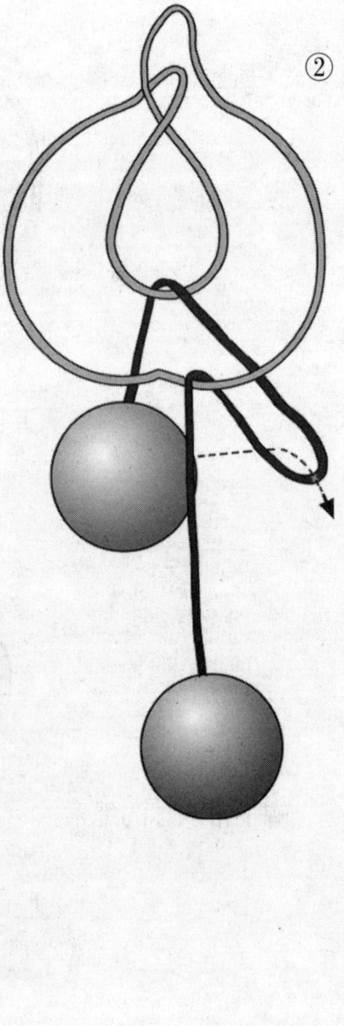

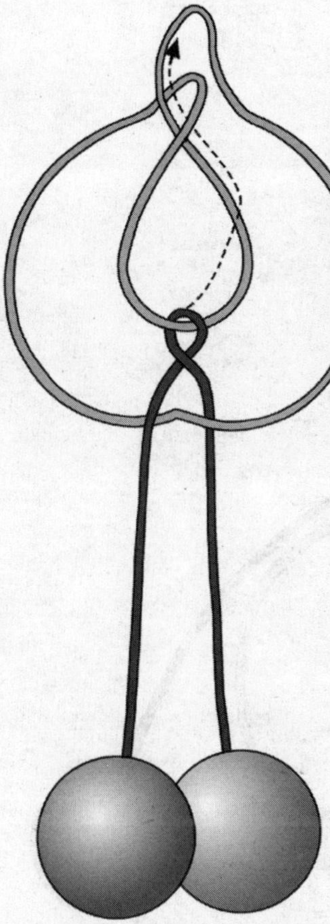
③

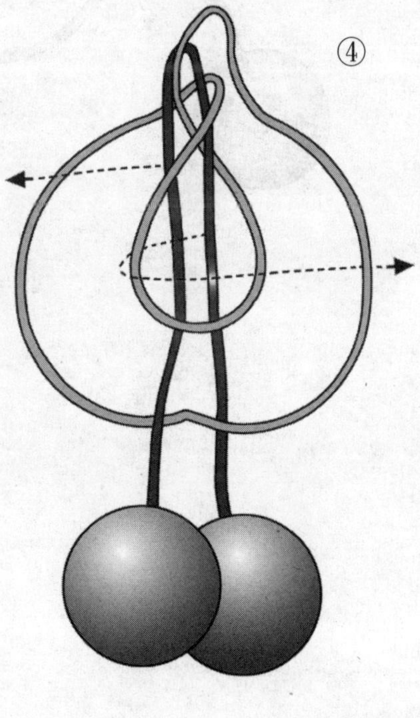
④

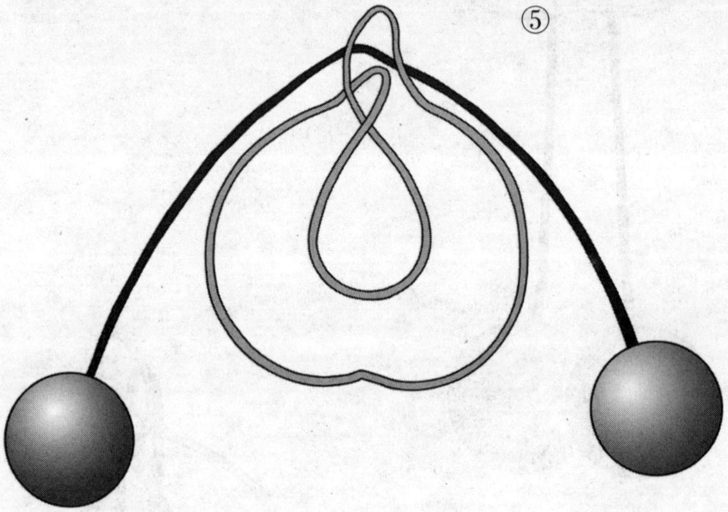
⑤

中国古典智力游戏三绝：七巧板、九连环和华容道。

智力游戏界三大不可思议：中国的华容道、匈牙利的魔方和法国的独粒钻石。

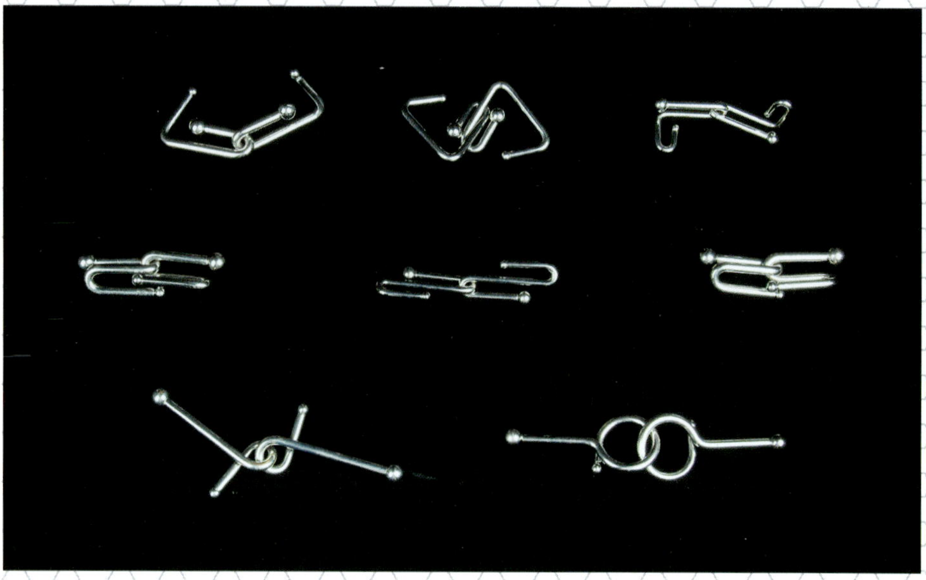

现代双钉扣

鹿角扣、蛇盘星扣

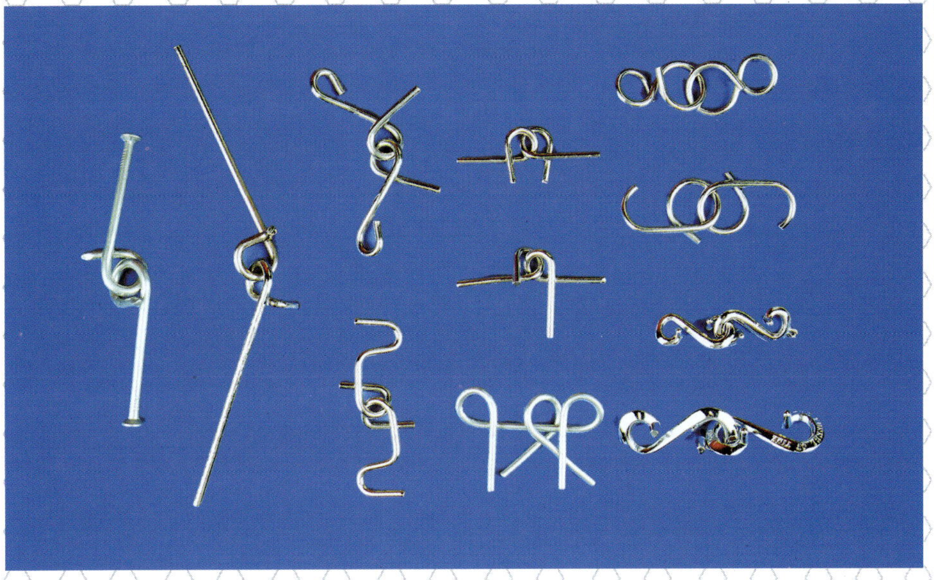

鸳鸯扣

锁扣、挂靴扣、排叉扣

瓶扣、车扣、神偷扣

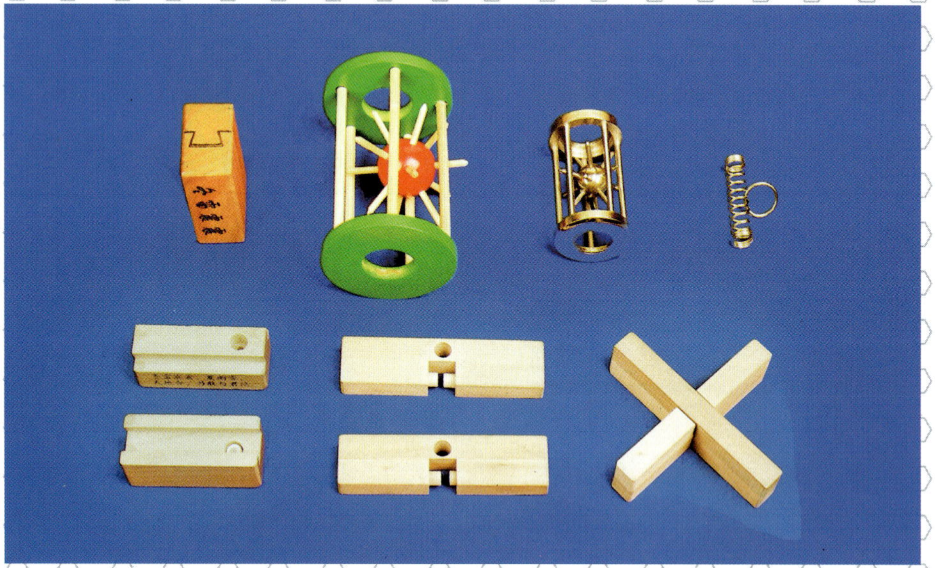

囚禁扣、弹簧扣、木条扣、木方扣

四环戒指扣、六环戒指扣、同心扣

铸件智力扣

孔明环、手铐环、铁鱼环

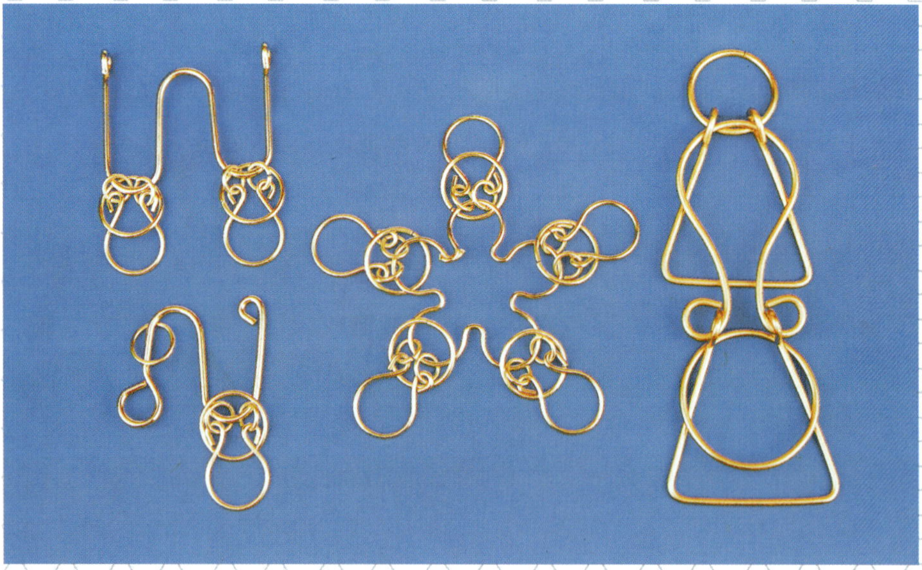

W 环、N 环、梅花环、少女环

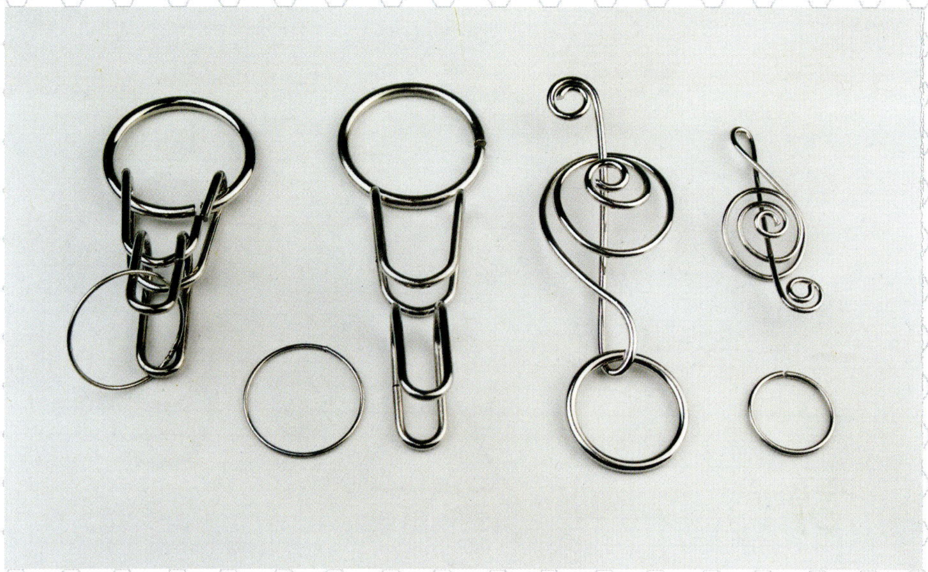

三开环、盘花环

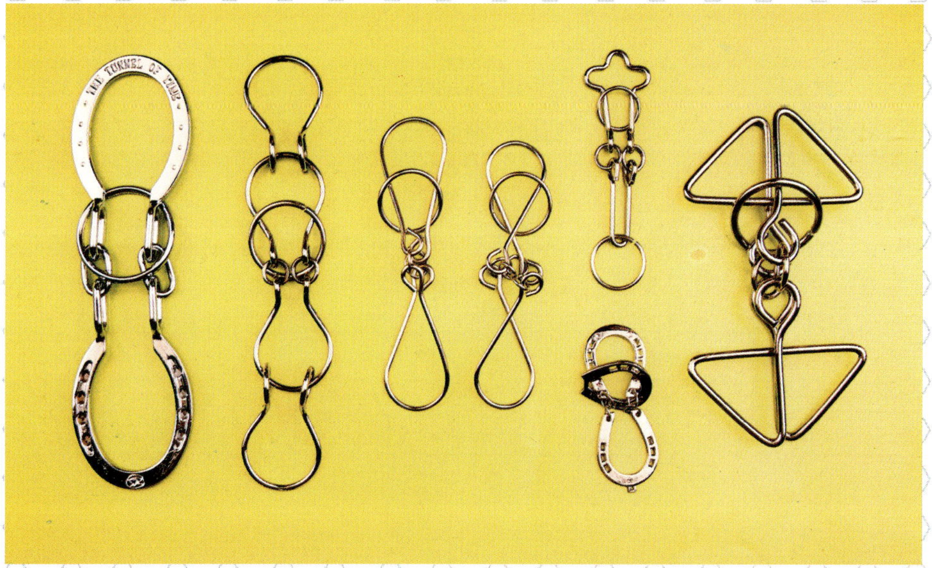

马蹄环、三连环、绞花环、十字环、三角环

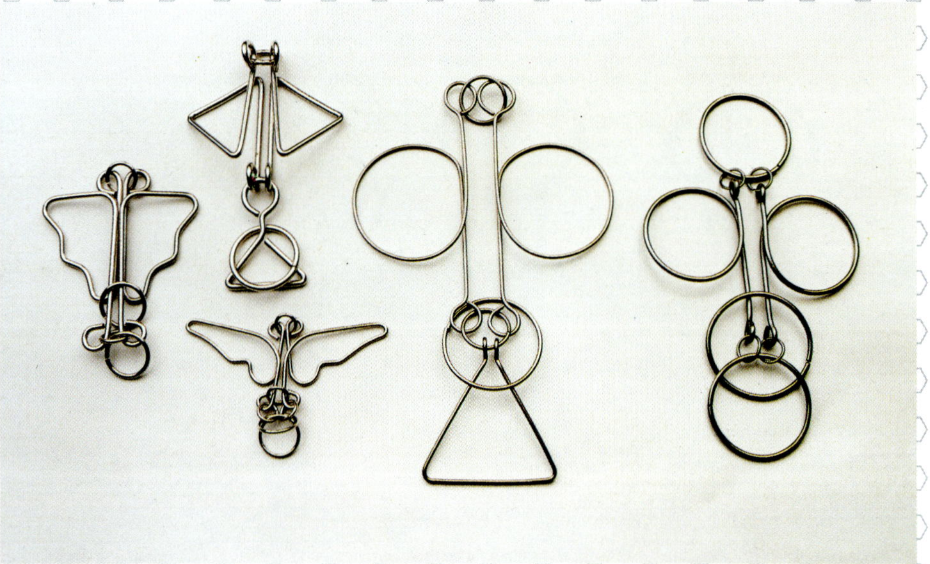

不同形态的五圆环

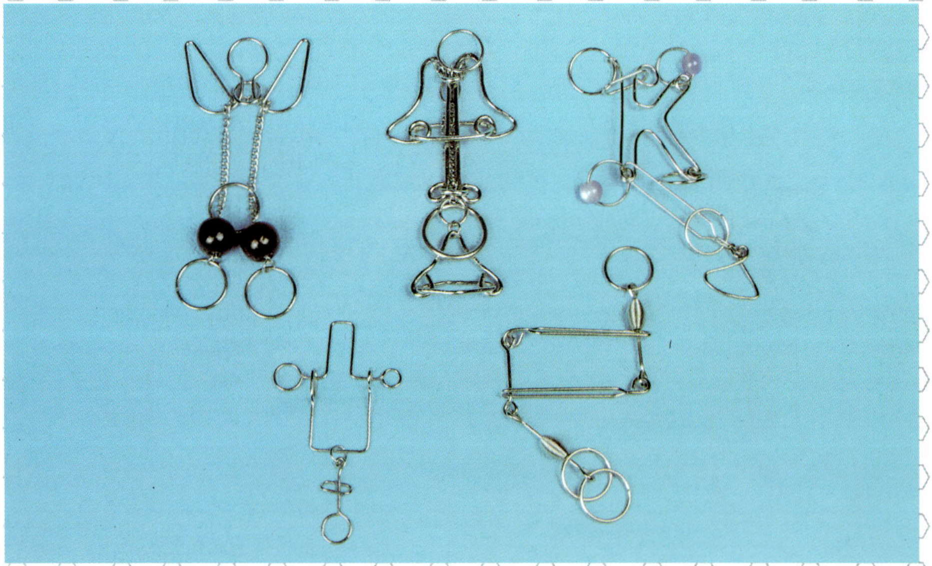

马耳环、自由环、K 字环、双架环、五节环

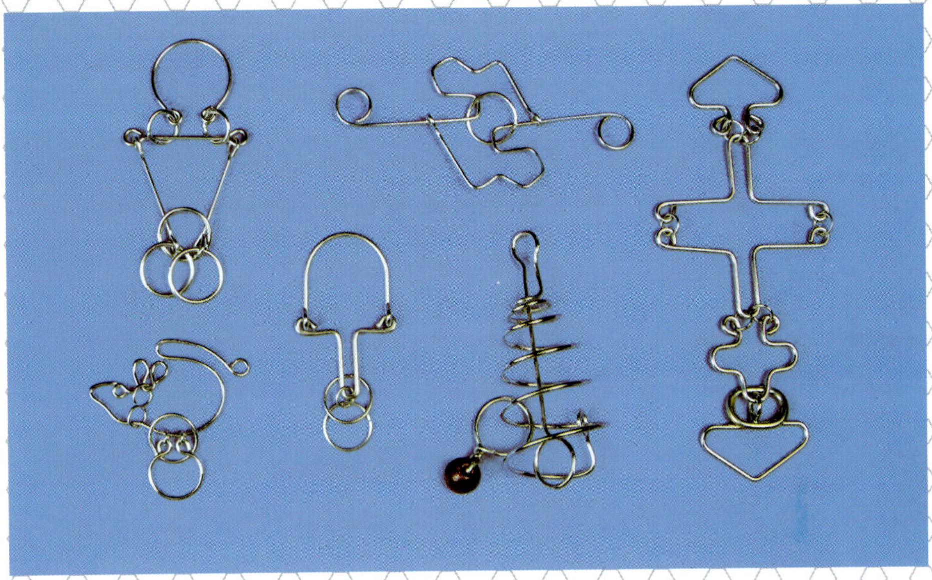

划船环等

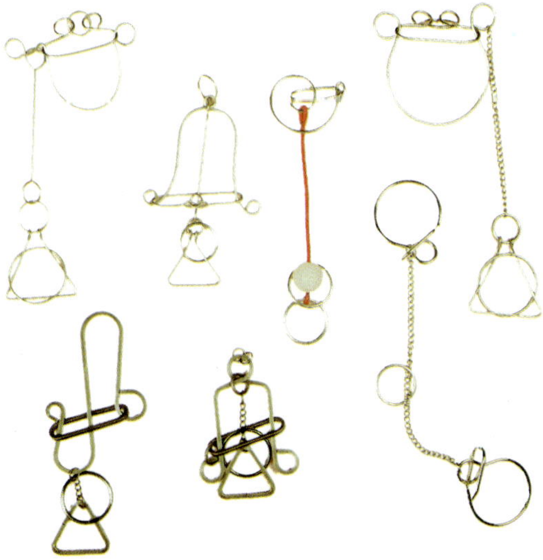

孔明环、金钟环等

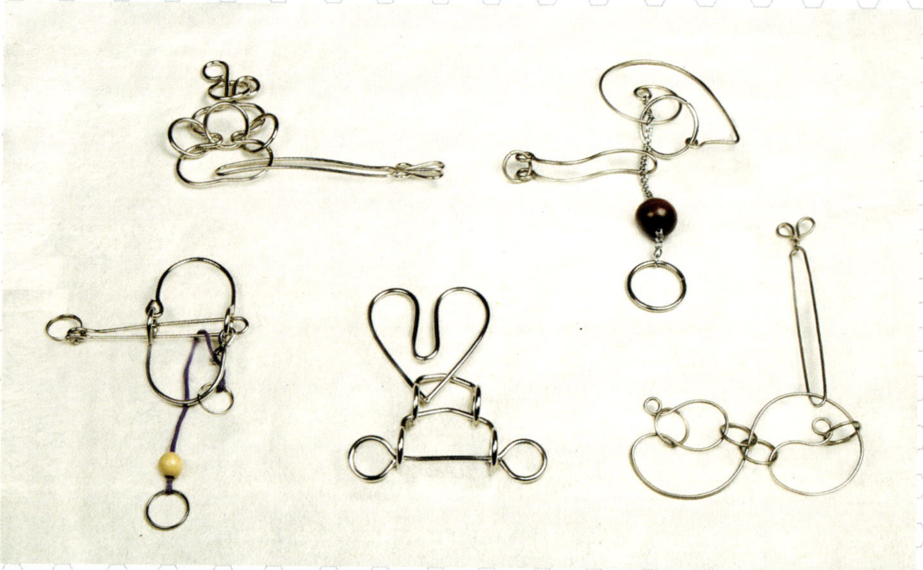

葫芦环等

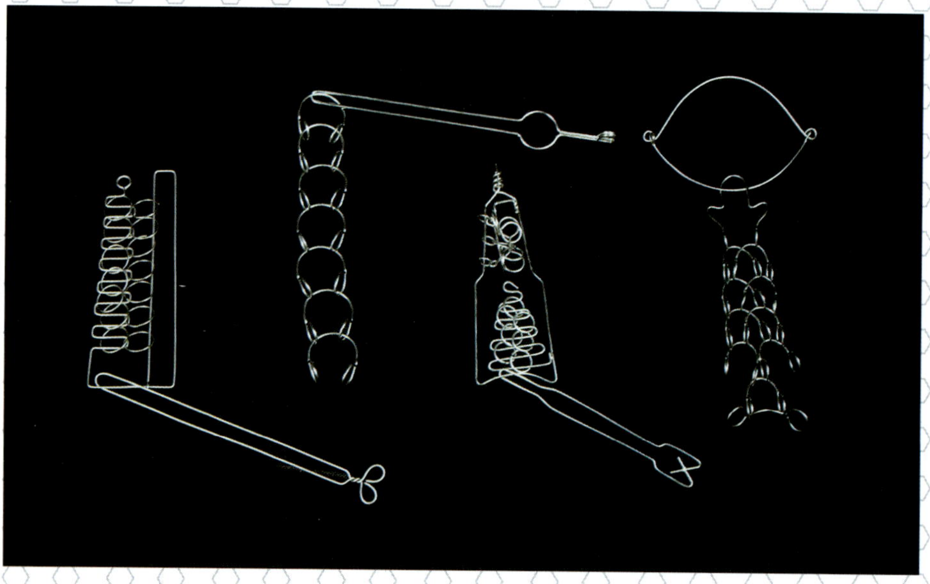

鸳鸯环、链子环、塔环、蜈蚣环

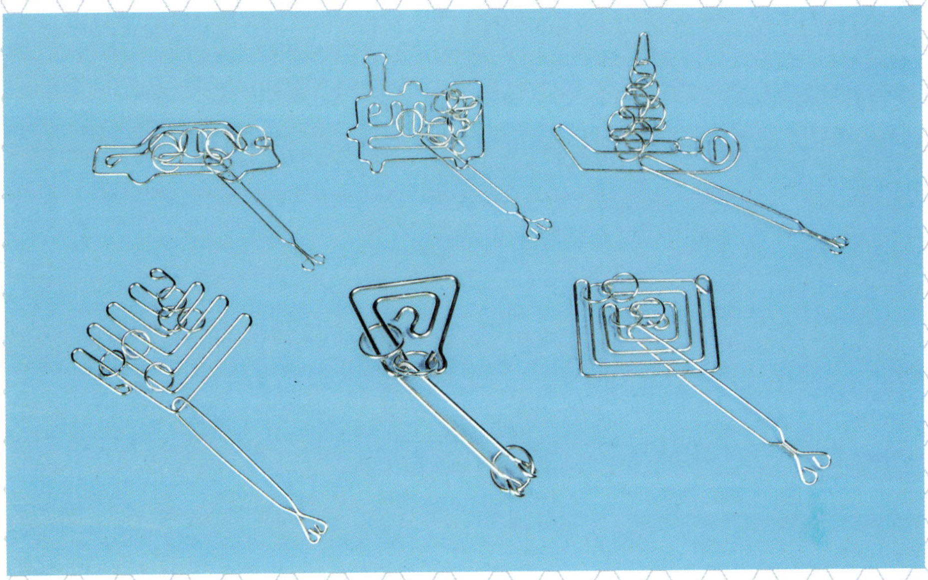

交通工具环和回形环

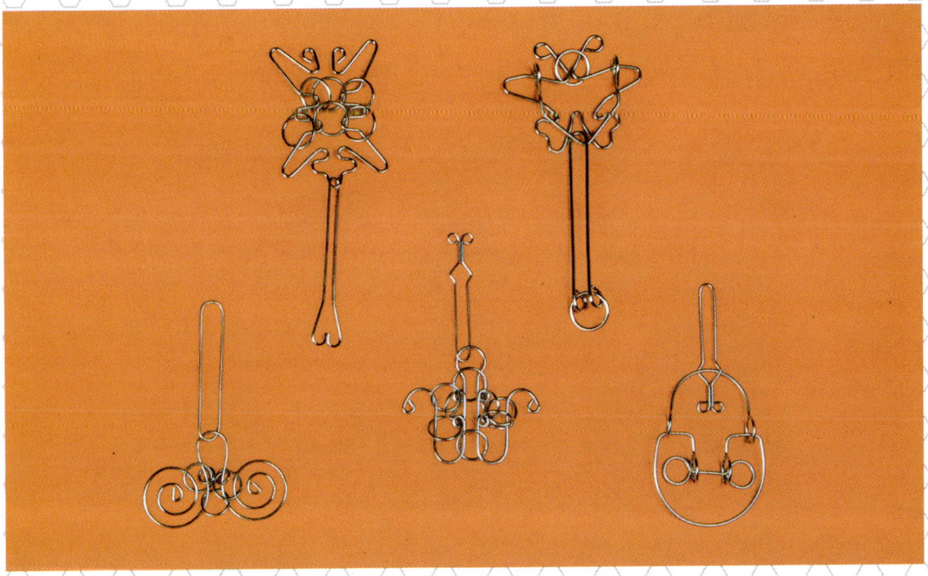

寿环、蝴蝶环、花蓝环

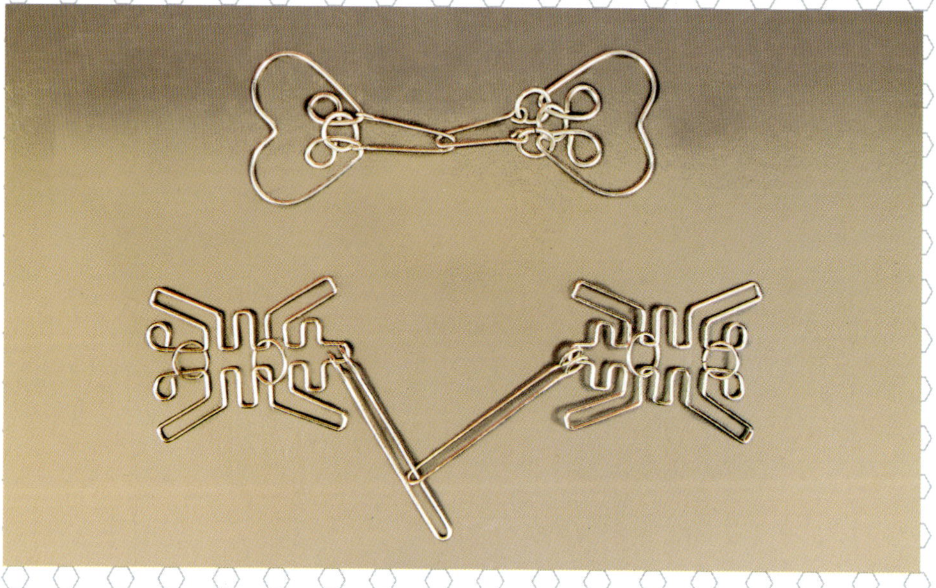

双心环、双寿环

动物环

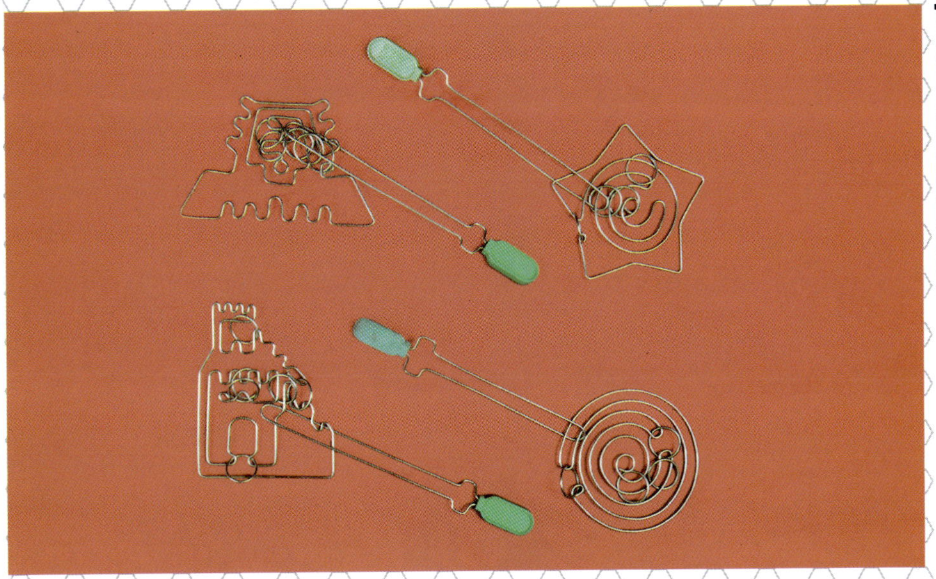

天安门环、长城环、五星环、圆轮环

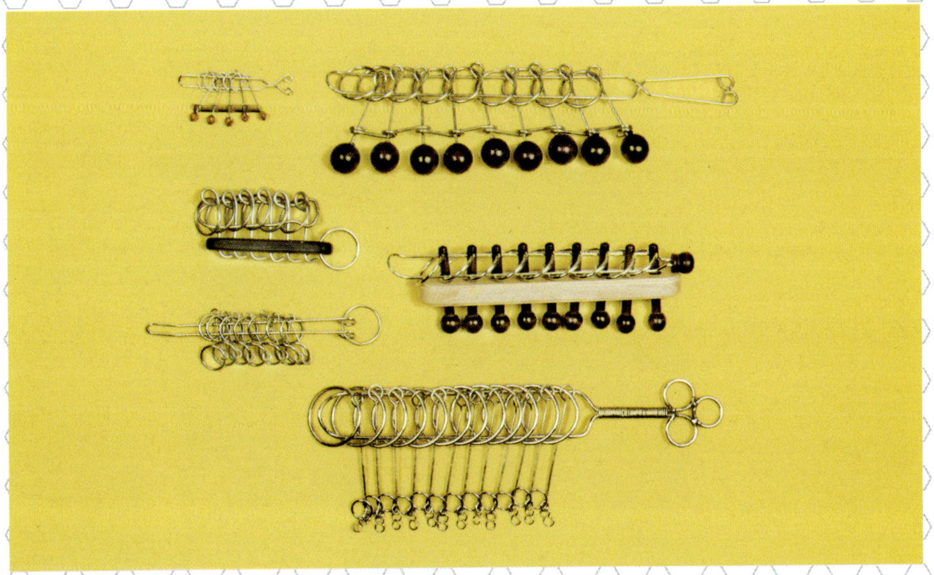

九连环和五、六、七、十二连环

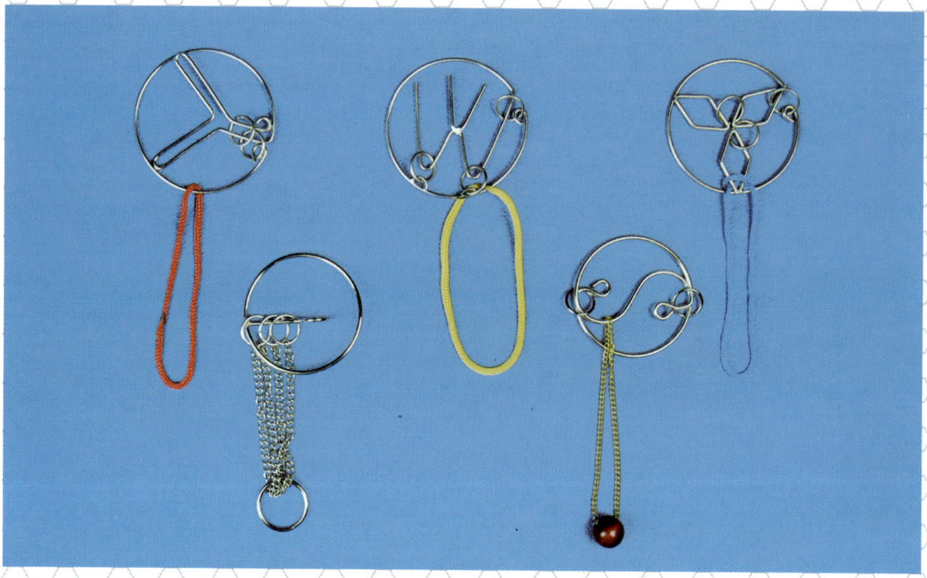

奔驰环、大众环、三菱环和单扣环、太极环

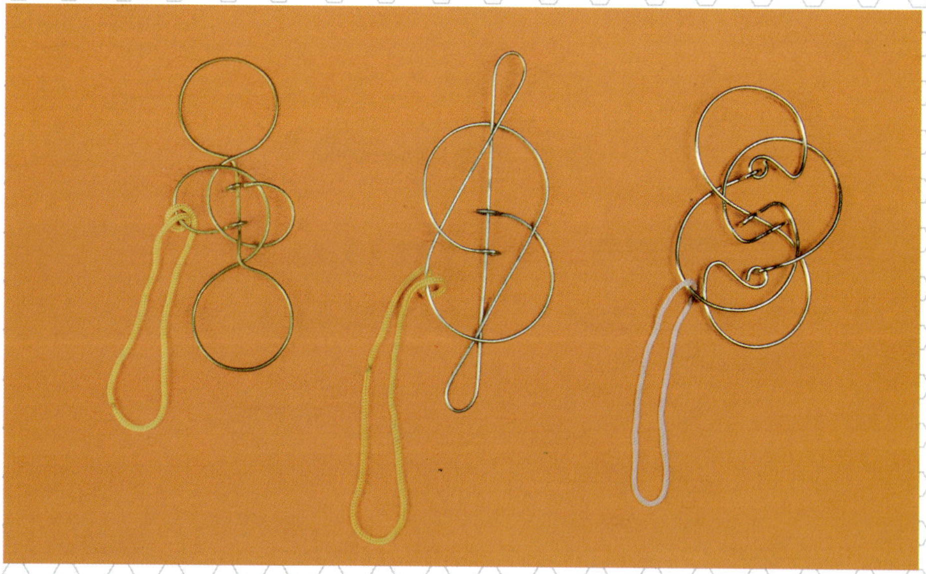

同一结构巧环在中国、英国和加拿大的演变

眼镜环及其拓扑变形

解鞋带、解牛栓和单双环

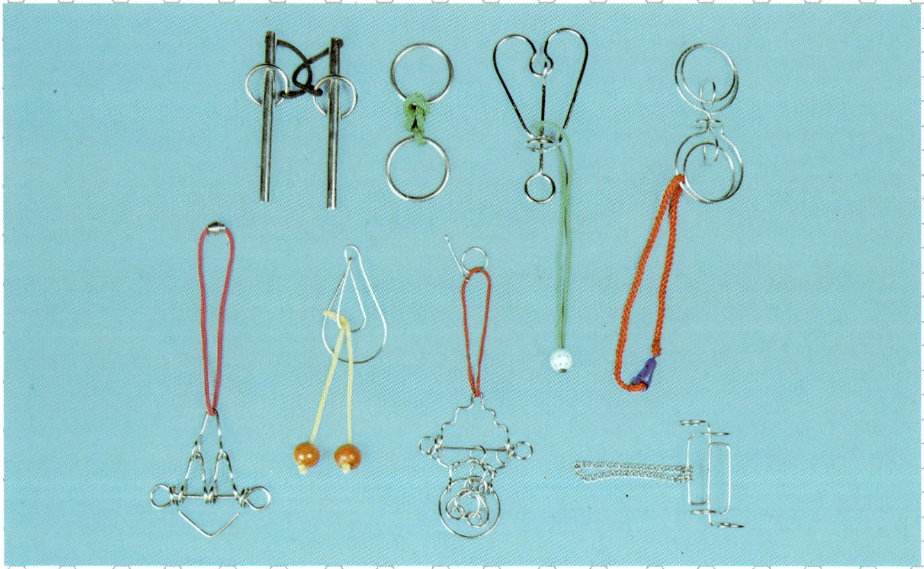

筷子环等

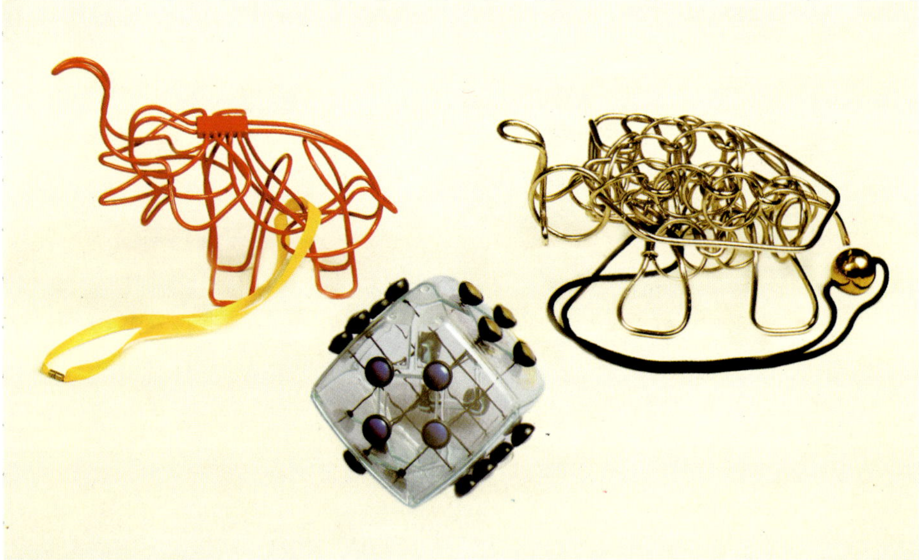

迷宫象、头大脑筋、龟寿环

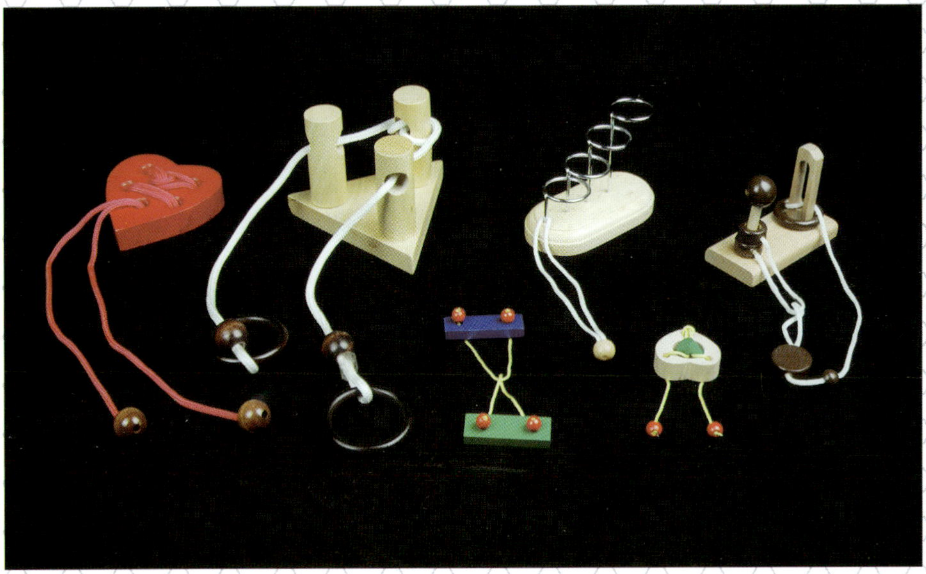

各种木质绳环

悬空岛、瓮中鳖、九莲灯

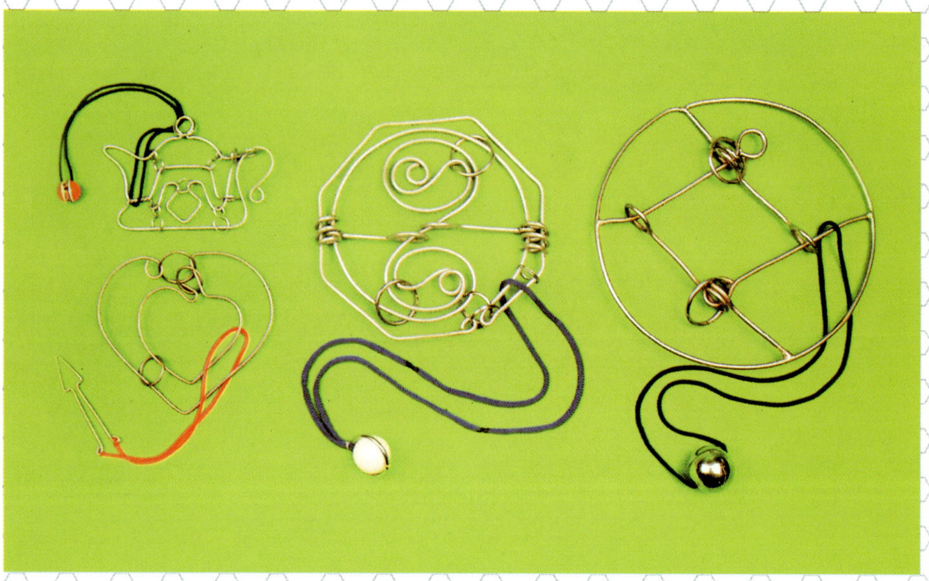

壶环、同心结、八阵环、古钱环

吉祥结、三组合葫芦环、蝴蝶环

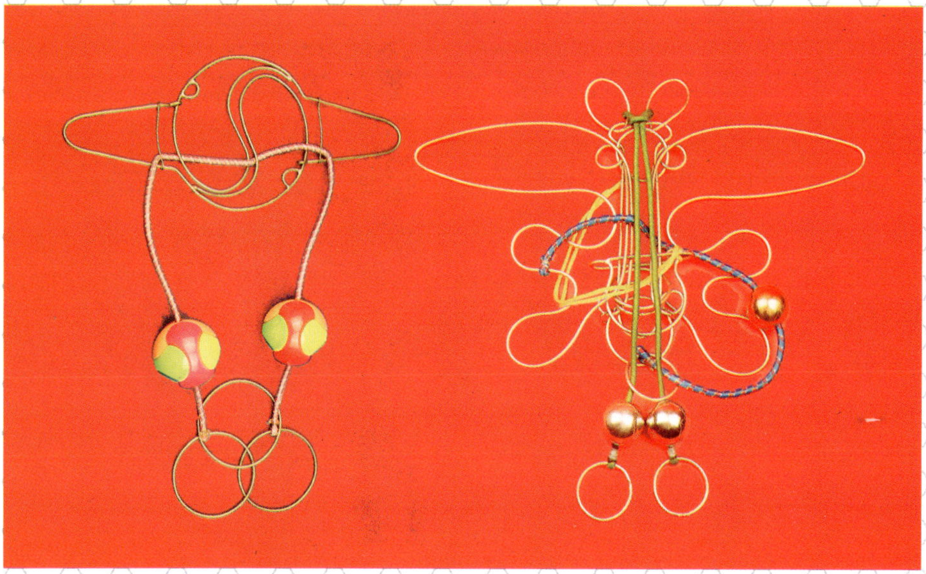

滑动卫星环、五组合蝴蝶环

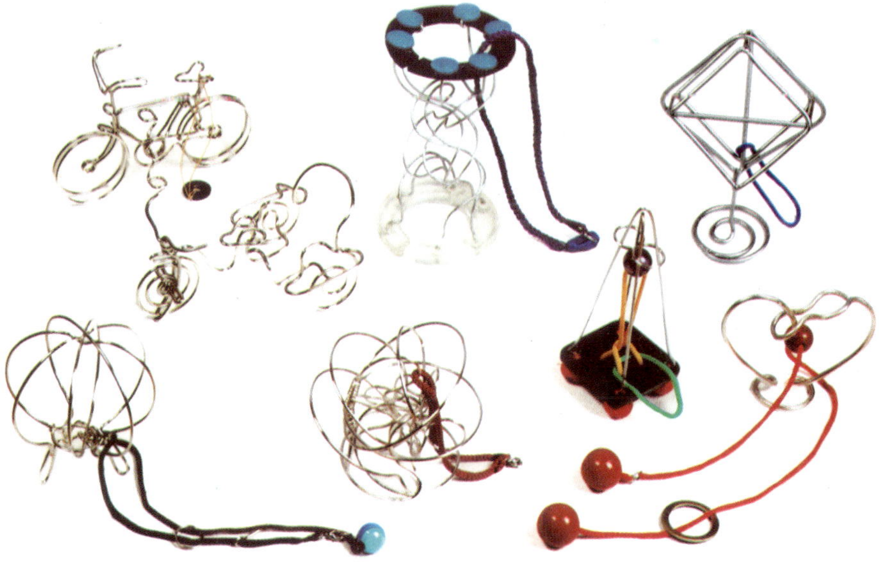

作者创制的部分解绳、摘环、取柄等立体玩具

填八板、填十二板、填十三板、曲板和神板

魔蜂窝和六层对板、四层对板

双层对板和五色、三色、六角对板

数独和六巧板

七巧板和六巧板

七巧板和填数板

益智图、百巧板和九巧板、十巧板

插板、转板、折板

金字塔和魔块

九巧块、立方盒、六棱柱

天地锁、四块锁、六块锁、水雷锁

多面体智力块

单卯鲁班锁

复榫鲁班锁

形形色色的鲁班锁

花式拼插块

结构相似、造型迥异的拼插块

智力球

魔笼、魔棍、四色块

魔方

智慧珠

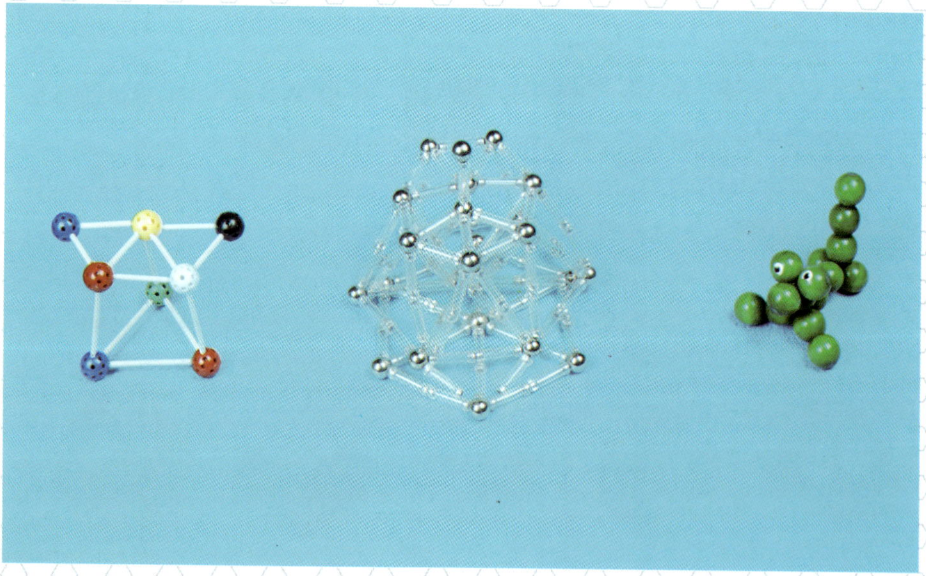

拼珠

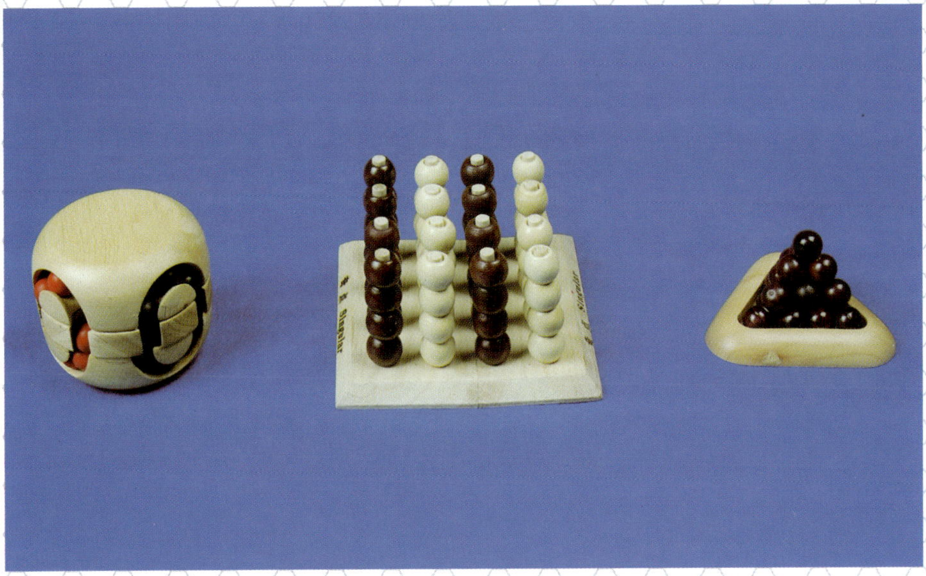

汉堡珠、立体四连棋、塔珠

晃珠

汉诺塔、迷彩塔、汽车突围、华容道

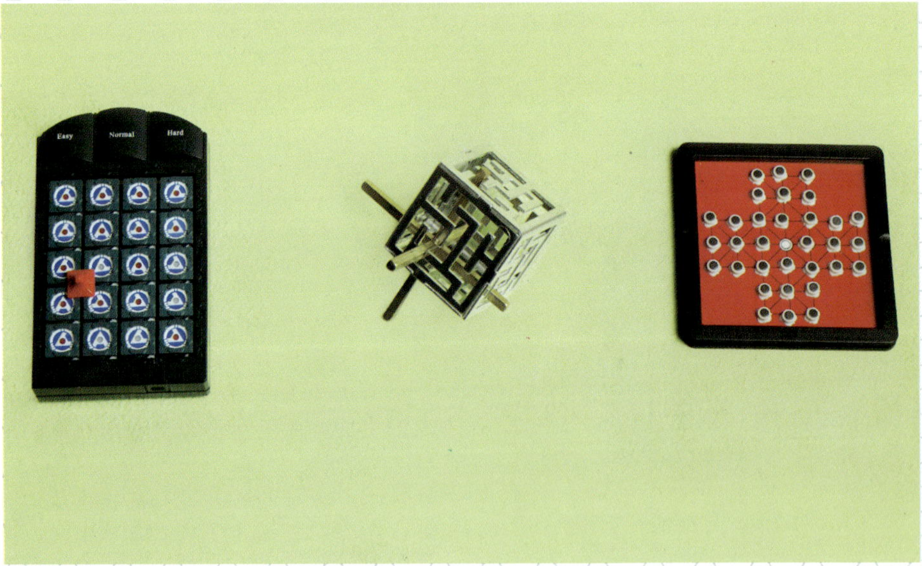

怪路、迷宫、独粒钻石

50 桃李环 II

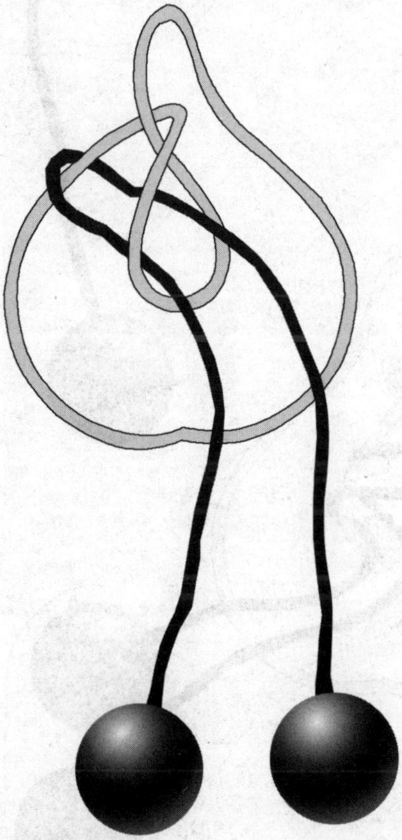

解下带双球的绳索。

参考解法：

①

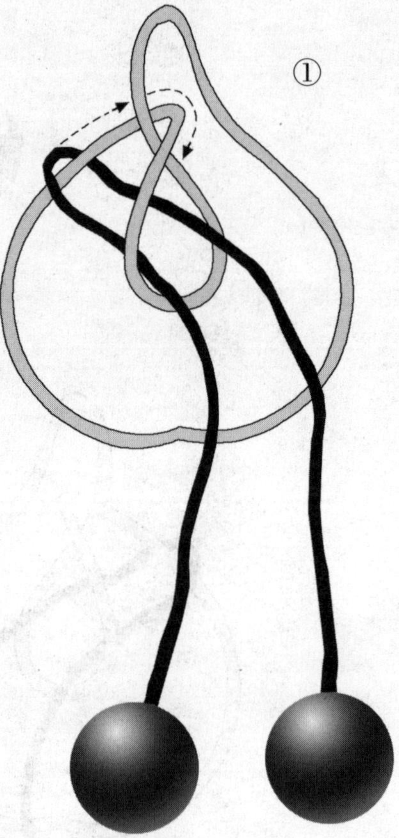

②

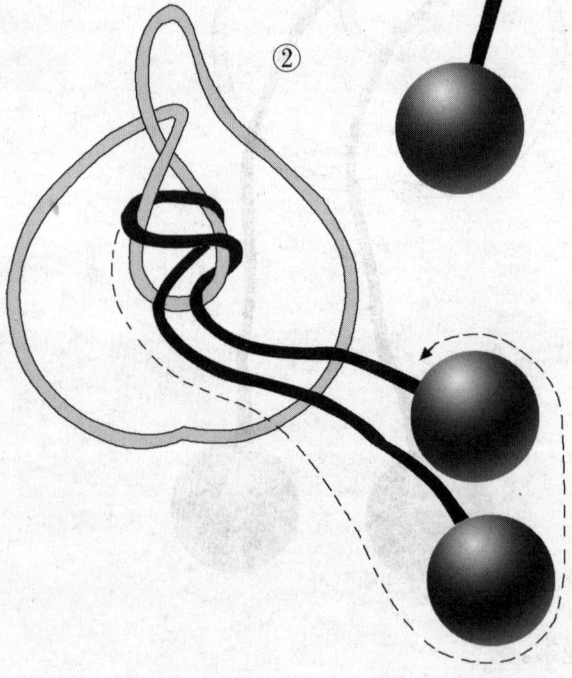

③

④

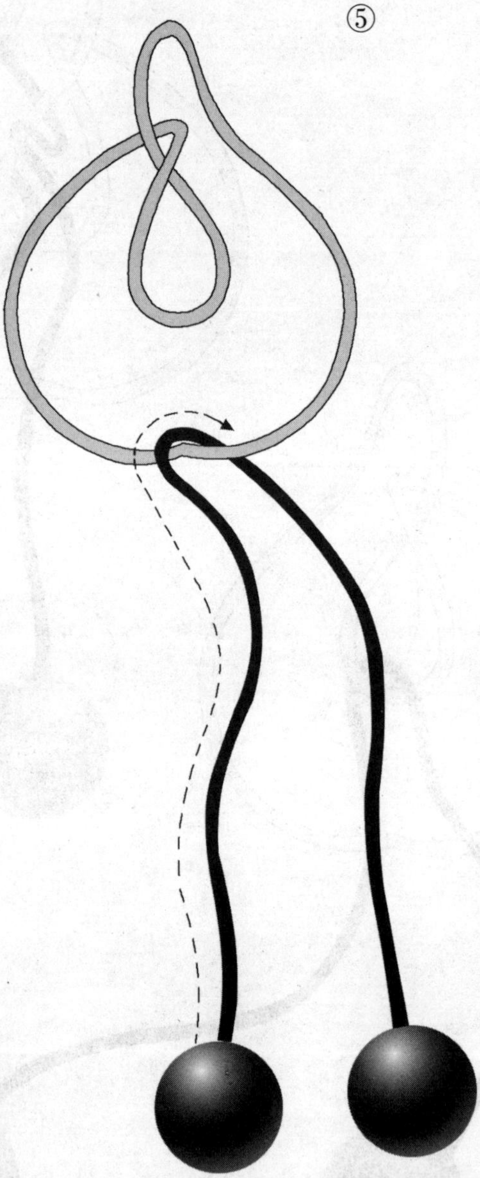
⑤

51 同心结

解下绳索。

参考解法：

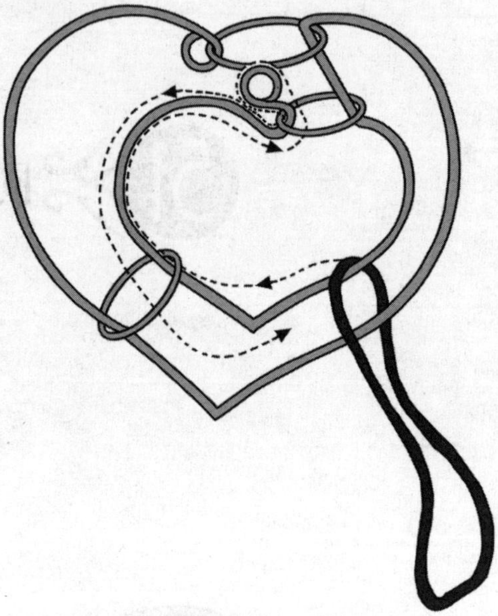

①

②

③

52 李 生 结

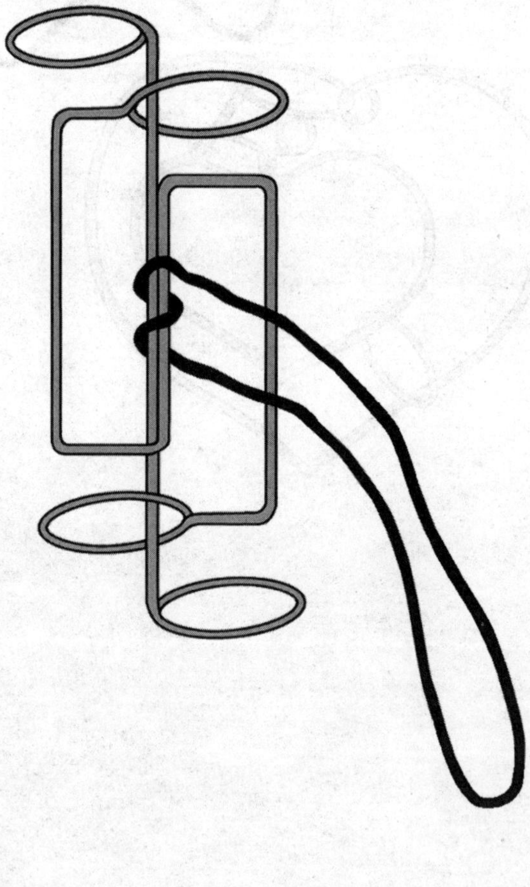

解下绳索。

参考解法：

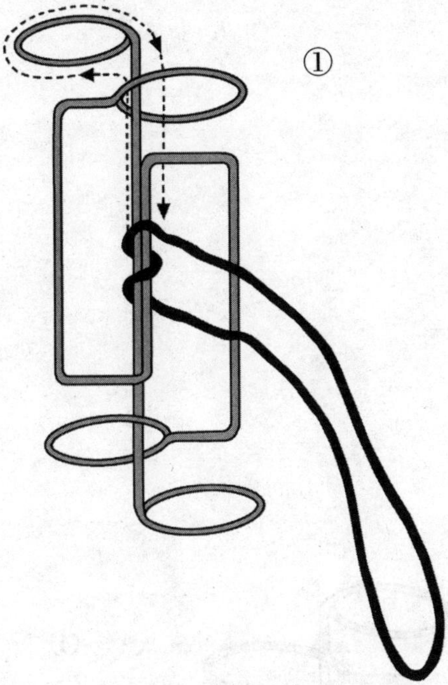

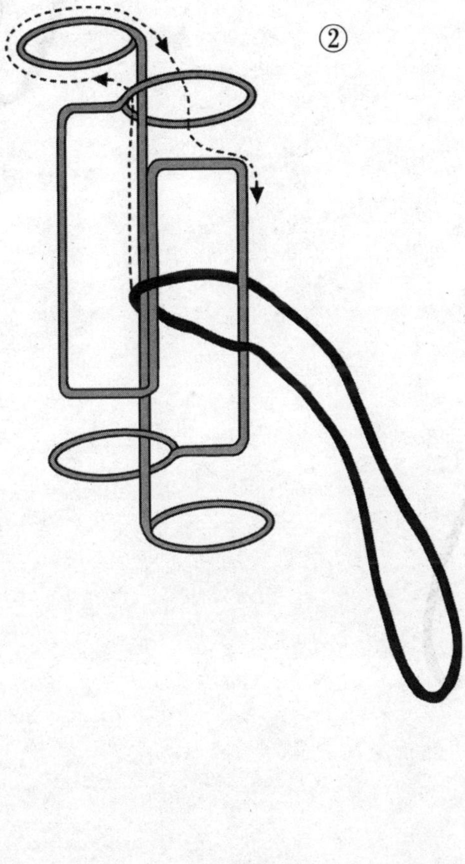

③

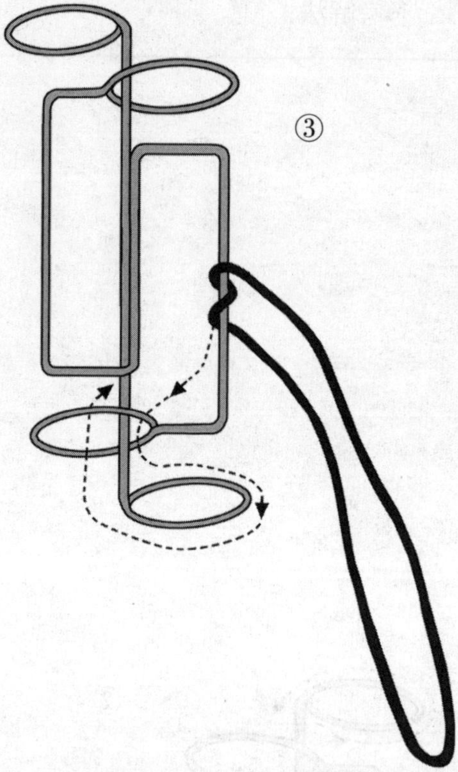

④

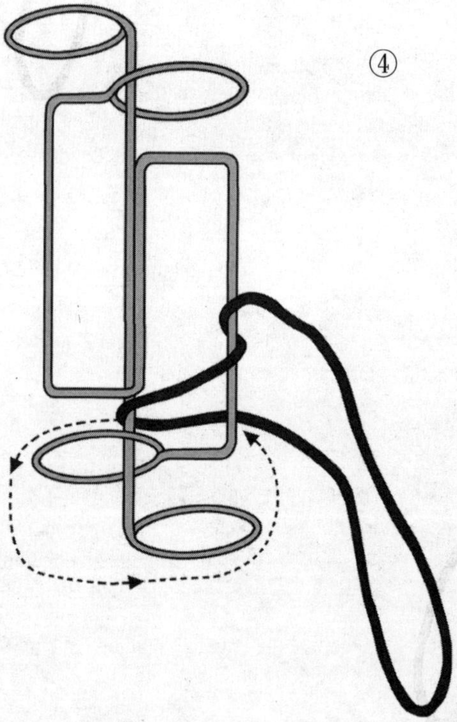

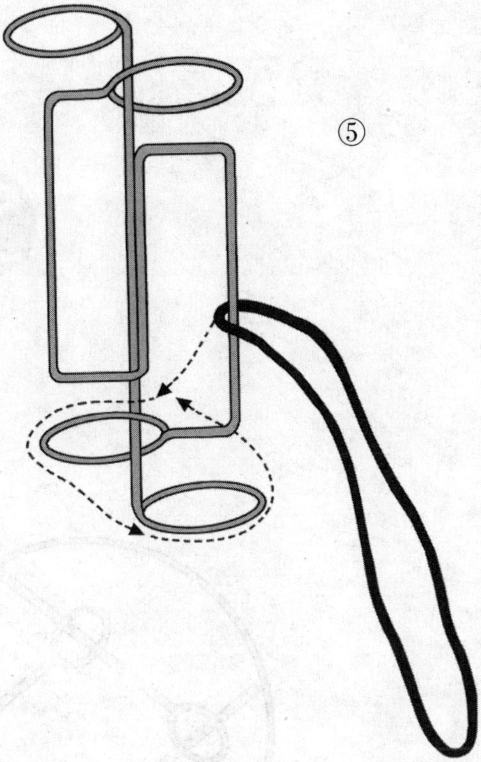

⑤

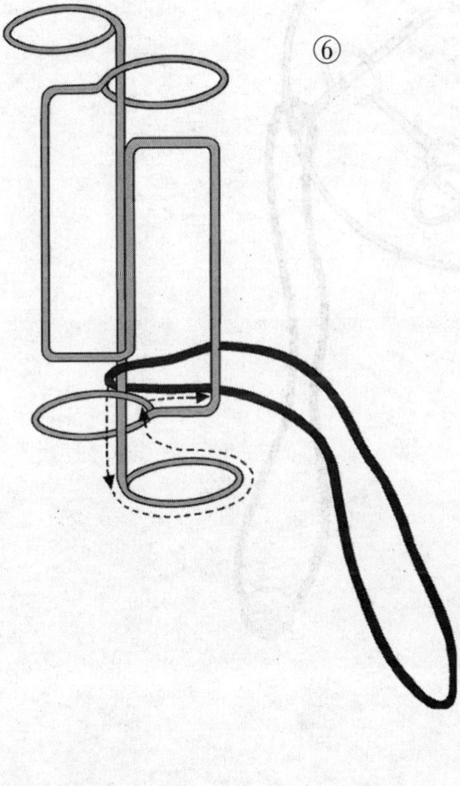

⑥

53 古钱环

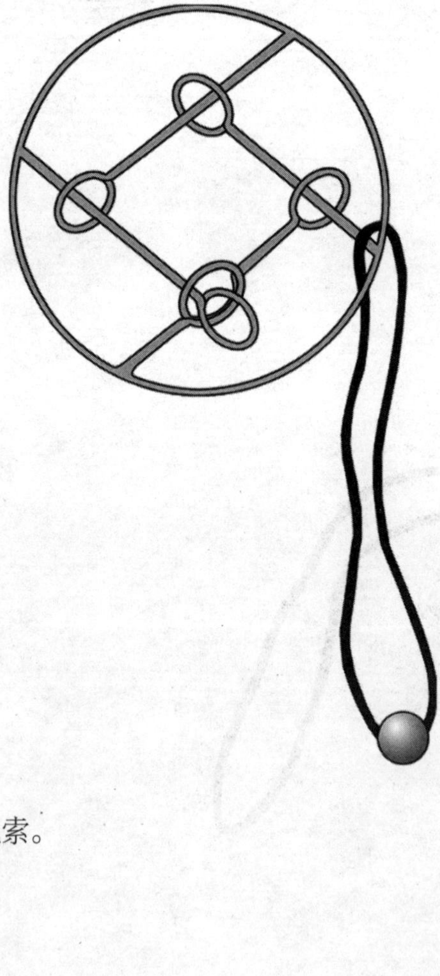

解下带球的绳索。

参考解法：

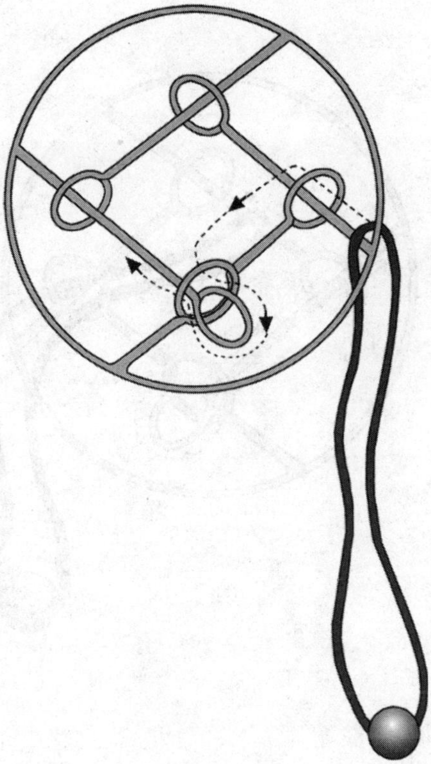

①

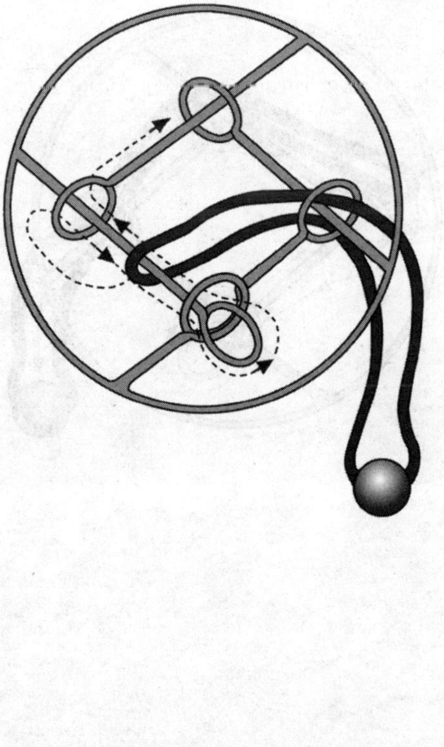

②

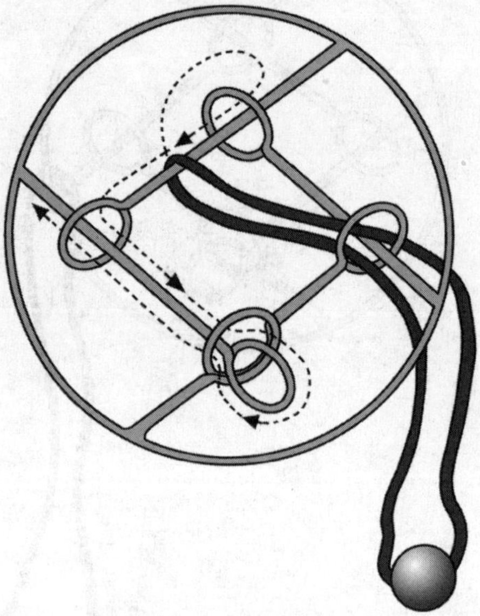

③

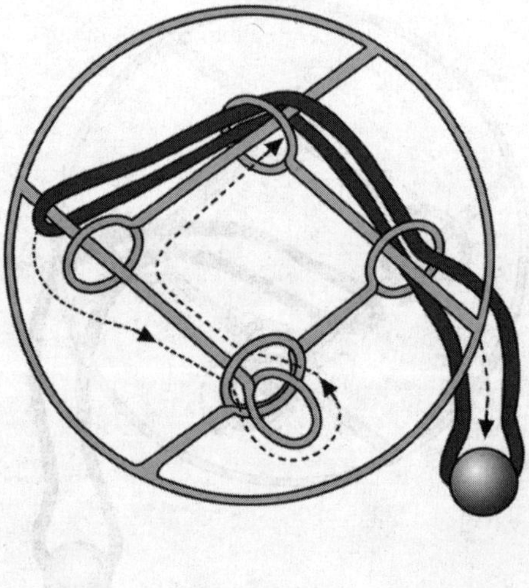

④

⑤

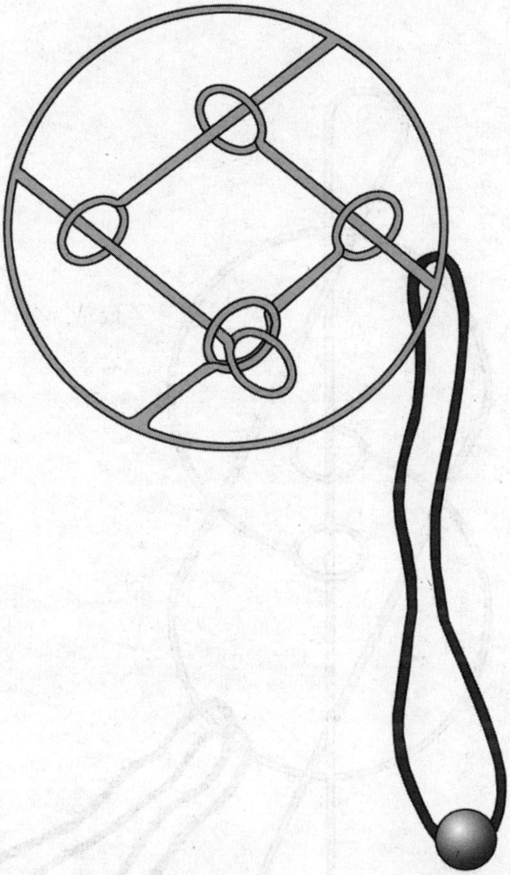

54 音符环

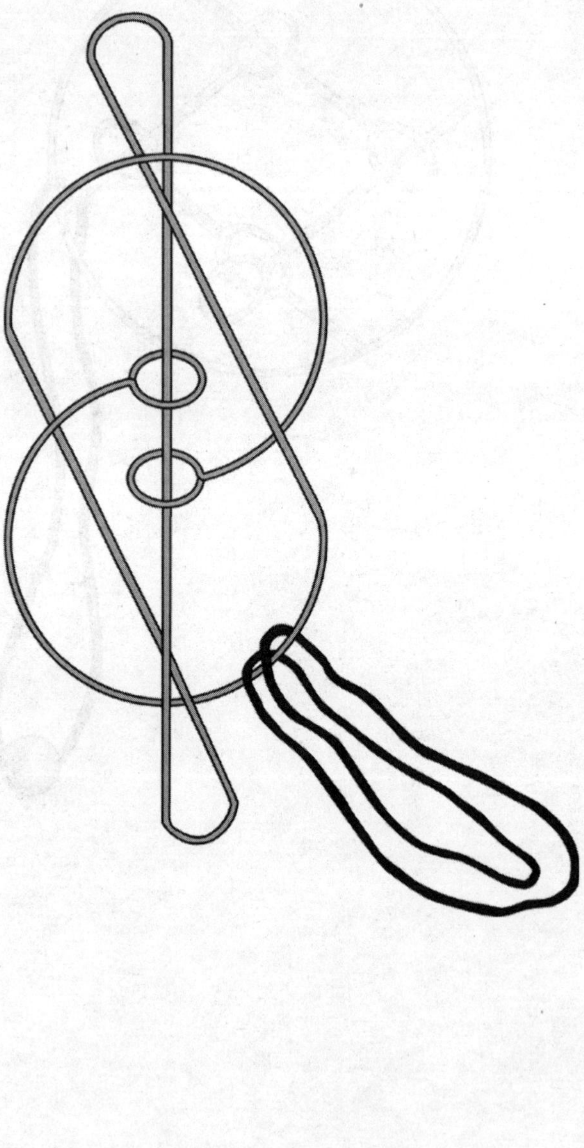

解下绳索。

参考解法：

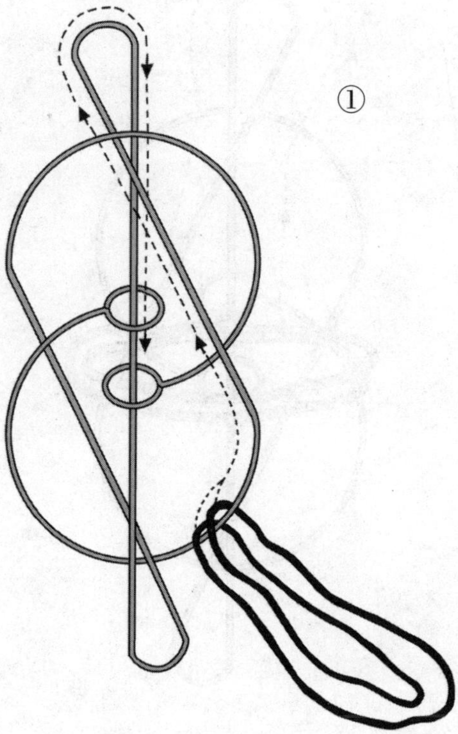

①

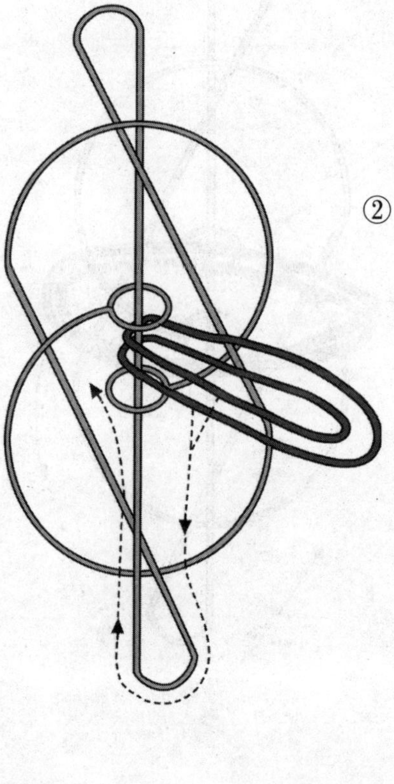

②

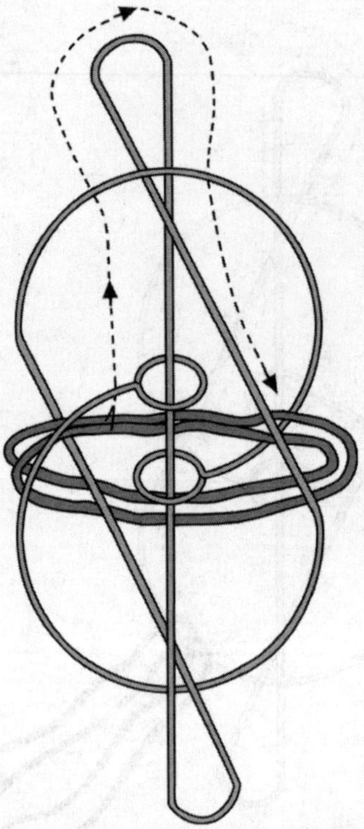

③

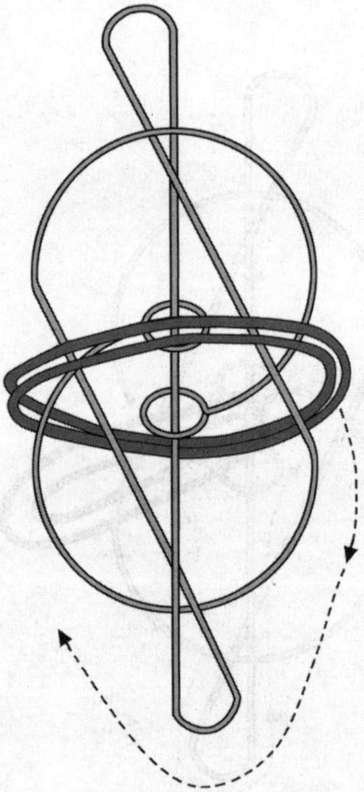

④

55 花 篮 环

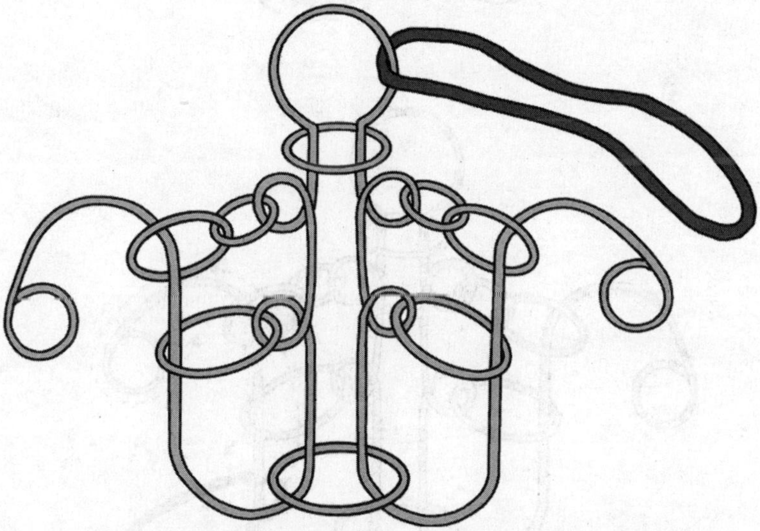

解下绳索。

参考解法：

①

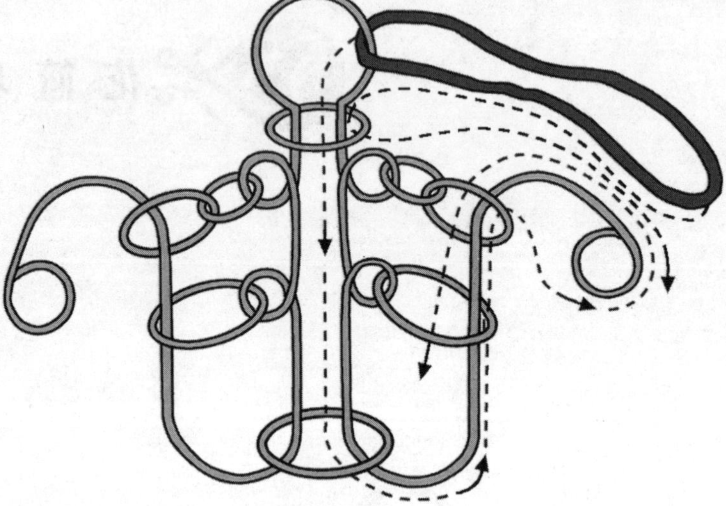

②

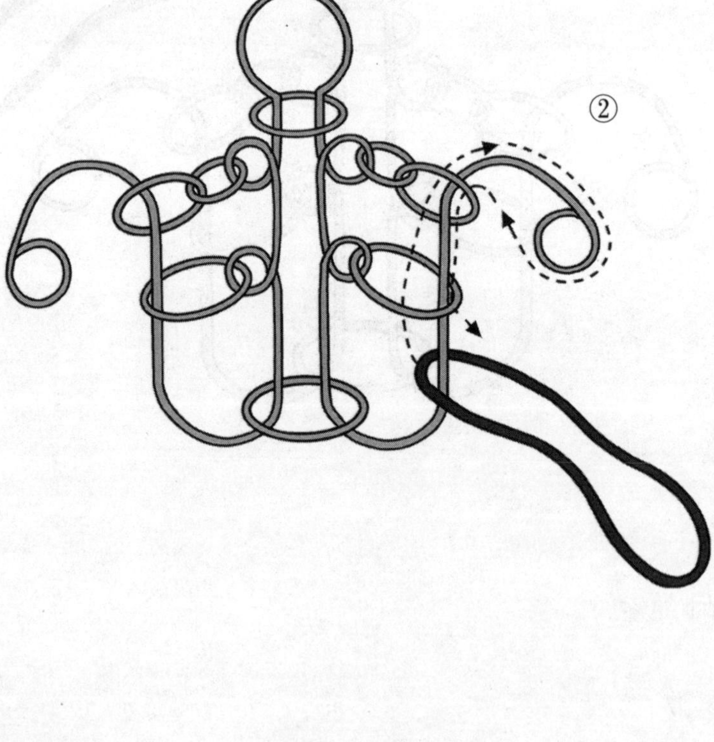

56 闸门套

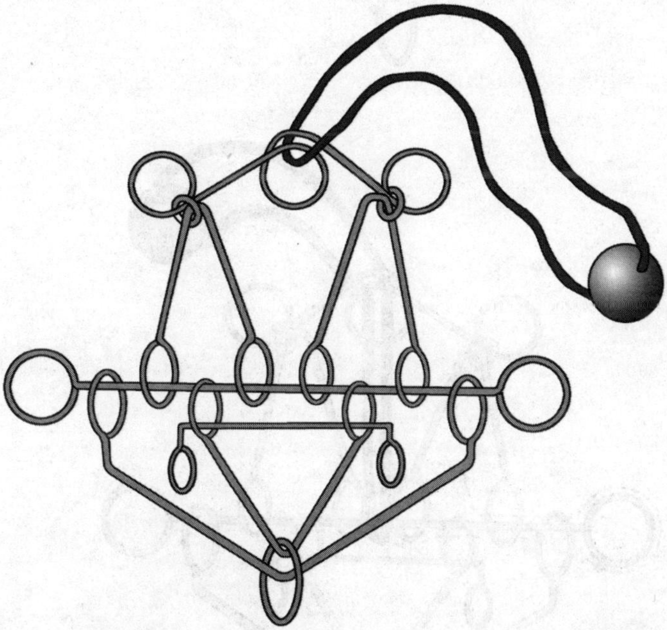

解下带球的绳索。

参考解法：

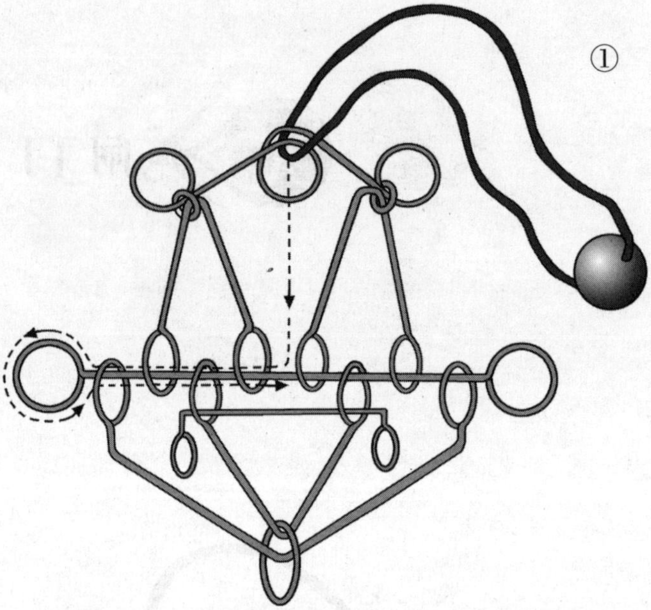

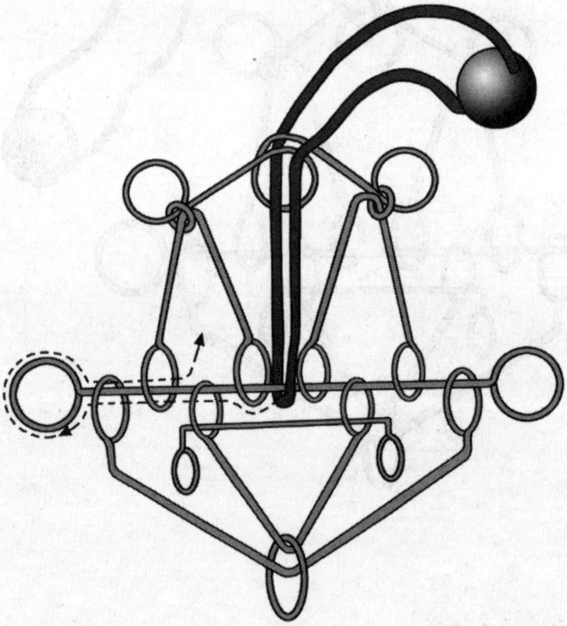

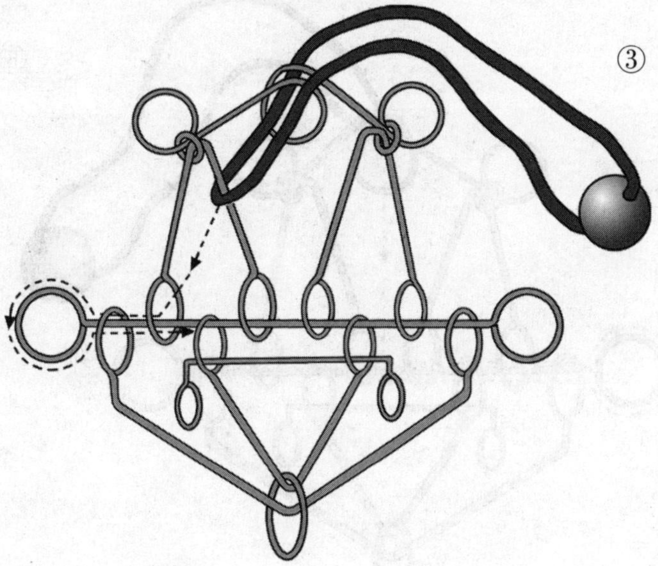

③

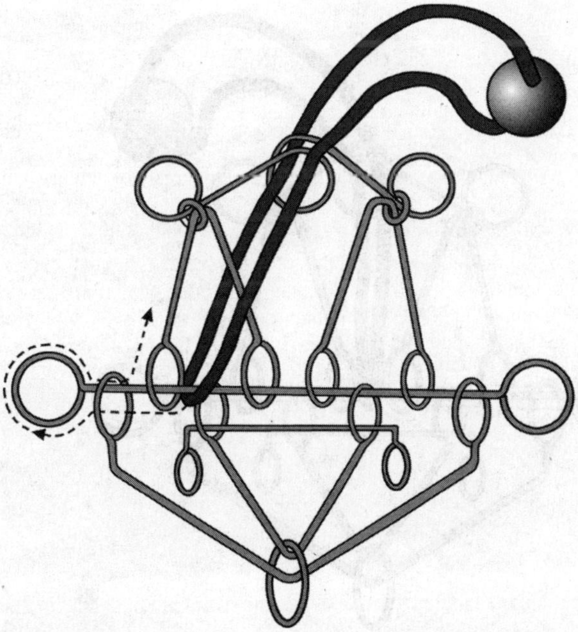

④

⑤

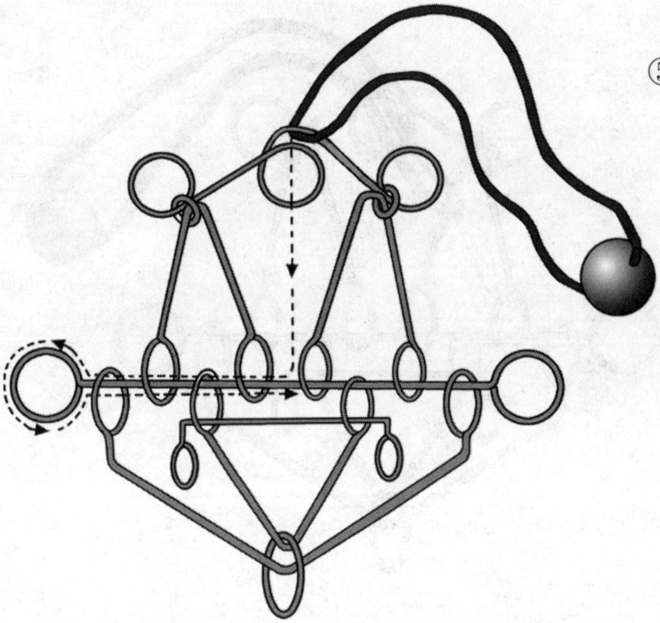

⑥

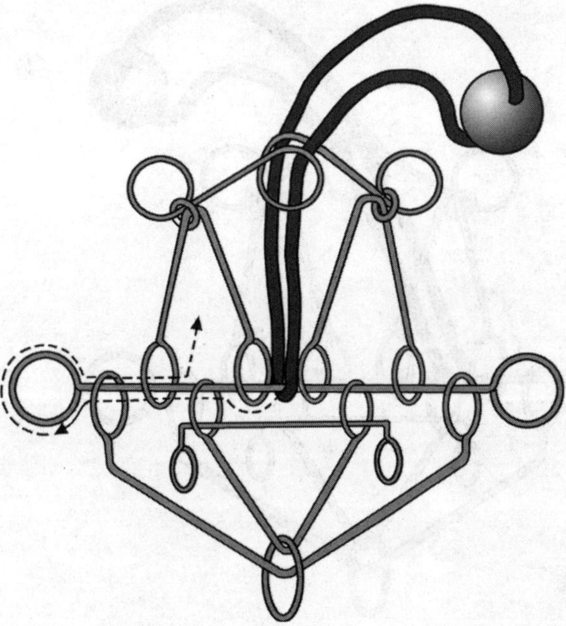

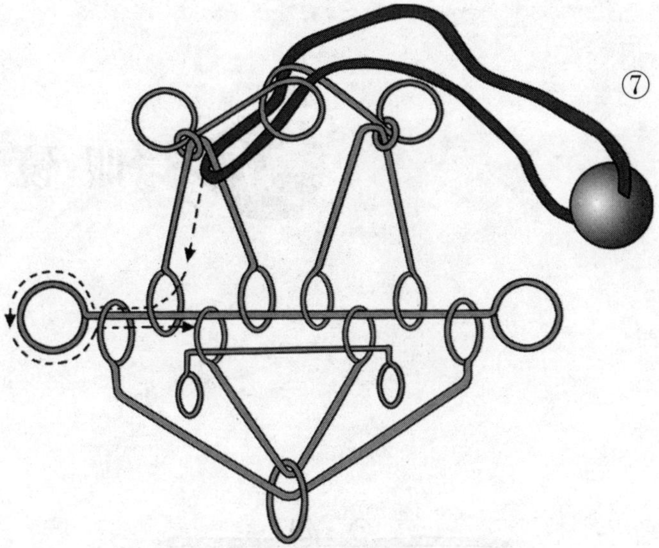

⑦

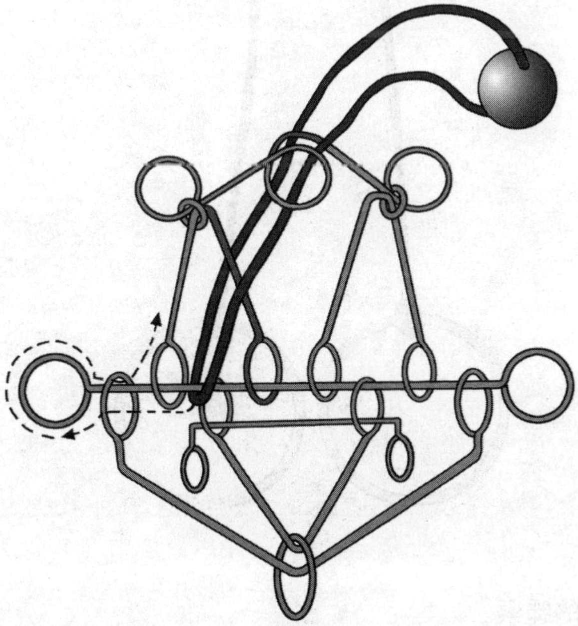

⑧

57 眼镜环

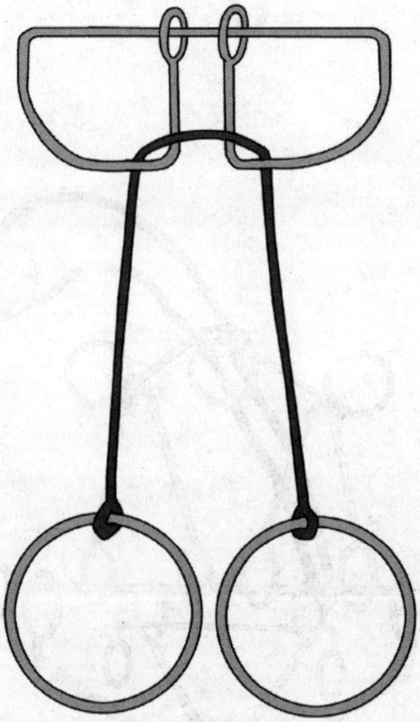

解下带双环的绳索。

参考解法：

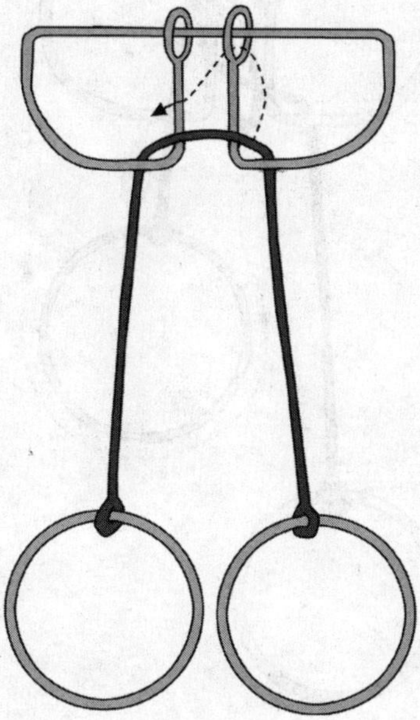

①

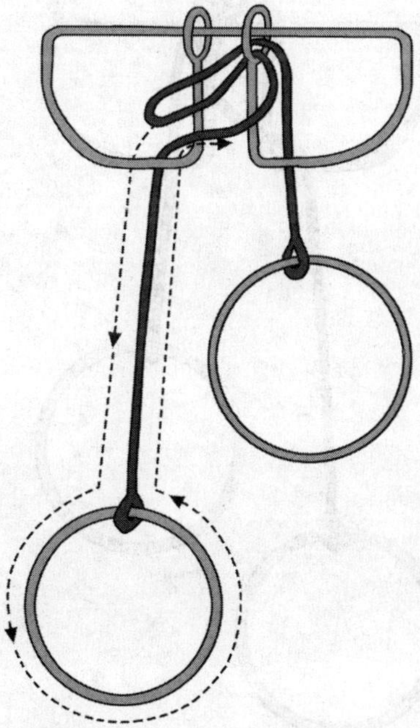

②

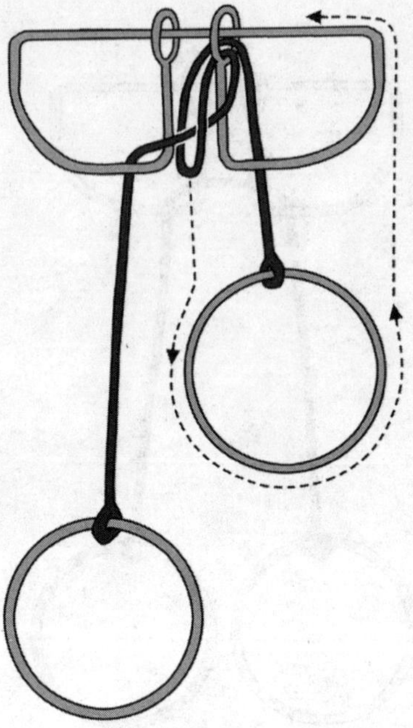

③

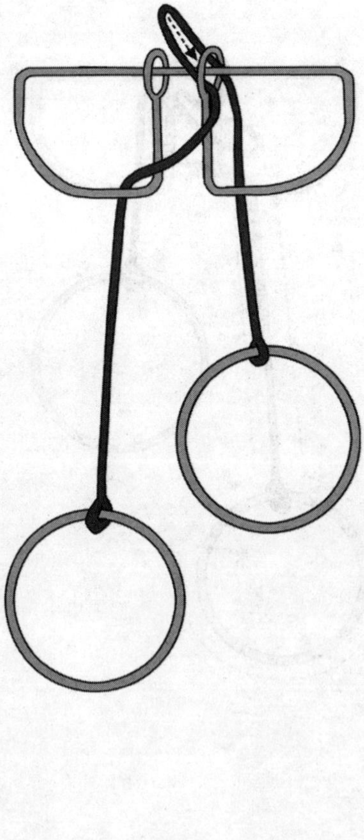

④

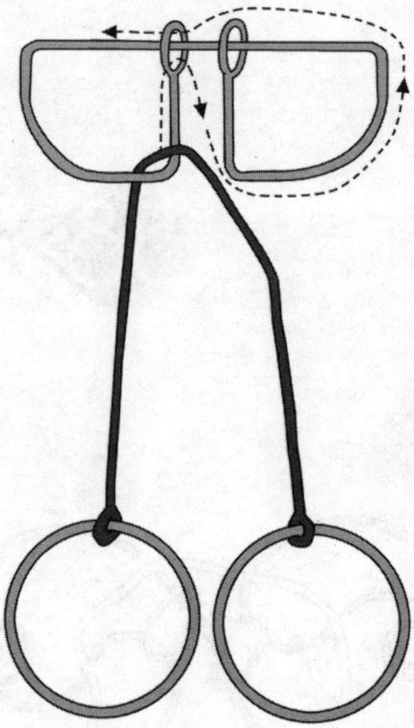

⑤

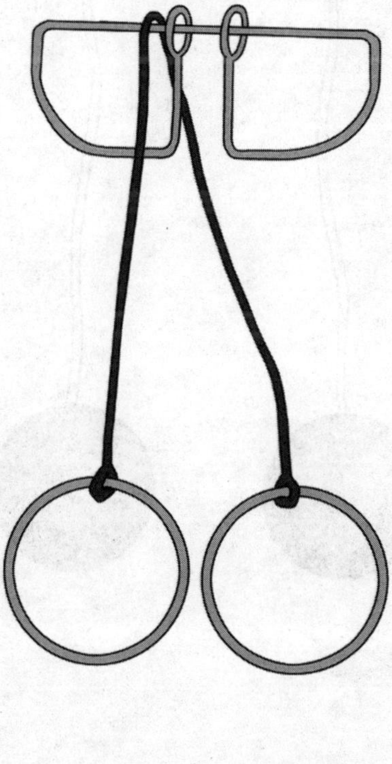

⑥

58 太 极 索

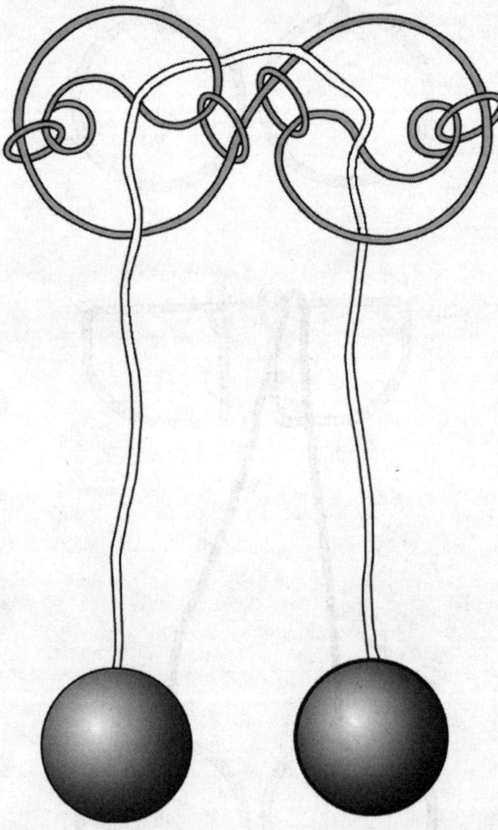

解下带双球的绳索。

参考解法：

①

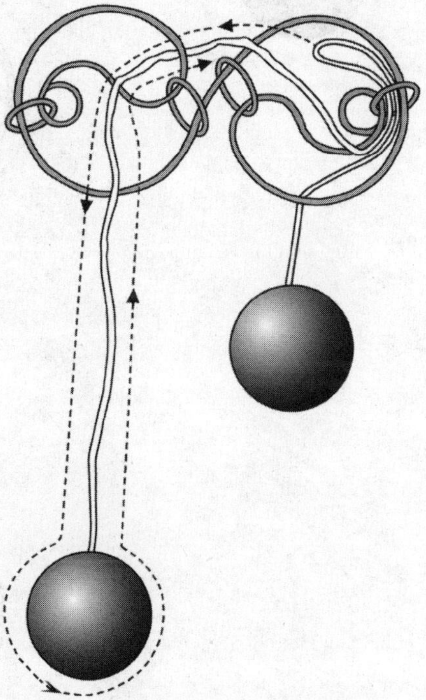

②

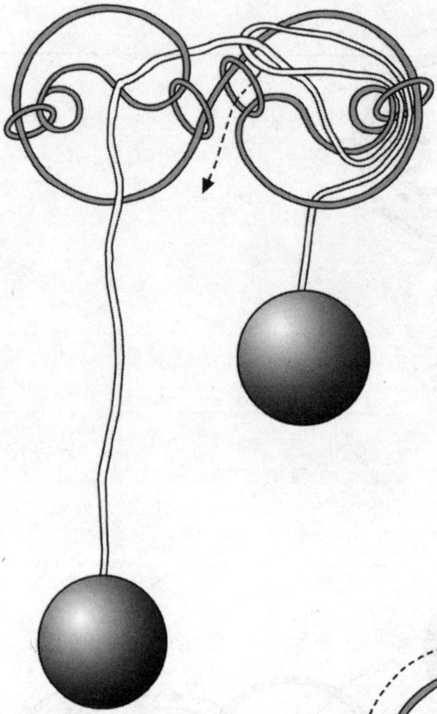

③

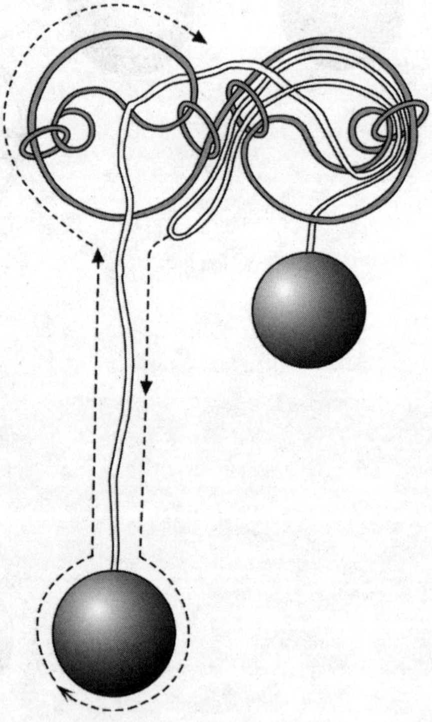

④

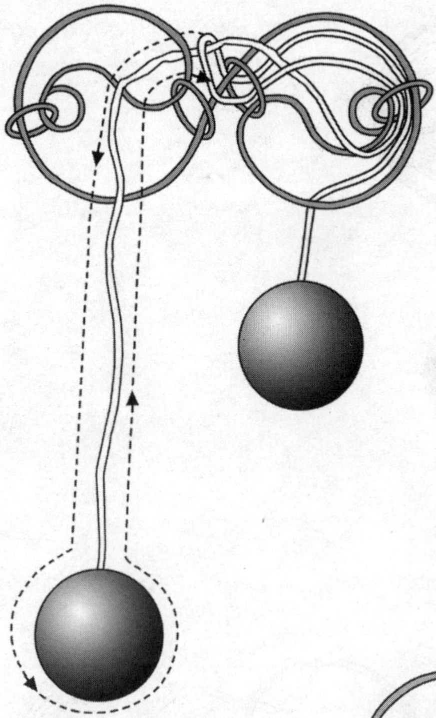

⑤

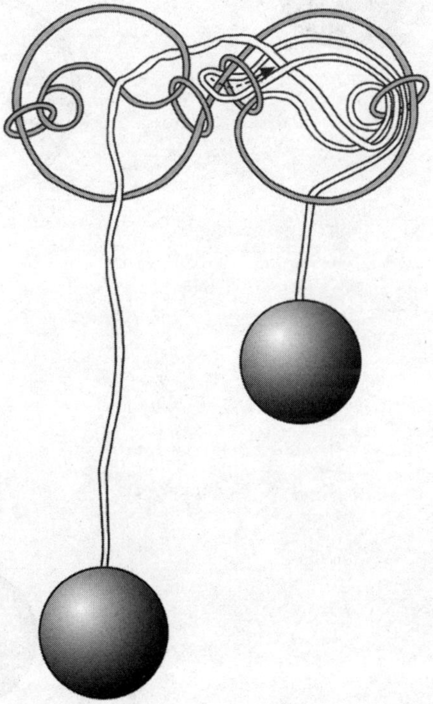

⑥

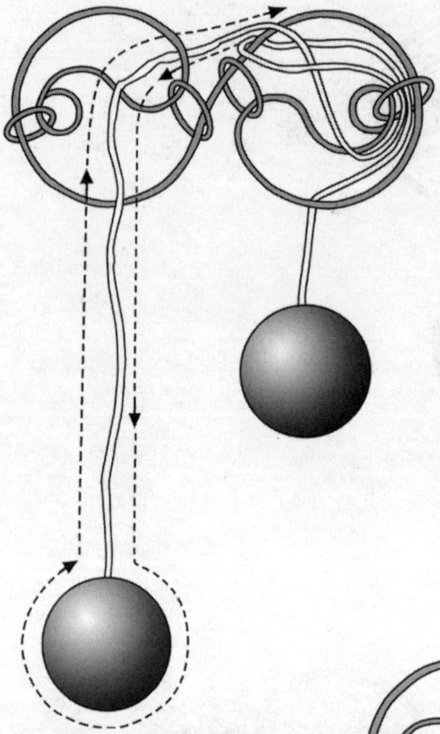

⑦

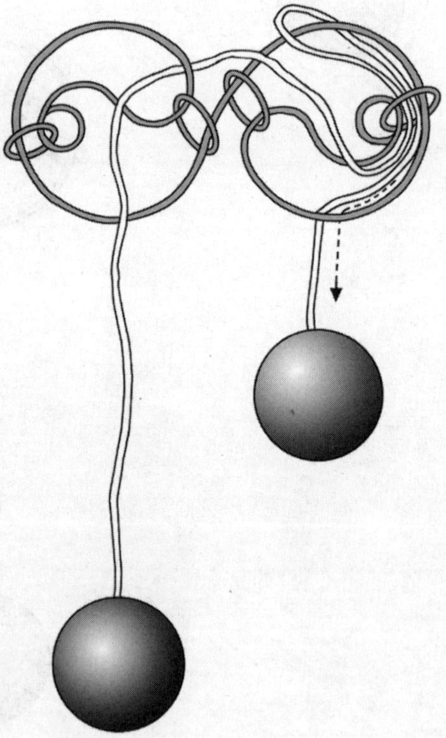

⑧

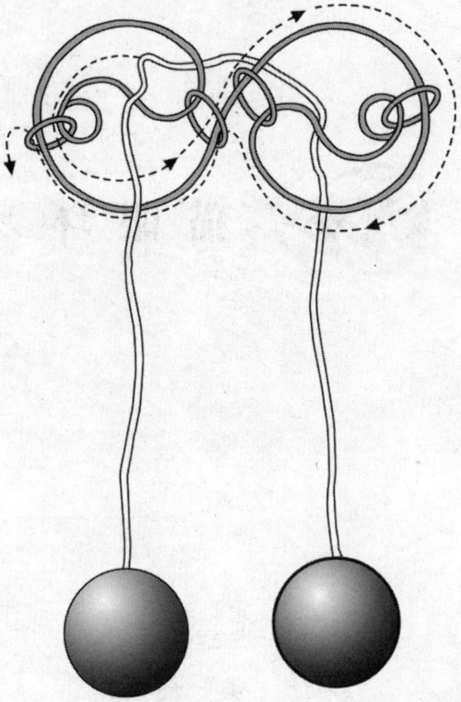

⑨

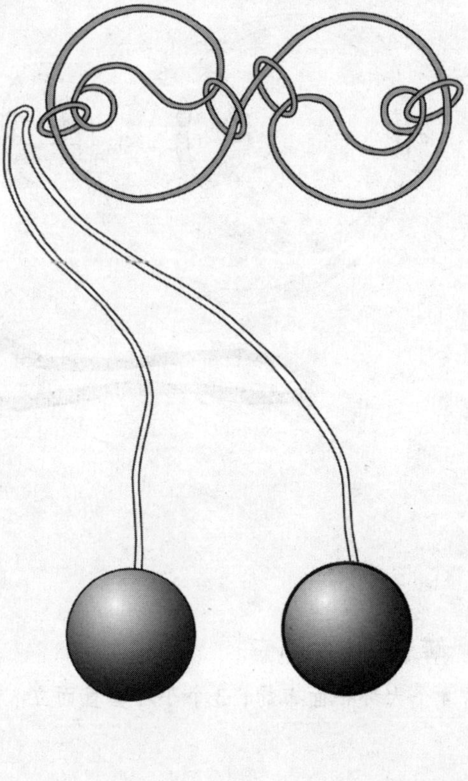

⑩

59 猫 眼 环

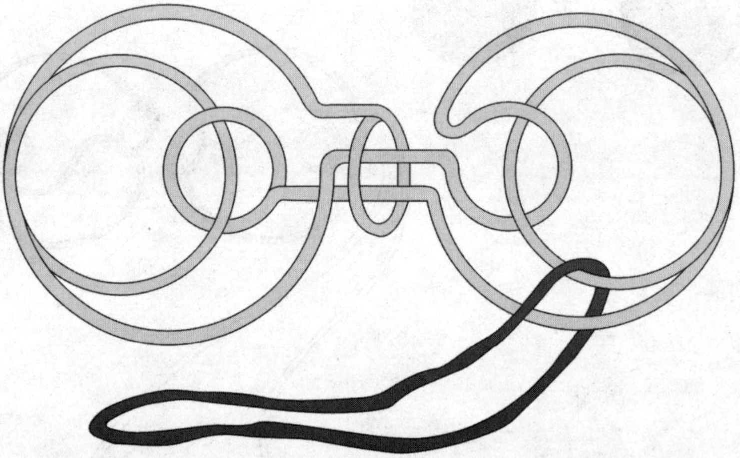

解下环上的绳索。

4个大环平面布局，3个小环垂直而立。

参考解法：

①

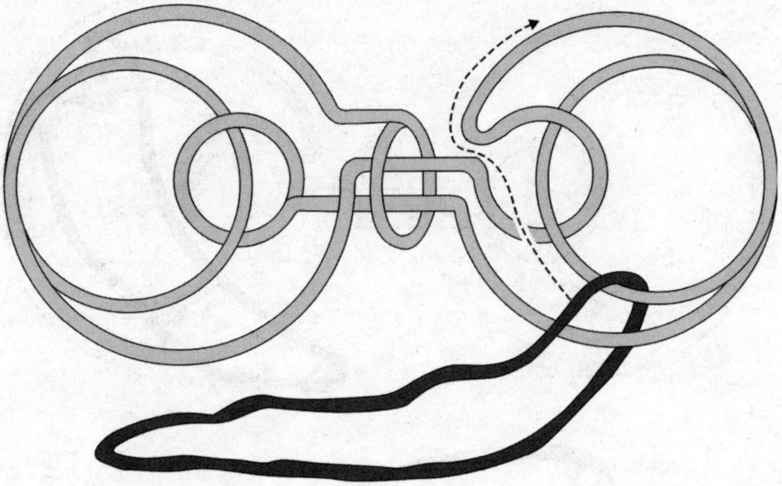

②

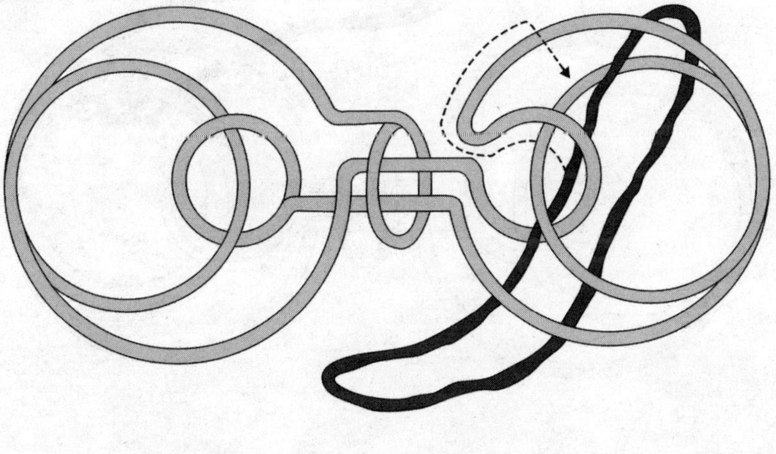

③

④

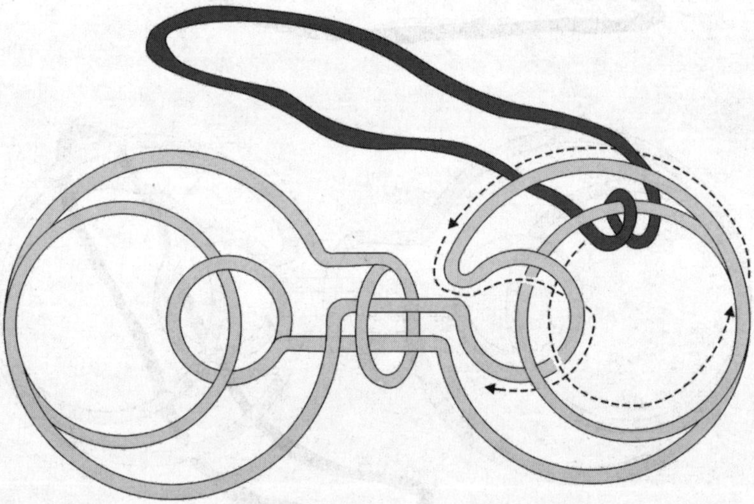

⑤

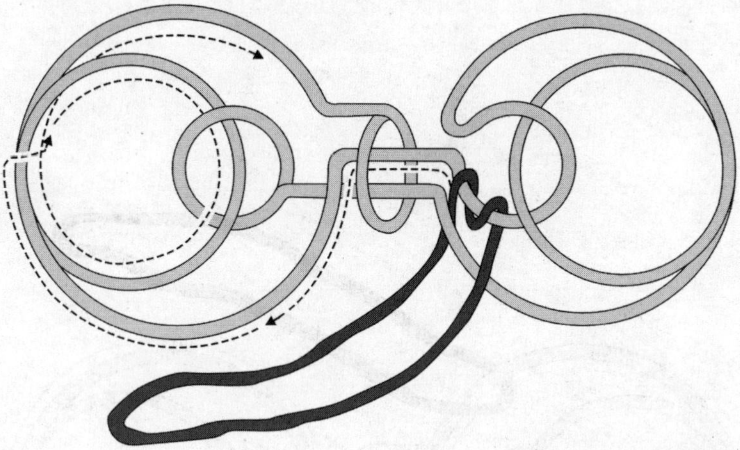

⑥

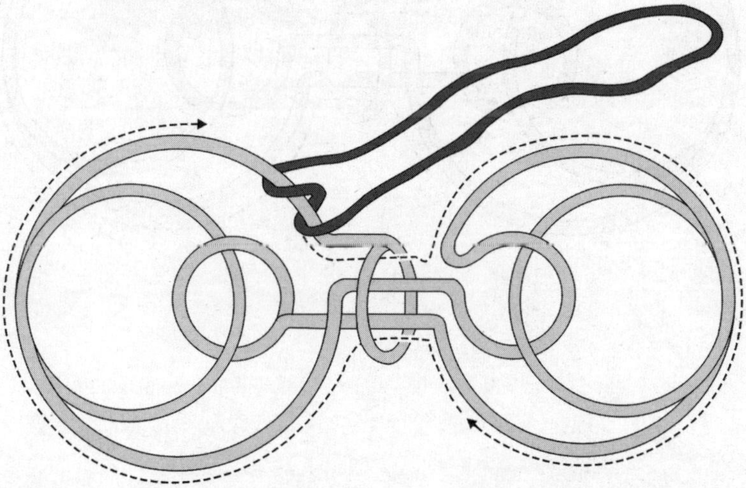

⑦

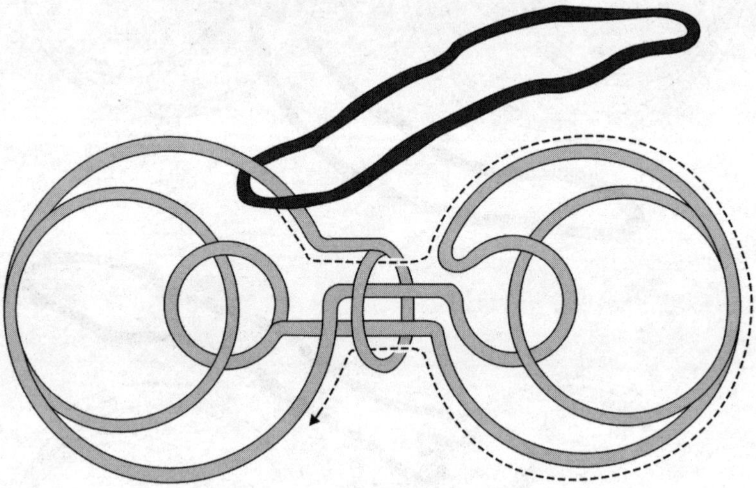

60 炫 彩 结

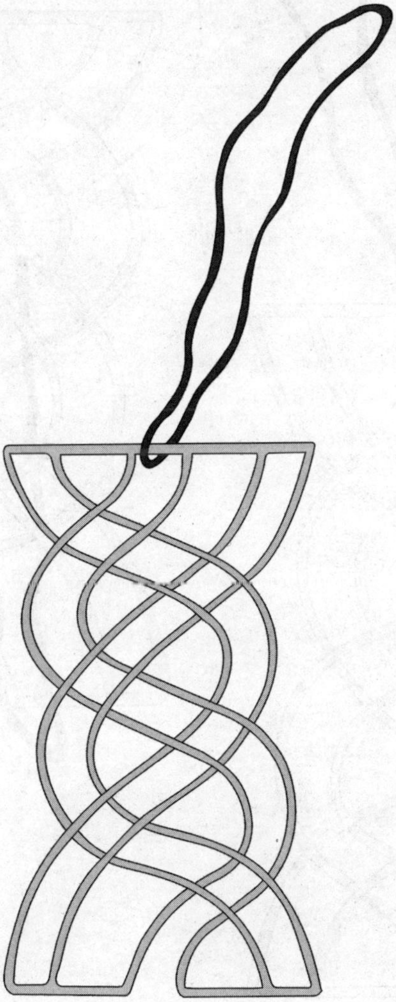

解下炫彩结上的绳索。

参考解法：

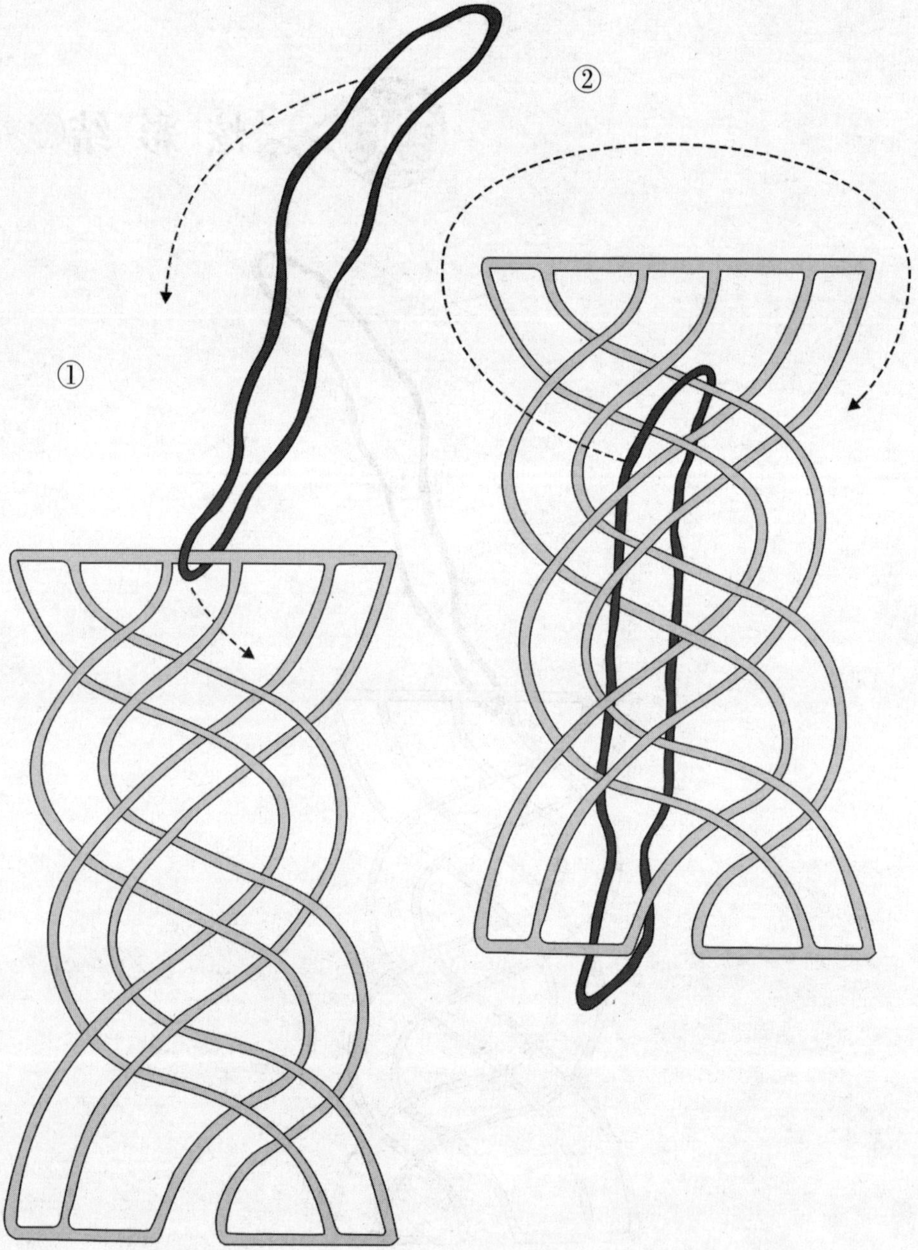

③

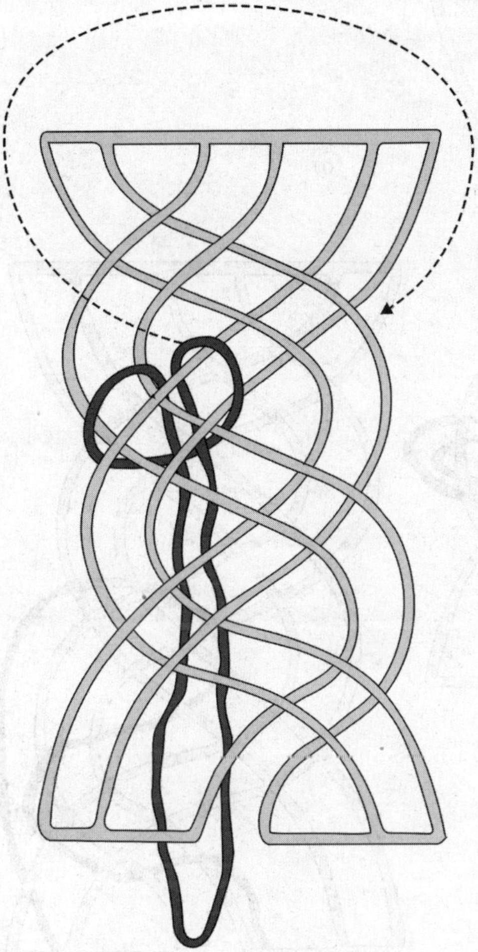

④

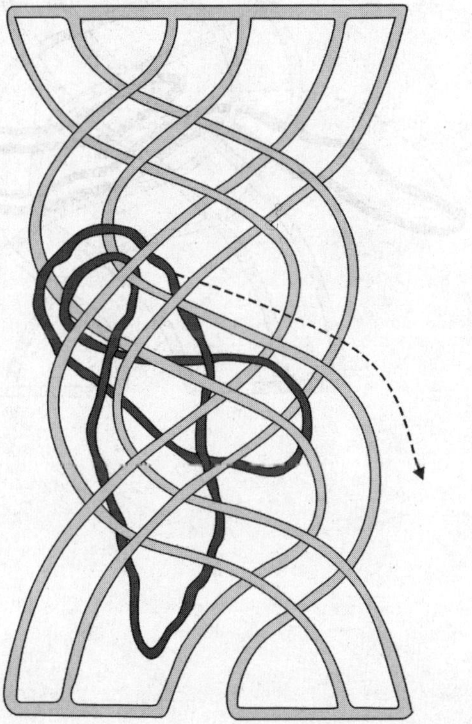

⑤

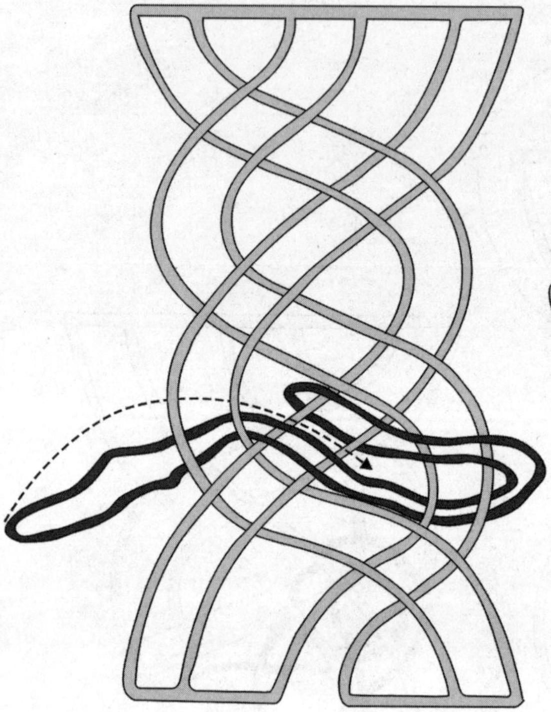

⑥

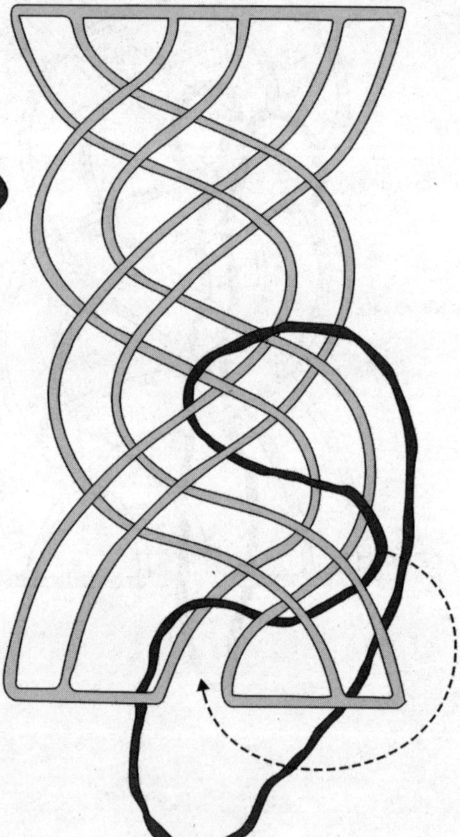

⑦

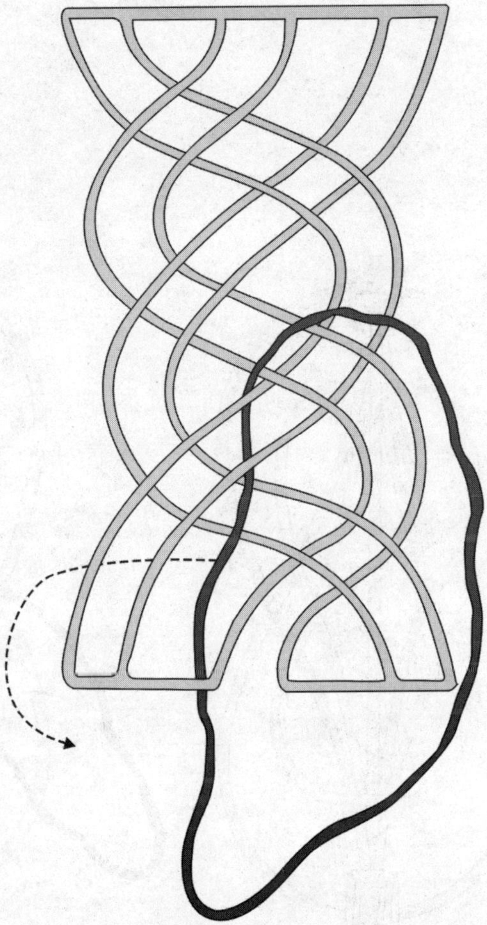

61 叠环圈

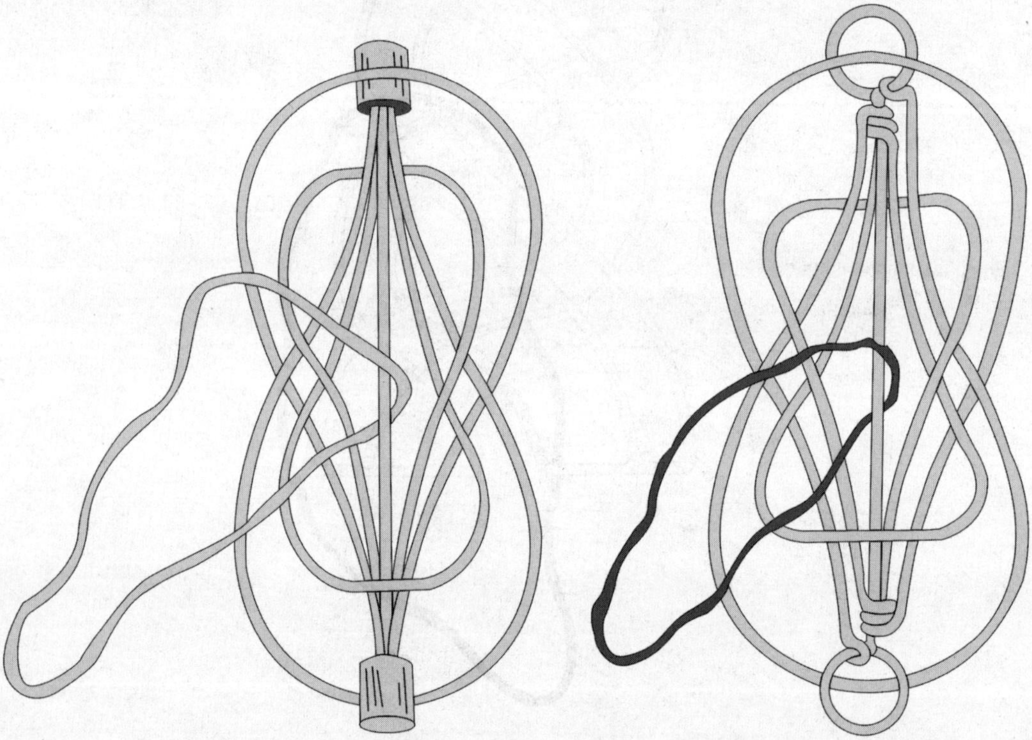

解下叠环圈上的绳索。

参考解法：

①

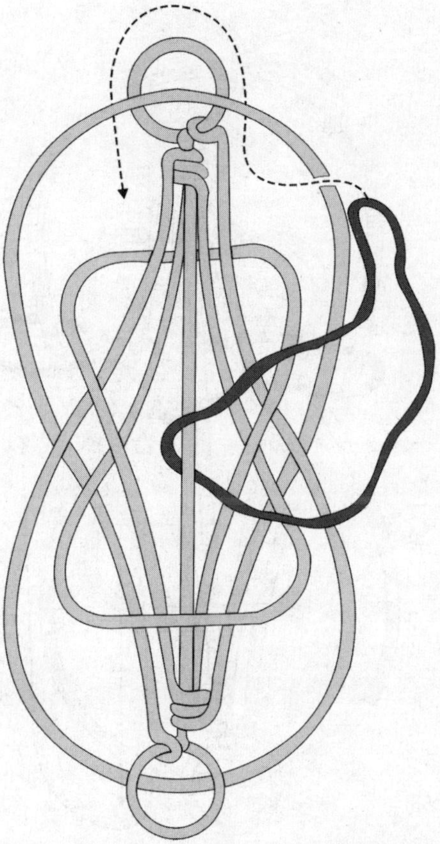

②

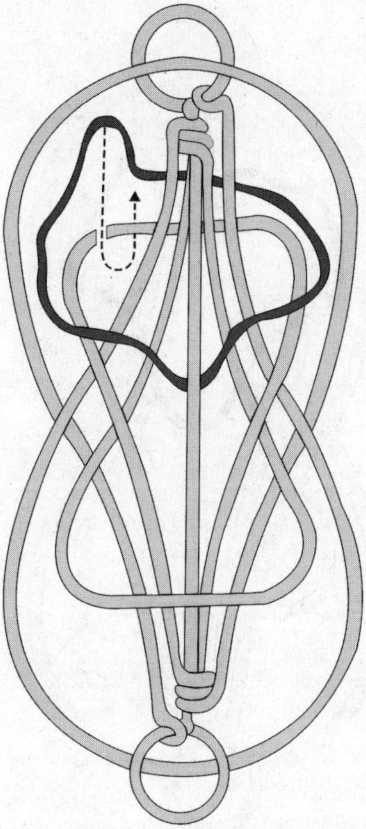

③

④

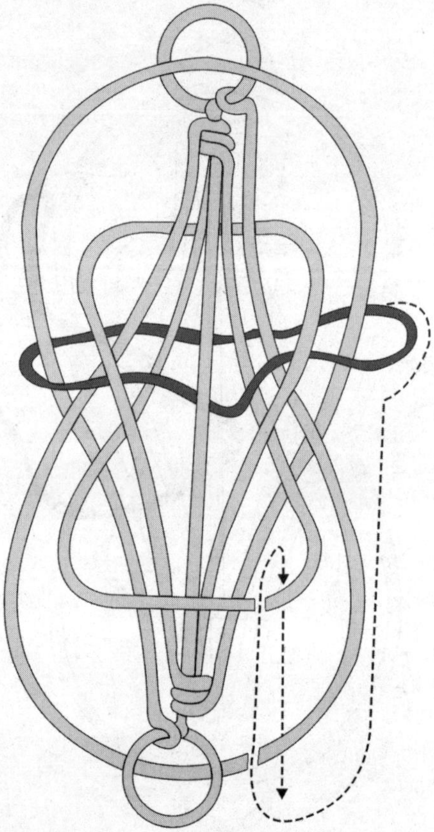

⑤

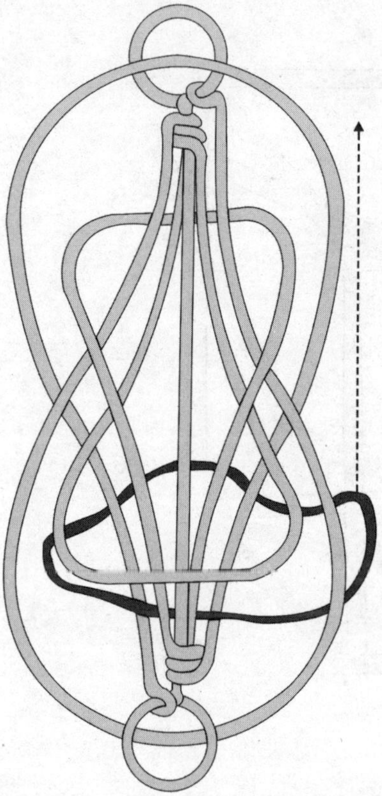

⑥

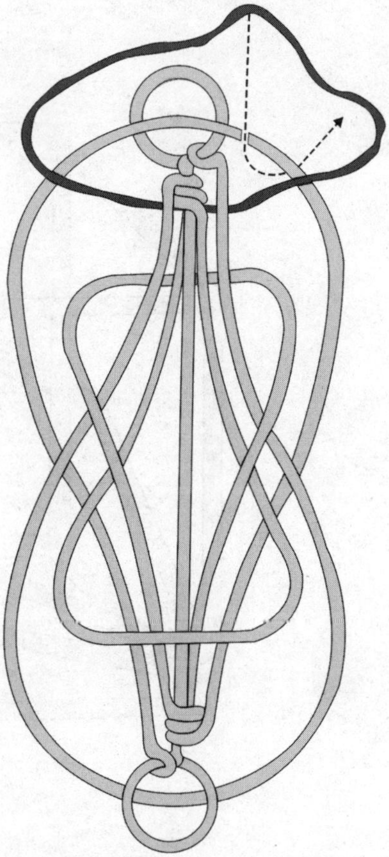

62 魔 方 结

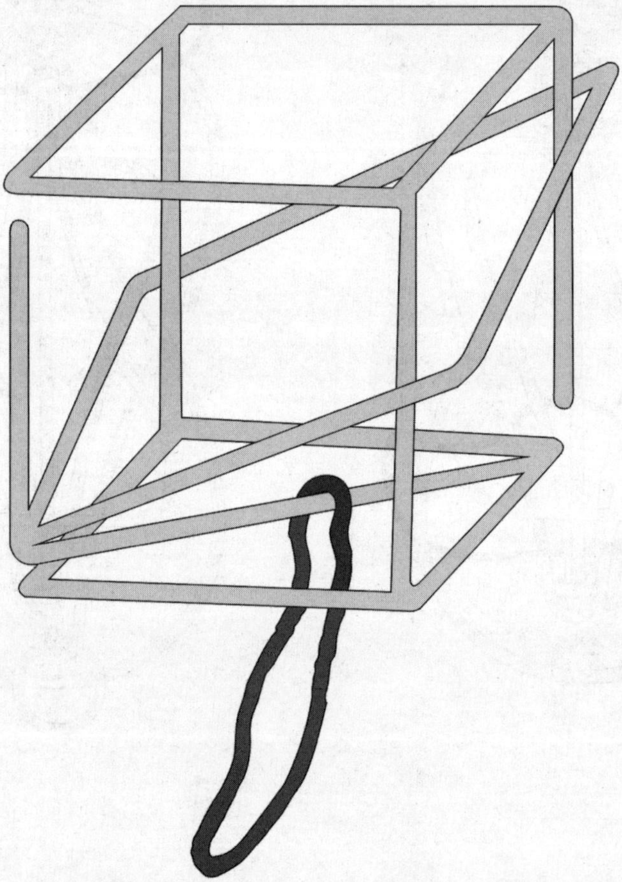

解下魔方结上的绳索。

参考解法：

①

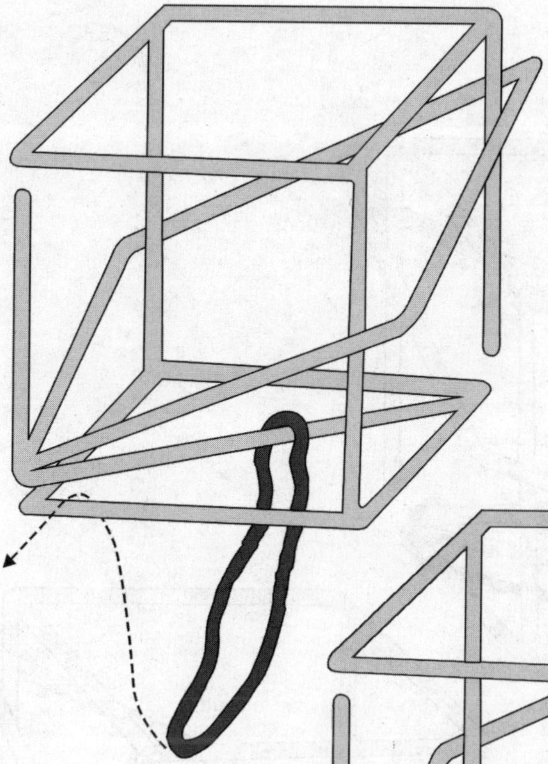

②

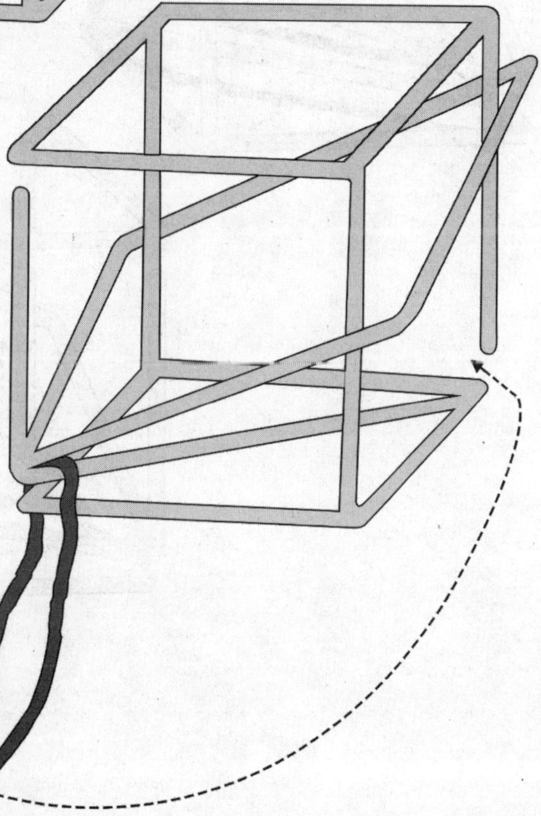

③

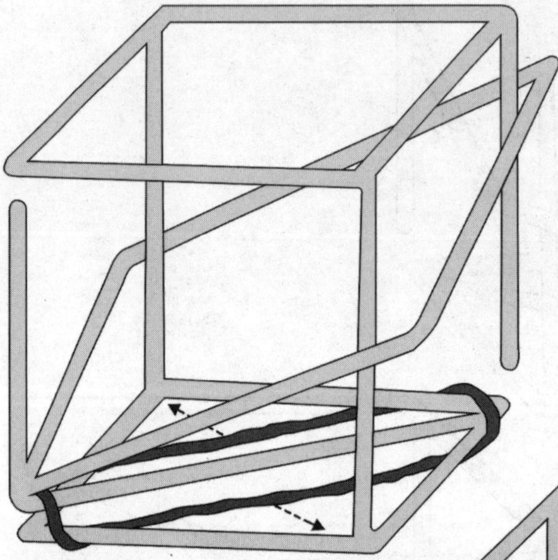

④

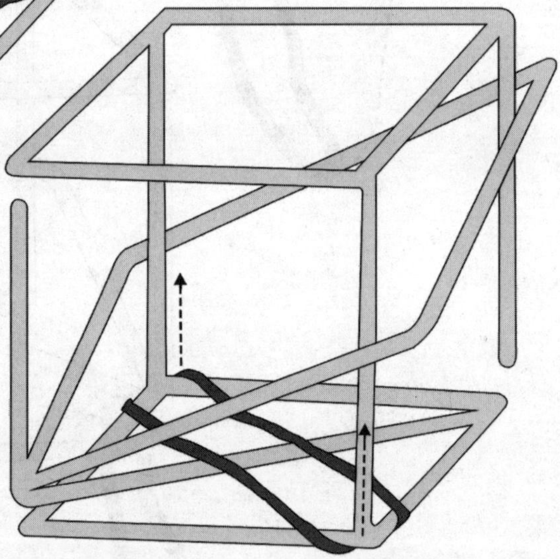

⑤

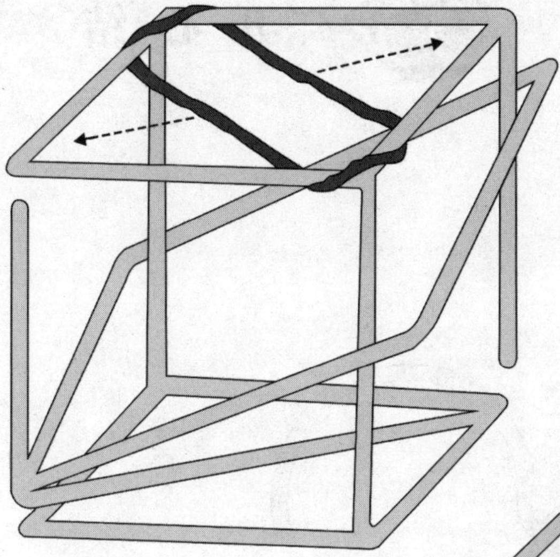

⑥

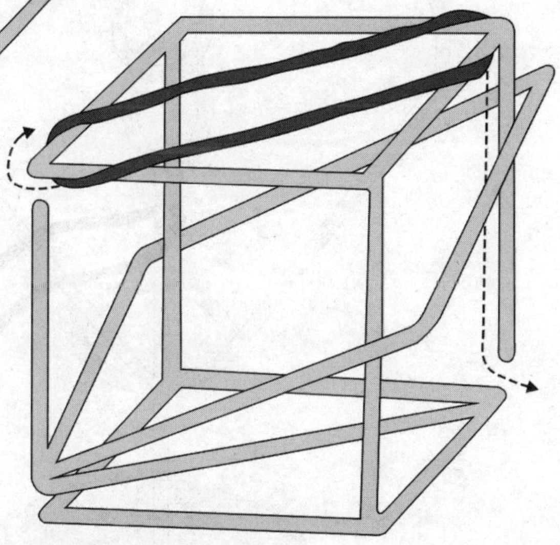

63 开 心 结

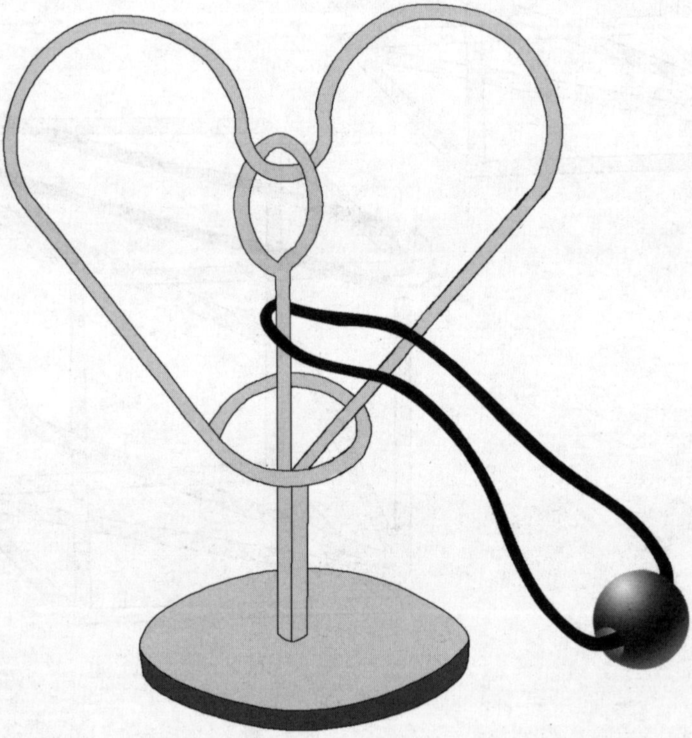

解下开心结上带球的绳索。

参考解法:

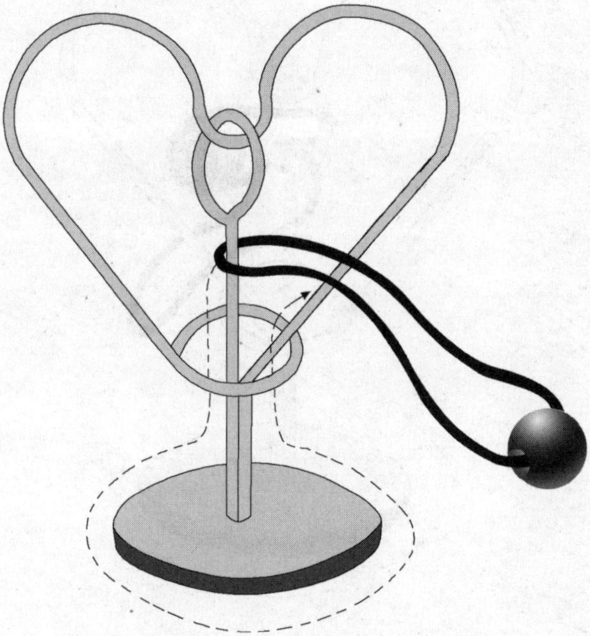

①

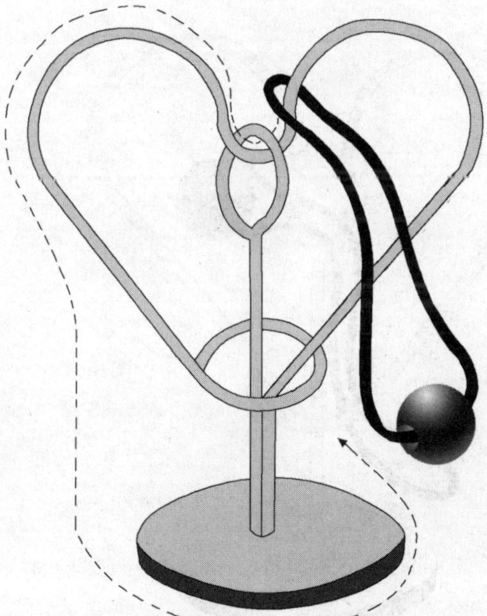

②

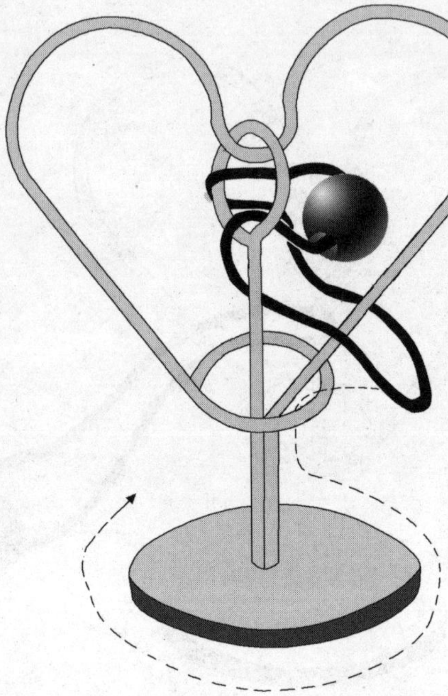

③

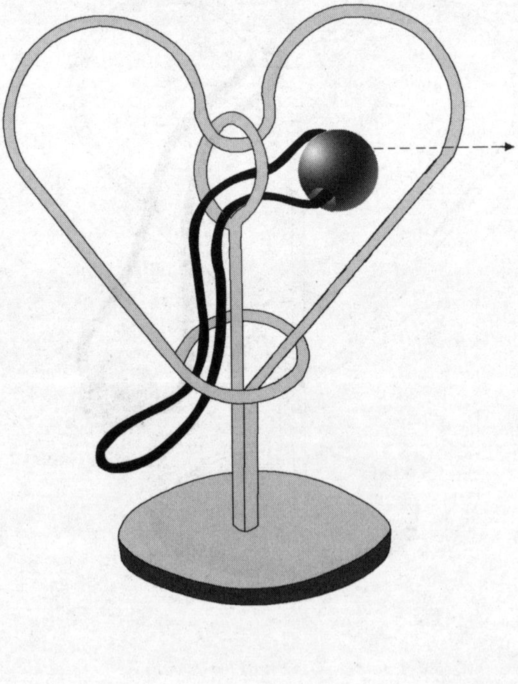

④

64 梯环结

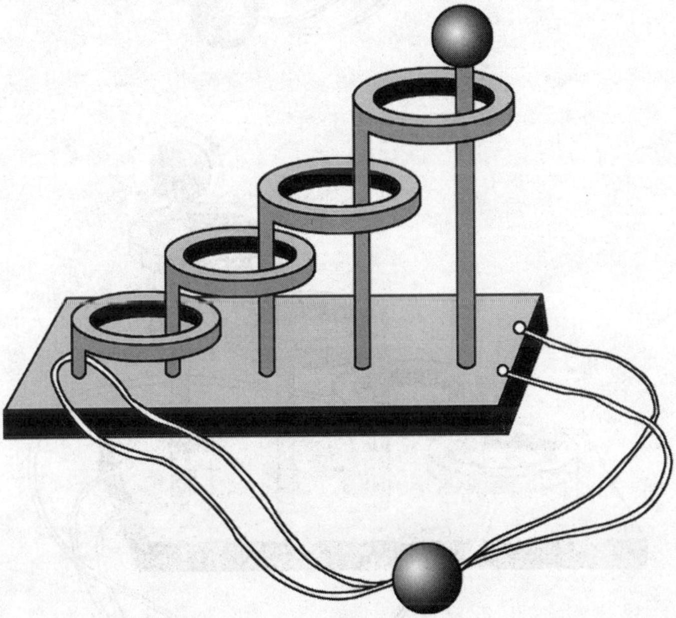

把活动的绳端从木桩上解出来。

参考解法：

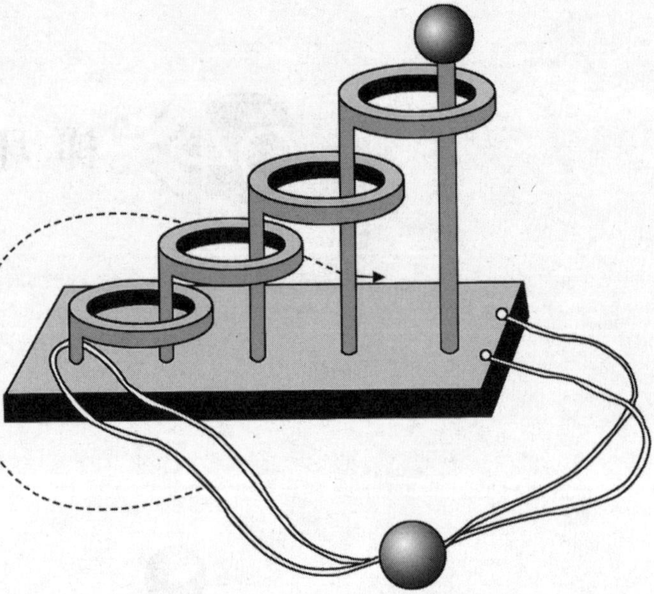

①

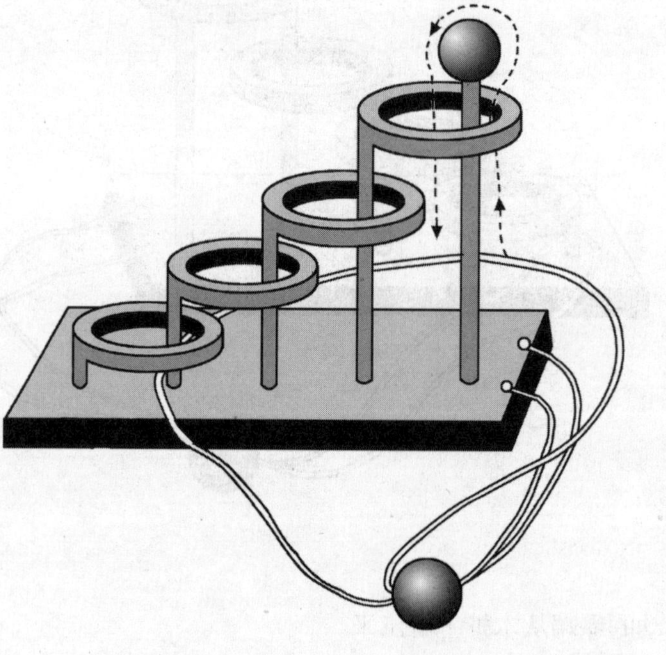

②

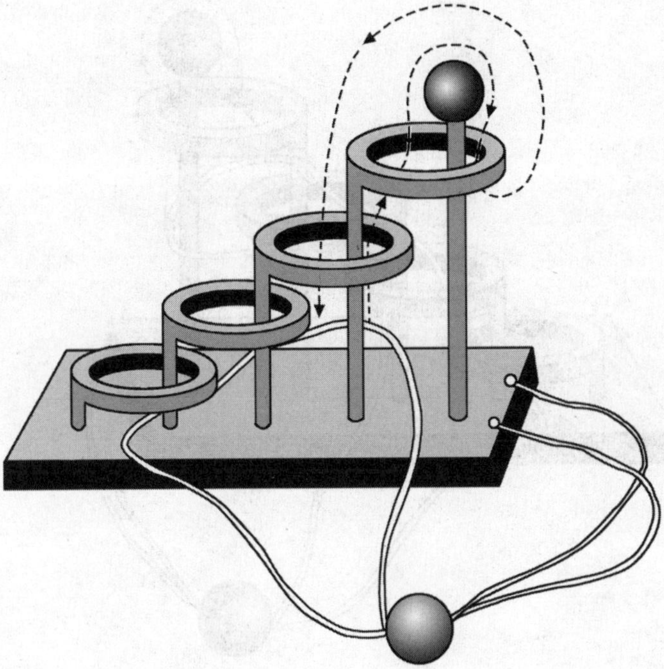

③

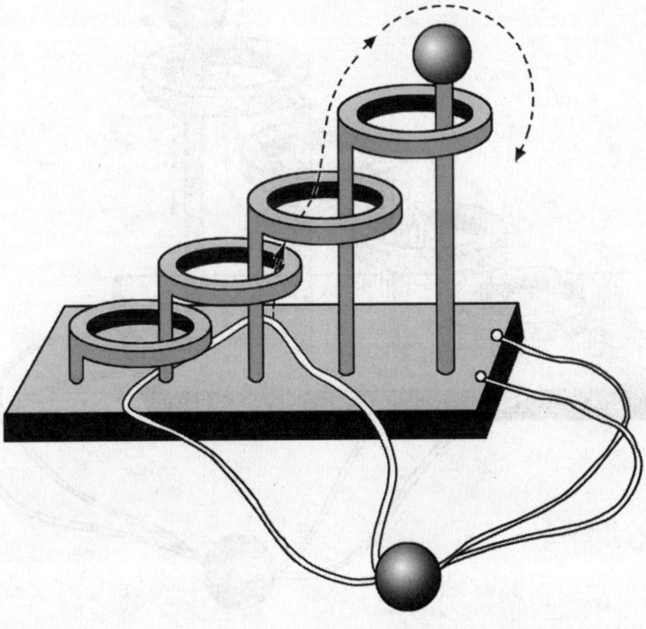

④

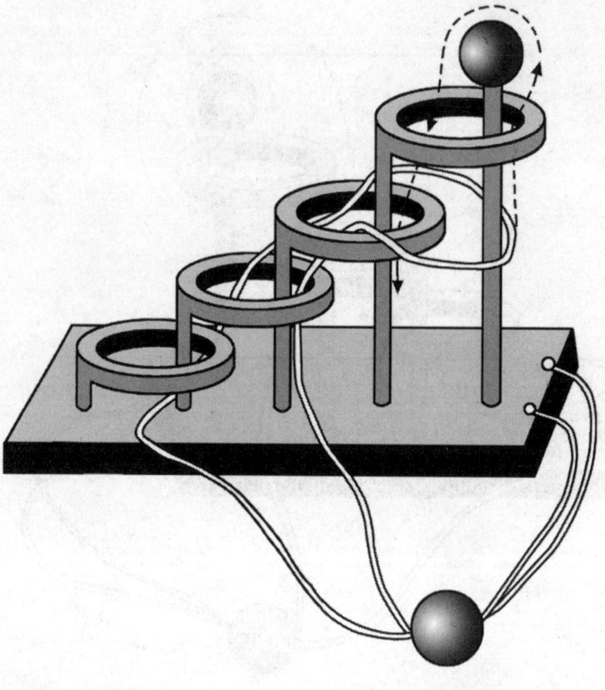

⑤

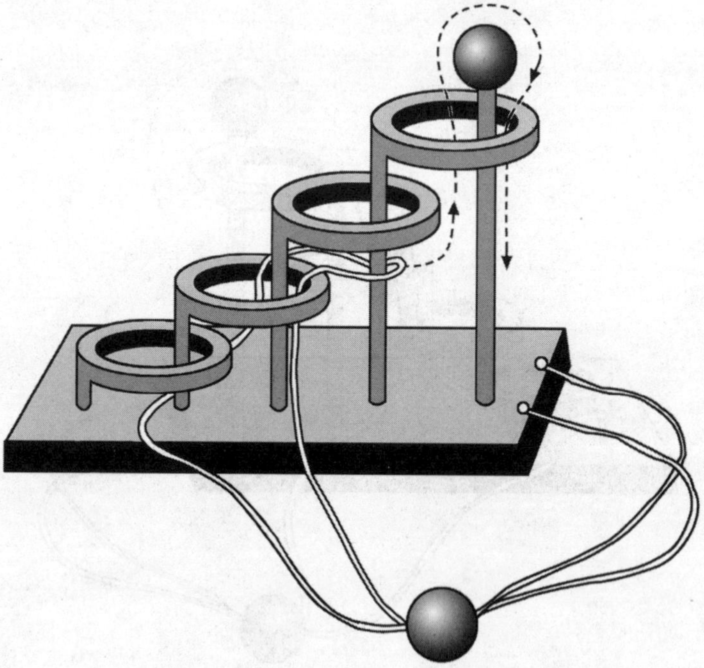

⑥

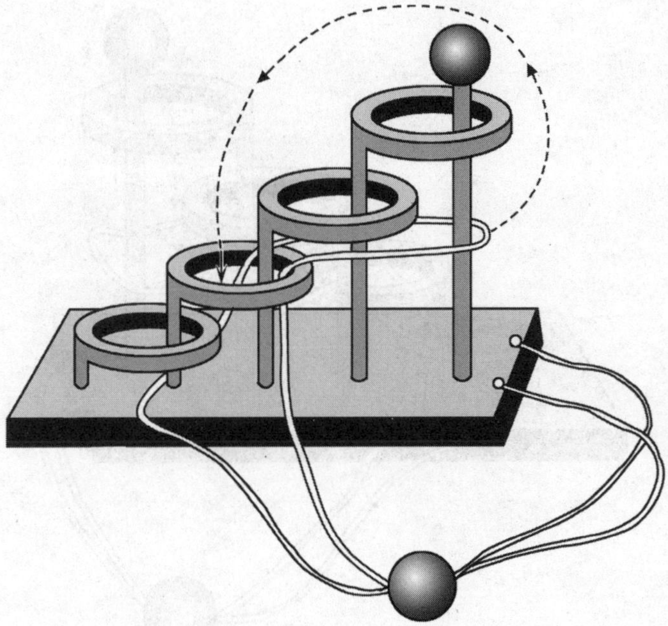

⑦

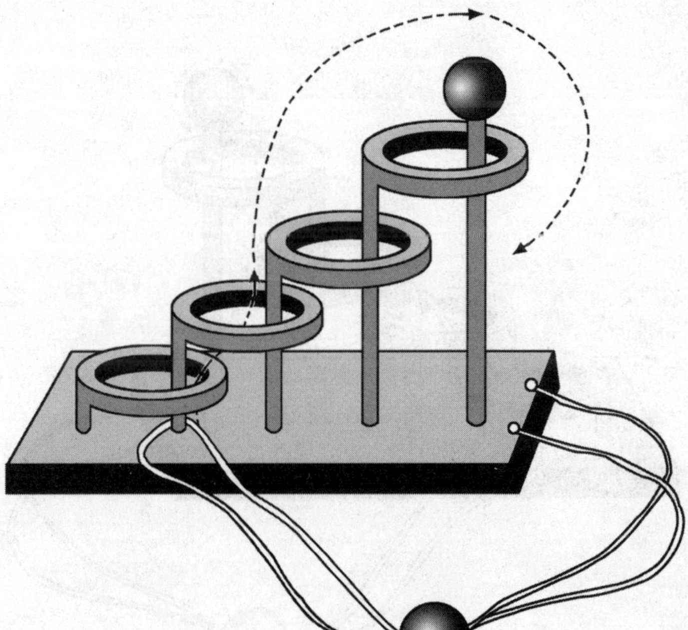

⑧

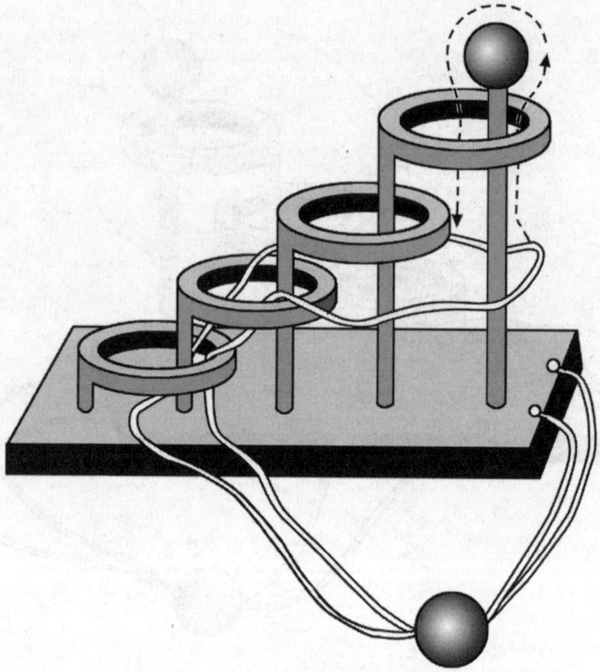

⑨

⑩

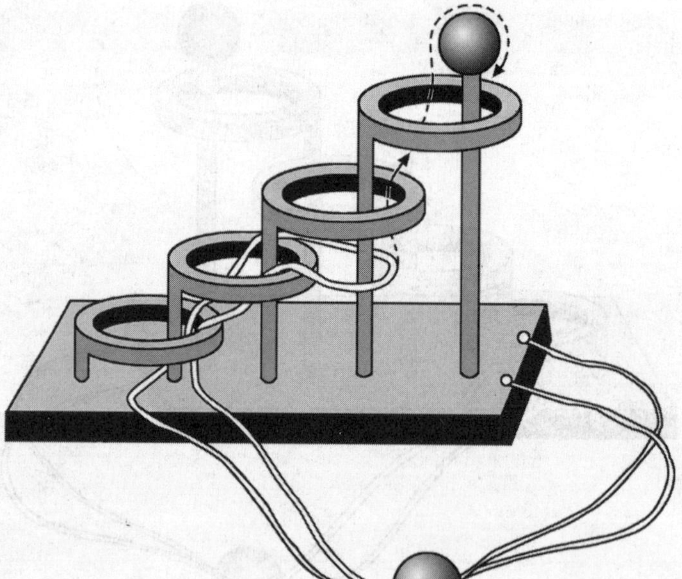

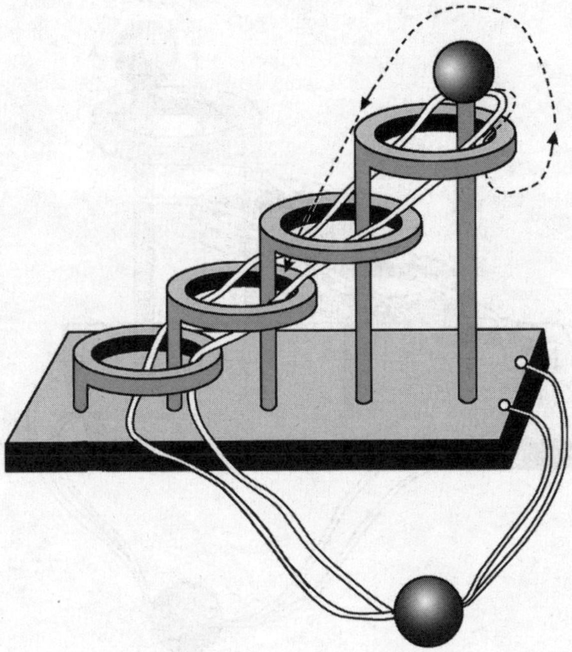

⑪

⑫

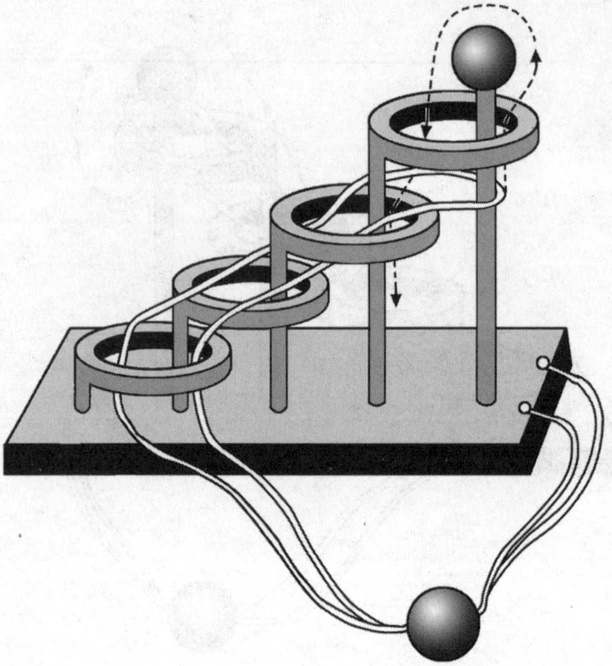

⑬

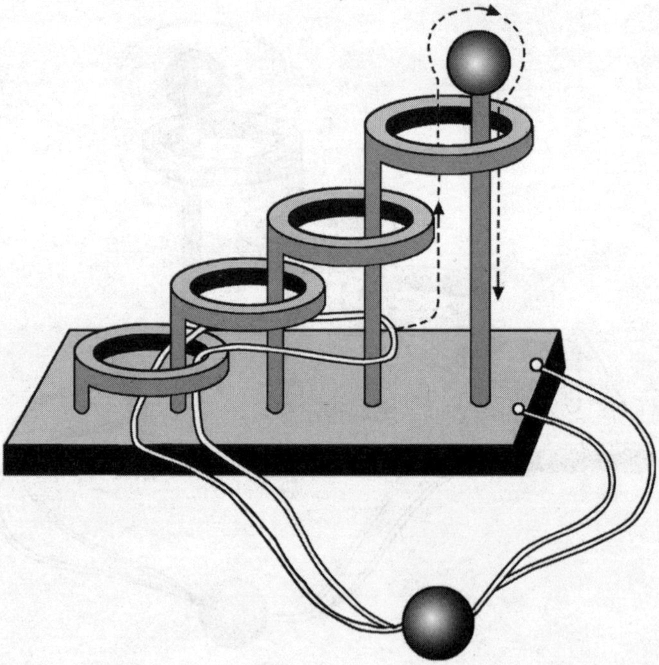

⑭

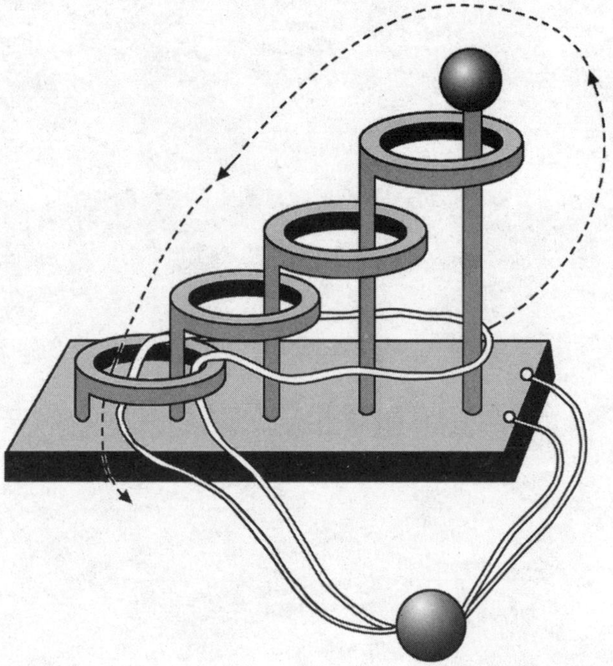

⑮

⑯

5

拼板

65 神　板

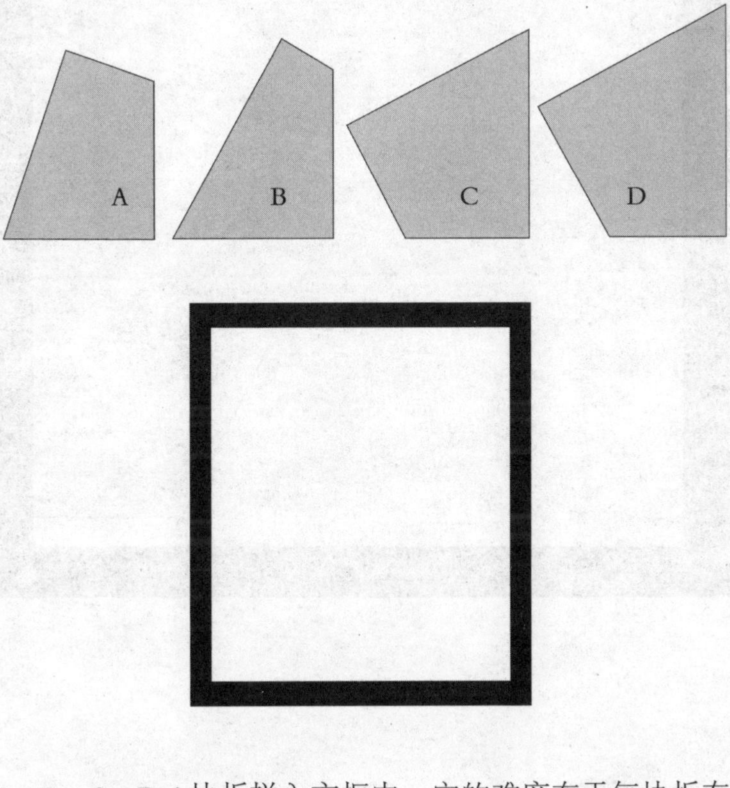

将 A、B、C、D 4 块板拼入方框内。它的难度在于每块板有两个直角，4 块板的 16 个边长无一相等。

参考拼法：

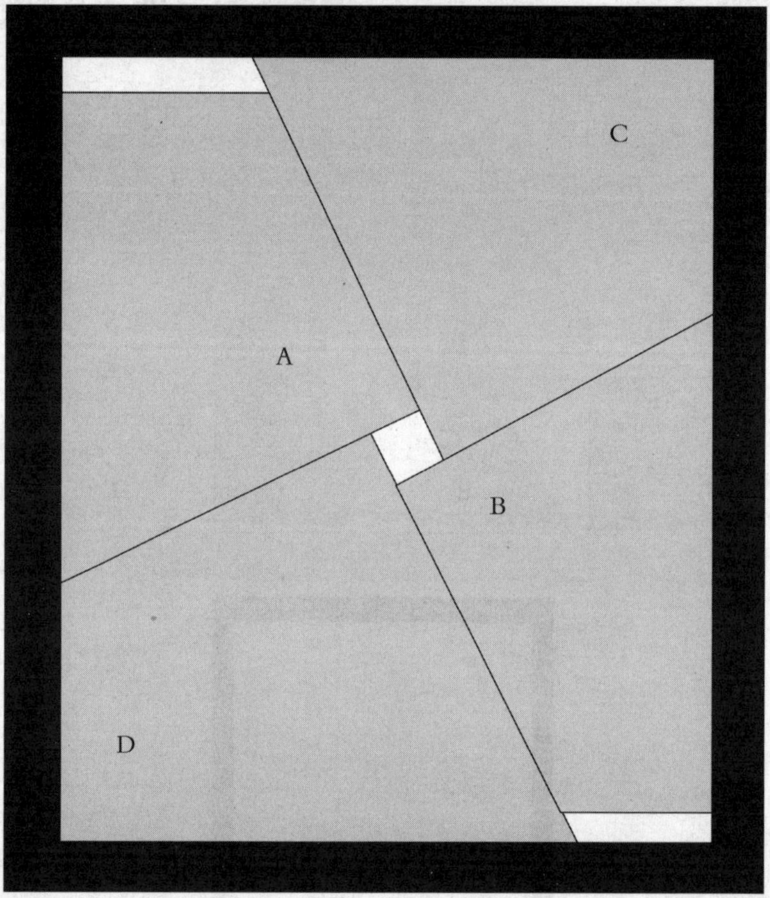

66 T　板

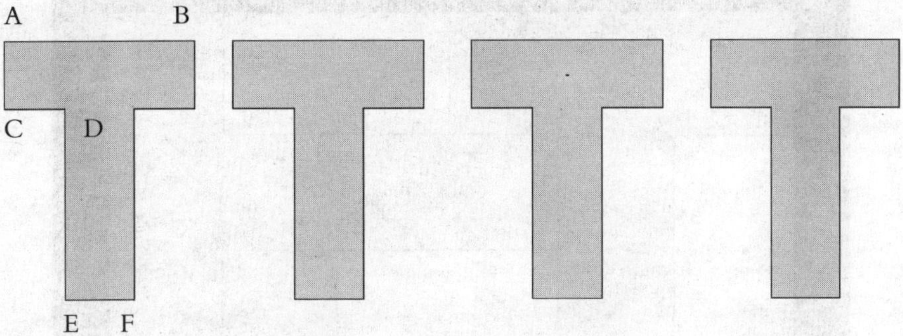

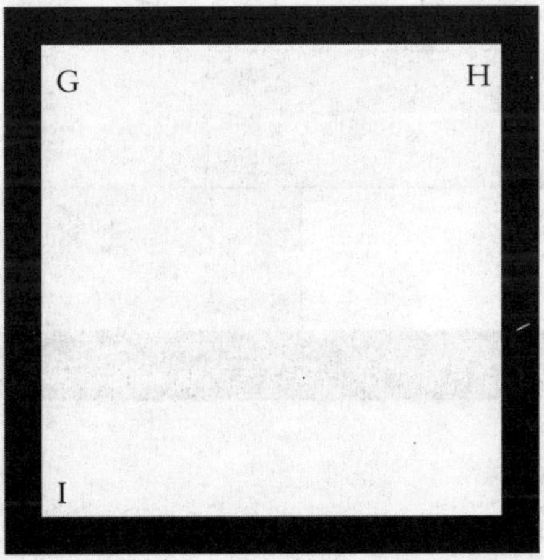

将 4 块 T 板拼入方框内。

AB=3AC=DE=3EF=0.5GH=0.5GI

参考拼法：

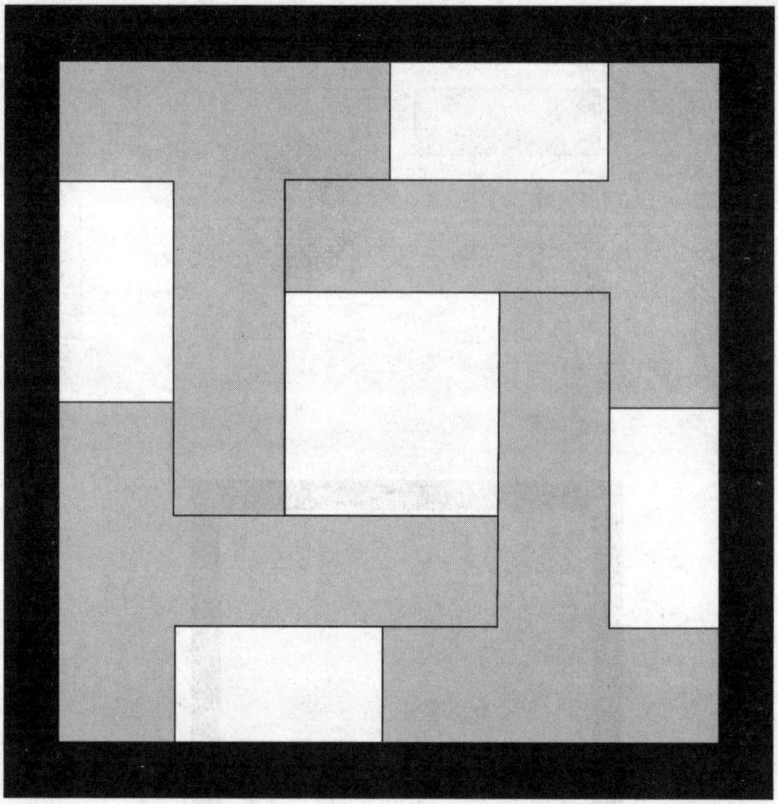

67 填 八 板

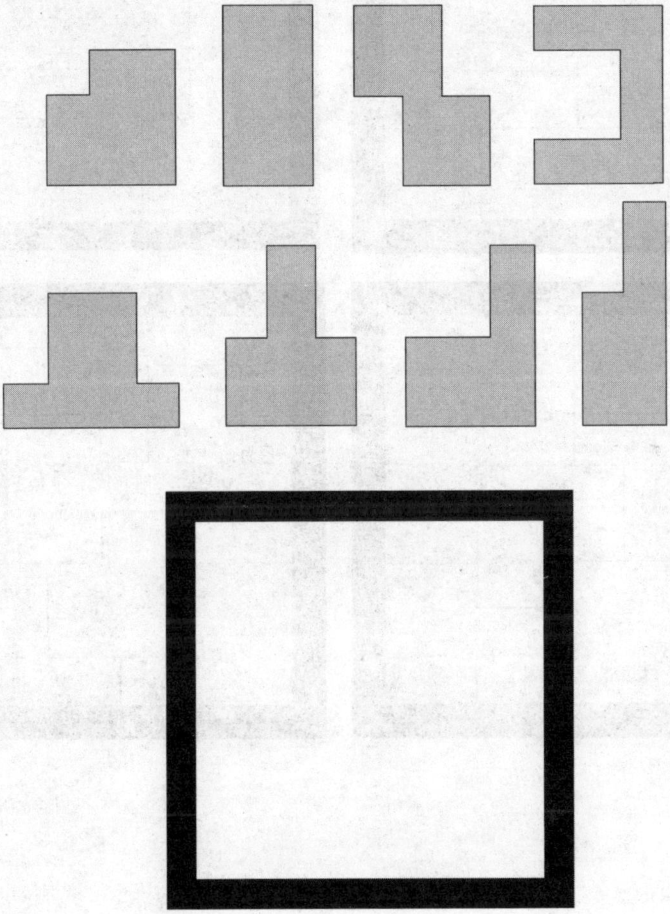

将 8 块板拼入方框内。有上百种拼法。

参考拼法：

68 填 十 板

将 10 块板拼入方框内。有上千种拼法。

参考拼法：

69 填十三板

将 13 块板拼入方框内。有上万种拼法。

参考拼法：

70 三色对板

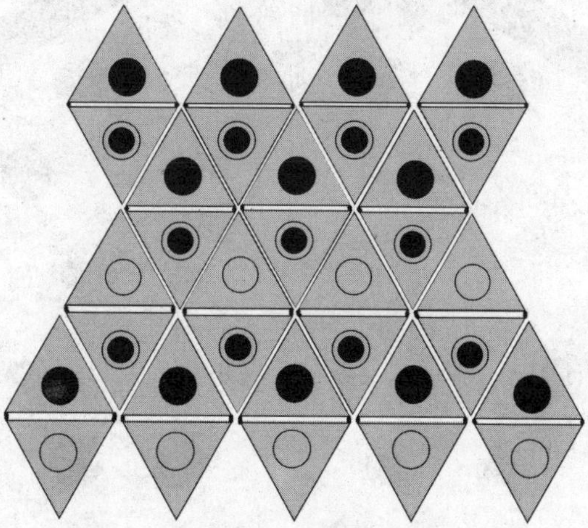

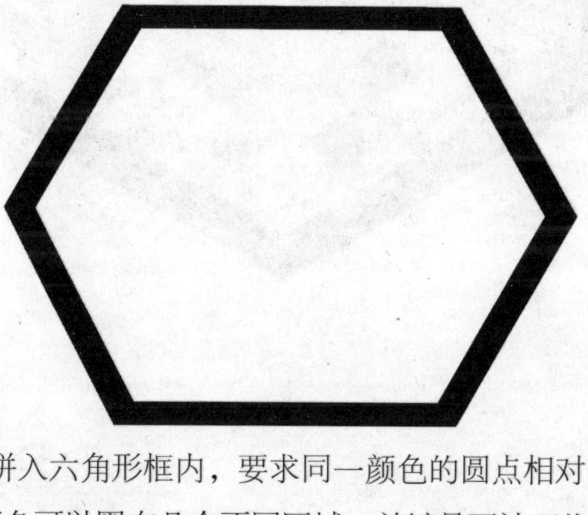

将 16 块板拼入六角形框内，要求同一颜色的圆点相对，并被双线圈在一起。每种颜色可以圈在几个不同区域，关键是要被双线圈起来。双线指每个菱形中间的隔线。

参考拼法：

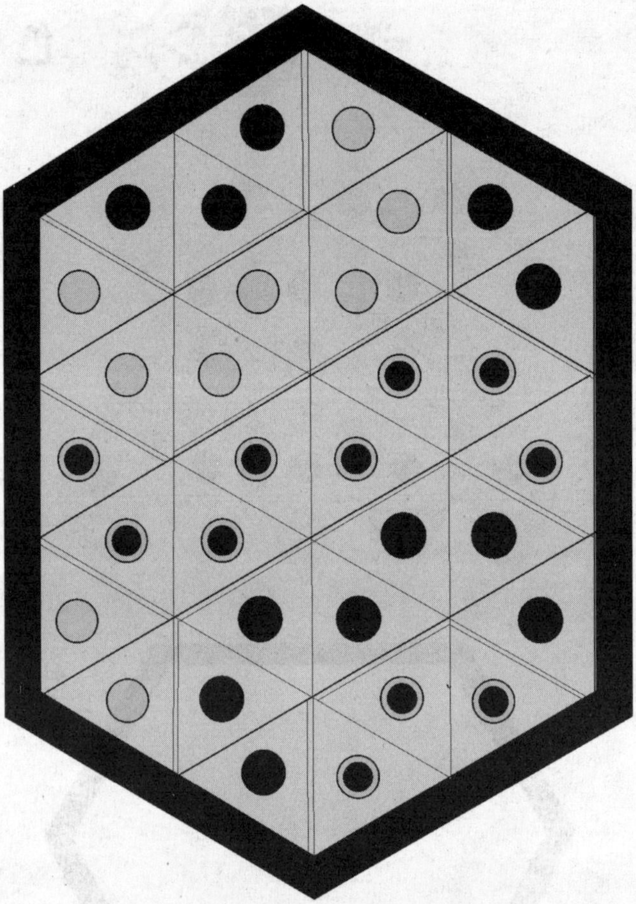

71 五色对板

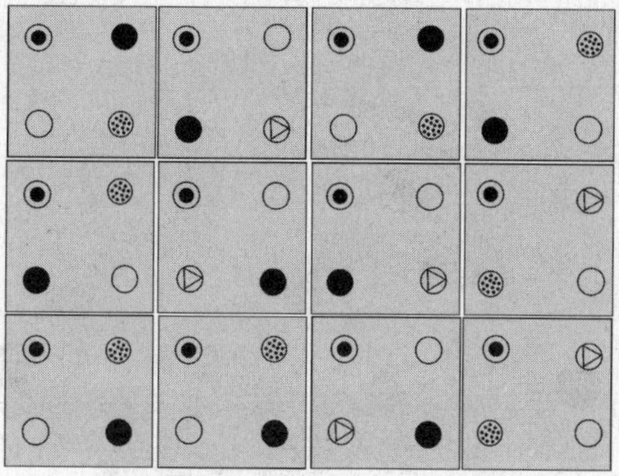

将 12 块板拼成上面的图形，使相邻两块板衔接边上的色点一致。

参考拼法：

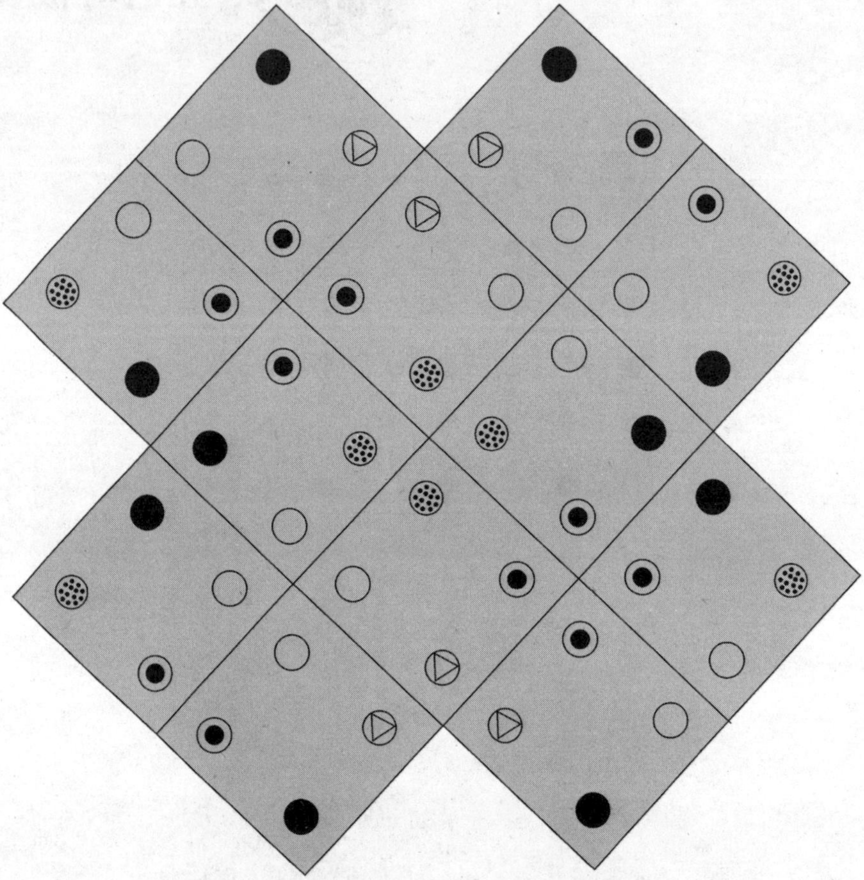

72 六角对板

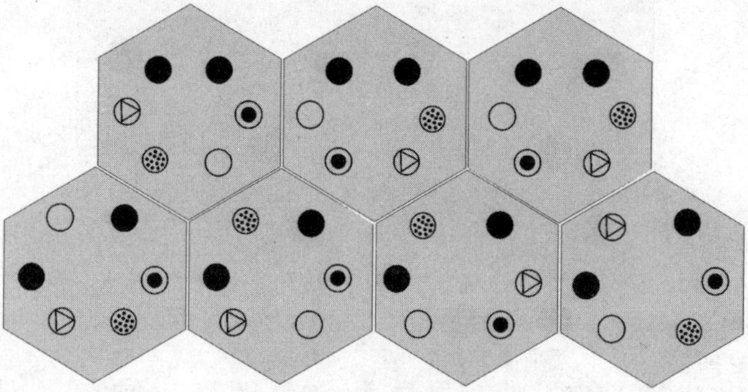

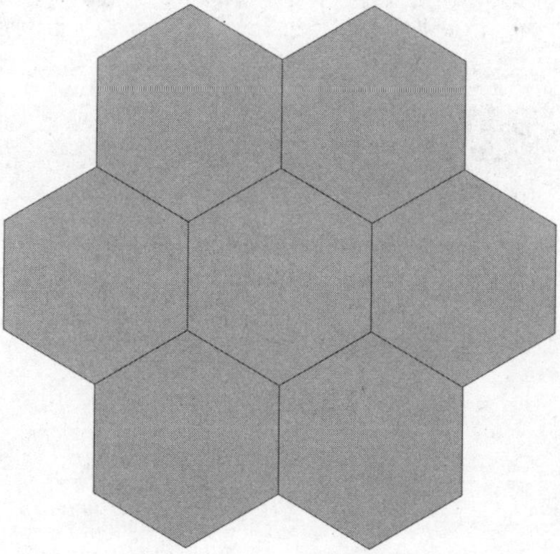

将 7 块板拼成上面的图形，使相邻两块板衔接边上的色点一致。

参考拼法：

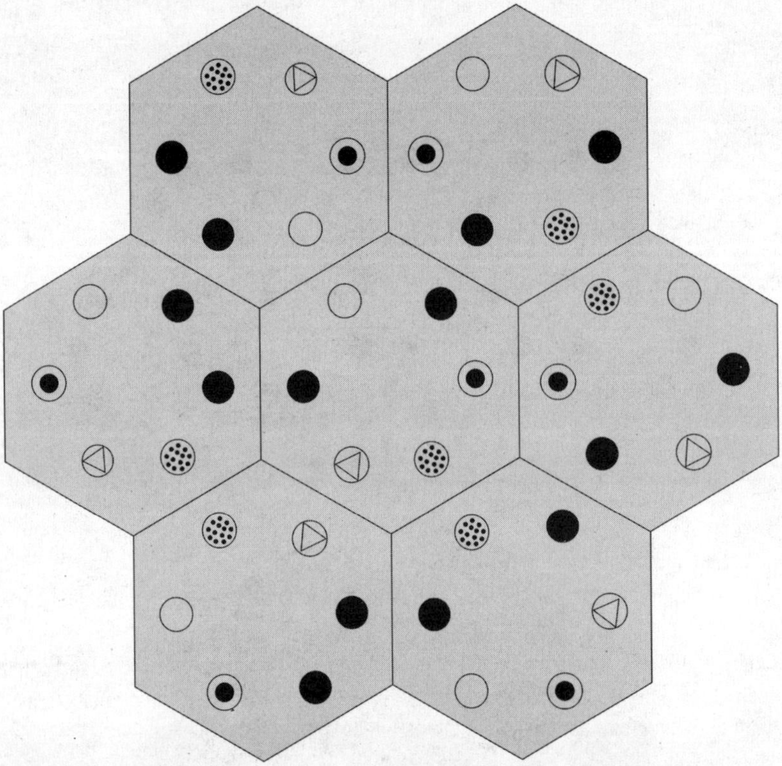

73 双层对板

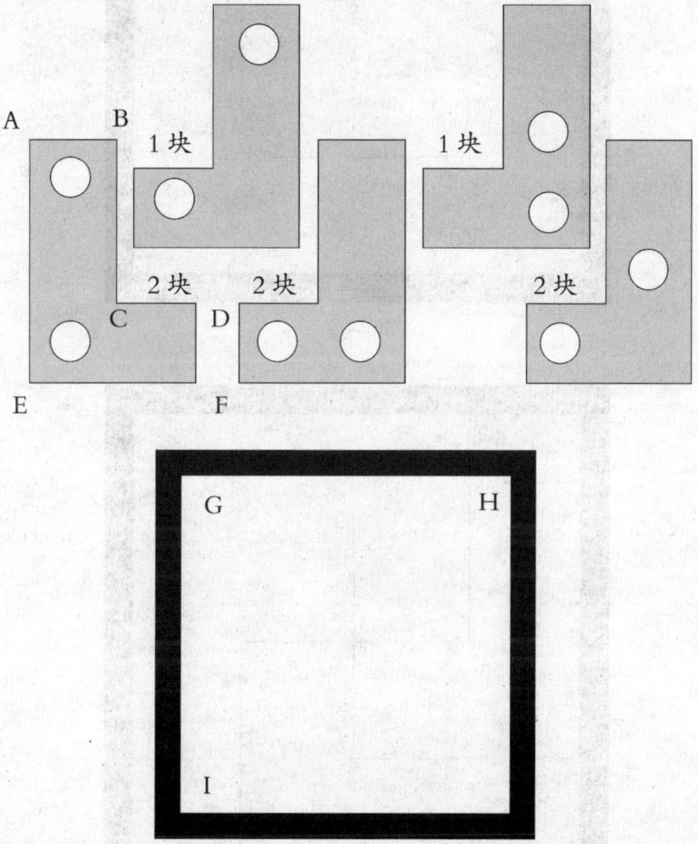

将 8 块板分上下两层拼入方框内，要求上下各 8 个孔全部对齐、通透。

AB=CD=DF=0.5EF=0.5BC=0.25GH=0.25GI

参考拼法：

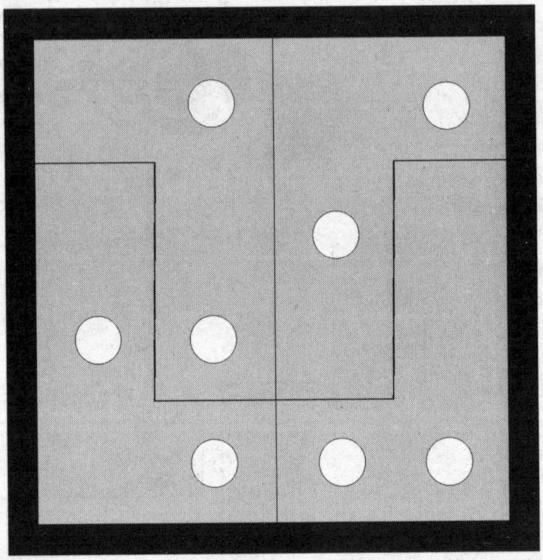

第一层

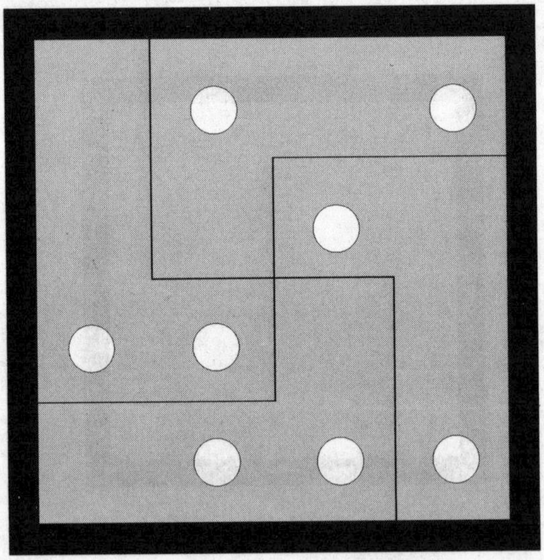

第二层

74 四层对板

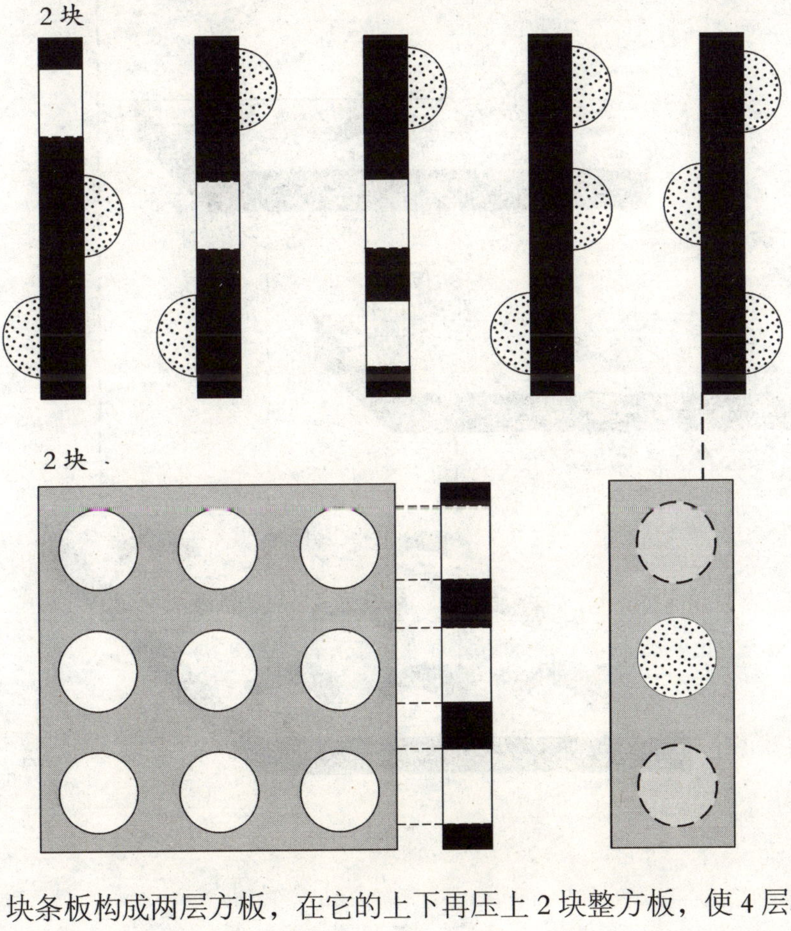

6块条板构成两层方板，在它的上下再压上2块整方板，使4层板的孔、球相衔，严密贴合在一起。

参考拼法：

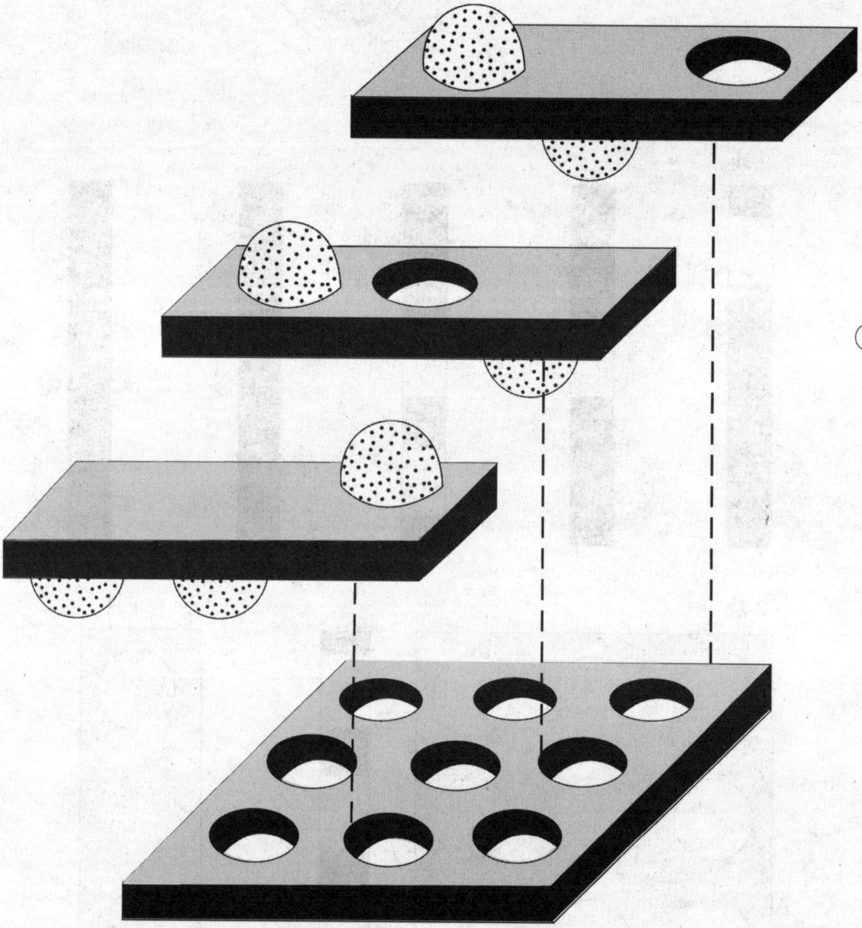

①

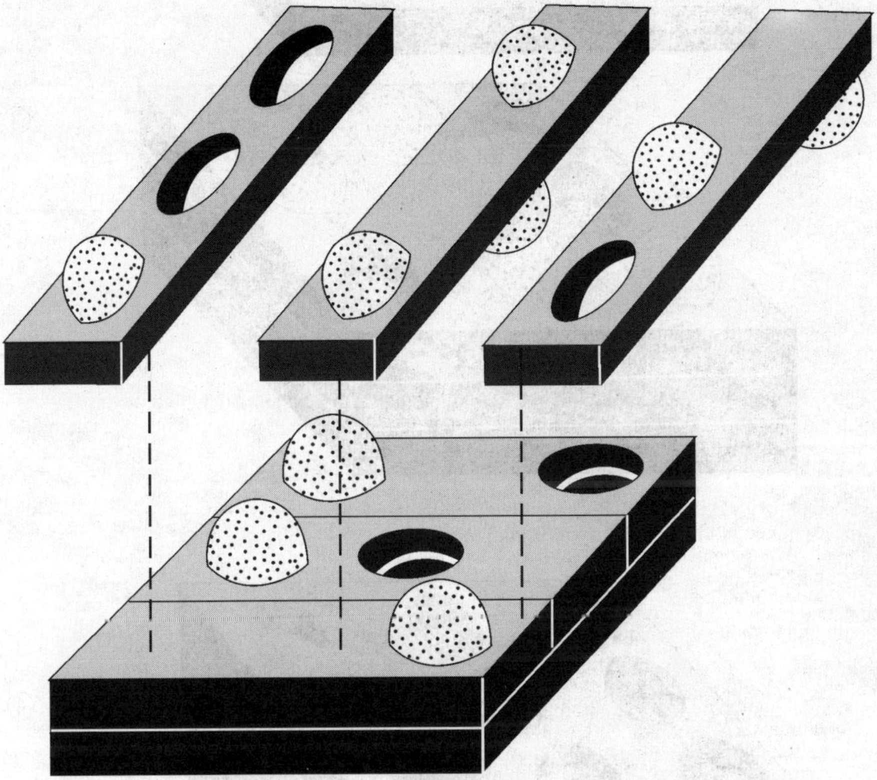

②

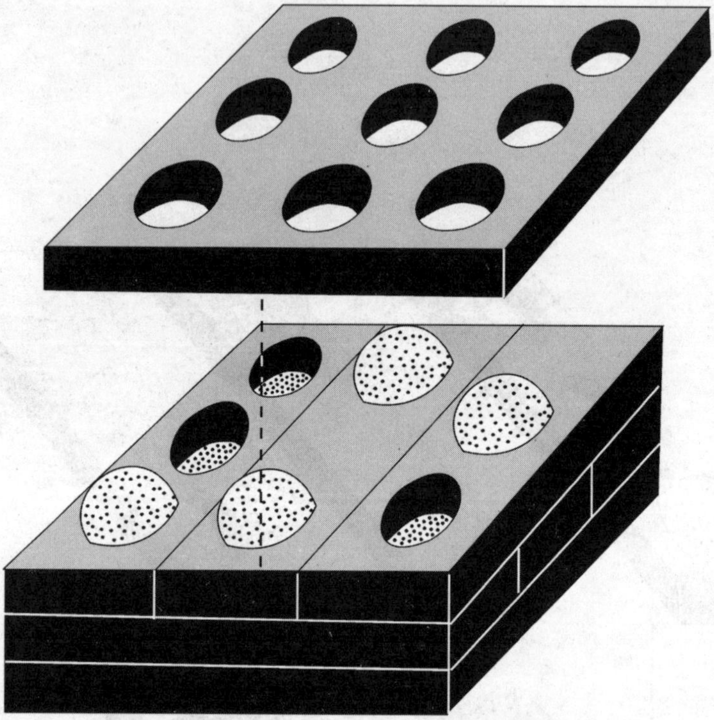

③

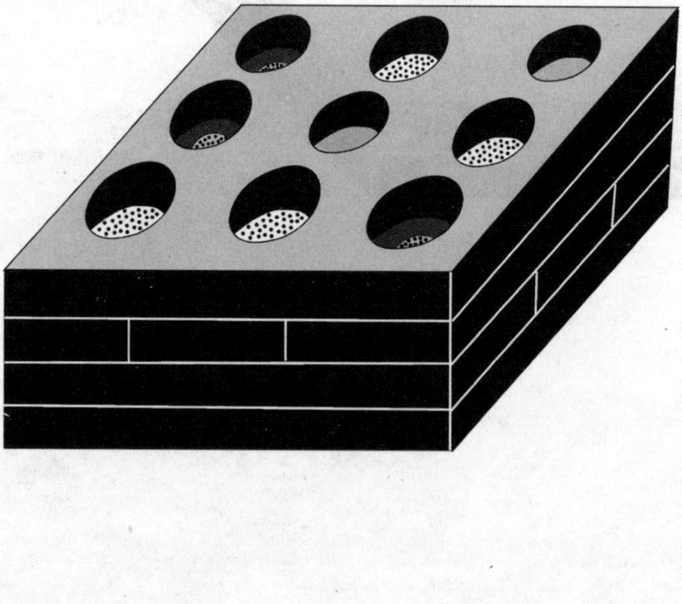

④

75 四 巧 板

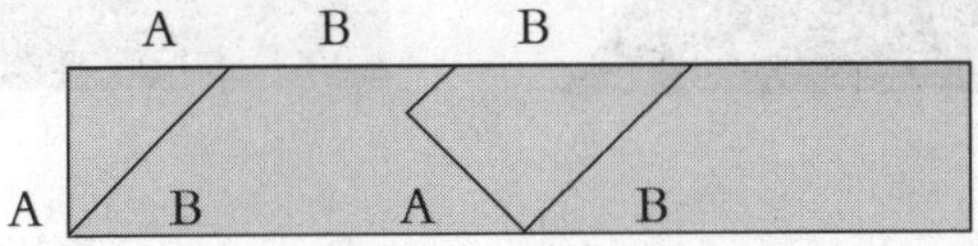

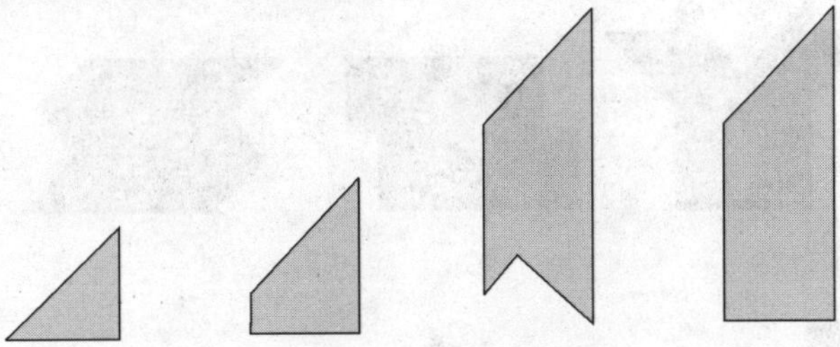

用四巧板拼出此页与下页 30 种或更多图案。

参考拼法：

76 七巧板

相似图形

对称图形

七巧板历史悠久、变化丰富，可拼出千姿百态的男女老幼、飞禽走兽、花鸟鱼虫、山水草木、亭台楼阁、数码文字……

现列出一些有特色的图形供读者发挥想象力和创造力。

凸多边形

空洞图形

奇难图形

参考拼法：

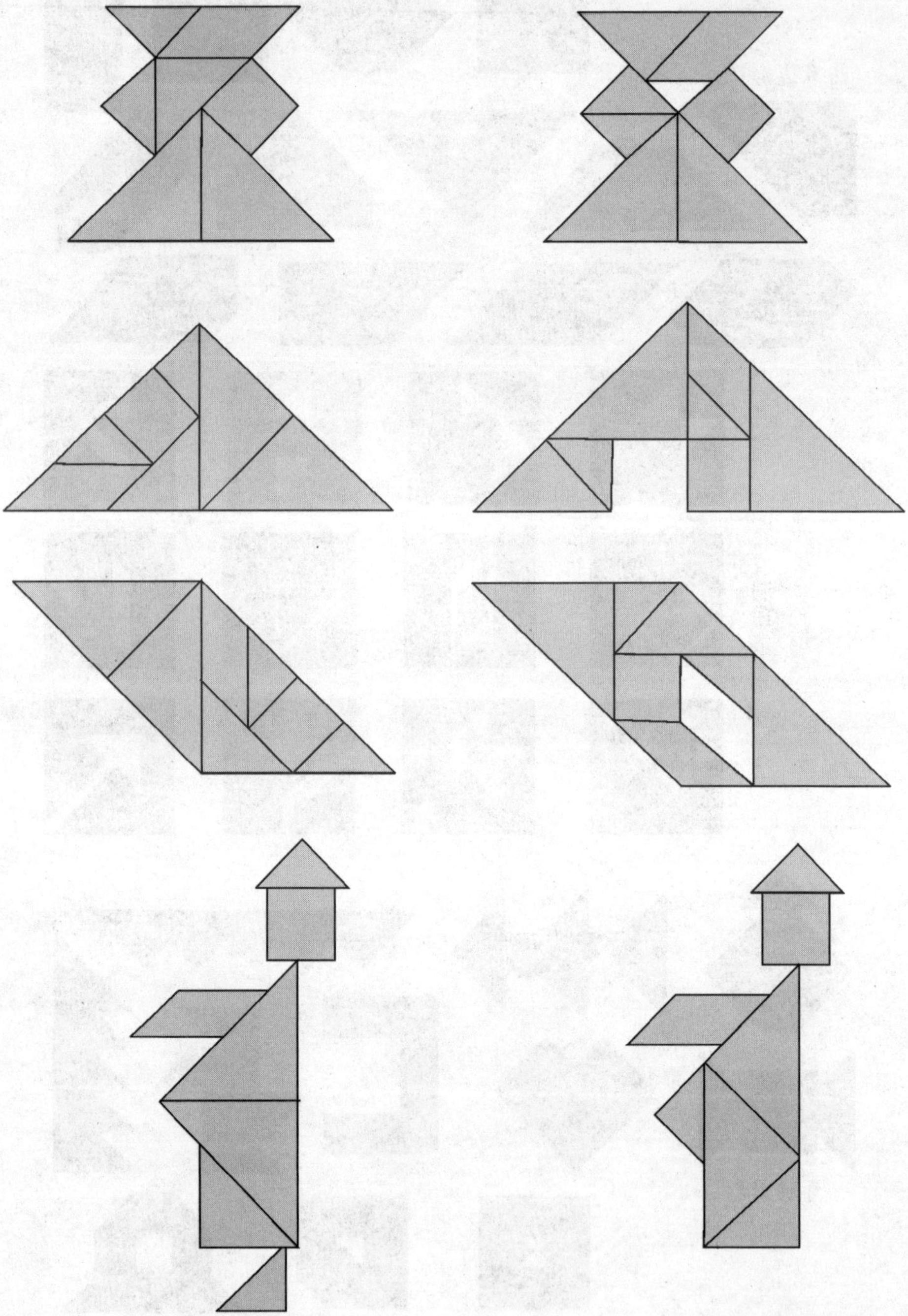

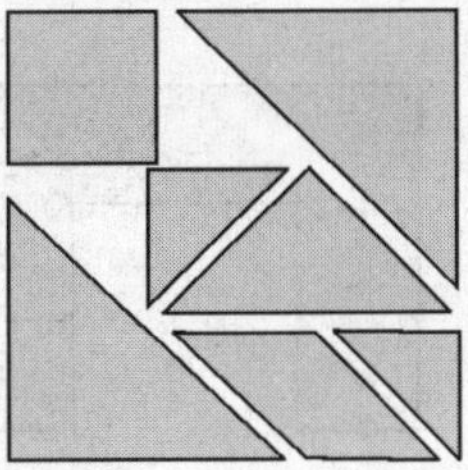
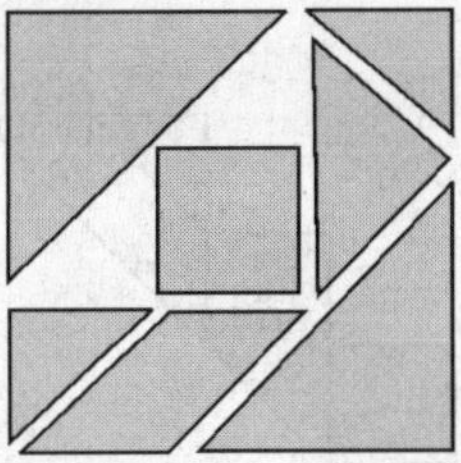

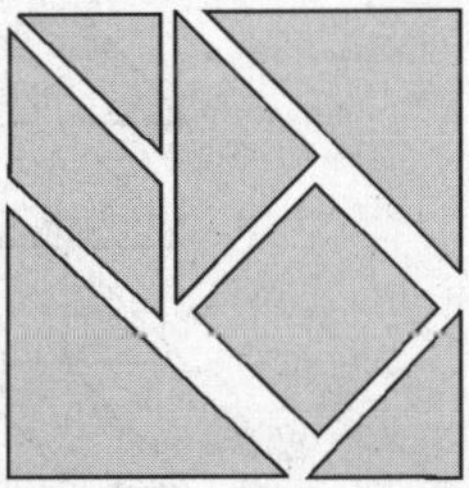

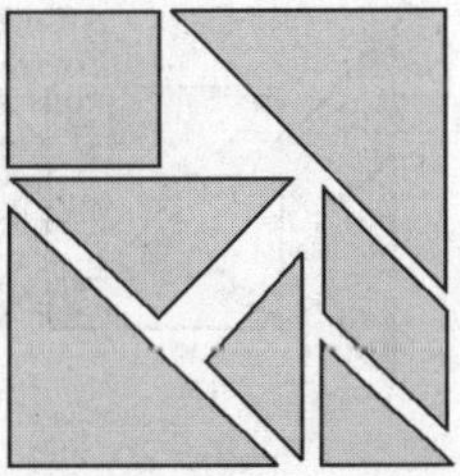
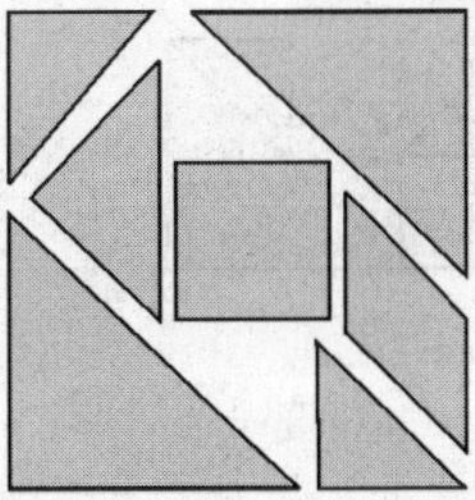

77 益智图

用益智图拼出以上 18 种或更多图案。

参考拼法：

6 组块

78 魔　　块

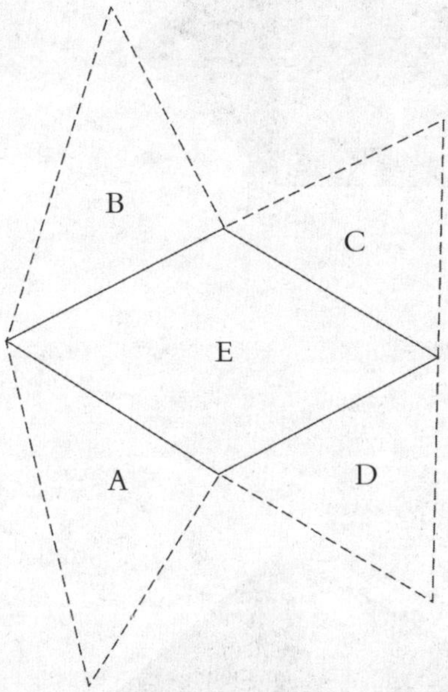

展开图

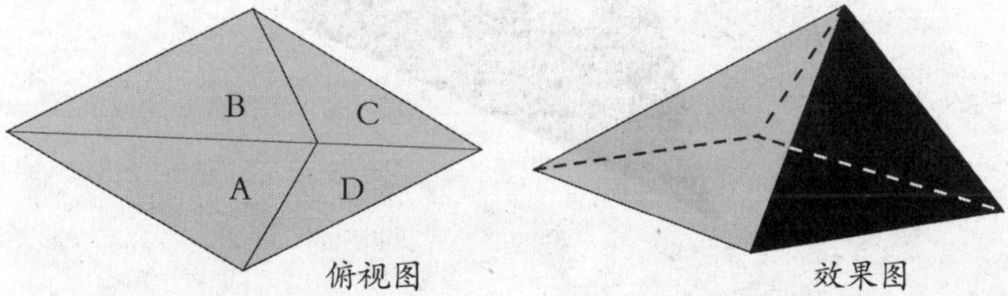

俯视图　　　效果图

用上面同一规格的 4 个五面体，组合成一个金字塔。

参考组合法:

①两两组合。

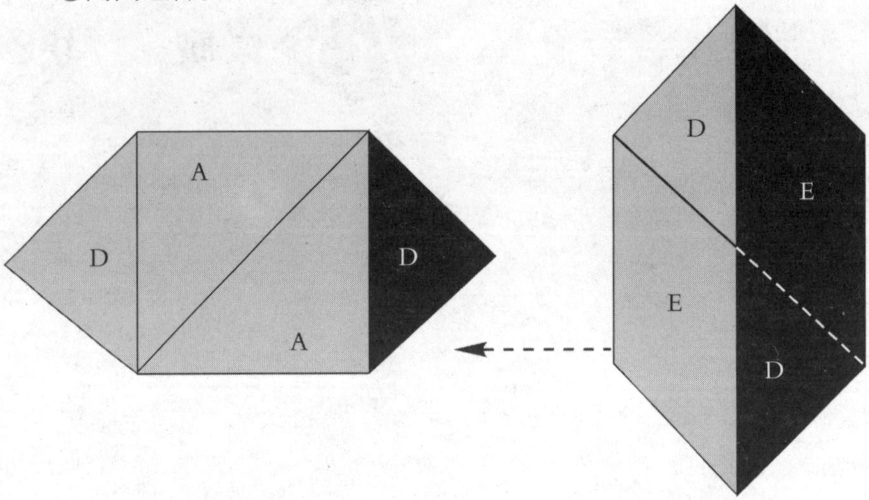

②4 个 A 面搭拼。

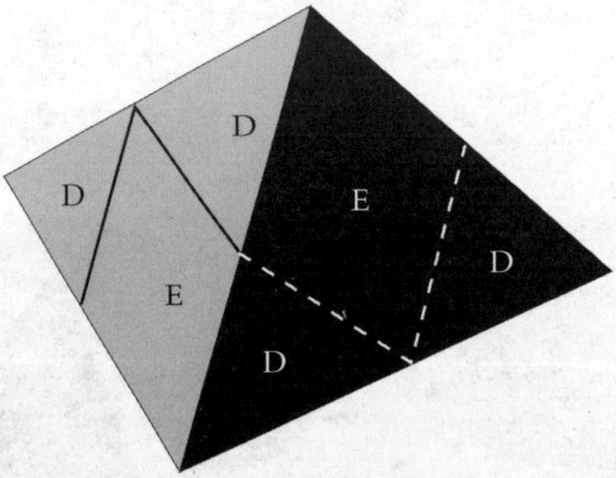

79 金 字 塔

A 4块　　　　B 5块

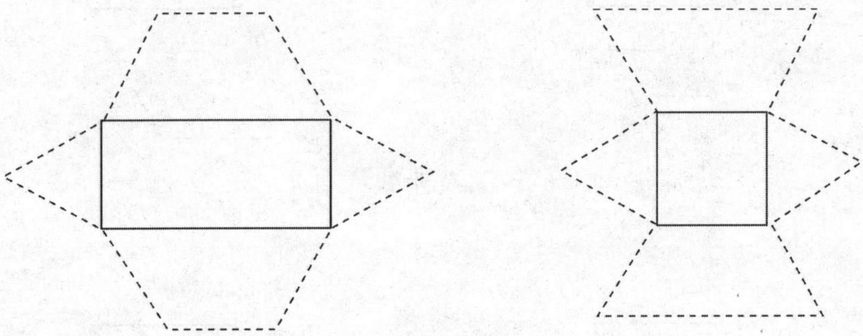

展开图

俯视图

效果图

C 3块　　　　D 2块

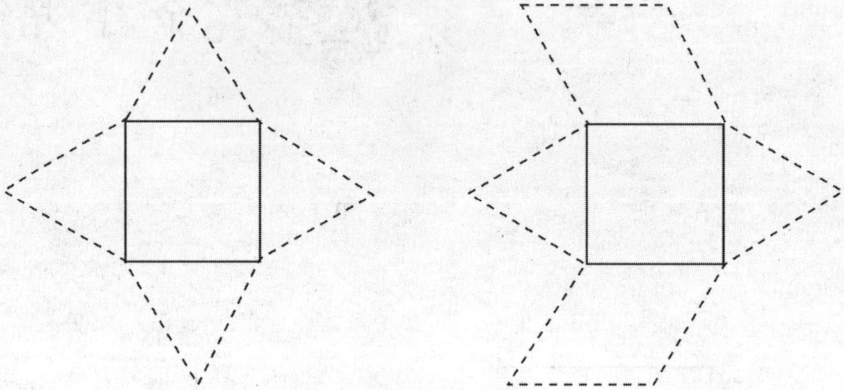

展开图

俯视图

效果图

用 A、B、C、D 14 块多面体，组合成一个金字塔。

参考组合法：

①将 4 块 A 排在底层。

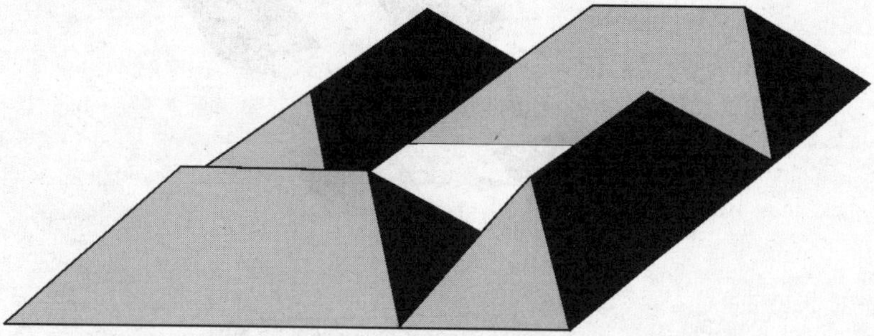

②将 4 块 B 排在二层。

③用 2 块 C 和 2 块 D 排在三层。

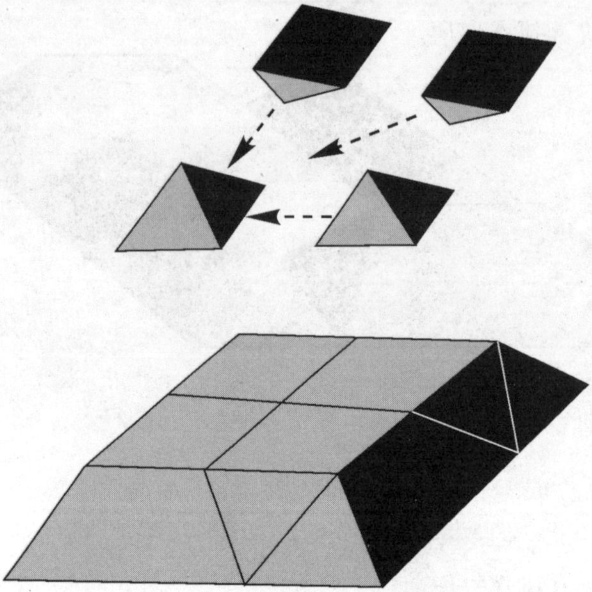

④用一块 B 和一块 C 排到顶层。

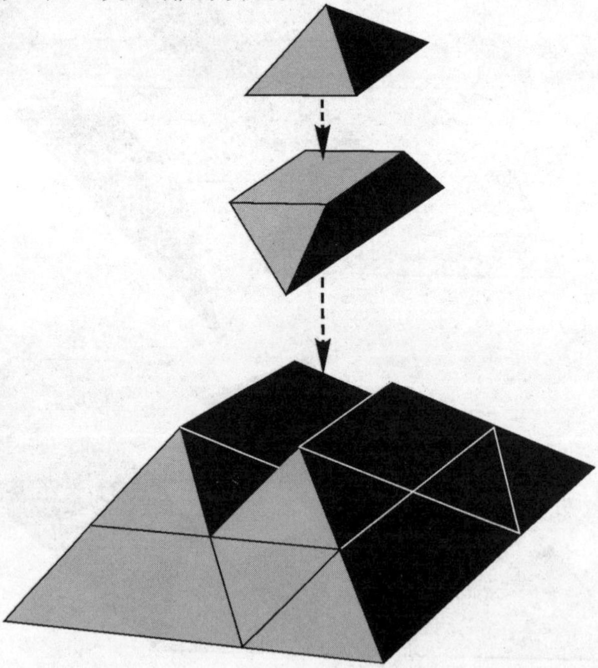

80 六 棱 柱

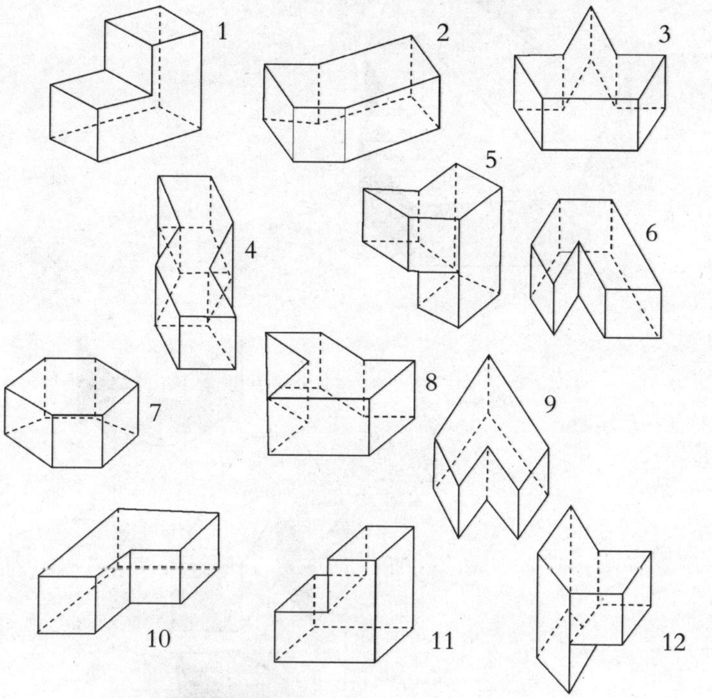

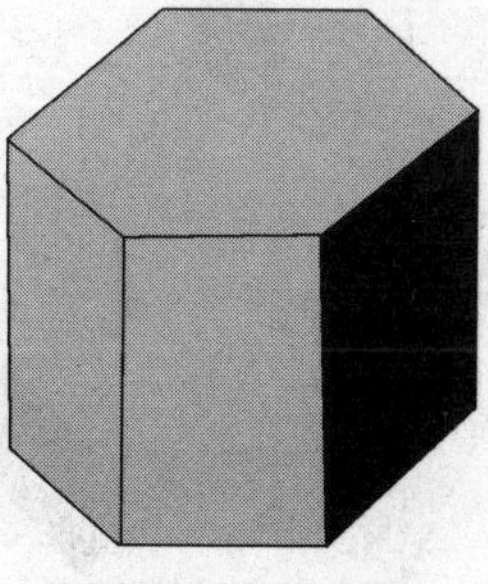

用上面 12 块木块，组合出一个六棱柱。

参考组合法：

①

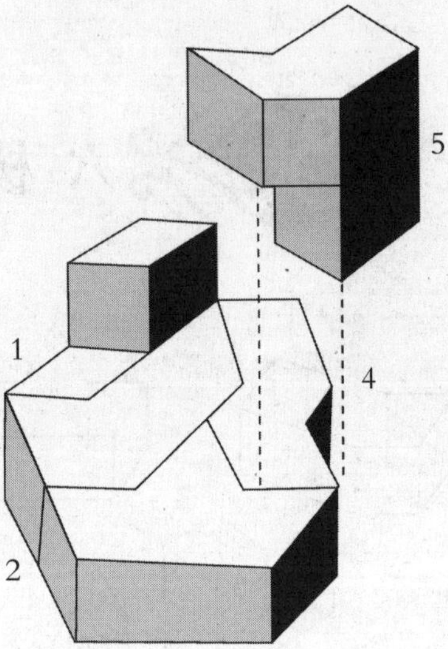

②

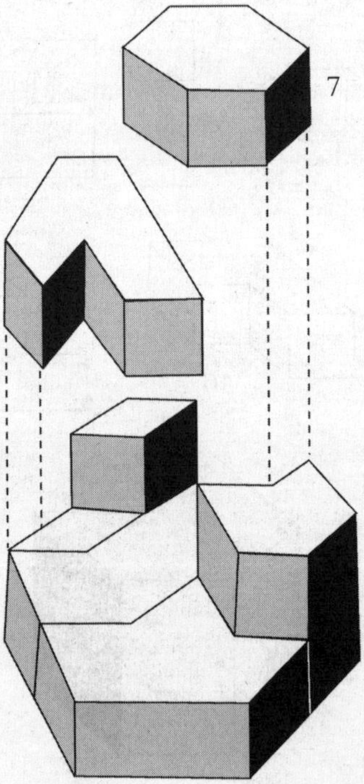

③

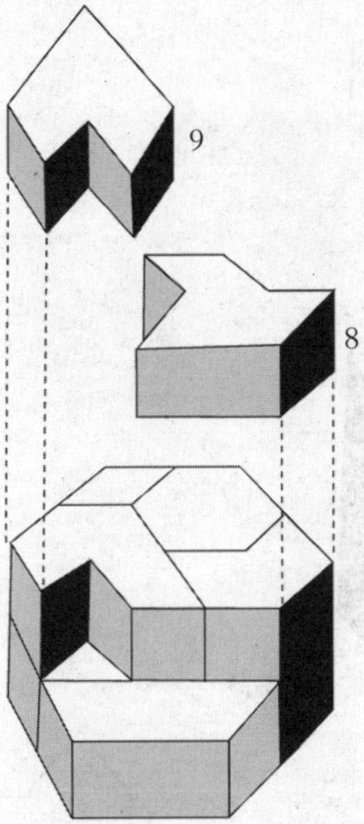

④

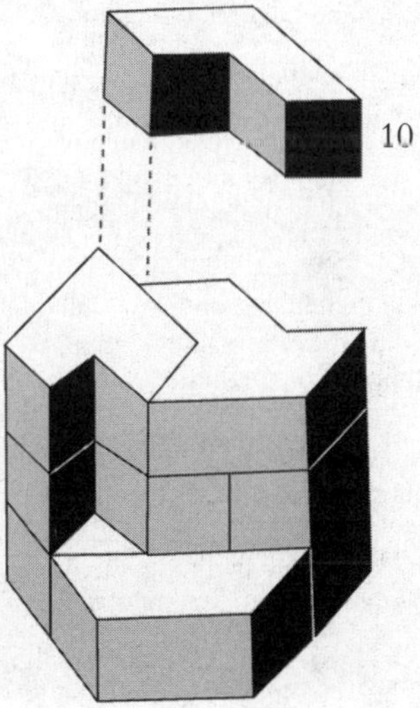

⑤

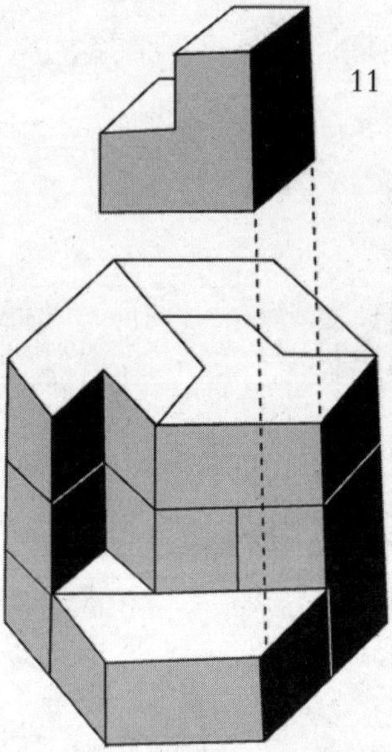

11

⑥

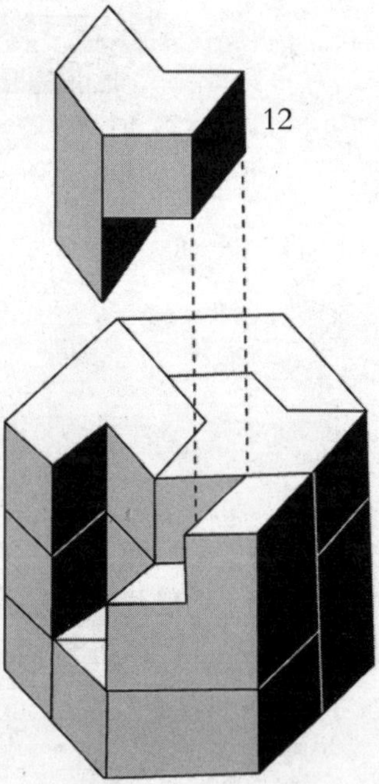

12

81 七巧块

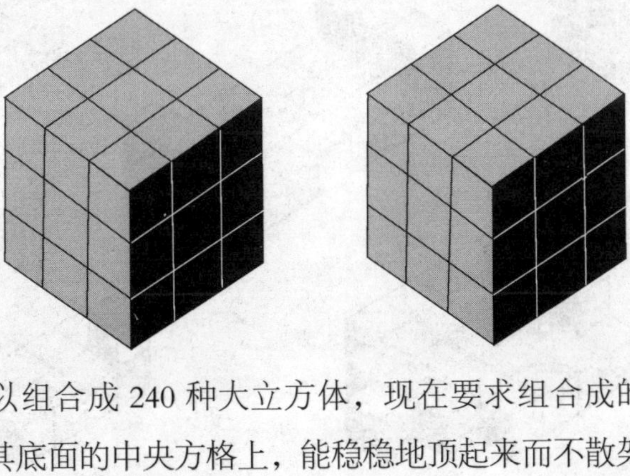

用七巧块可以组合成 240 种大立方体，现在要求组合成的两个立方体，用支柱支在其底面的中央方格上，能稳稳地顶起来而不散架。

有人用七巧块拼出 2000 多种结构图形。现在列出以下 22 种造型，供组合时参考。

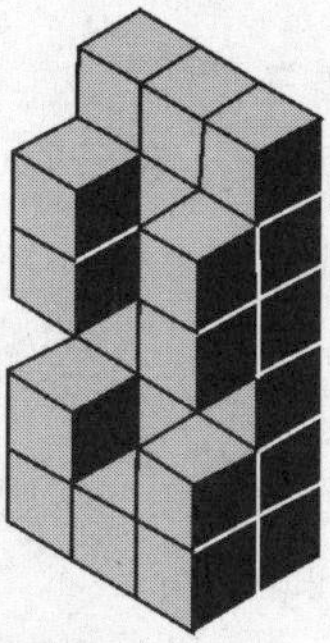

参考组合法：

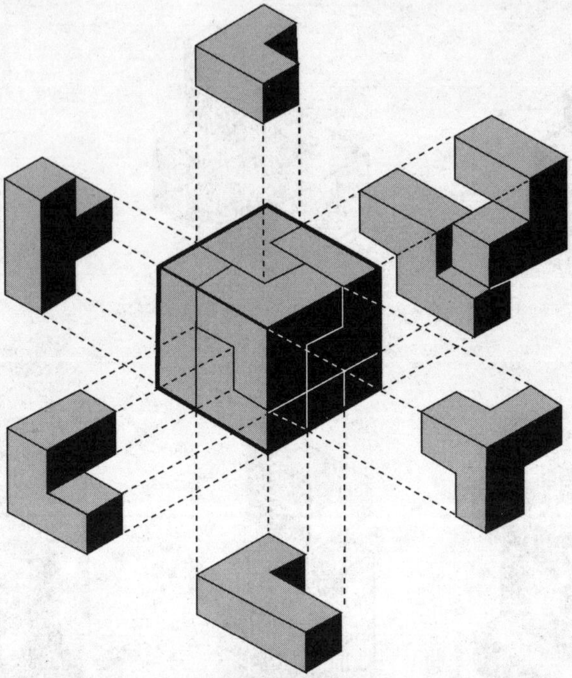

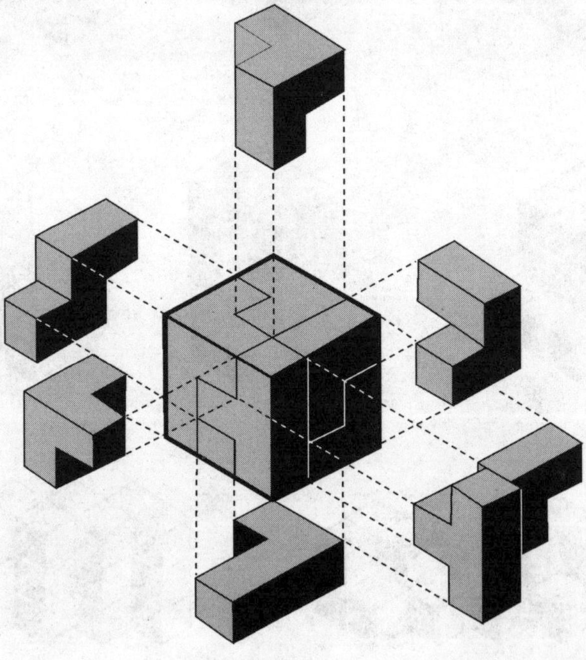

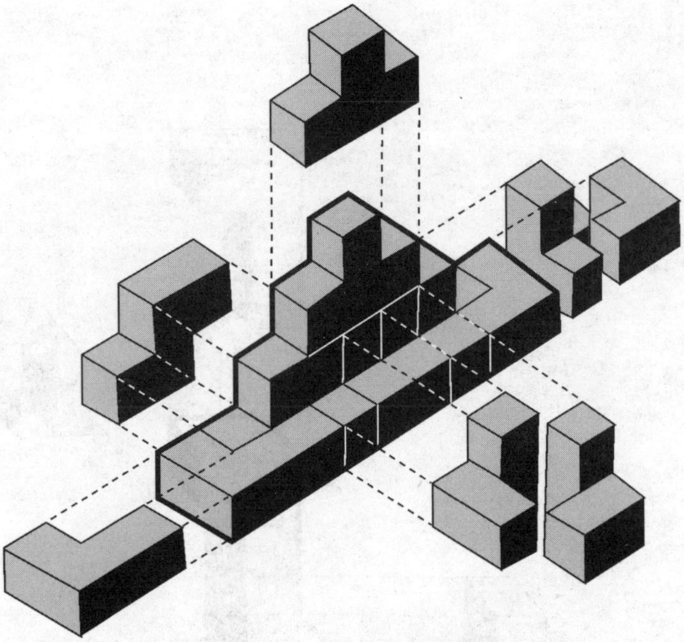

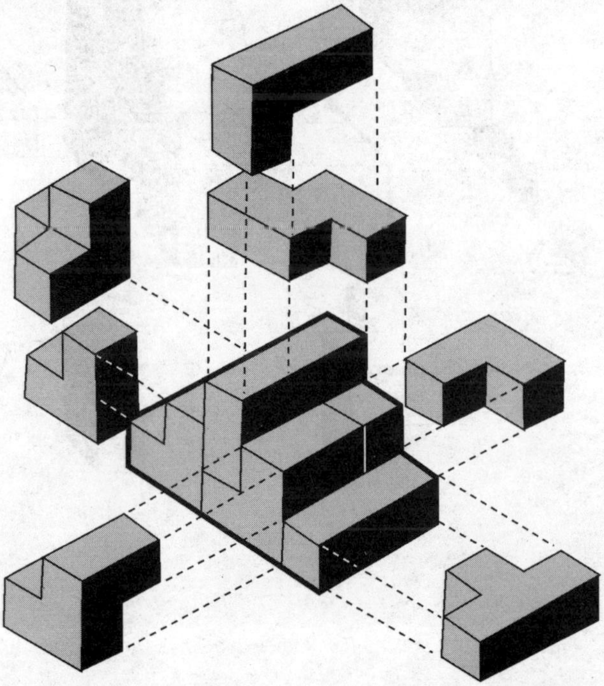

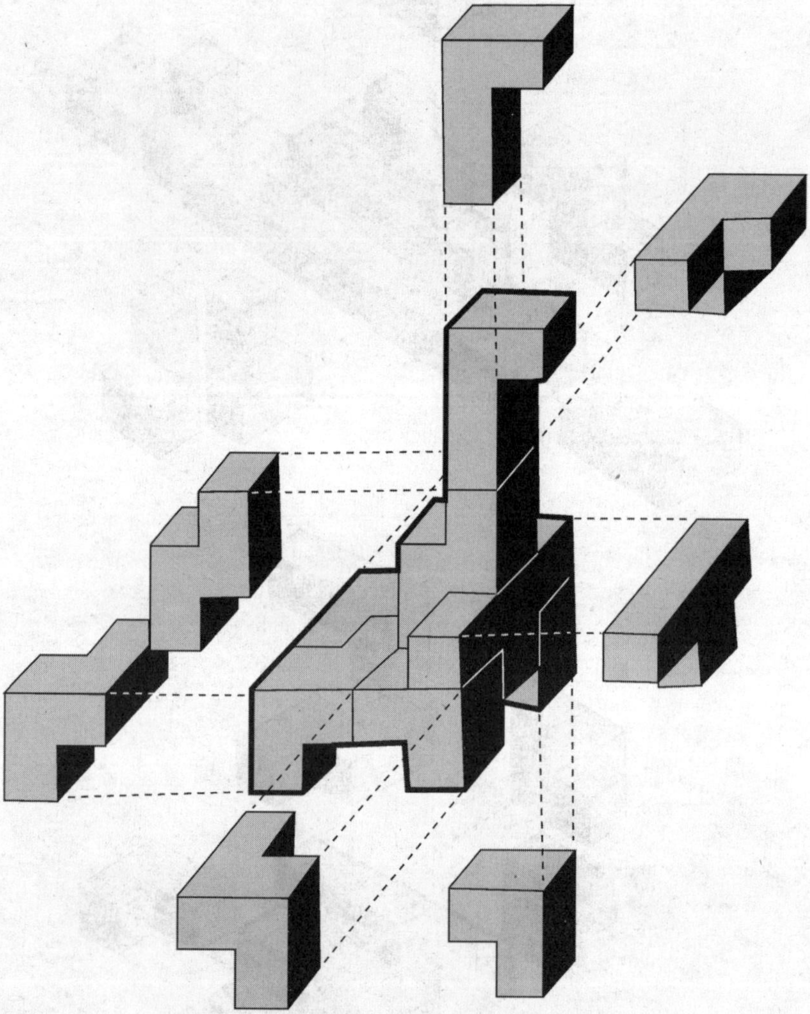

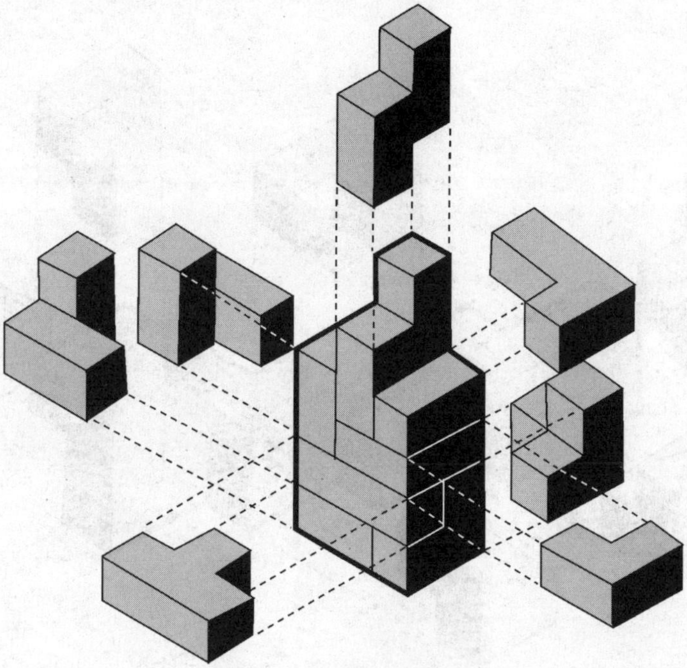

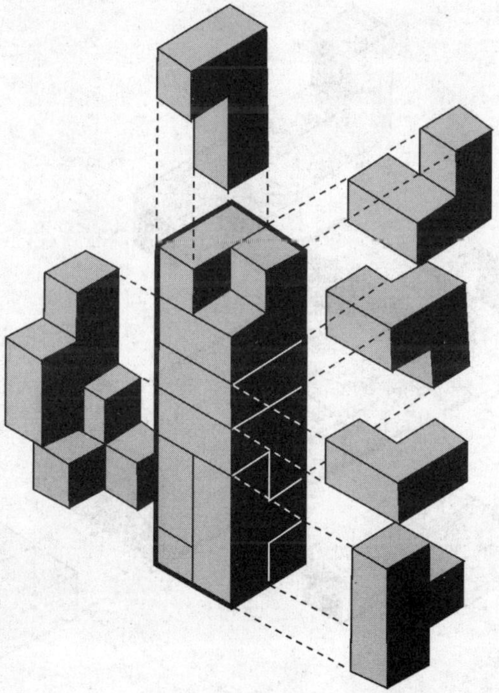

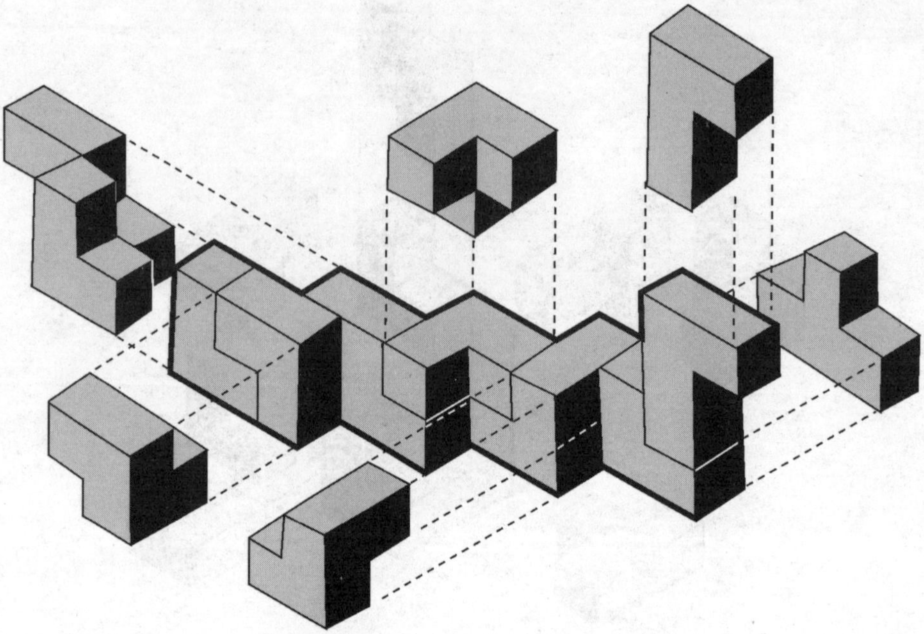

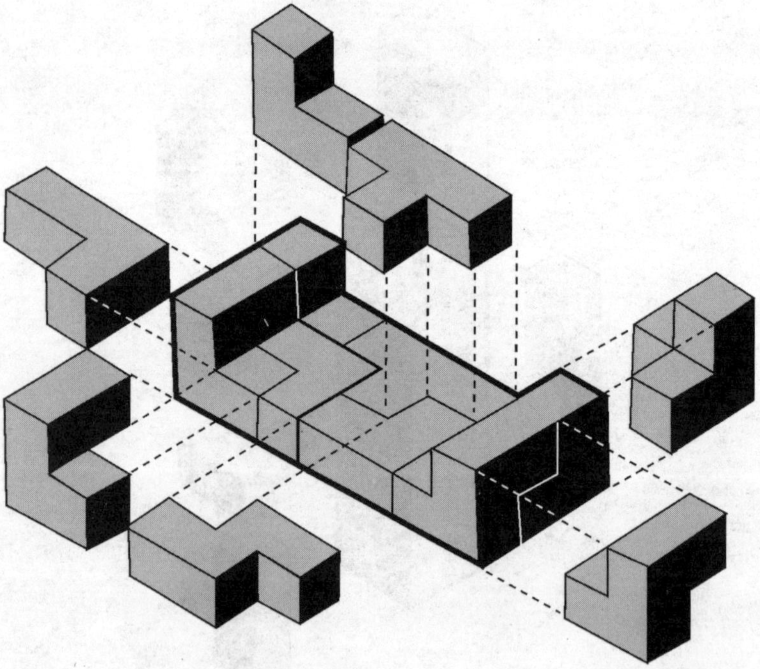

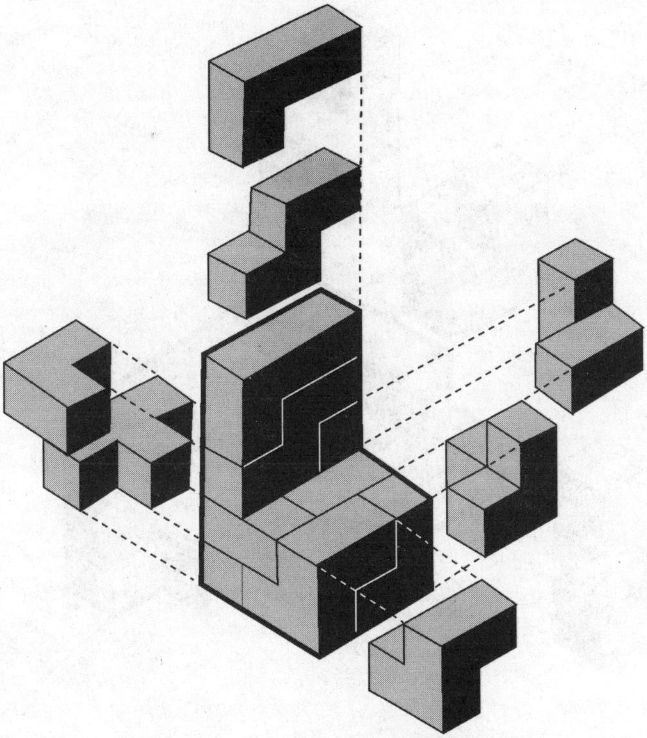

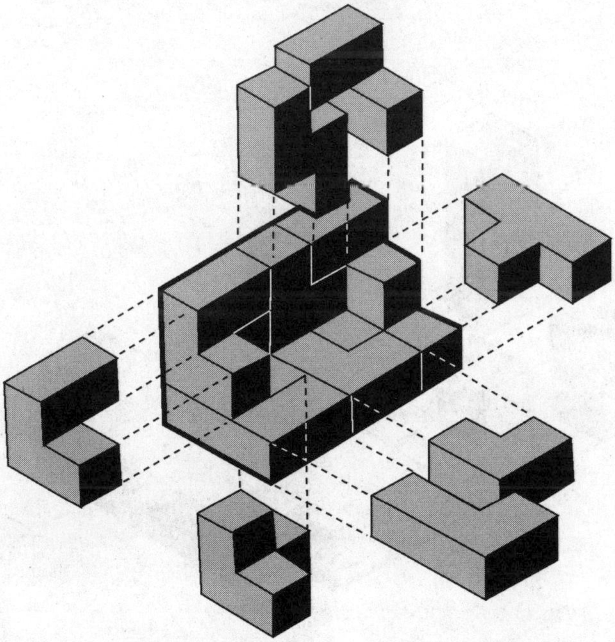

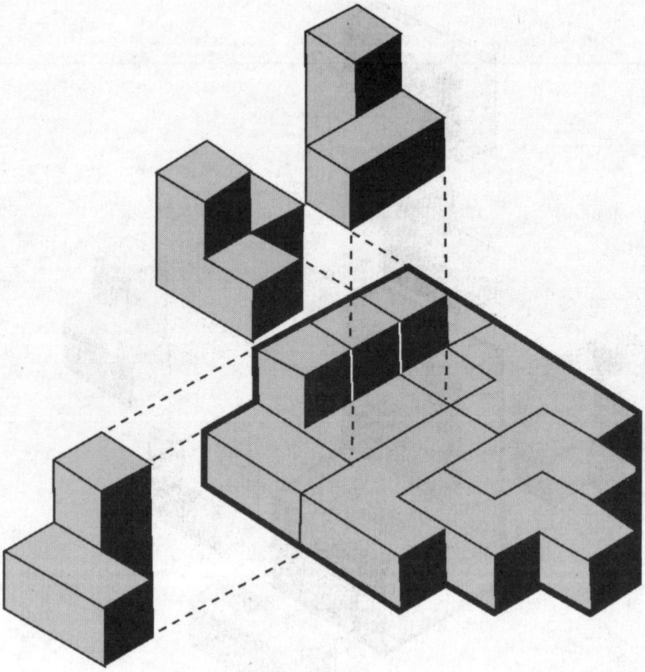

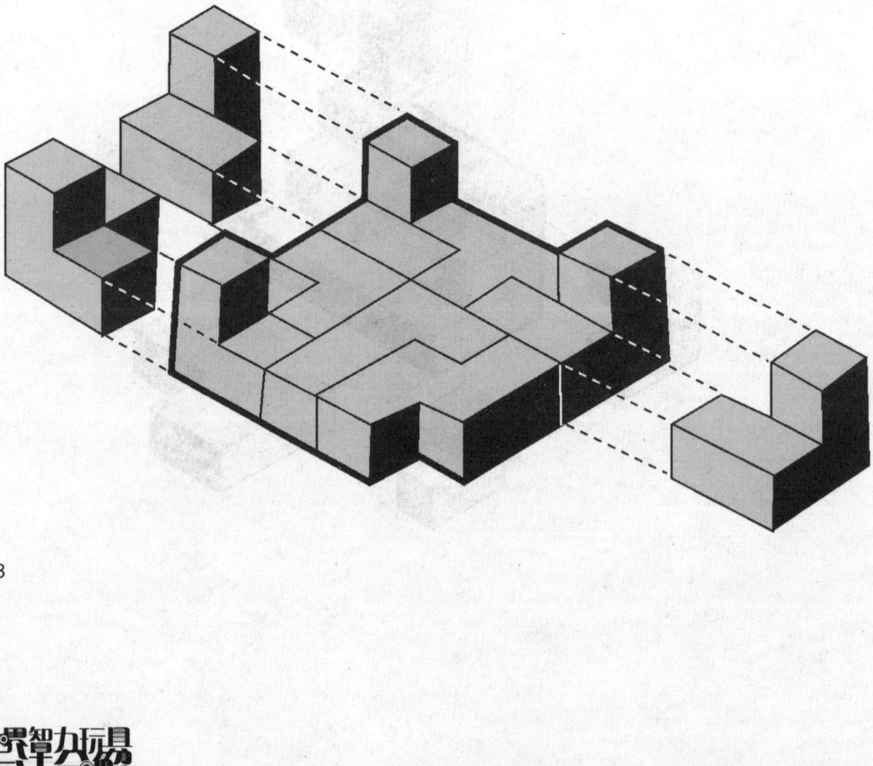

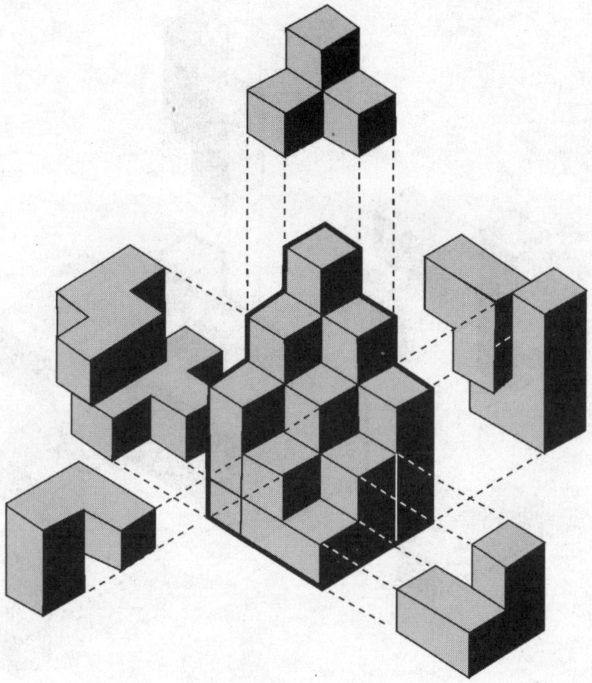

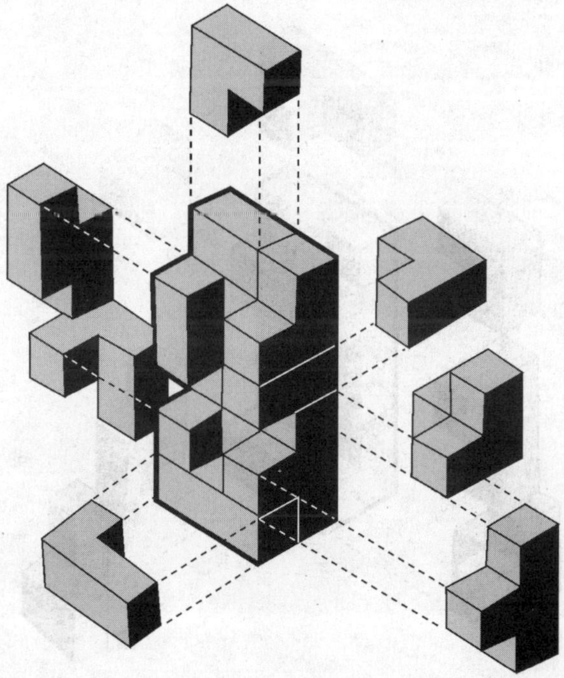

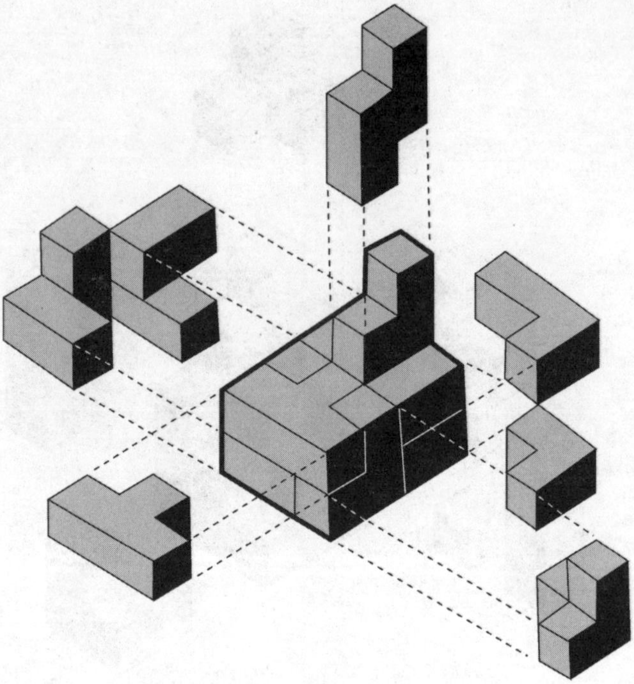

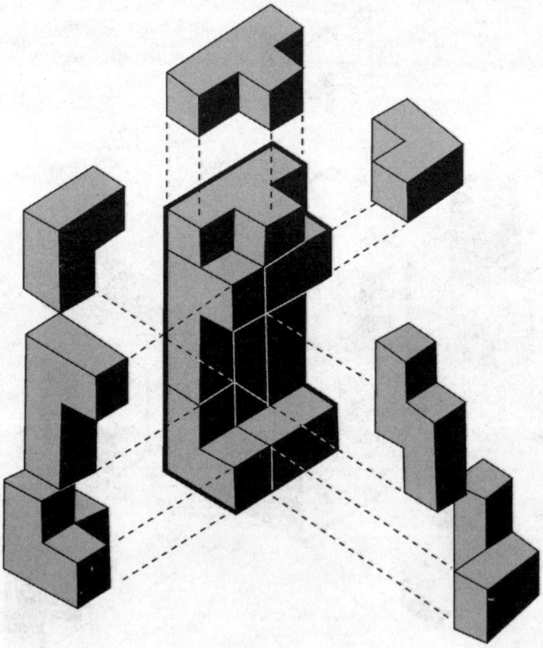

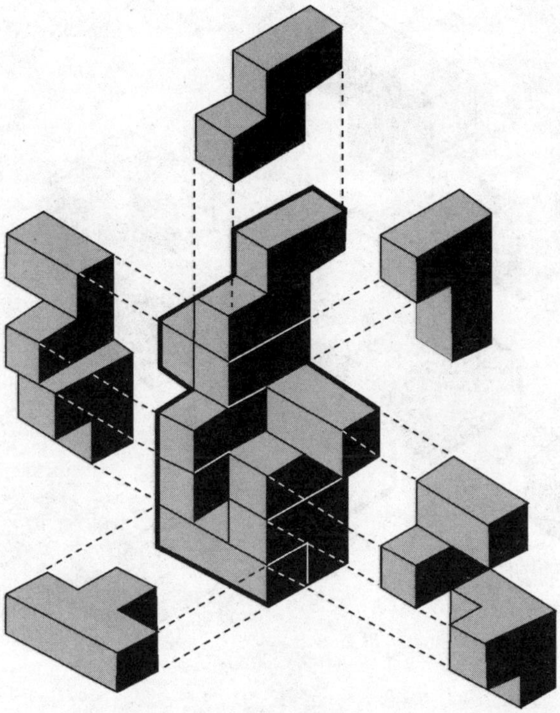

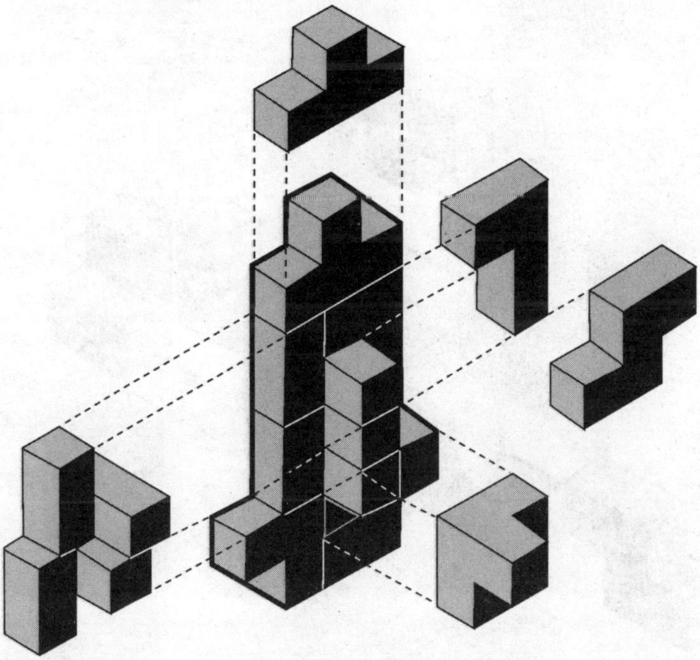

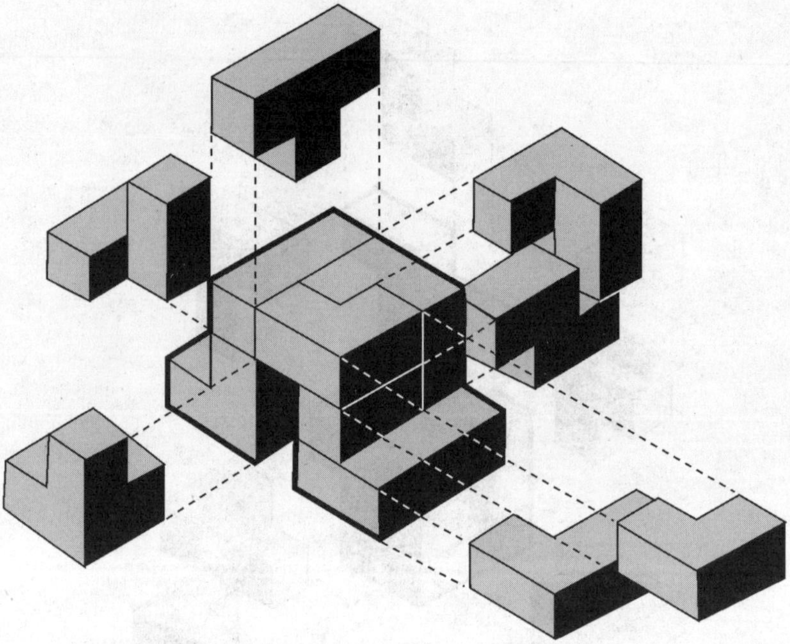

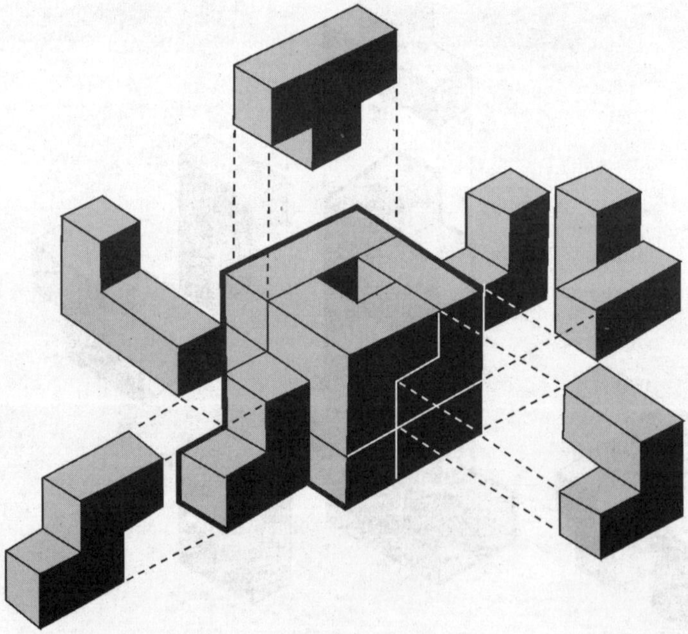

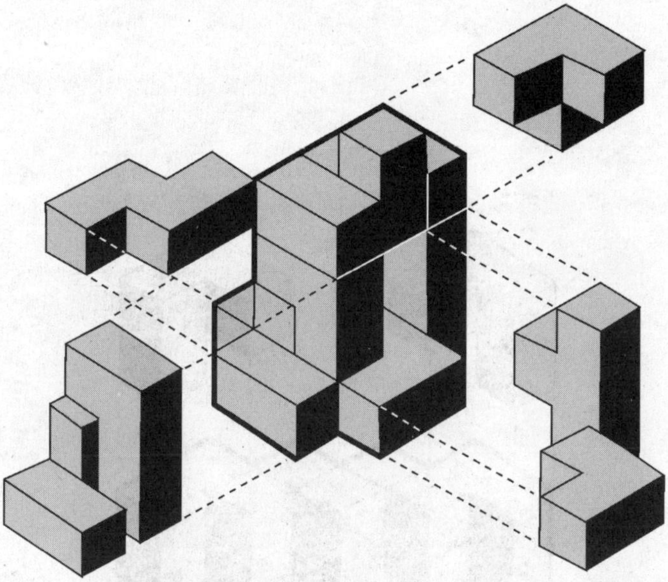

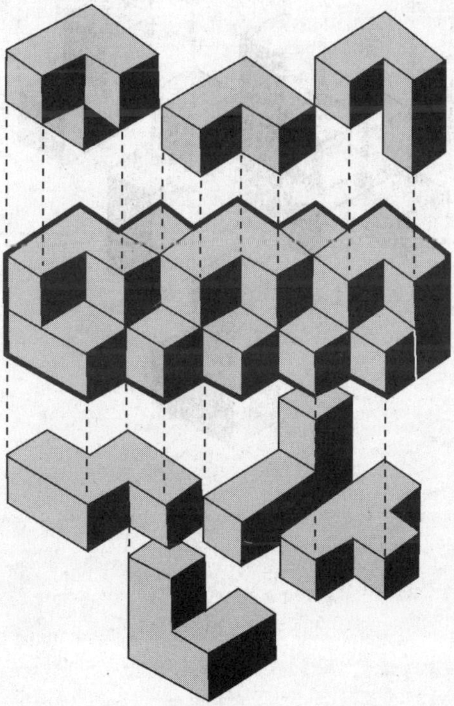

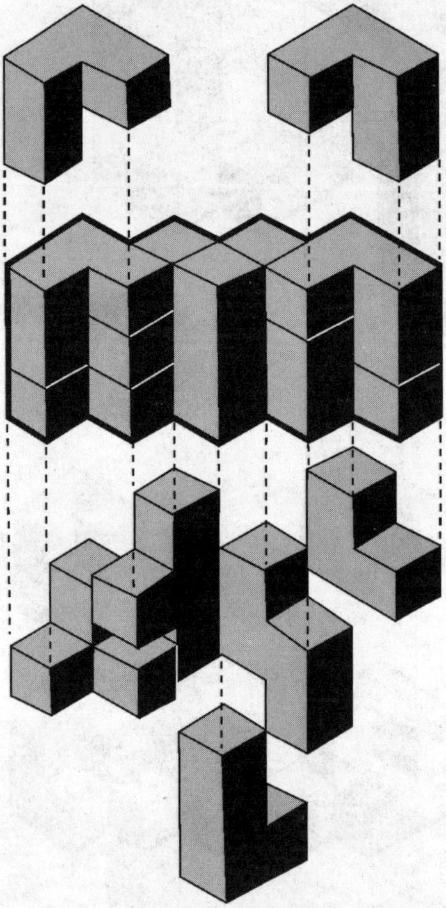

82 八巧块

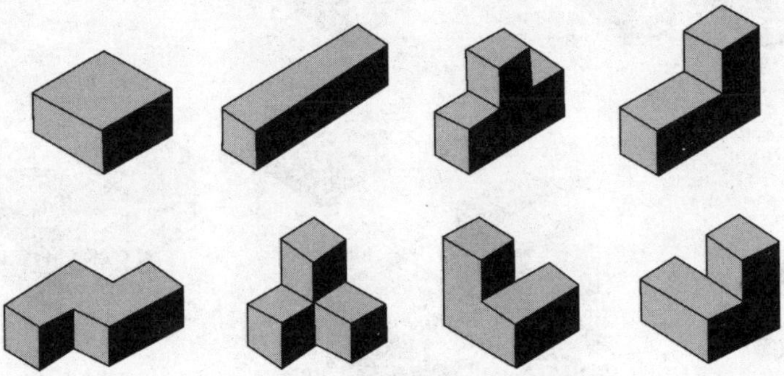

用八巧块组合出上面 4 种或更多种结构图形。

按照八巧块的每一种造型，组合出相应的立体结构“相似形”。

用八巧块分别构成下列 4 对图形。

参考组合法：

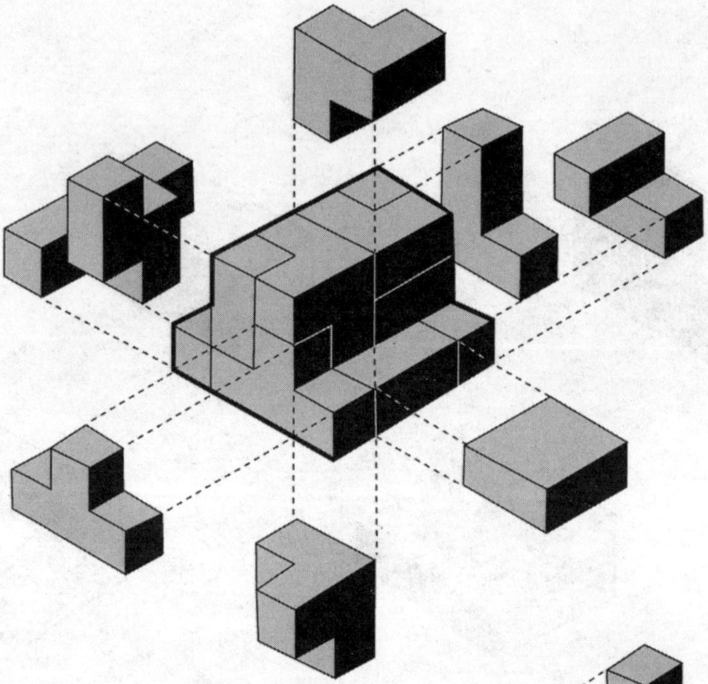

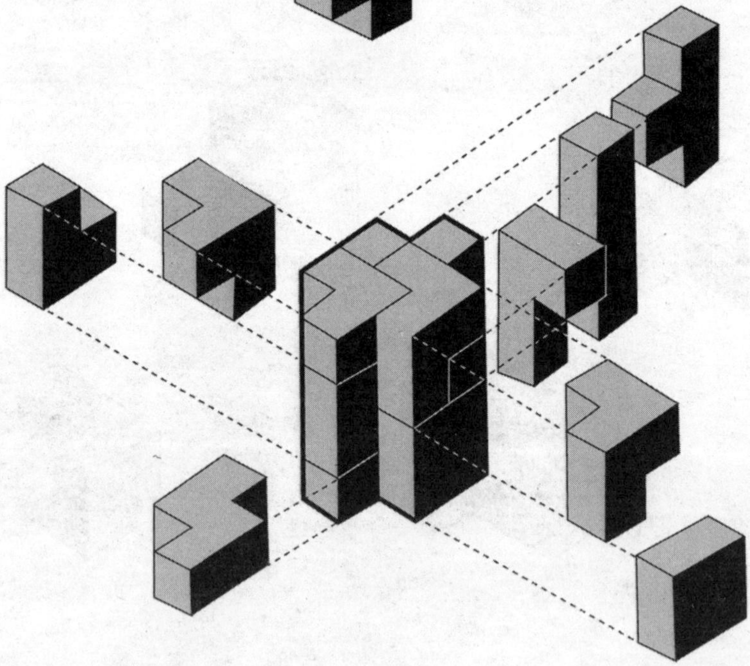

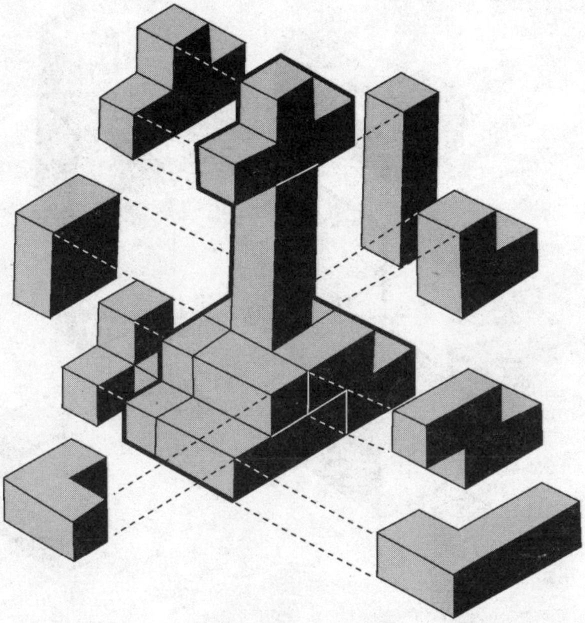

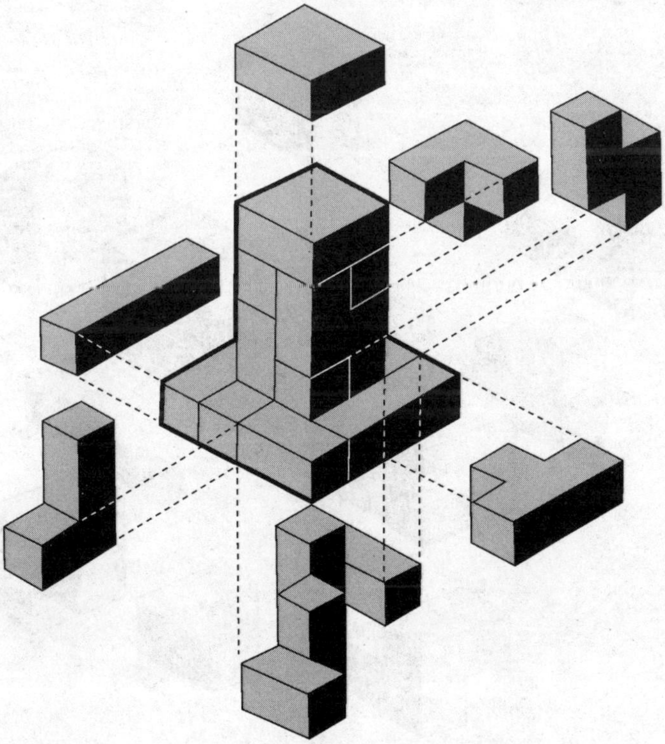

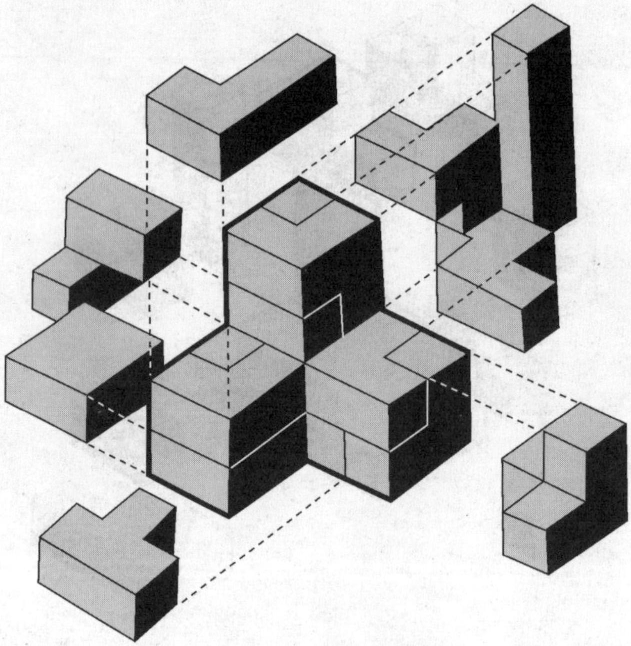

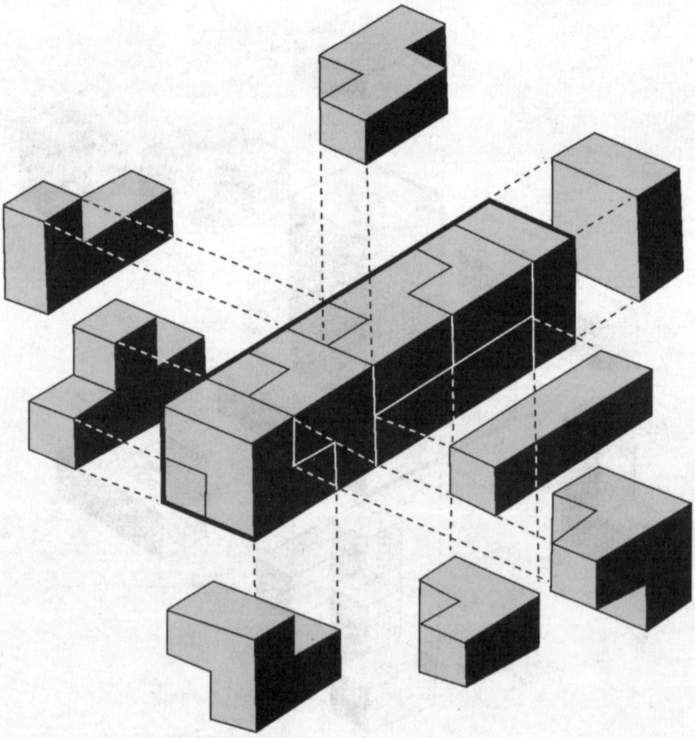

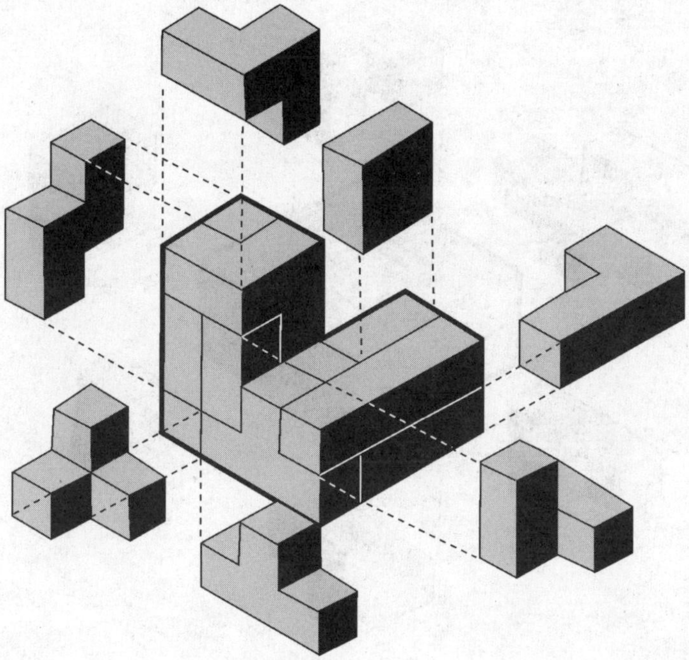

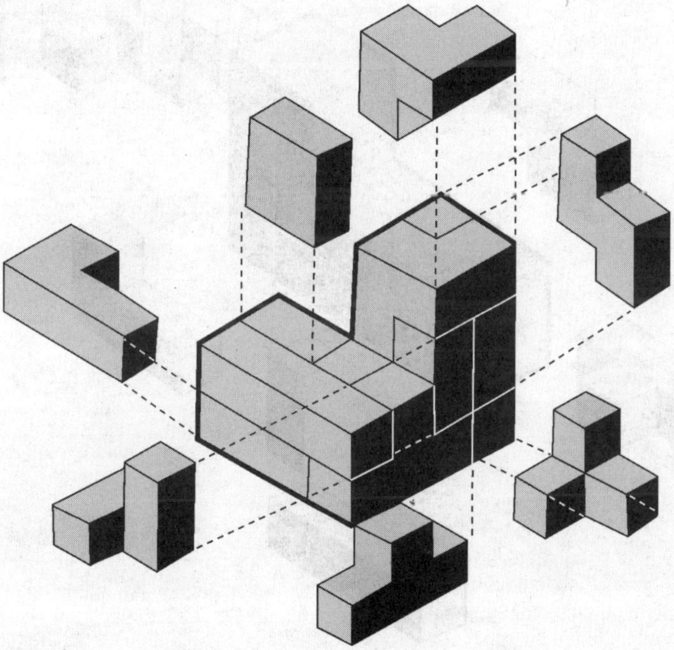

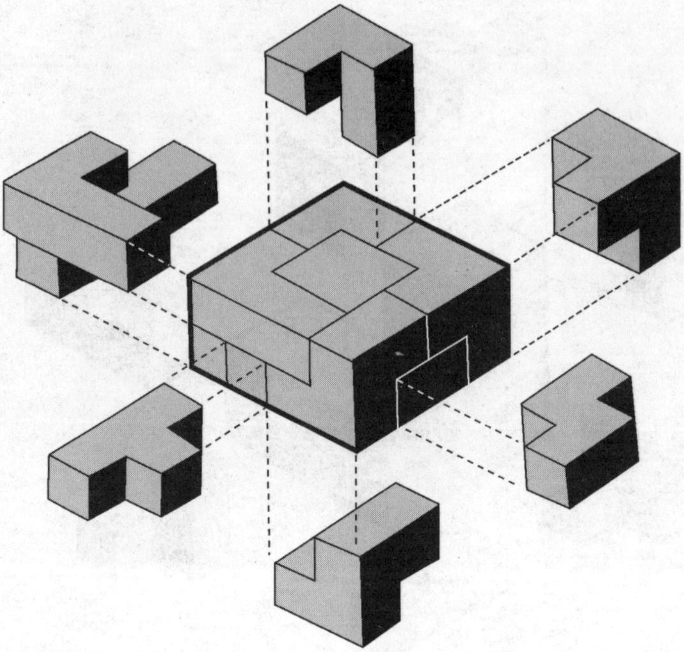

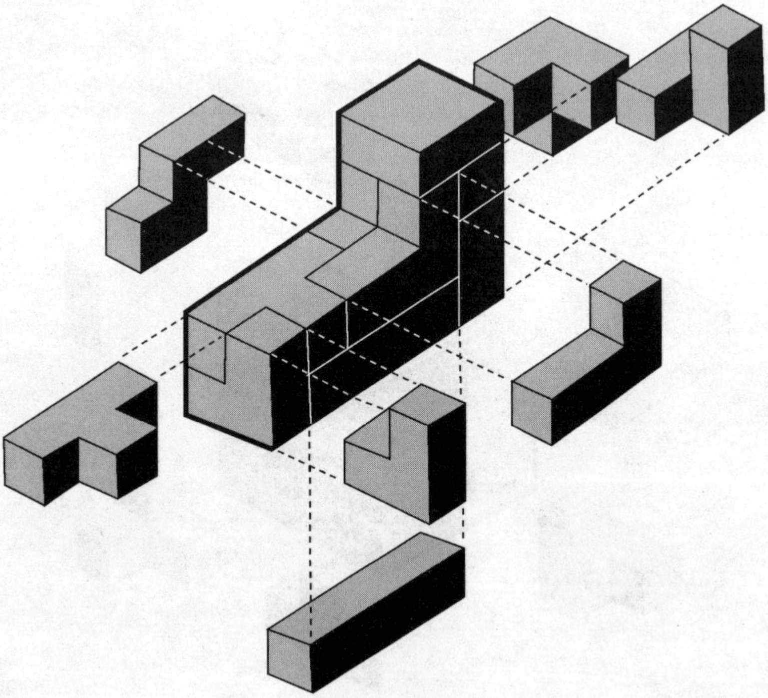

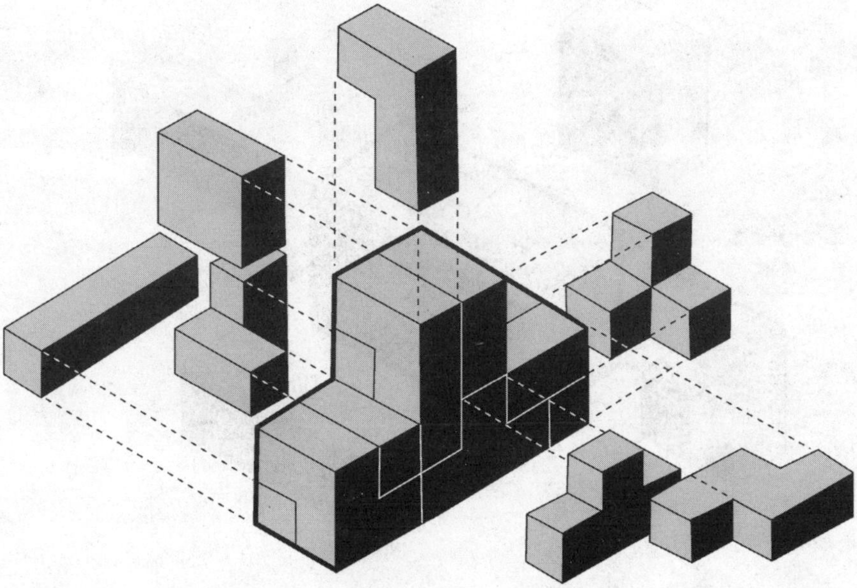

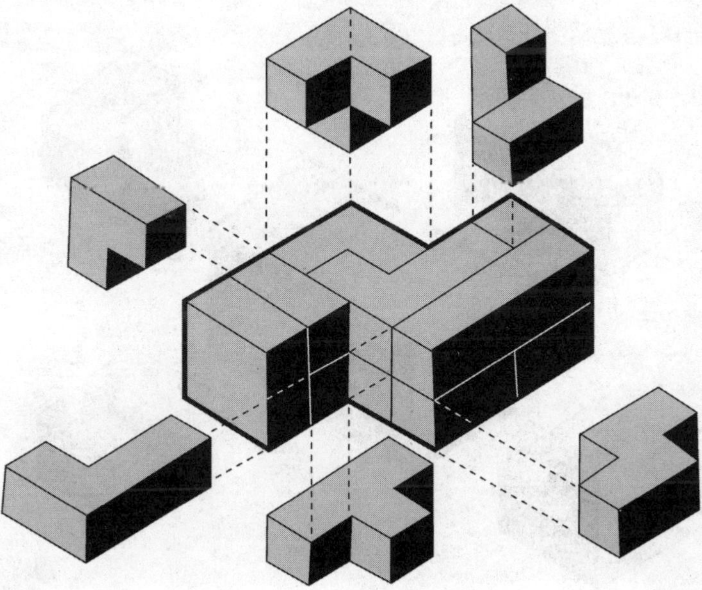

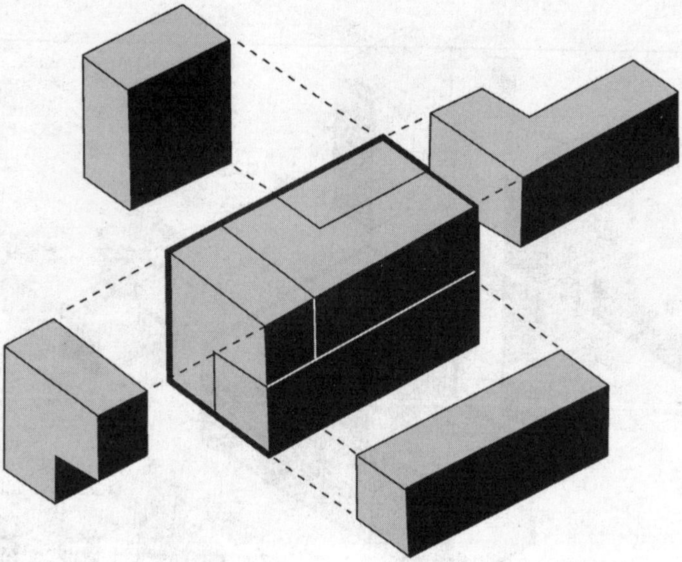

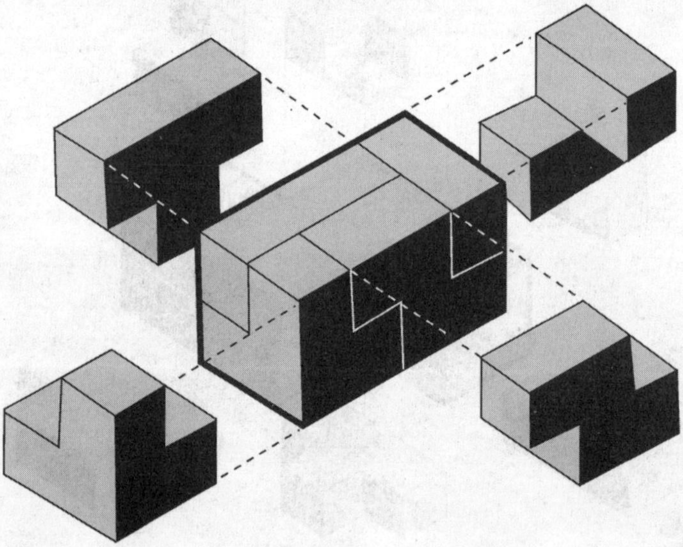

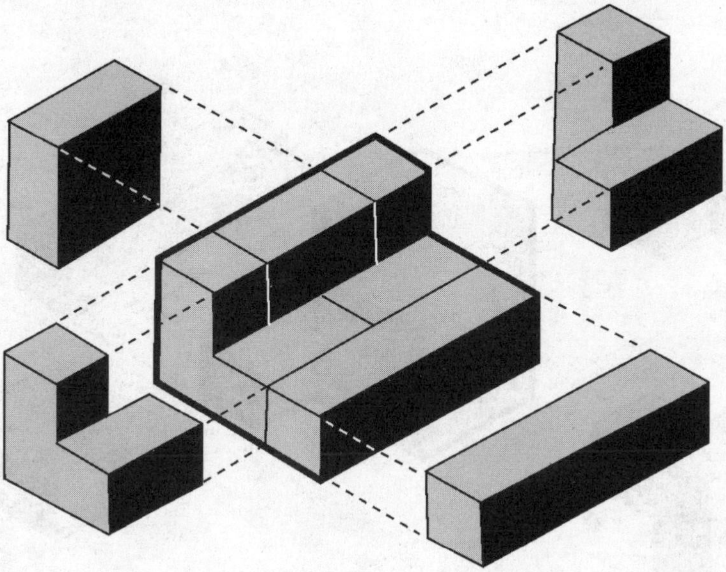

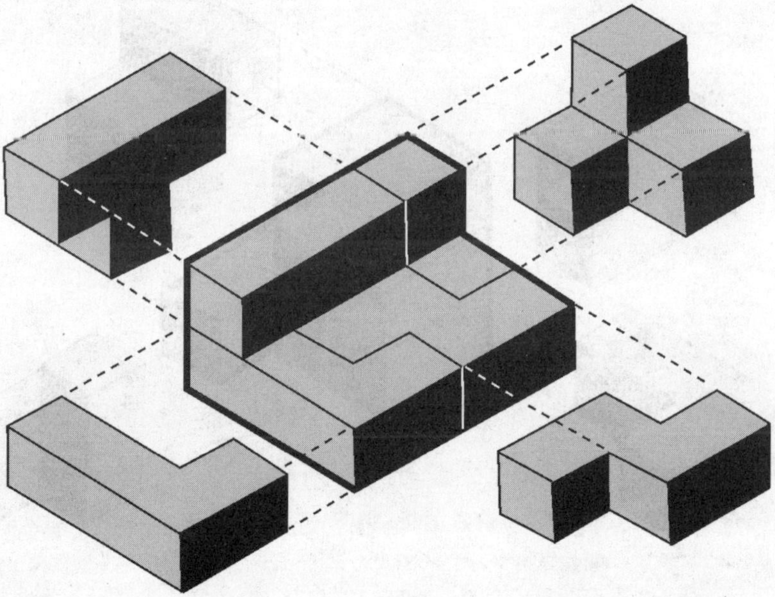

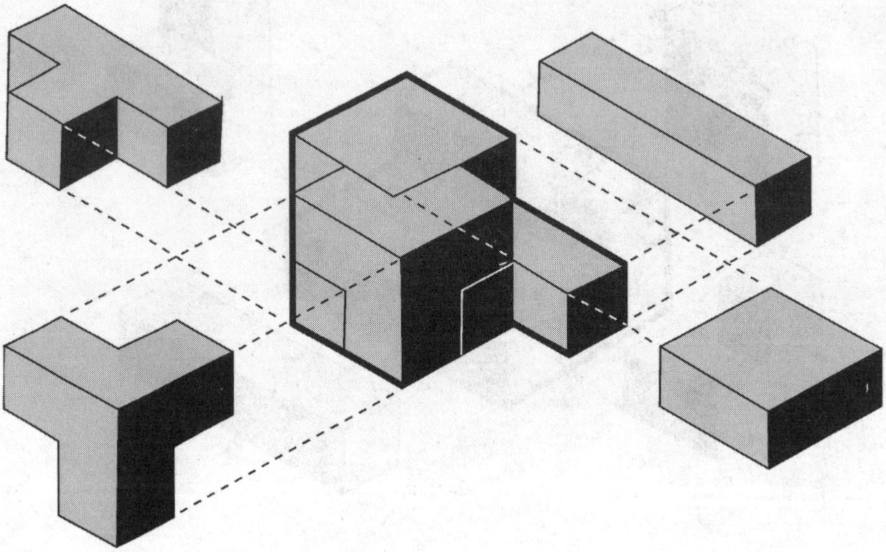

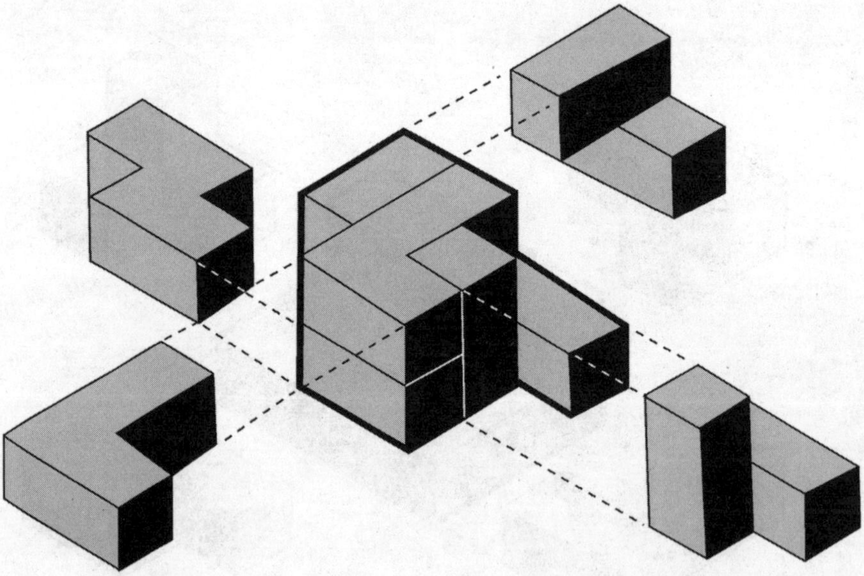

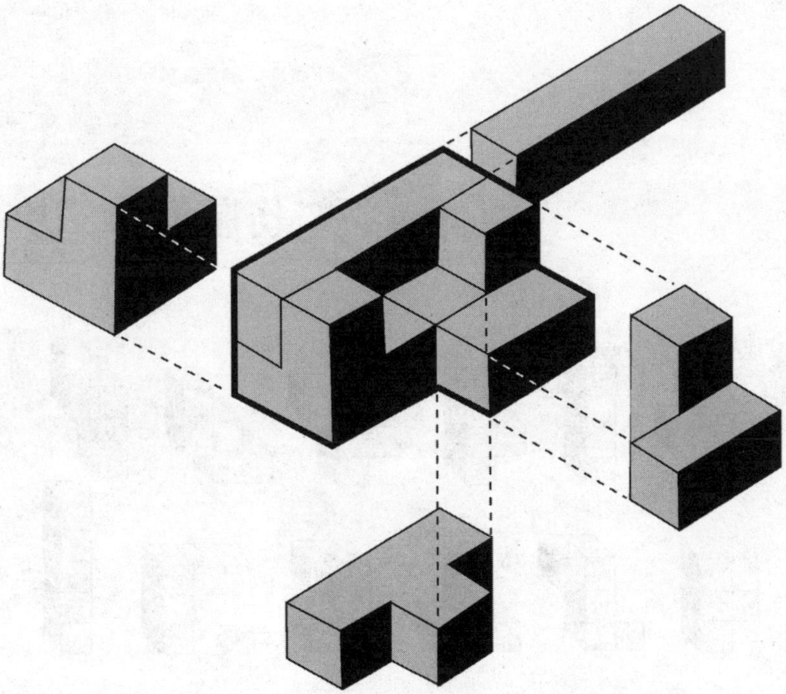

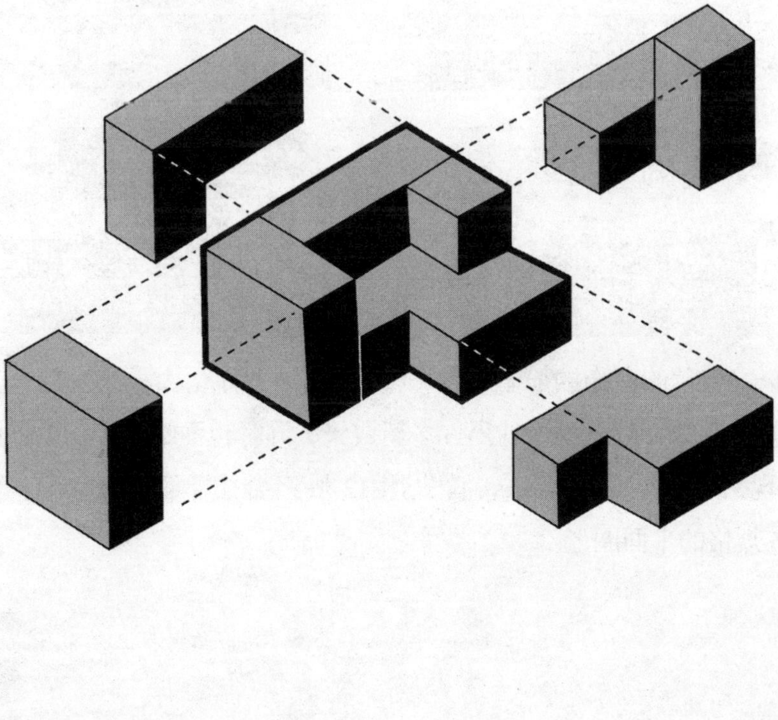

83 伤脑筋十二块

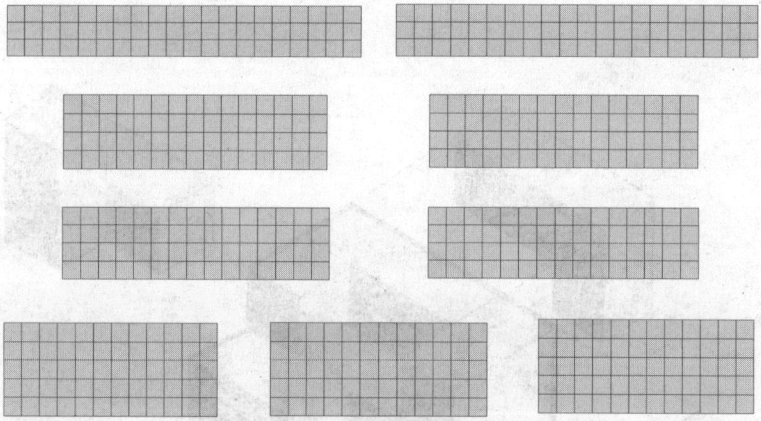

风靡全球的“伤脑筋十二块”，经过方不圆先生由板改块后，其组合图案数不胜数，数学家设计出许多新成果，同时也面临许多伤脑筋的新课题。现列举一些通用玩法，首先用 12 块组合成上面的 20 × 3、15 × 4、12 × 5 规格的平面图形。

用 12 块能组合 10×6 规格的平面图形有 2000 种，把下面 6 种先组合起来。

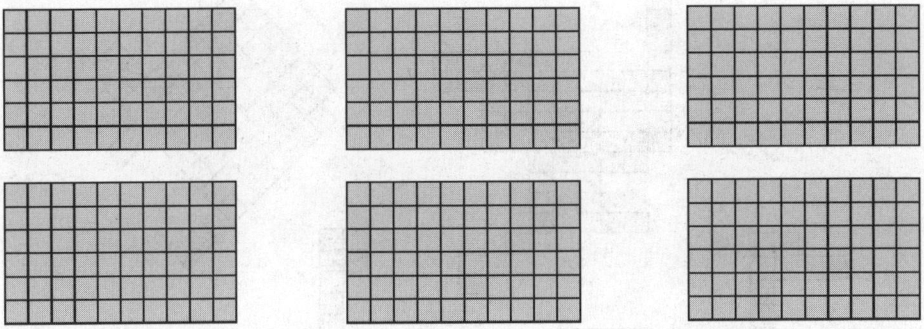

12 块的每一块都由 5 个相同的正方形构成，总计 60 个正方形，它不能组成一个正方的图形。如果是 64 个正方形，即能组成 8×8 规格的正方图形。这就留出 4 个空格，留有空格的图形也相当有趣，那就组合出下面 8 种或更多图形吧！

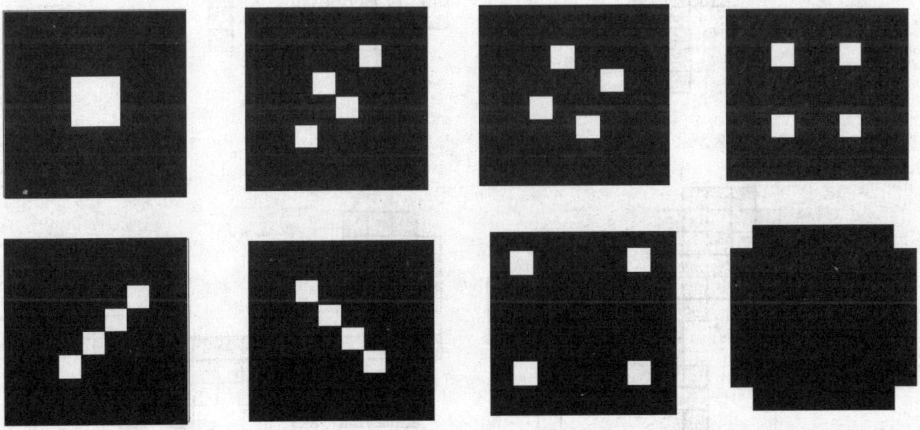

12 块能组合成各种实物图形和文字、符号等，下面是动物范例。

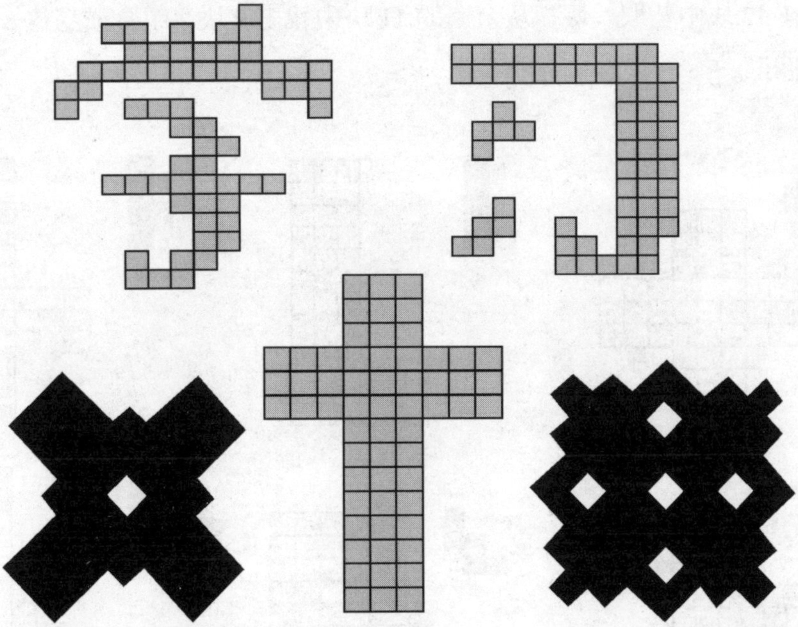

把 12 块分为 3 组，每组 4 块构成一个图形，要使 3 个图形一模一样，至今已构成了 100 多种。将下列这两种组合起来。

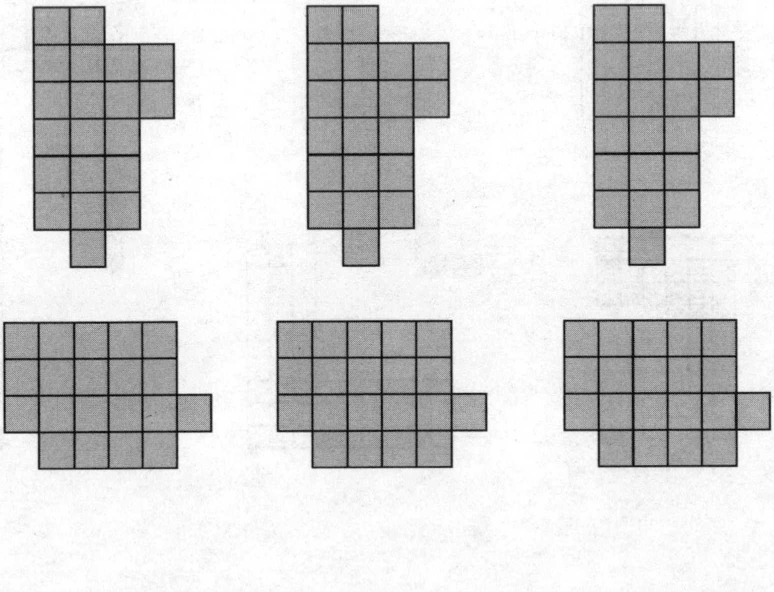

在 12 块中任取一块，从余下的 11 块中找出 9 块，组合成与这一块相似的图形。

从 12 块中取出一块，把其余 11 块组合成台阶。现在已组合成 10 级台阶，还有两级台阶未能完成。

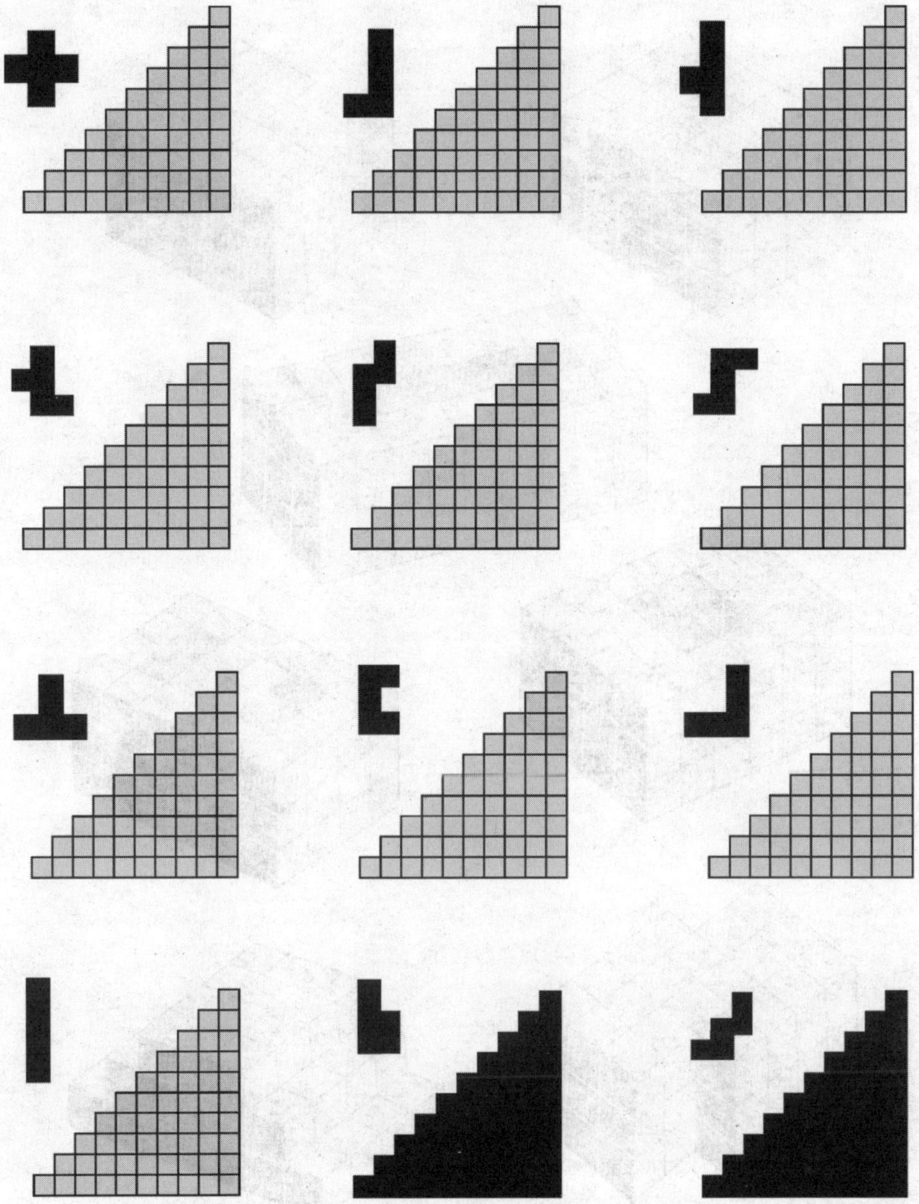

“伤脑筋 12 块”在立体构图上异常丰富，仅 3×4×5 的长方体就有4000 种组合。其他各式结构图形可发挥想象，自行创造，下列实例不妨一试。

参考组合法：

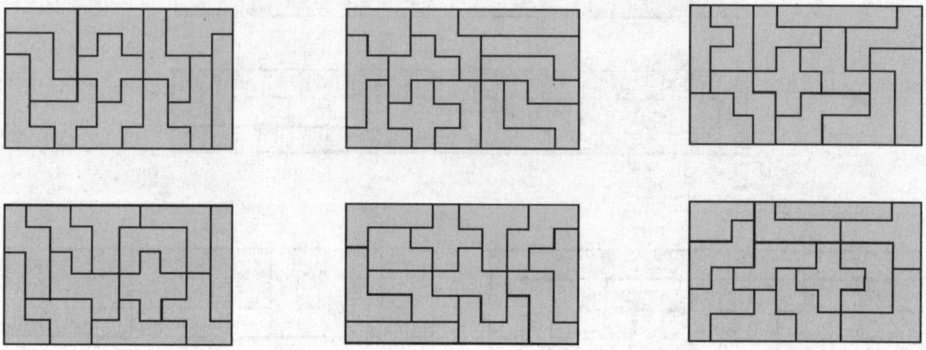

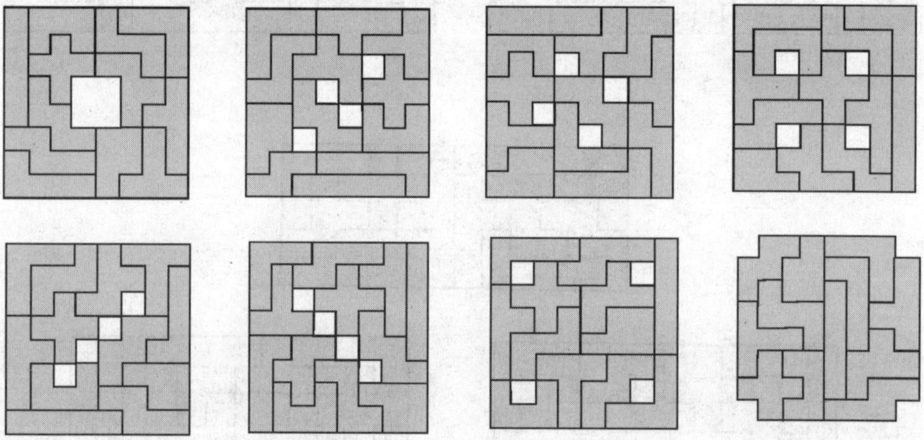

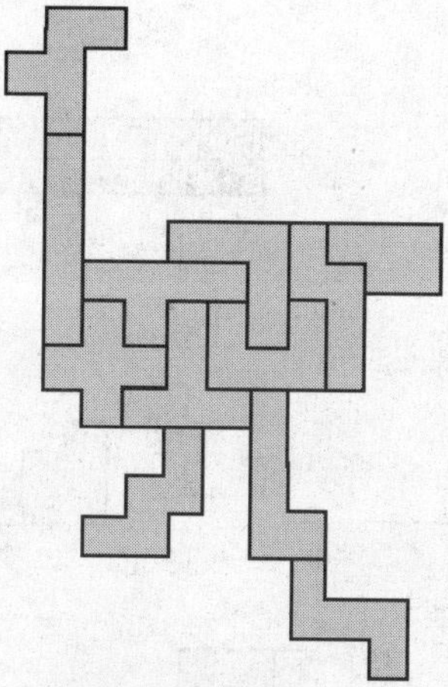

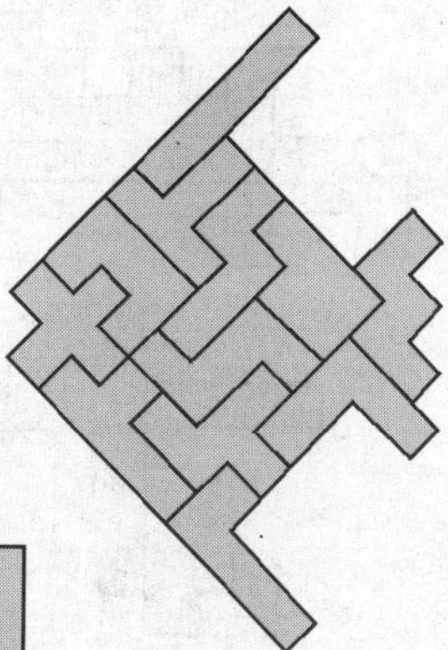

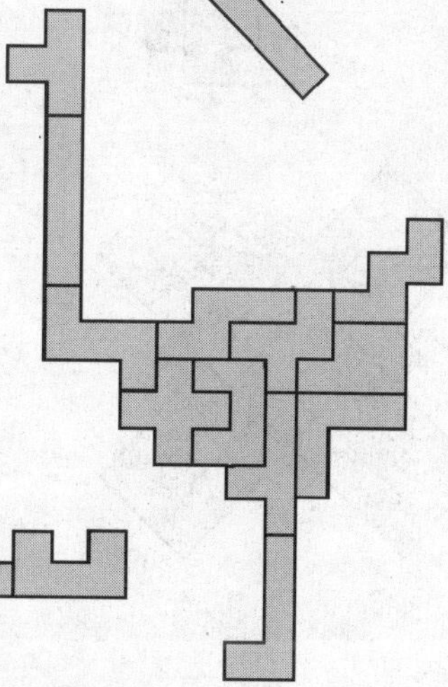

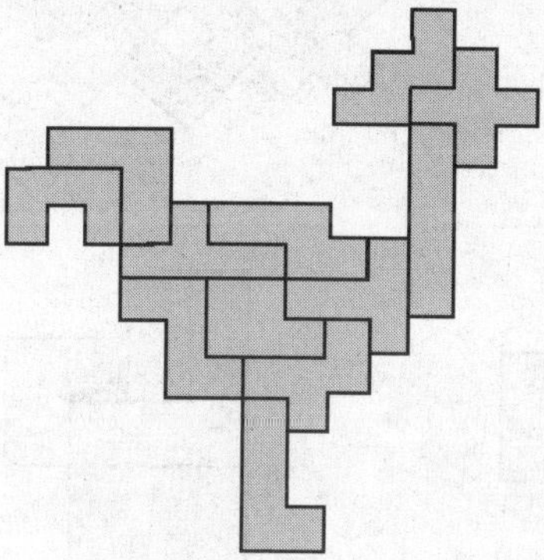

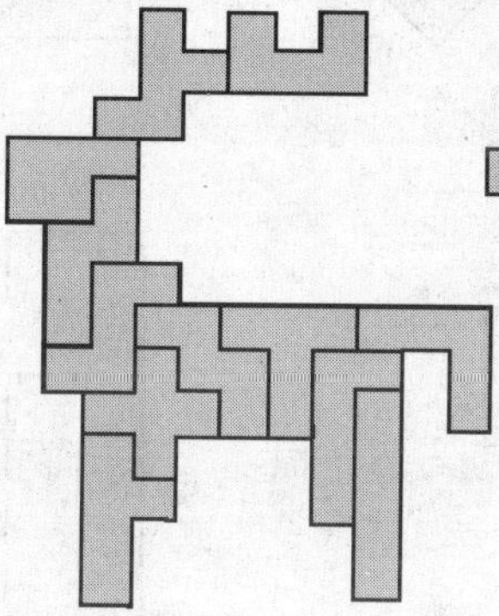

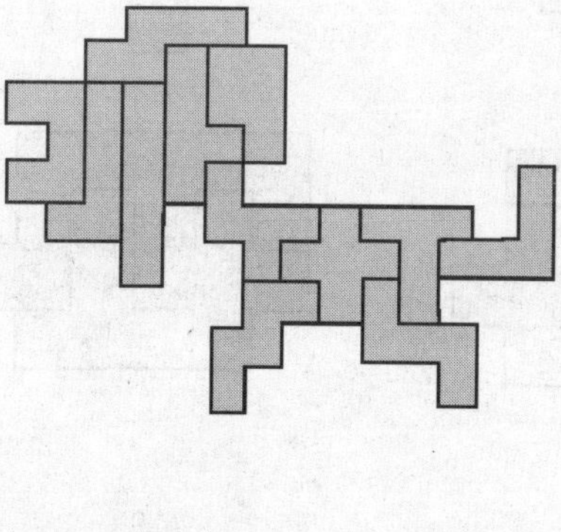

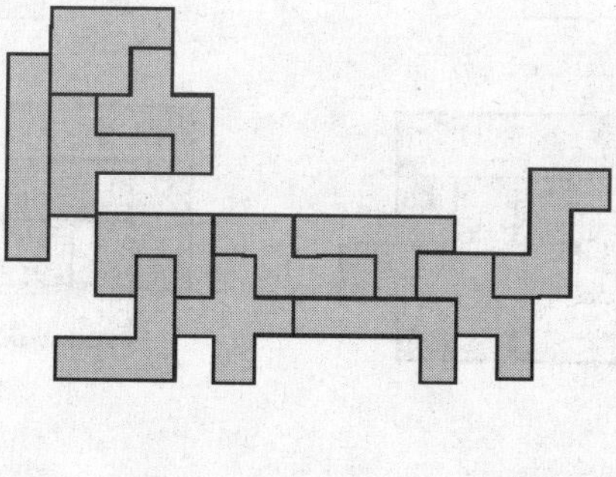

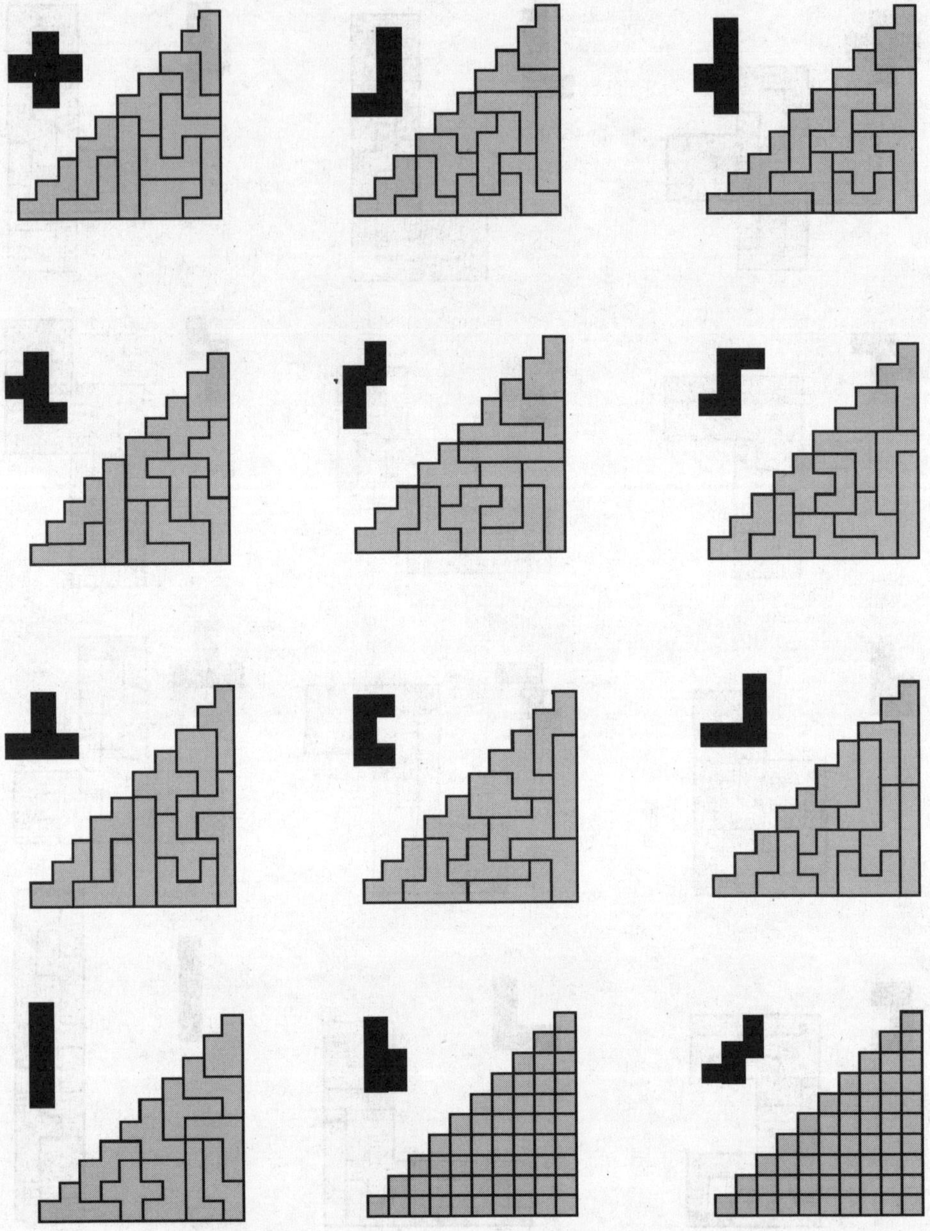

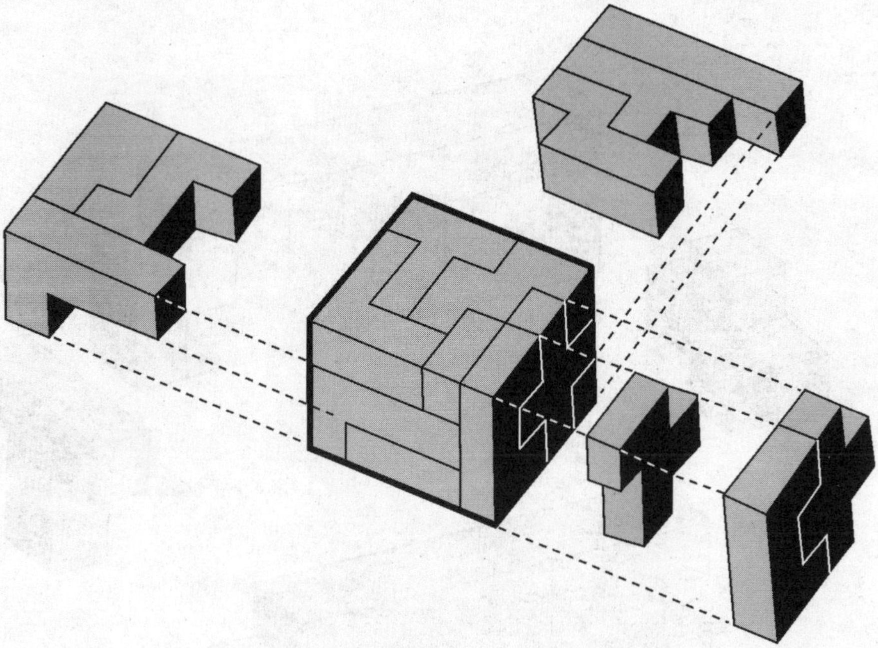

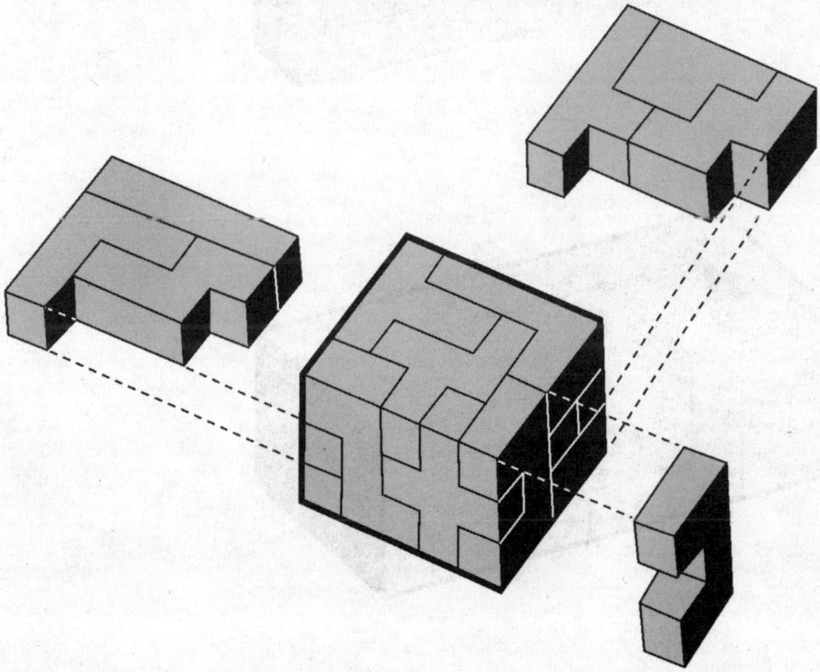

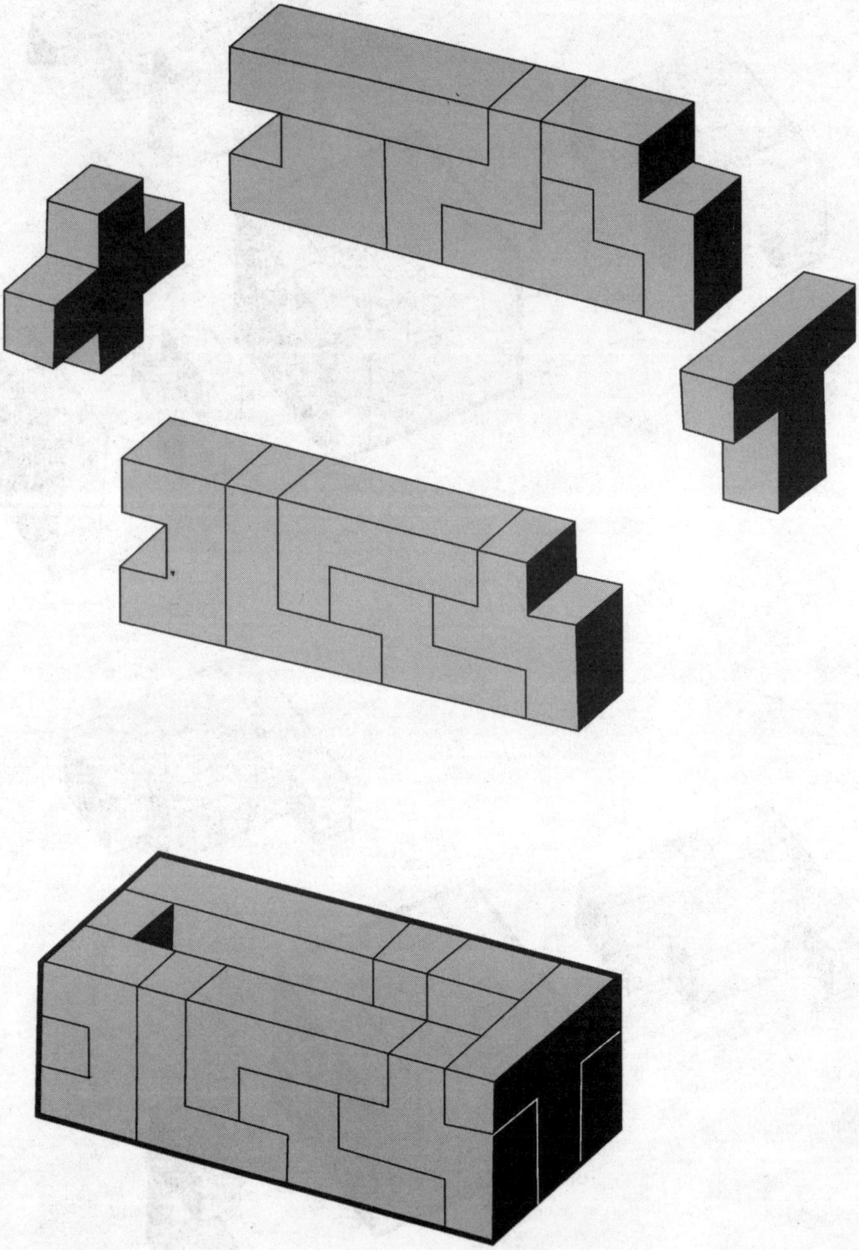

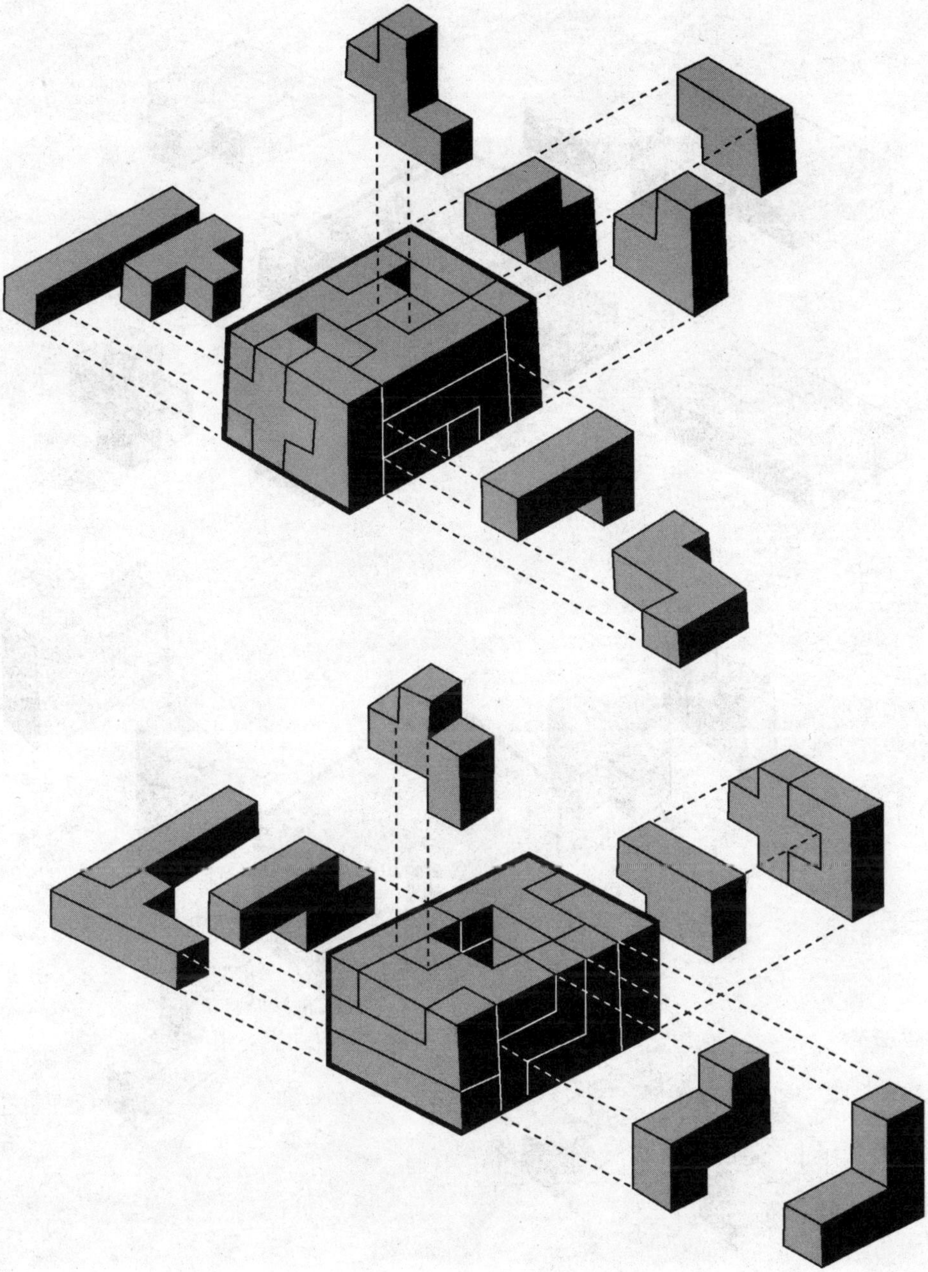

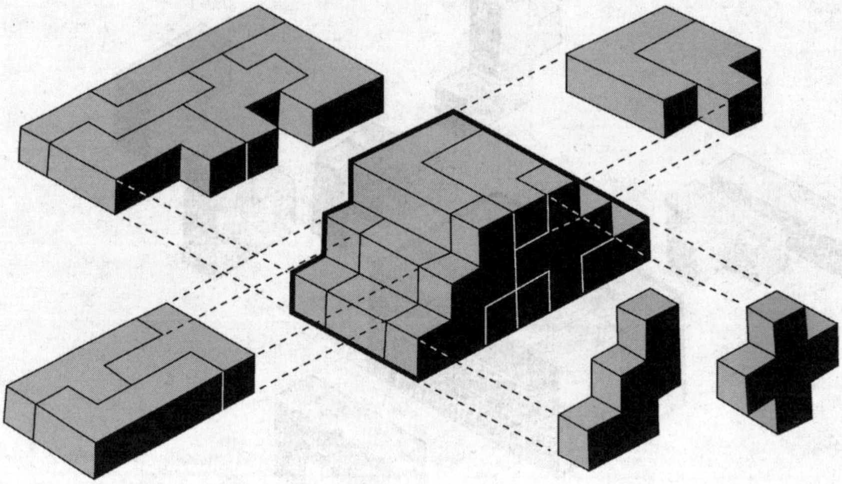

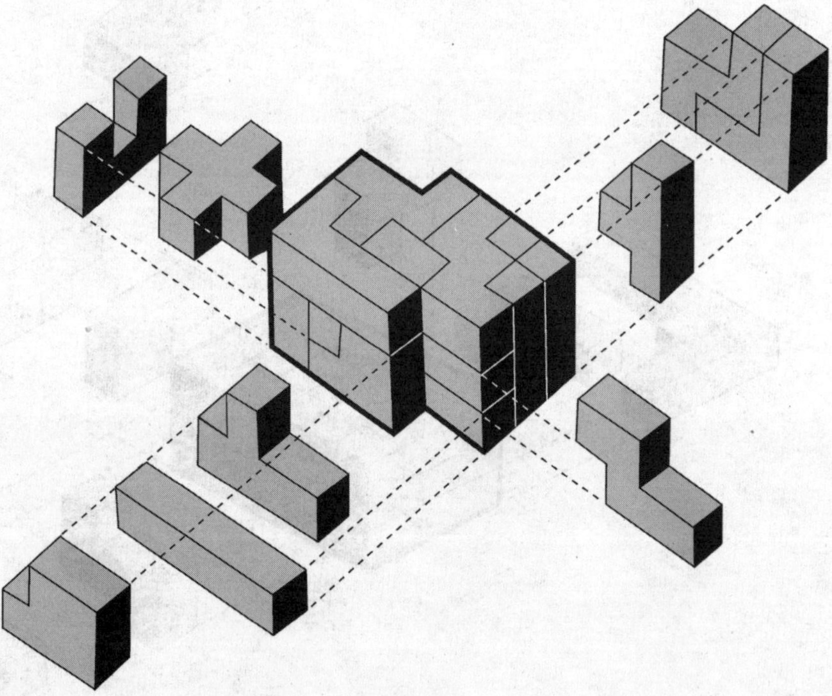

84 四 色 块

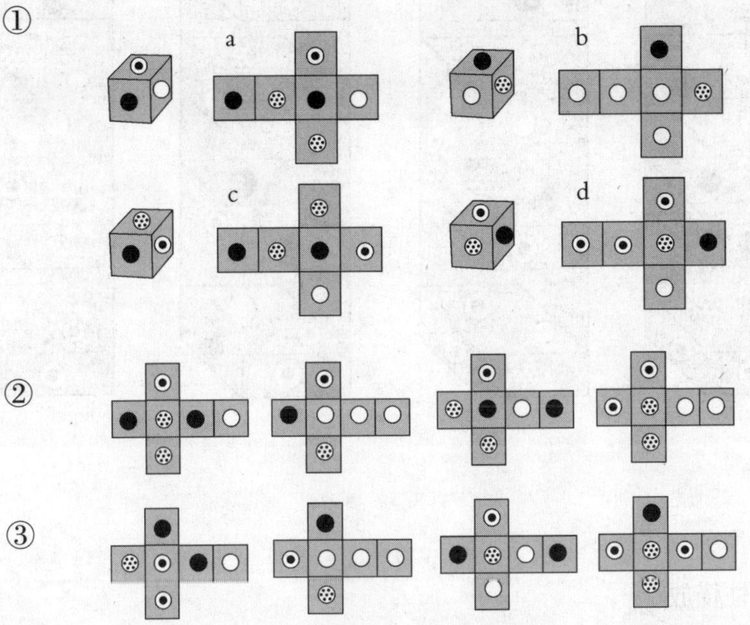

●红 ◎蓝 ⊙绿 ○白

4 个大小相同的立方块，每块的 6 面涂有颜色，要求把 4 块摆成一个四棱柱，使这个柱的 4 个侧面上都出现红、蓝、绿、白 4 种颜色。经数学家计算，有将近 800 万种不同组合；可是经过机灵的拼凑调试，有时也能完成一二。如果我们不清楚数学中的“图论”，按着 4 个侧面需要 4 色，其中①多余 3 个白色、2 个红色、2 个蓝色、1 个绿色，这多余的就必须放在上下面，然后拼四侧。②、③的颜色分布均不同。

上面都是市场上销售的玩具，第①种给出 4 种参考答案，第②种给出 1 种参考答案，第③种就自主找出答案吧！

参考组合法：

①立柱。

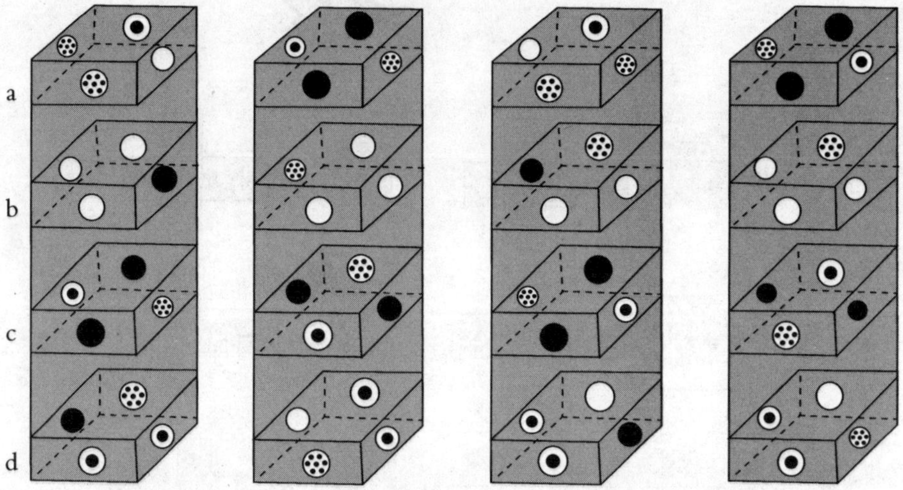

②立柱横放。

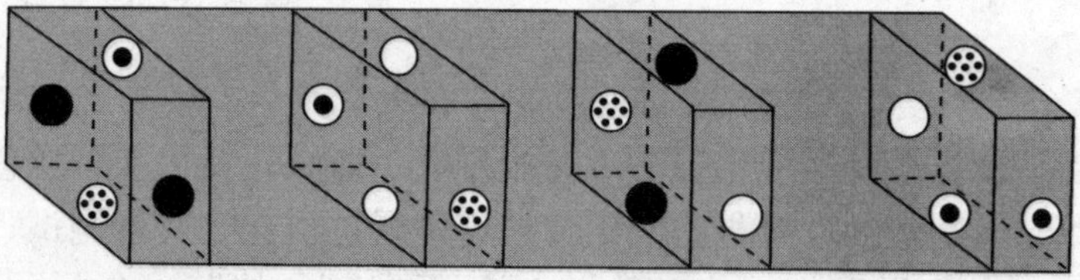

85 神龙摆尾

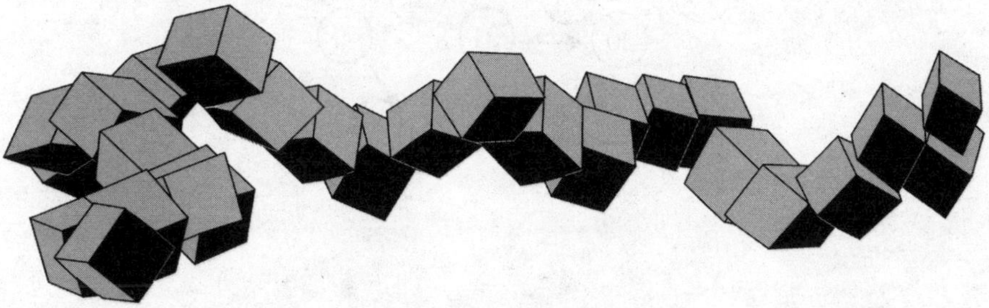

这是由 27 个小立方块连接构成的正方体，先将它拆开成一根曲形棍，然后再将其组合成一个正方体。

参考组合法：

由第 27 块倒序操作。

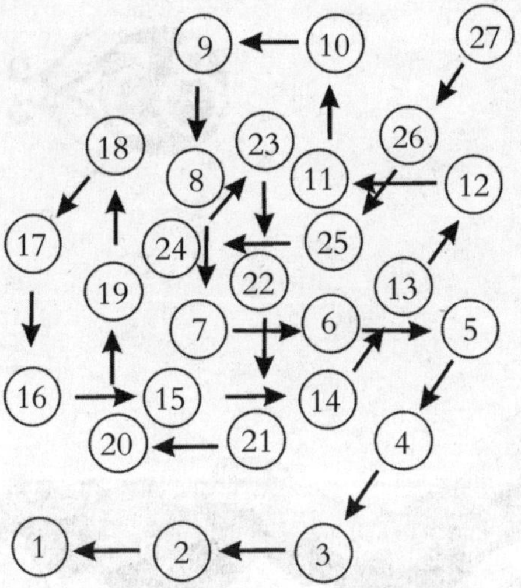

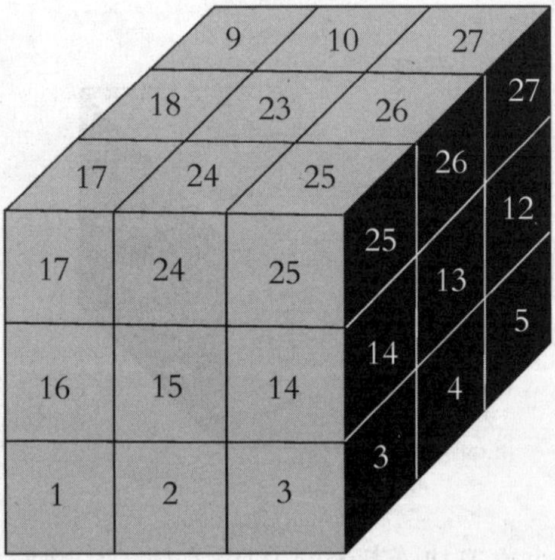

86 天 地 锁

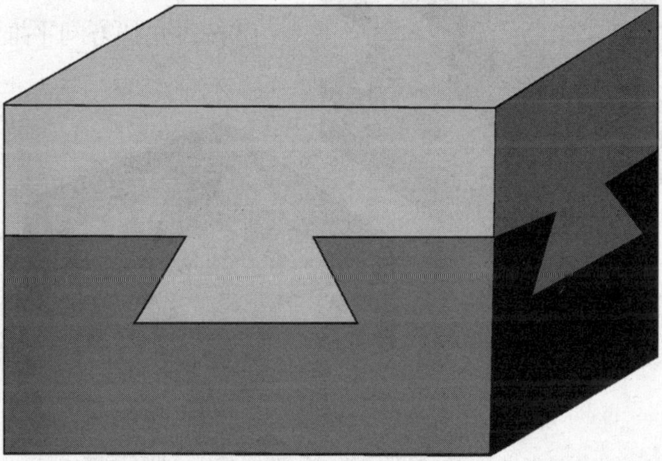

4 个侧面的上下木头接缝完全一样,要求把这个立方体拆分成 2 块。

参考拆法：

①固定 2 块的木梢落进凹槽。

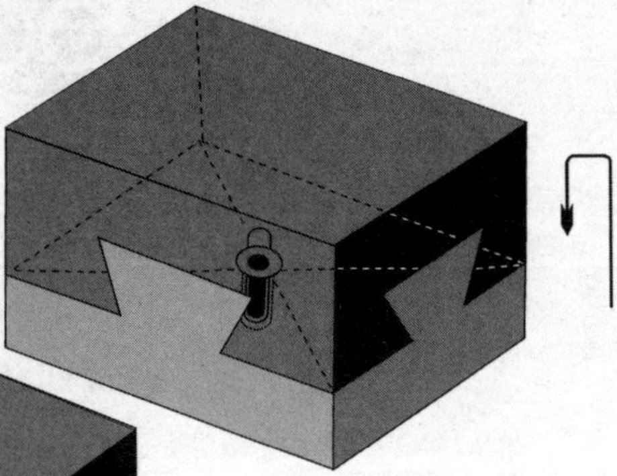

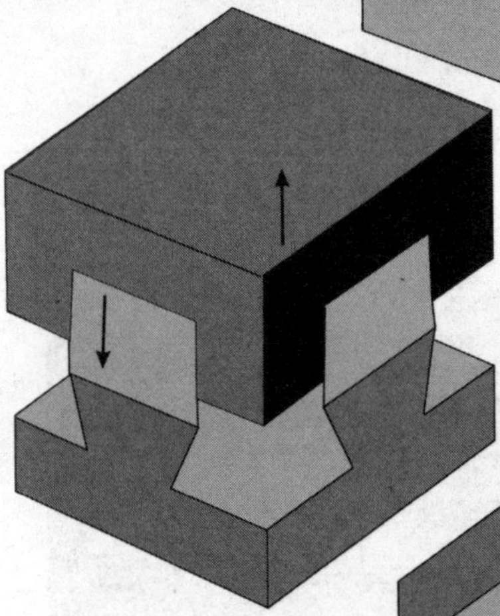

②按对角线方向平推两块。

③

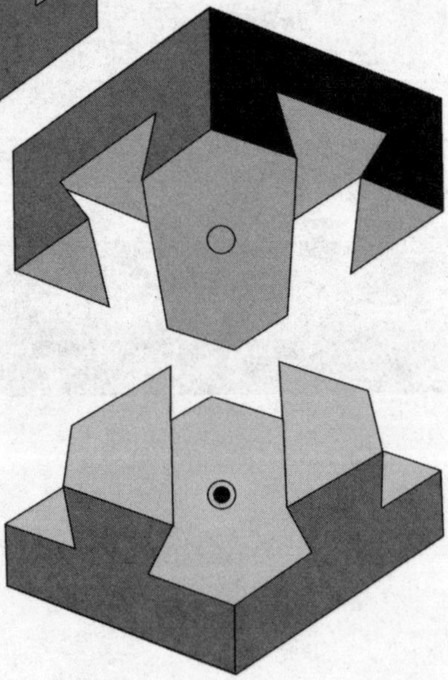

87 水雷锁

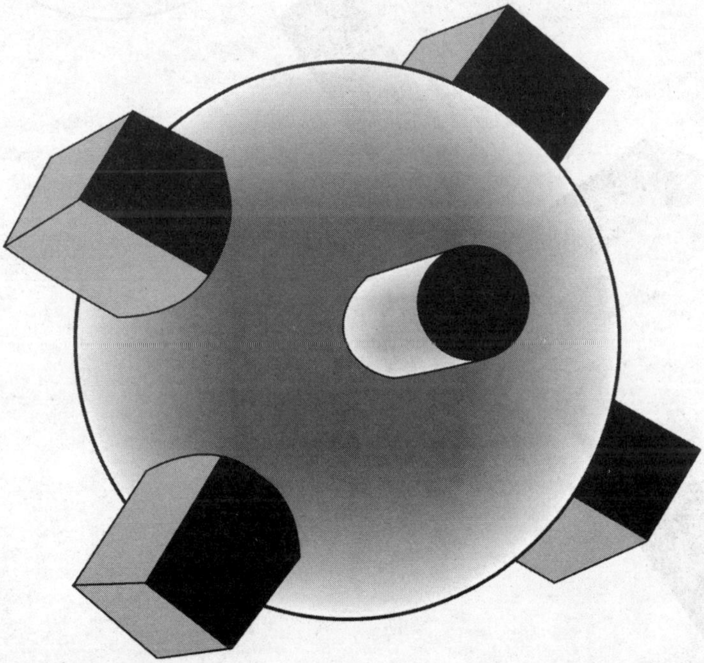

将嵌在圆球中的柱和条抽出来。

参考拆法：

①先看内部结构。

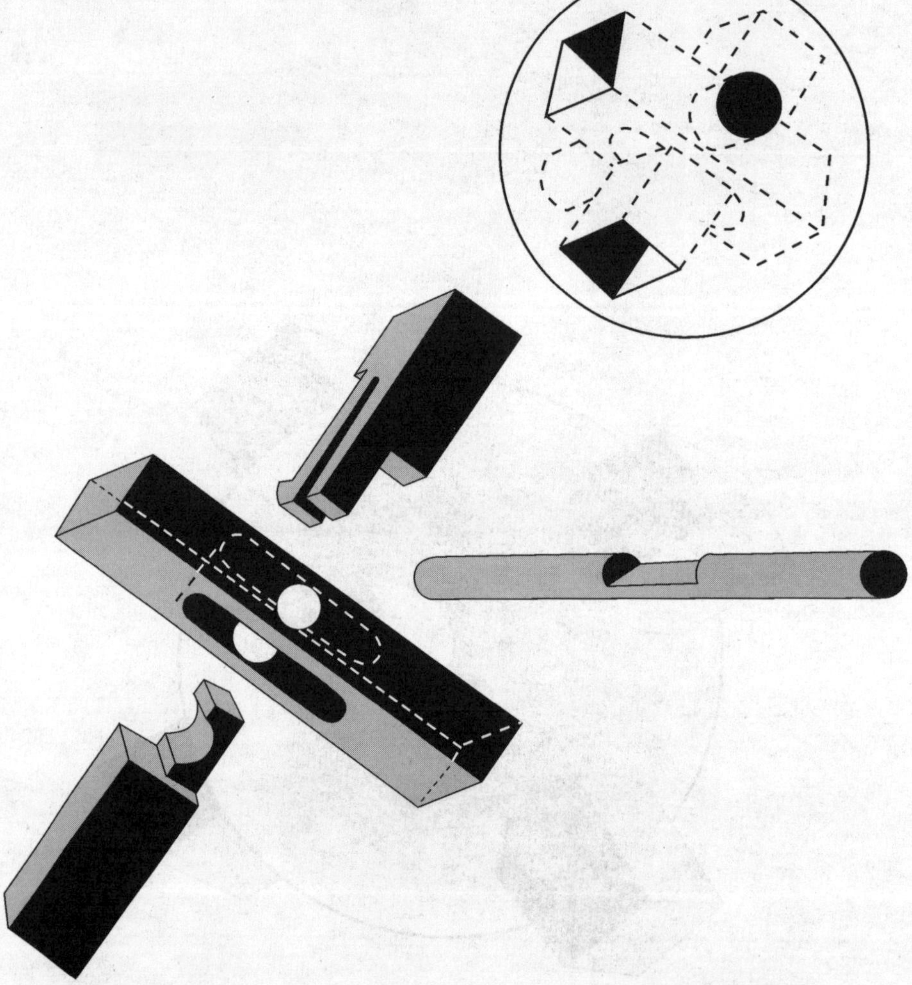

②了解关键步骤。

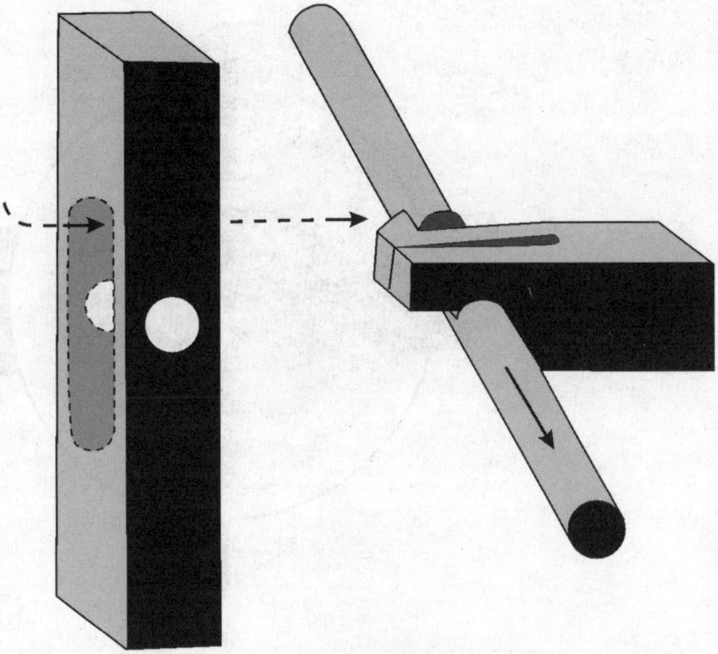

③明确拼装顺序。

④按序号拆解。

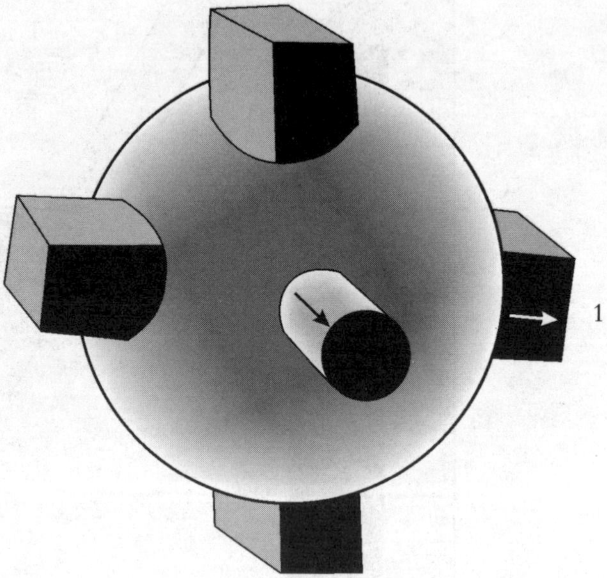

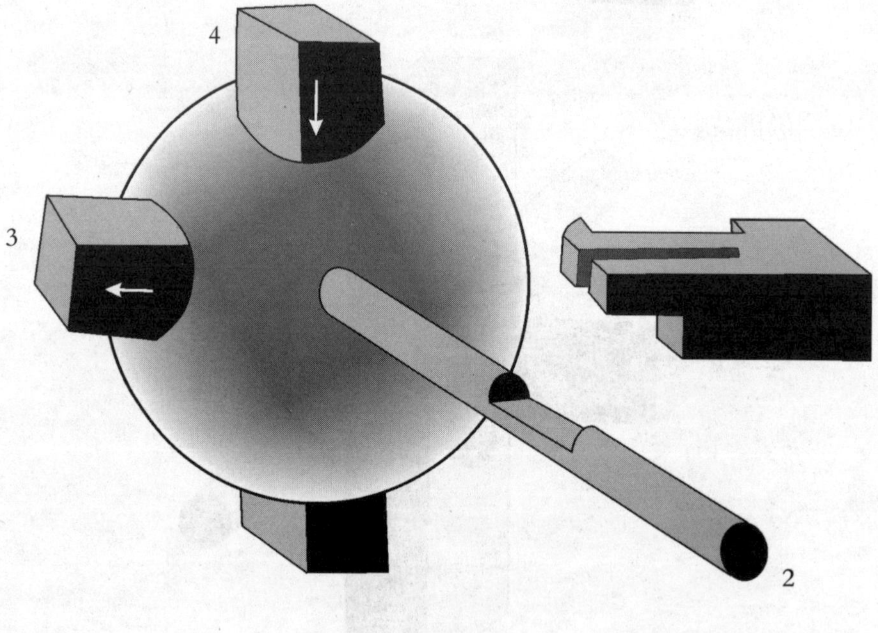

88 四块锁

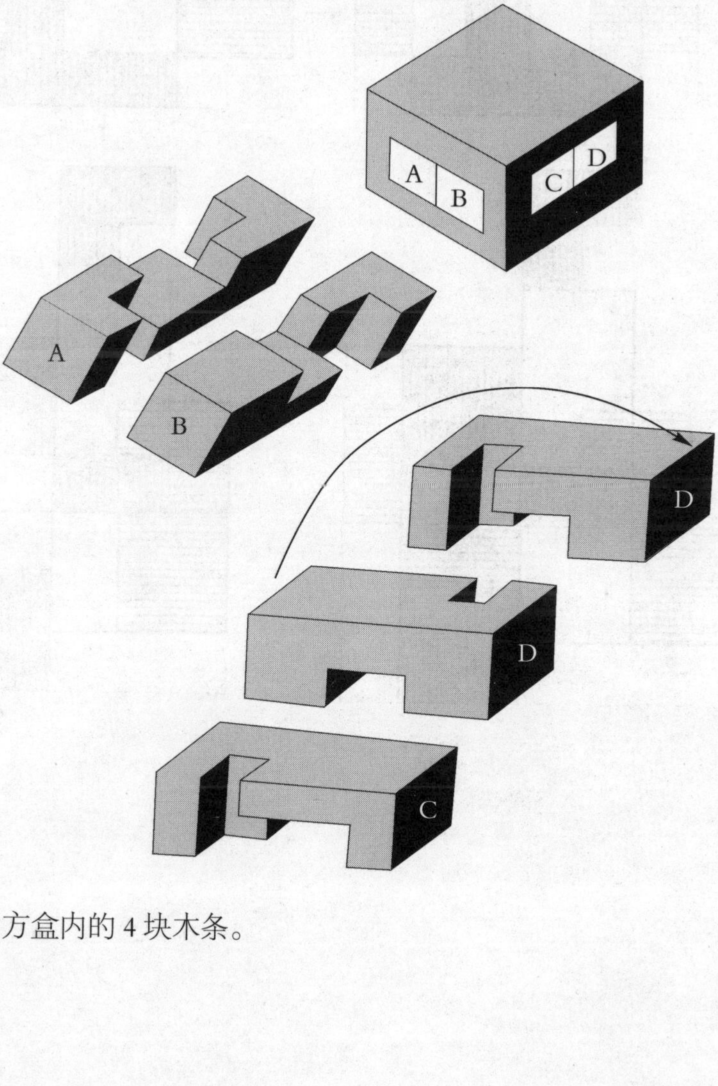

取出方盒内的4块木条。

参考拆法:

①

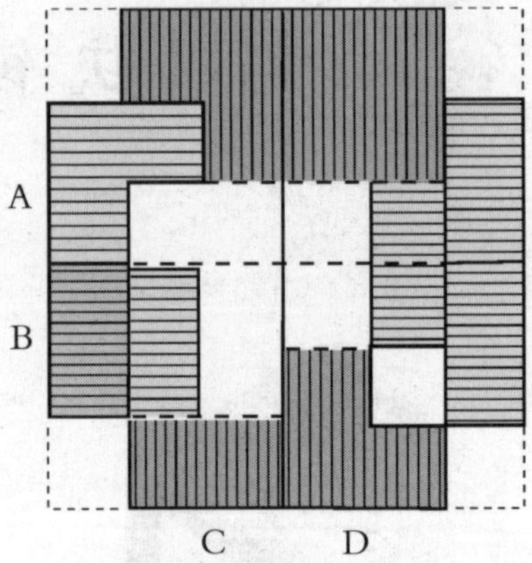

②

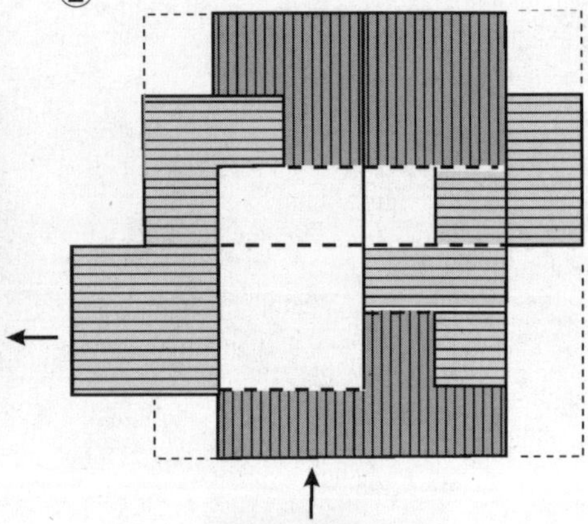

③

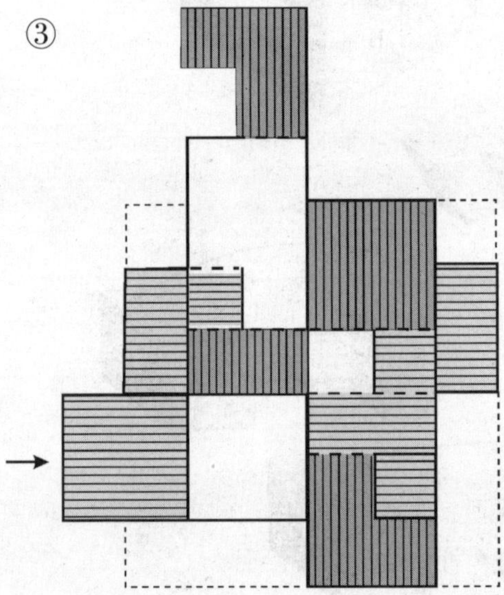

④

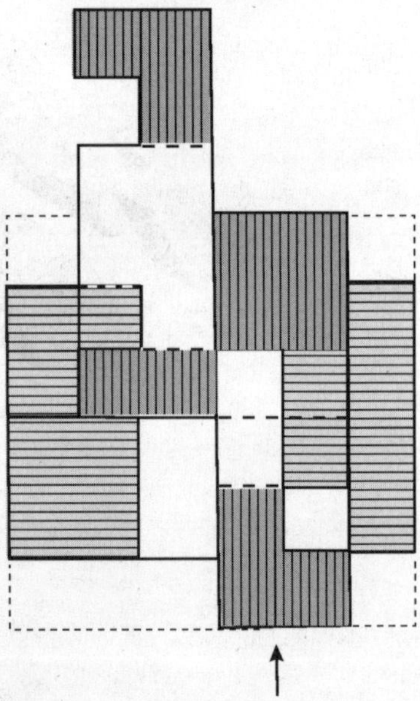

⑤

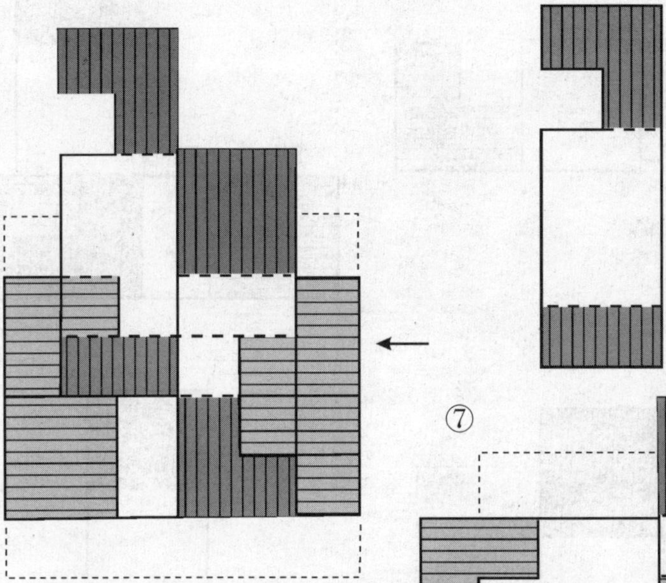

⑦

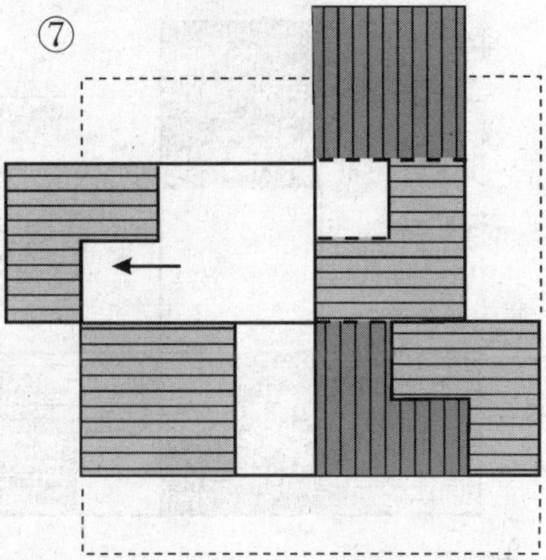

⑥

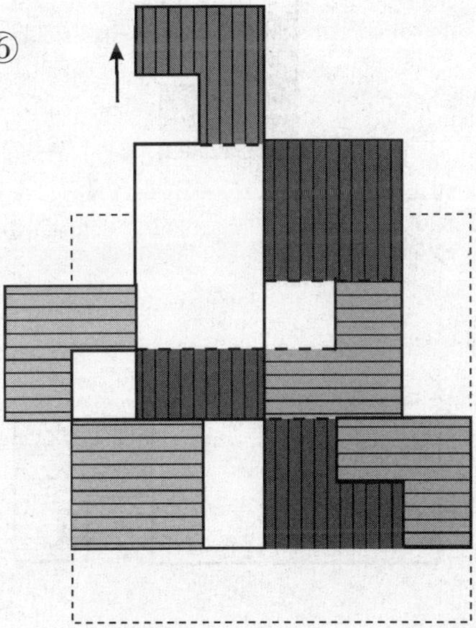

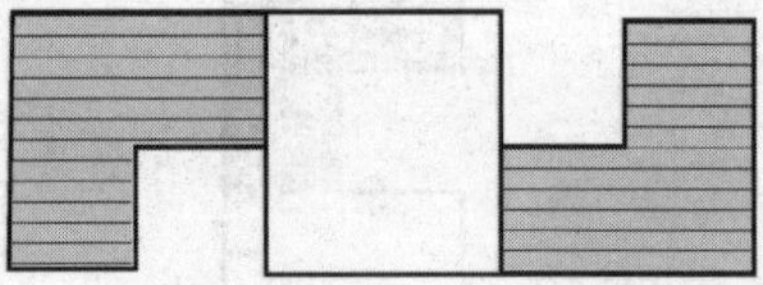

⑧

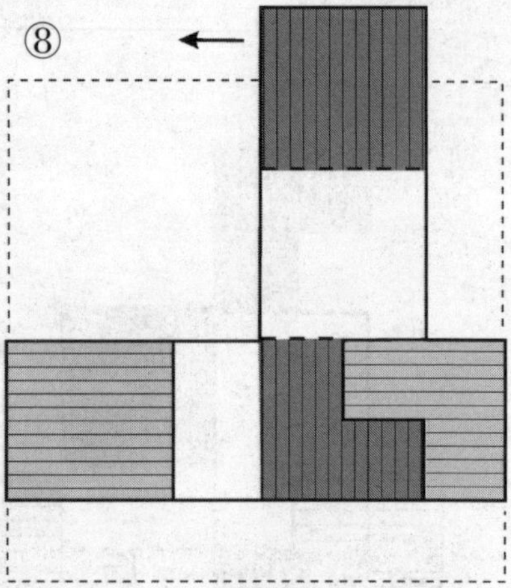

⑨

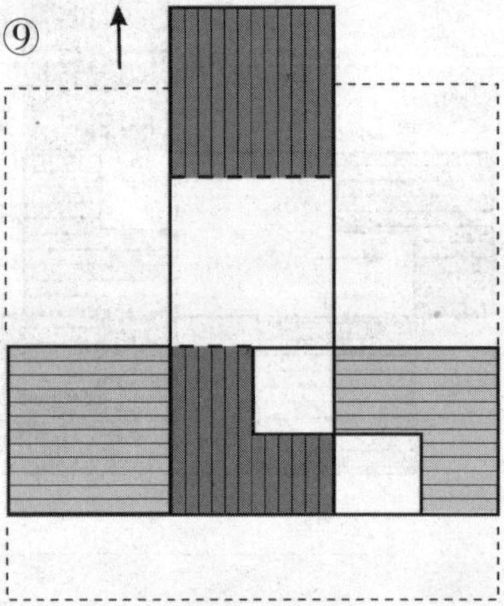

⑩

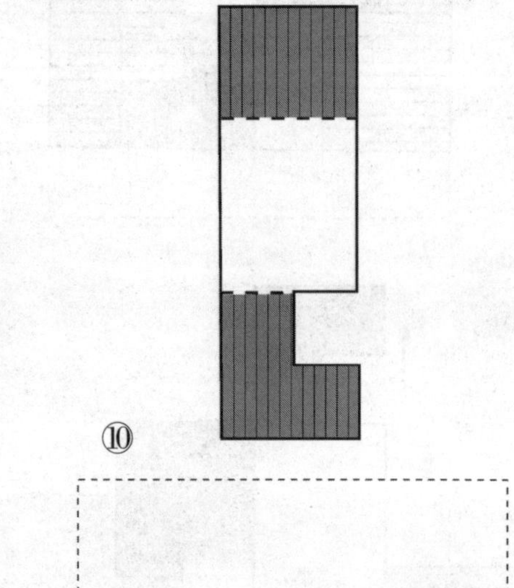

89 鲁班锁 I

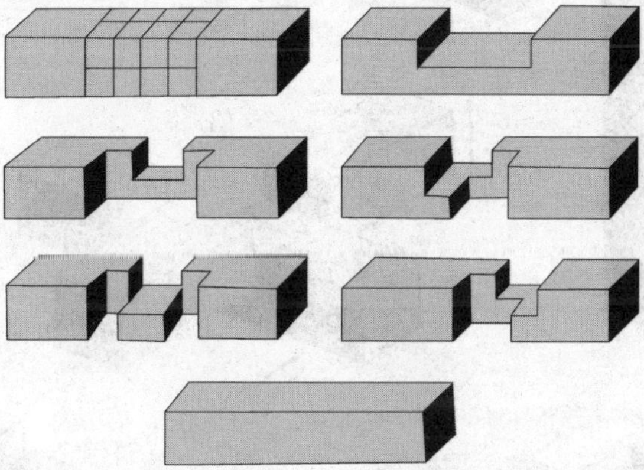

鲁班锁运用中国的榫卯方法,将 6 根中段刻有凹槽和凸块的木、塑料、有机玻璃等四棱柱体嵌合在一起，它严丝合缝，内部没有空间，可拼插成 6000 多种结构，而实用的样式也有 400 种之多。鲁班锁最初都有一根不带凹槽和凸块的“原木”，它是首先被拆下或最后被装上的关键条块。上面的鲁班锁即是其中一种。

参考拆法：

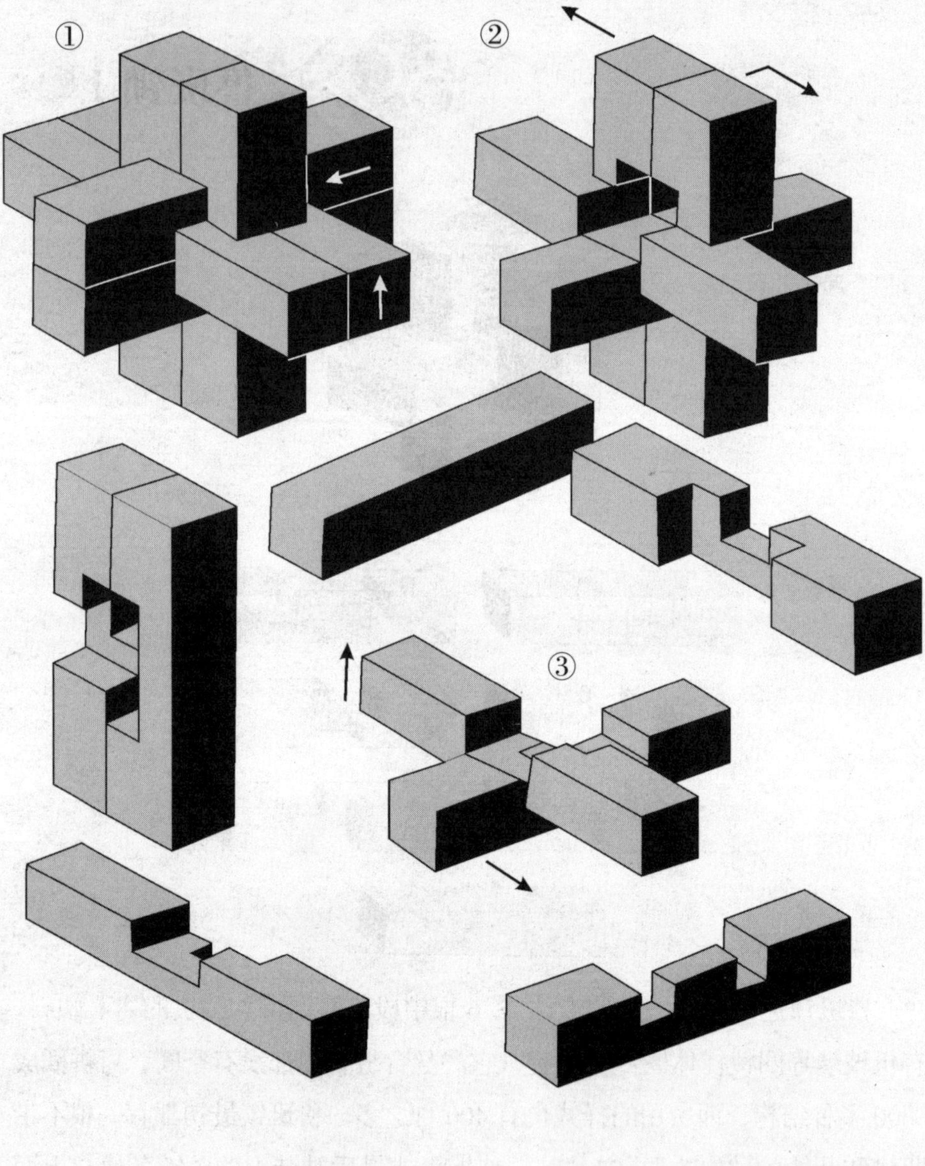

90 鲁班锁Ⅱ

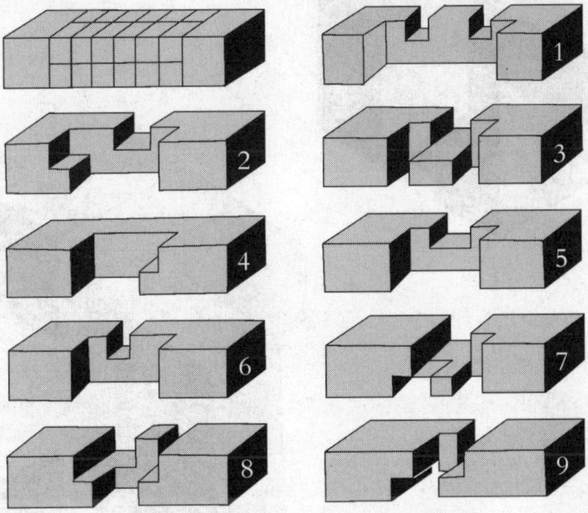

秦筱春先生设计的九条块鲁班锁，分别可拼插出六条形、七条形、八条形、九条形，还可以有数十种方式的组合。这种组合，内存一定空间，由于可移动，所以拆装更加复杂。现用上面九条块组合出本页和下页的4种鲁班锁。

B

C

D

参考组合法：

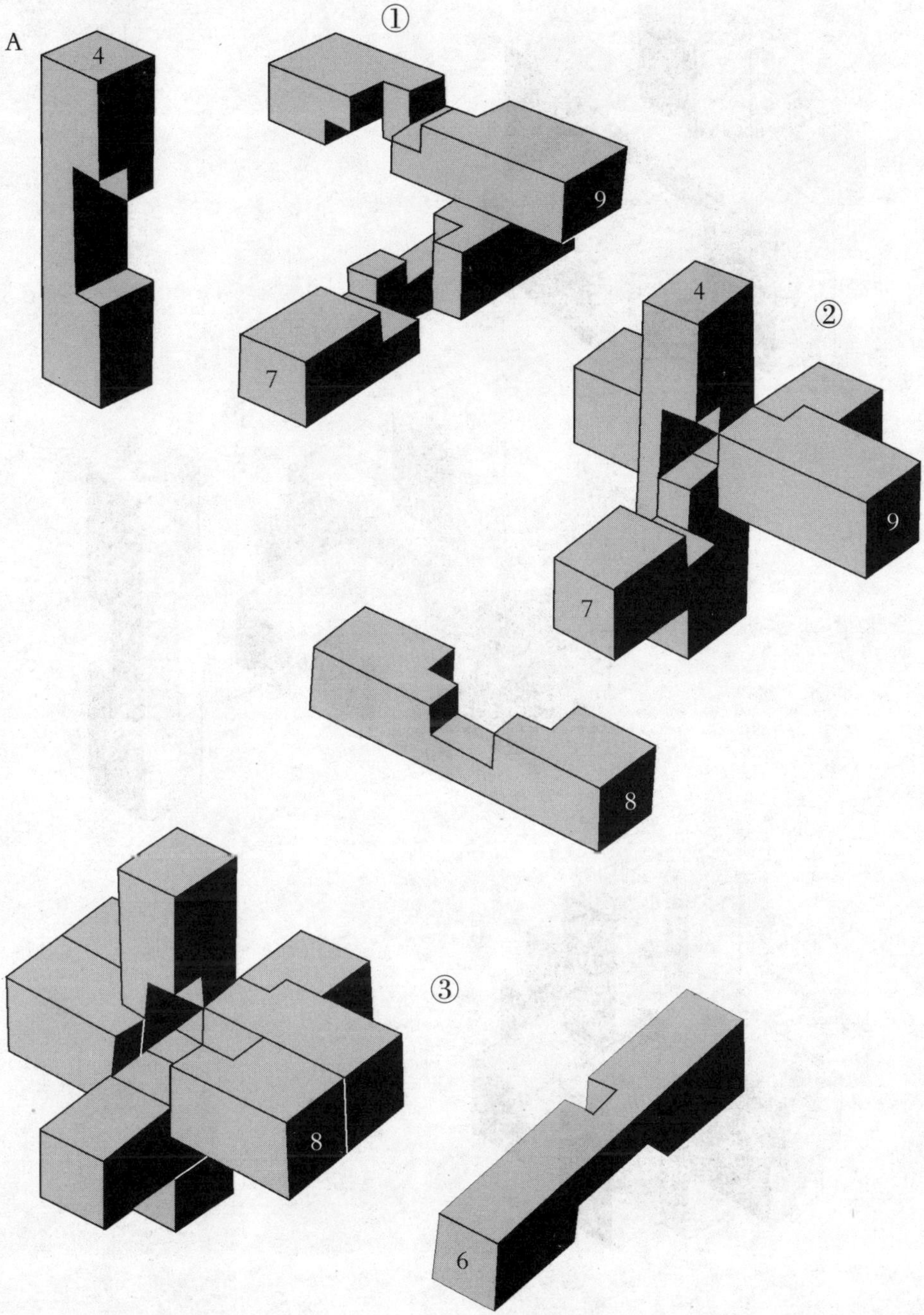

④

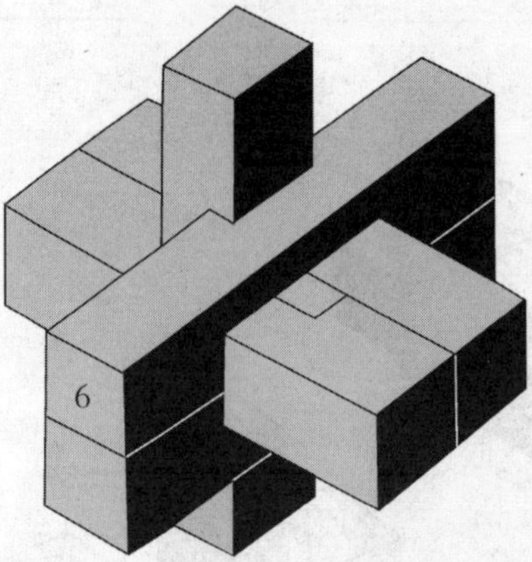

⑤

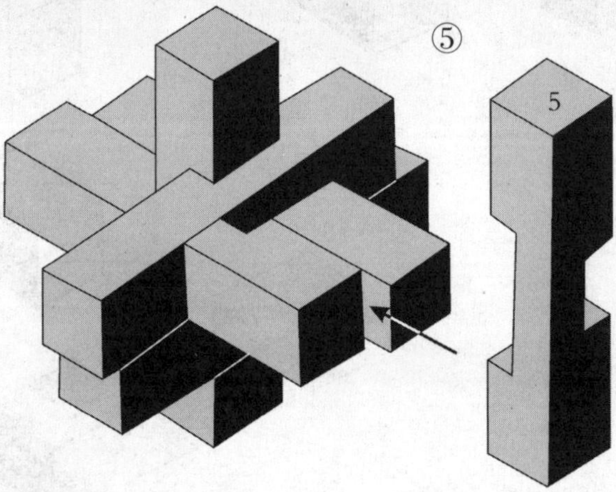

⑥

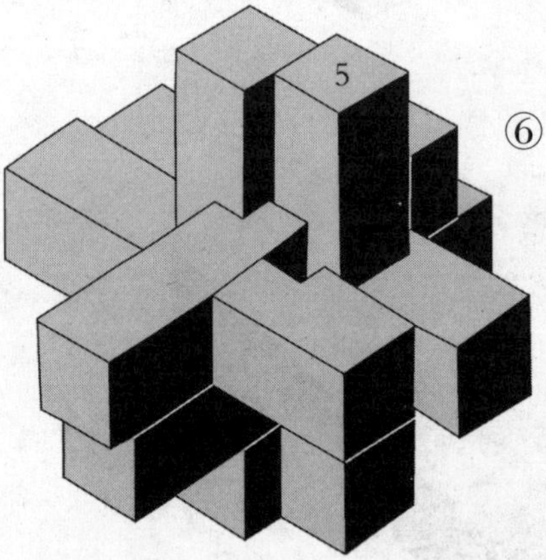

⑦

⑧

B

①

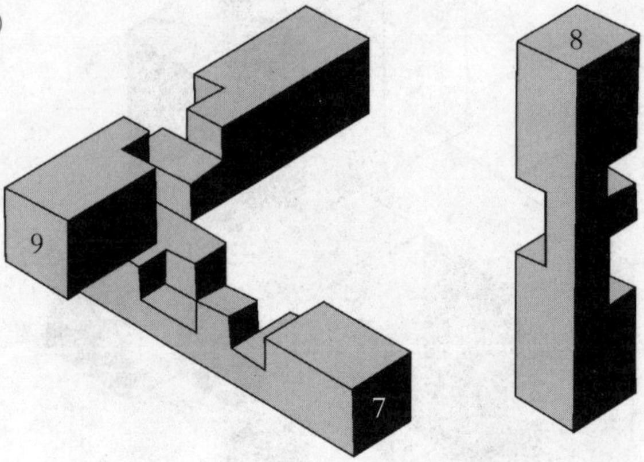

②

③

④

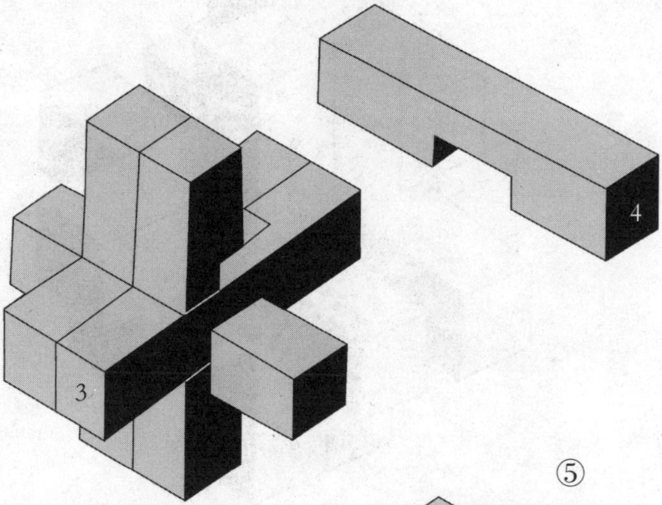

⑤

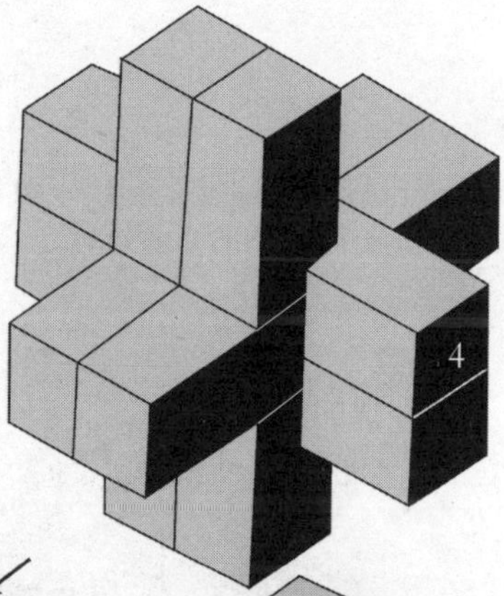

⑥

⑦

⑧

C

①

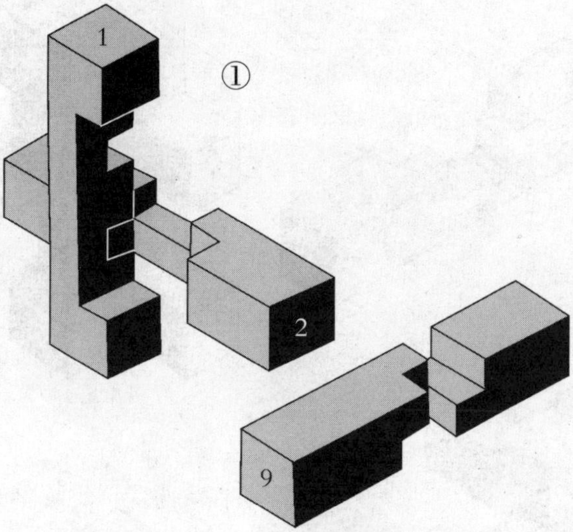

②

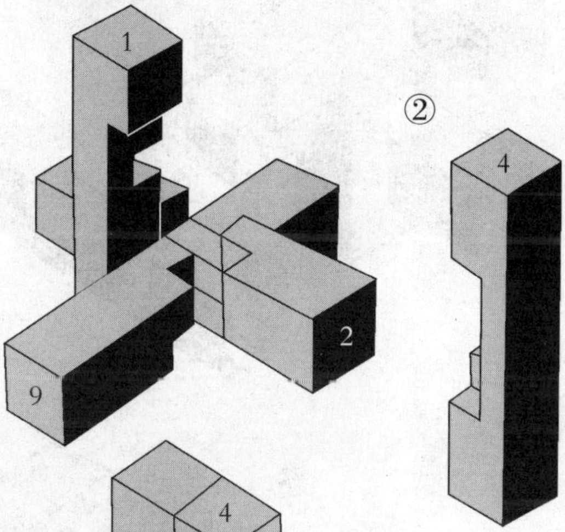

③

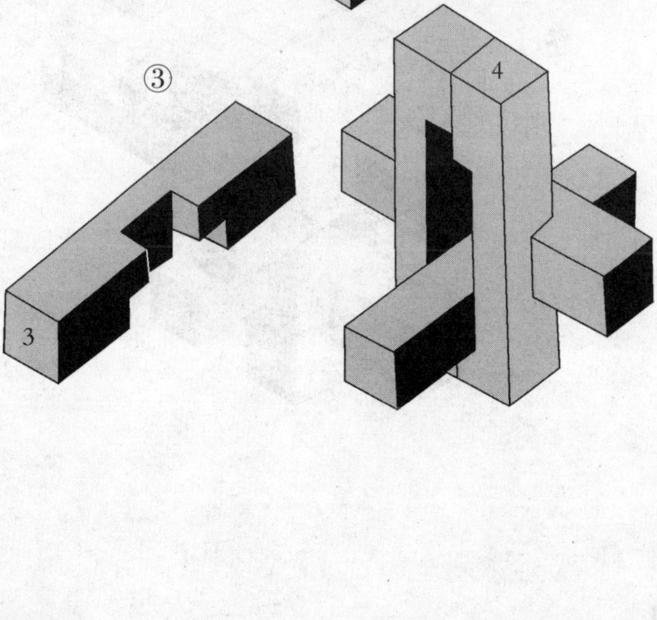

④

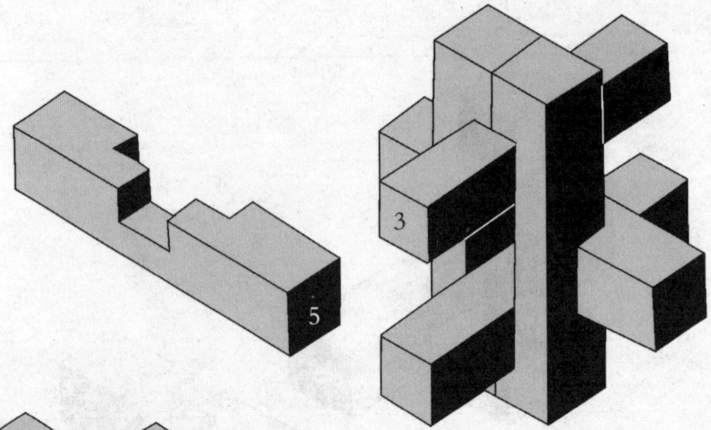

⑤

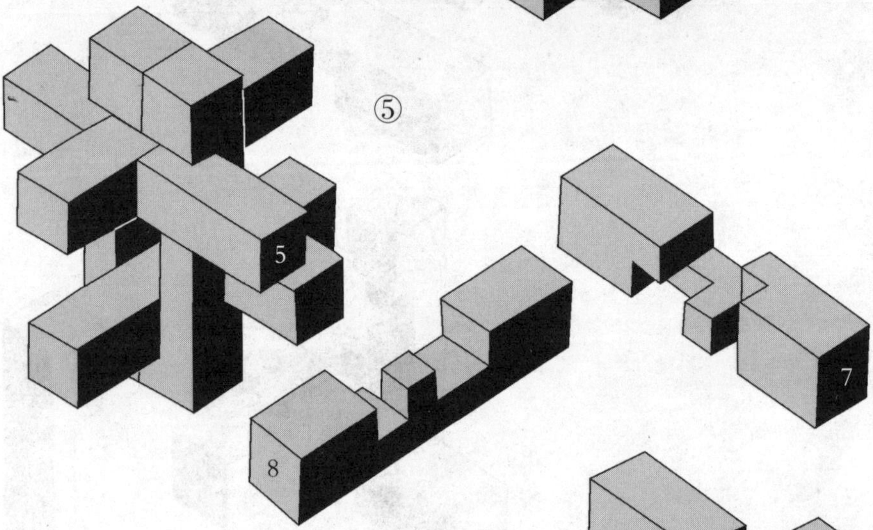

⑥

⑦

⑧

D

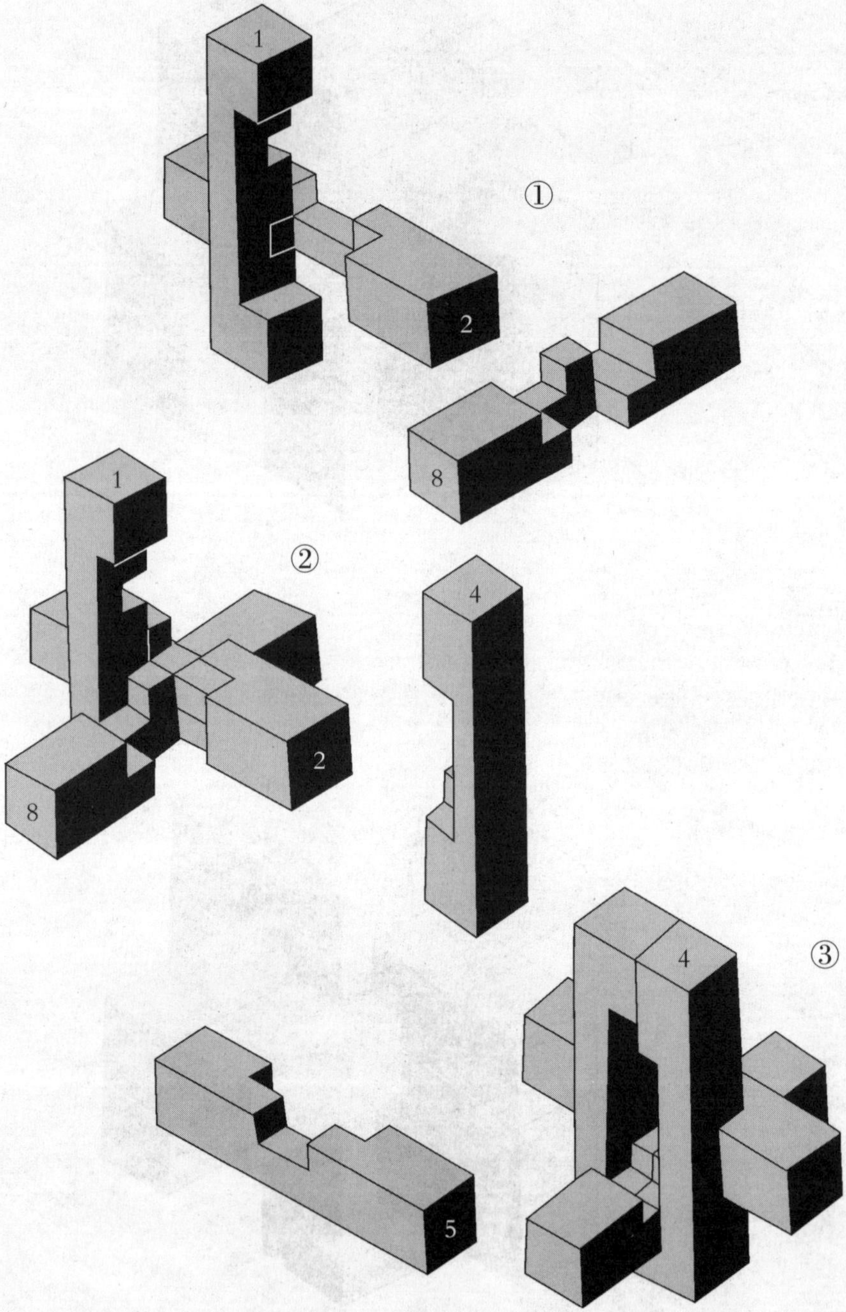

④

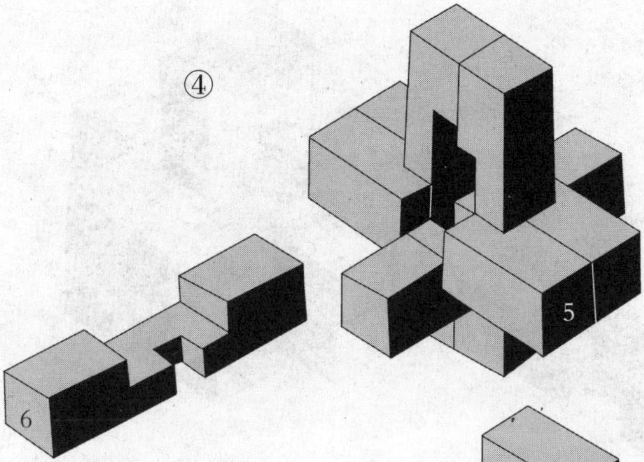

⑤

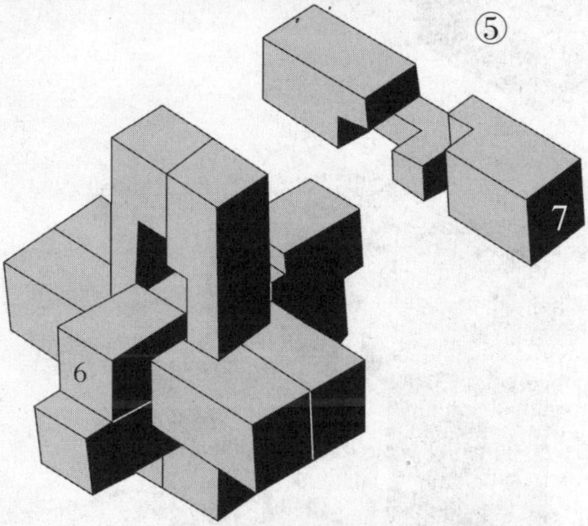

⑥

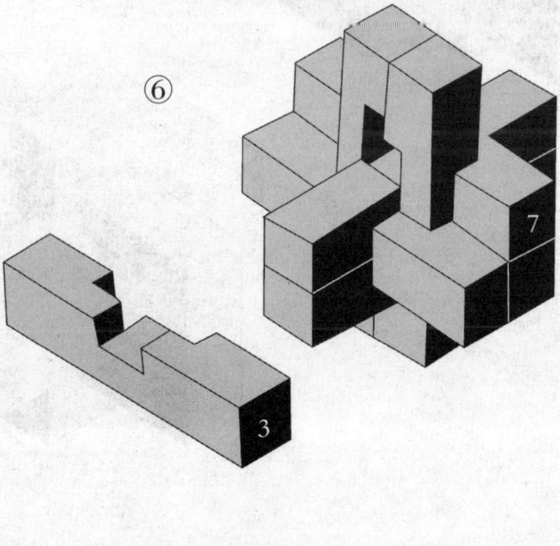

⑦

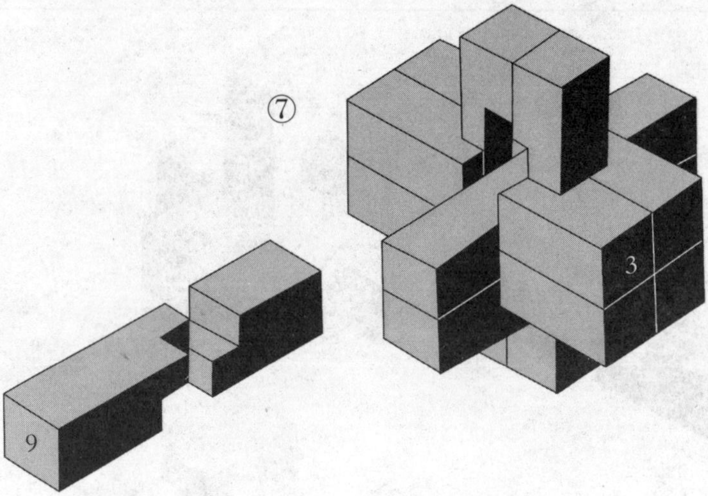

⑧

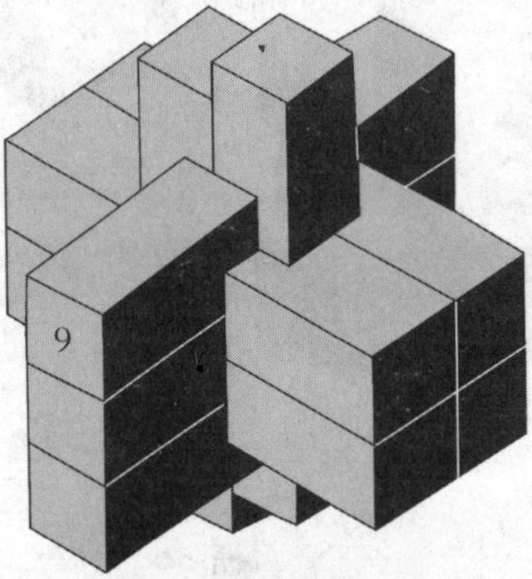

⑨

91 鲁班锁Ⅲ

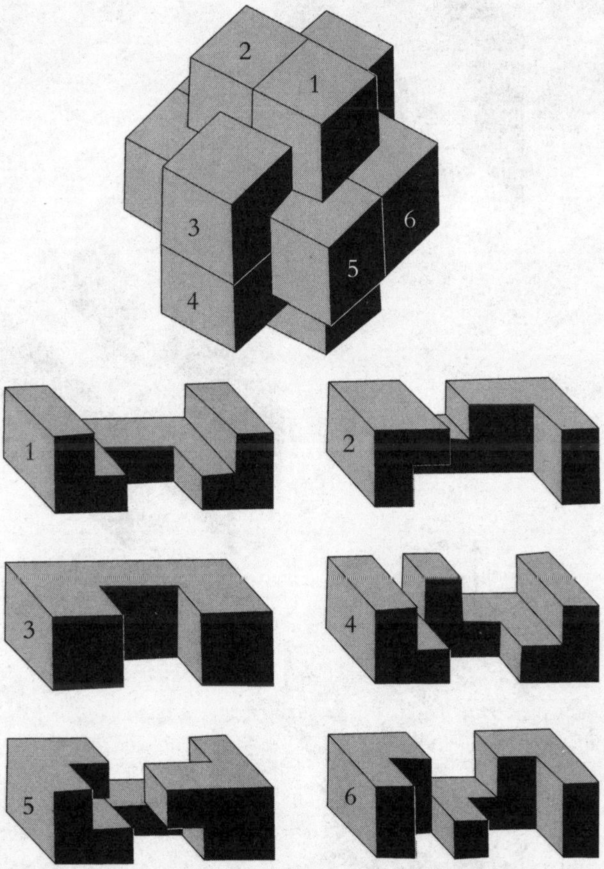

鲁班锁的难度也有以拆下第一条块或装上最后一条块所需移动的步数来衡量的，目前已出现难度十几步的品种。上面是经过 5 步即可拆下第一条块的鲁班锁。

参考拆法：

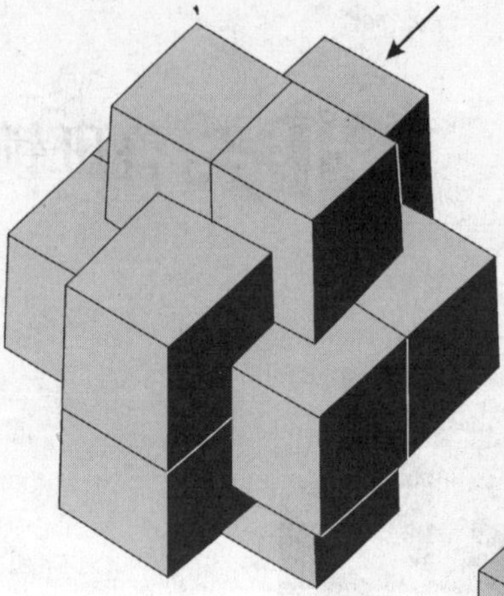

①

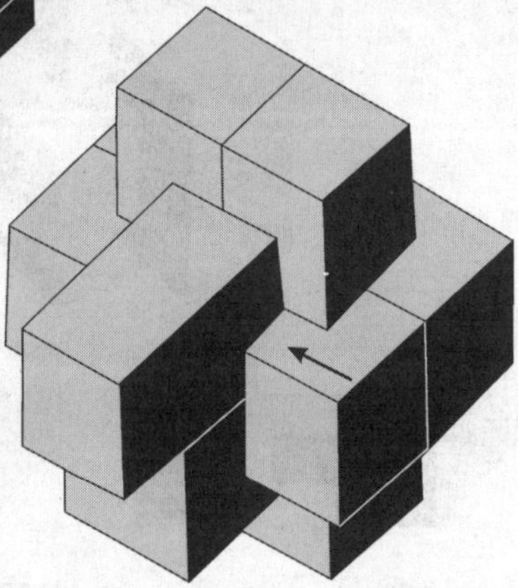

②

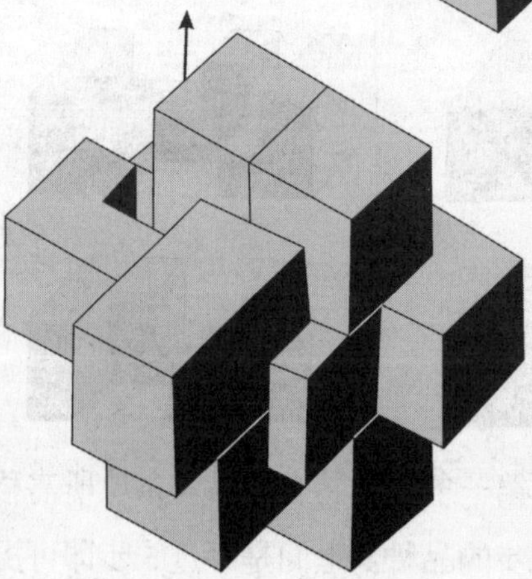

③

④

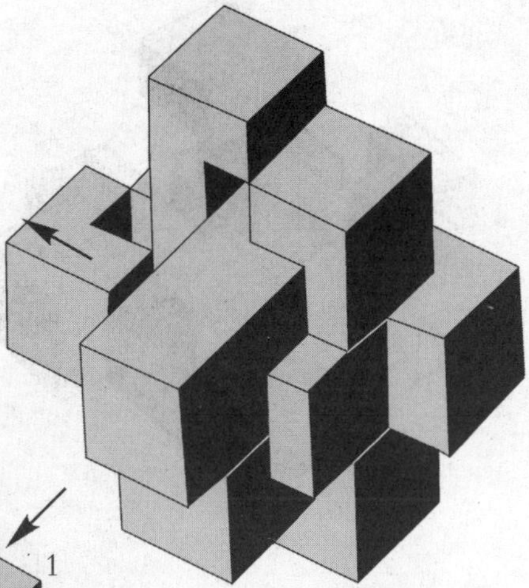

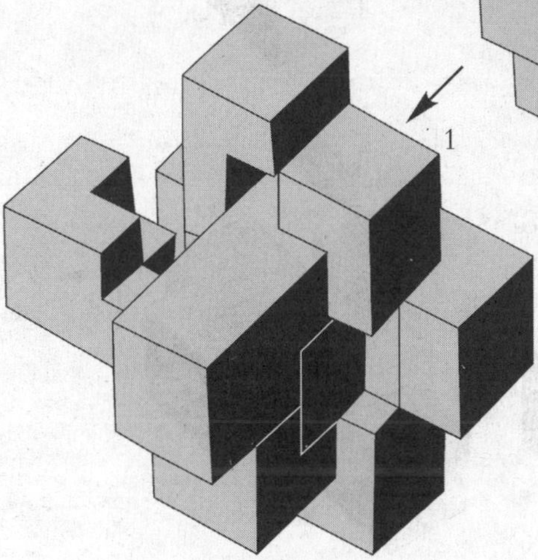

⑤

⑥

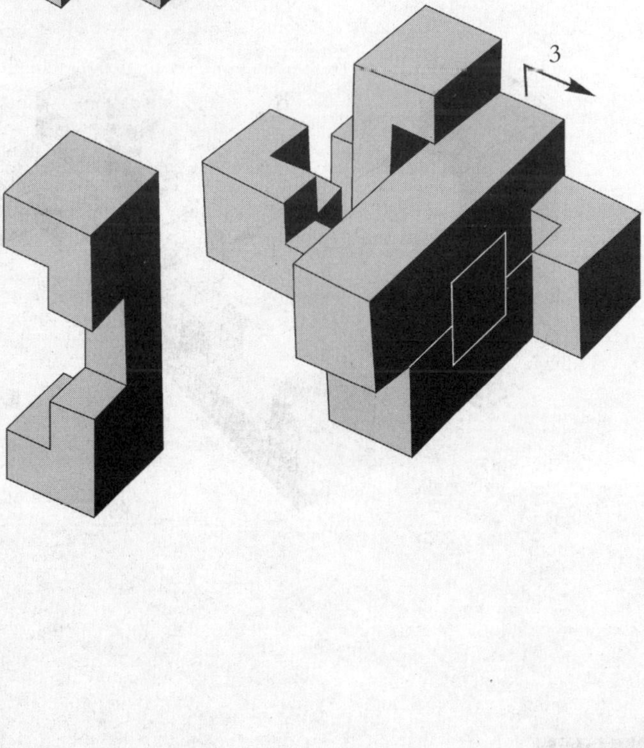

⑦

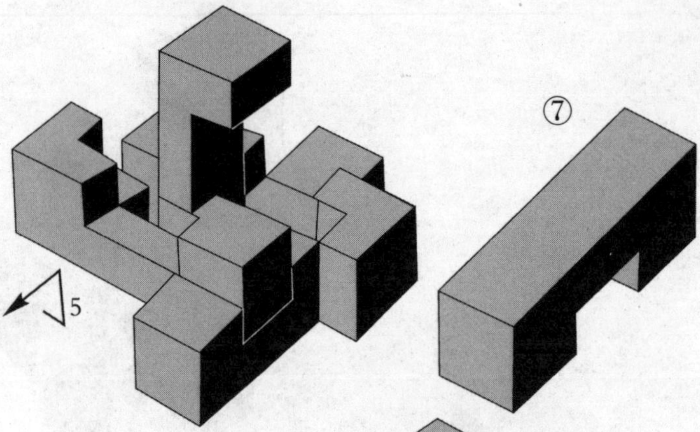

⑧

⑨

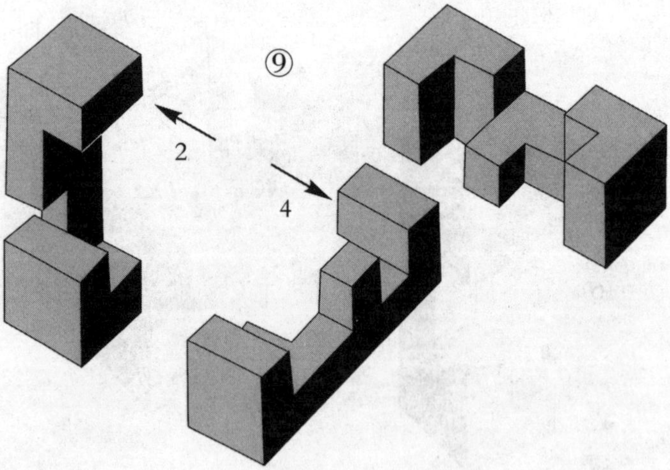

92 力　　量

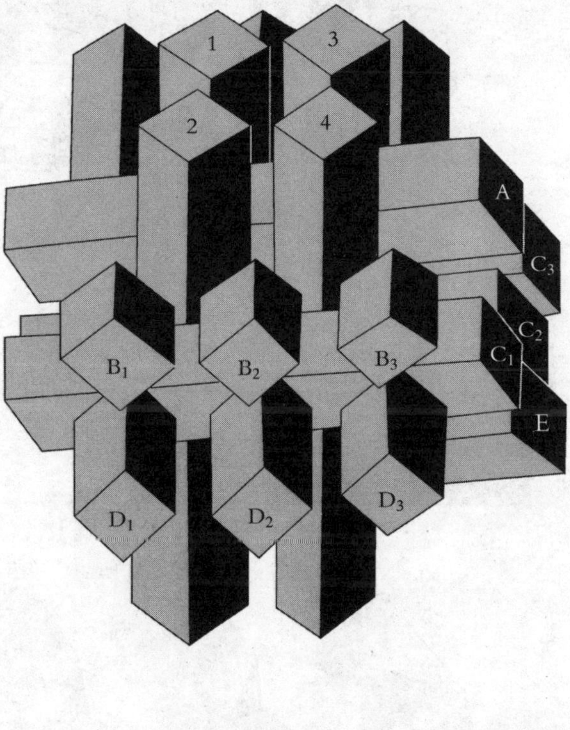

$1=2=4=B_1=B_3=C_1=C_3$

$D_1=D_3$　$C_2=E$

每块尺寸均为 1∶1∶6

所有开口均为等边三角形

把“力量”拆解成 15 块。

参考拆法：

①

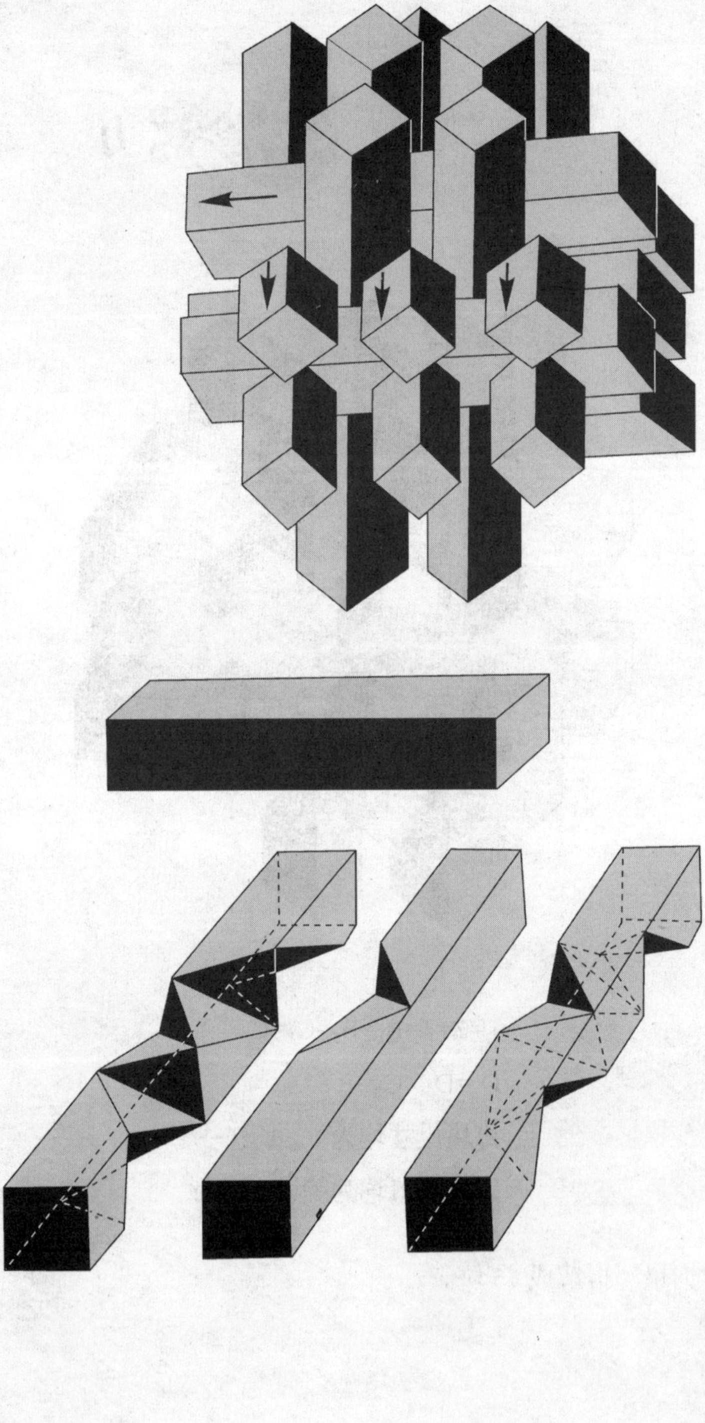

②

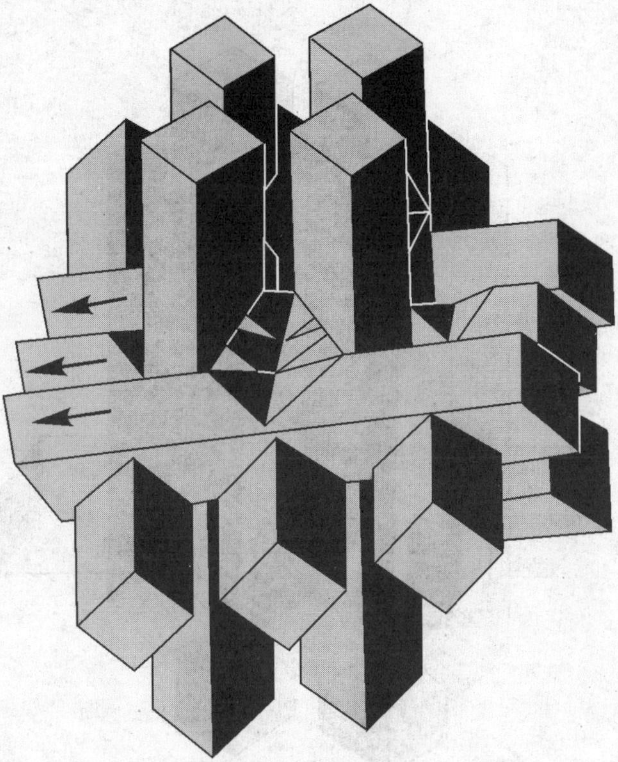

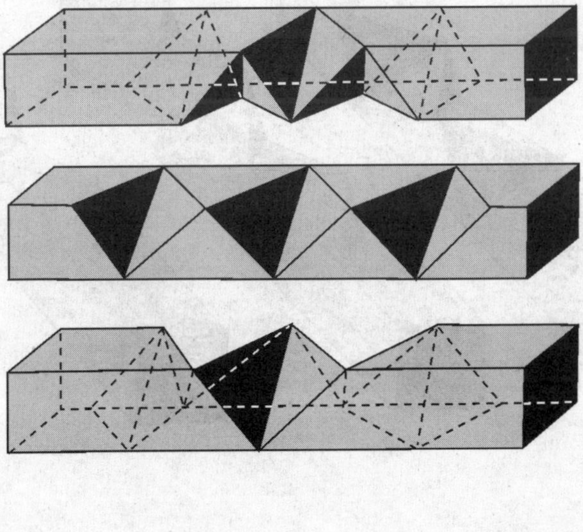

③

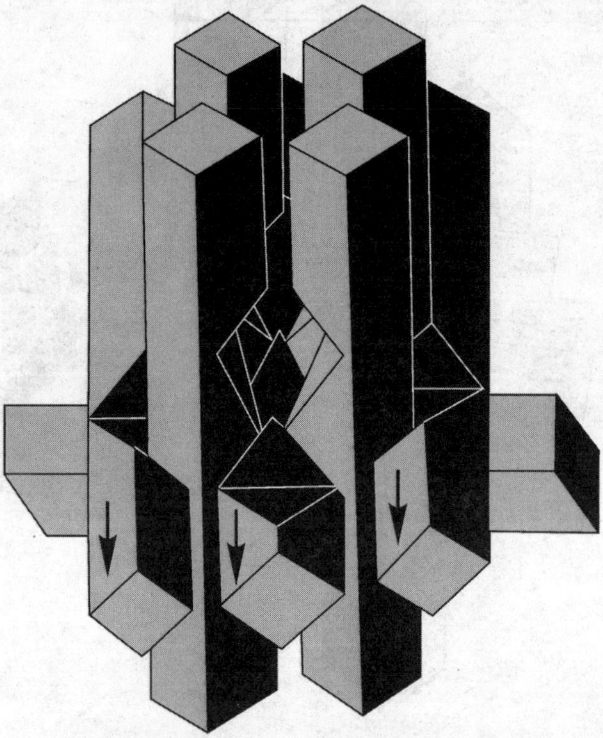

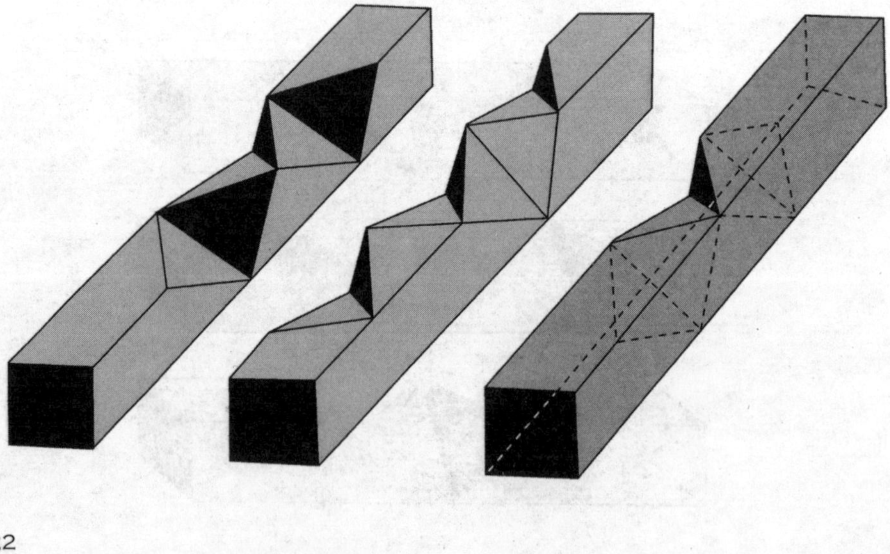

④

93 祖　　父

将组合成“祖父”的 33 块拆解开。

参考拆法：

①右移 1、2、3 拆掉 4、5、6、7、8。

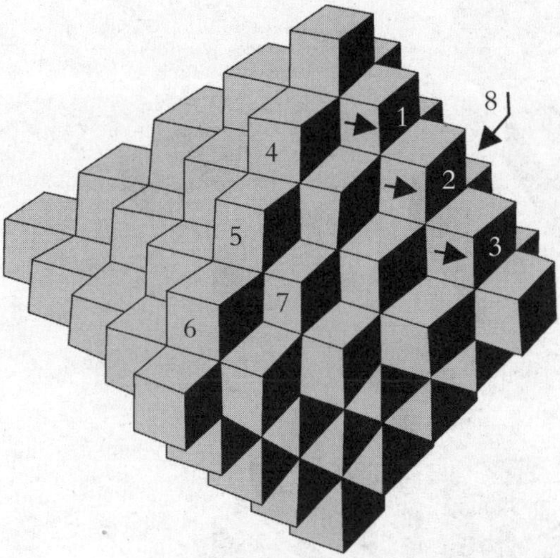

②拆掉下面对应的 4、5、6、7、8。

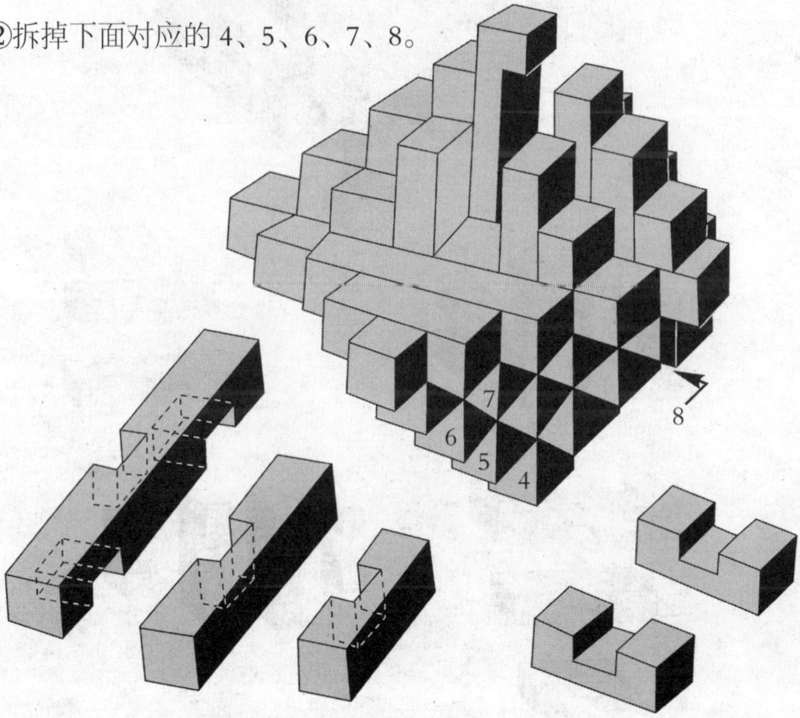

③拆掉前面的 9、10、11、12、13、14、15 和后面对应的同样的 7 块。

④拆掉十字梁，余下即可分解。

7

连珠

94 智力拼珠

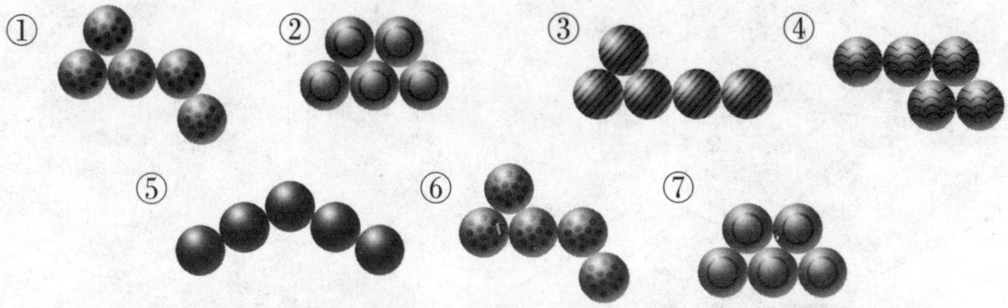

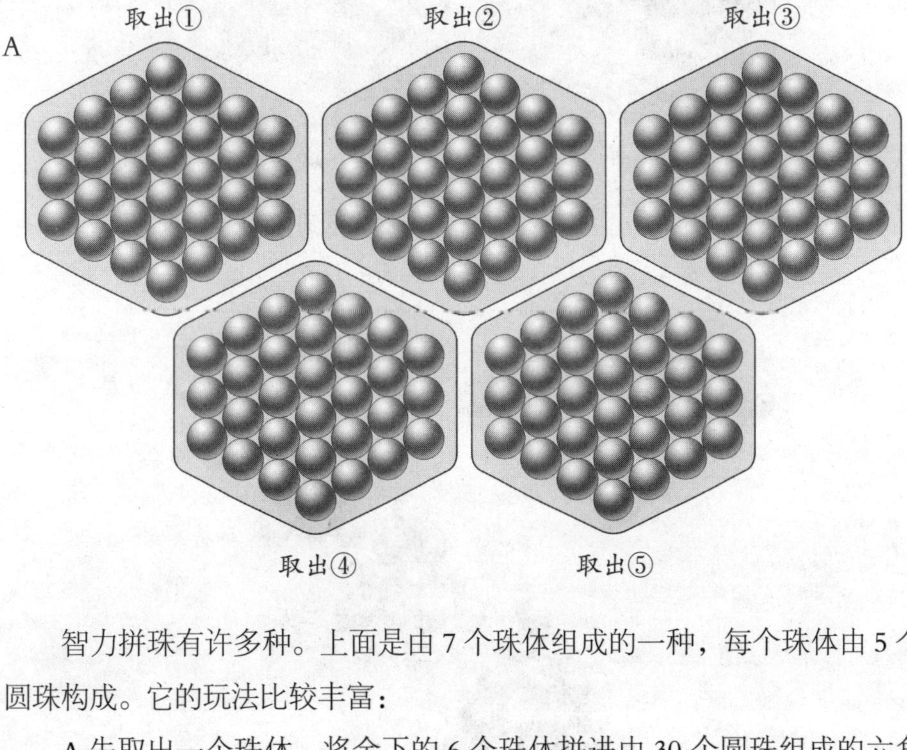

智力拼珠有许多种。上面是由 7 个珠体组成的一种，每个珠体由 5 个圆珠构成。它的玩法比较丰富：

A.先取出一个珠体，将余下的 6 个珠体拼进由 30 个圆珠组成的六角盘里；B.取出一个珠体后，把另一个珠体固定在盘中，将余下的 5 个珠体拼进六角盘里；C.将 7 个珠体叠成底座为 15 个圆珠大小的五层金字塔；也可以先在底座固定一个珠体，然后去叠另 6 个珠体成为金字塔；还可创造其他玩法。除一人玩以外，还能多人比试拼叠数量和时间。

B

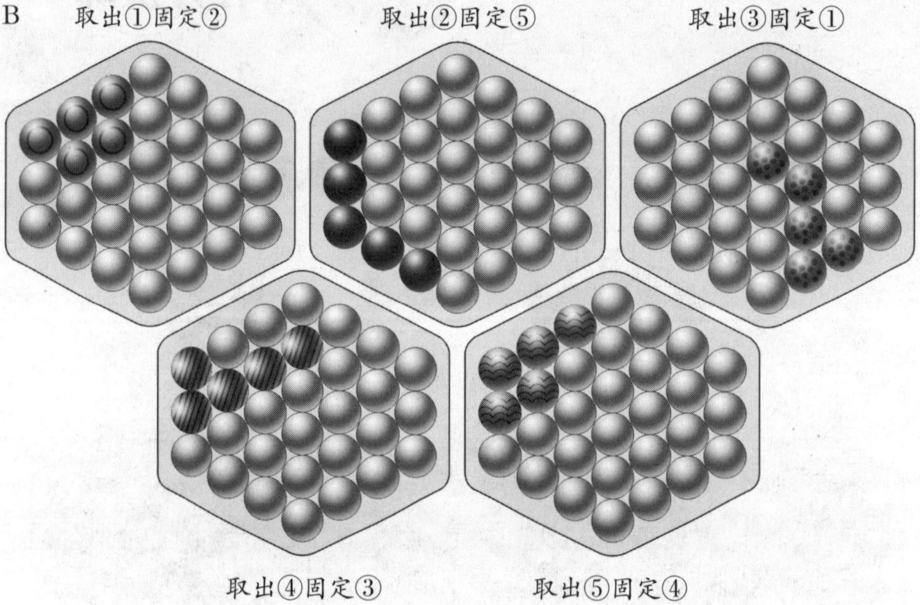

C

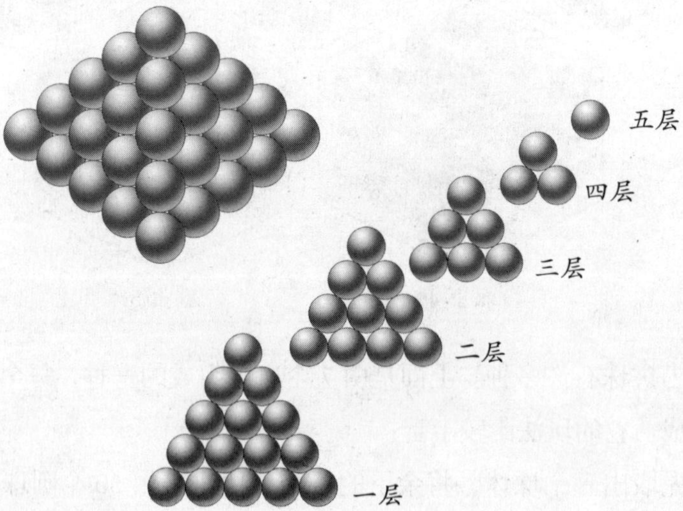

A.连珠举例：

取出 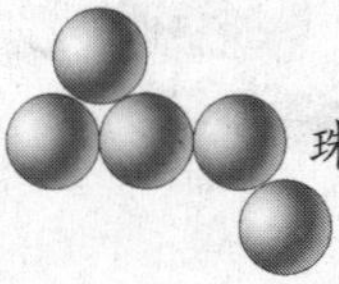 珠体，能拼出 56 种图案。

取出  珠体，能拼出 10 种图案。

取出  珠体，能拼出4 种图案。

取出  珠体，能拼出 8 种图案。

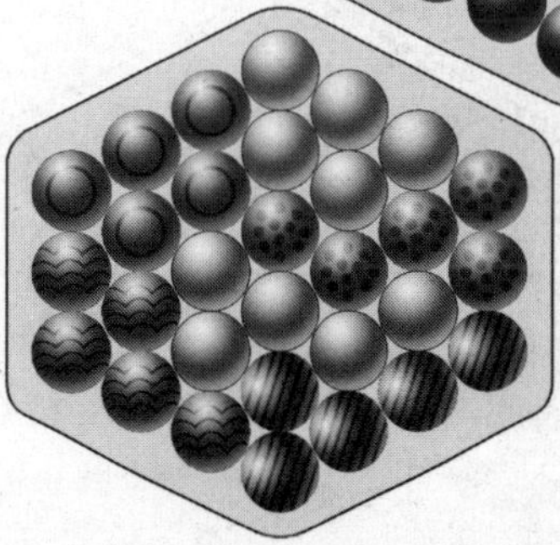

取出 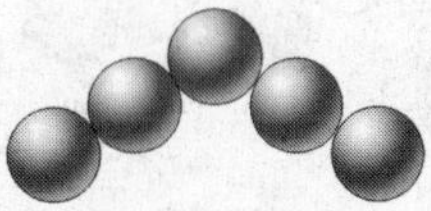 珠体，能拼出 14 种图案。

B.连珠举例：

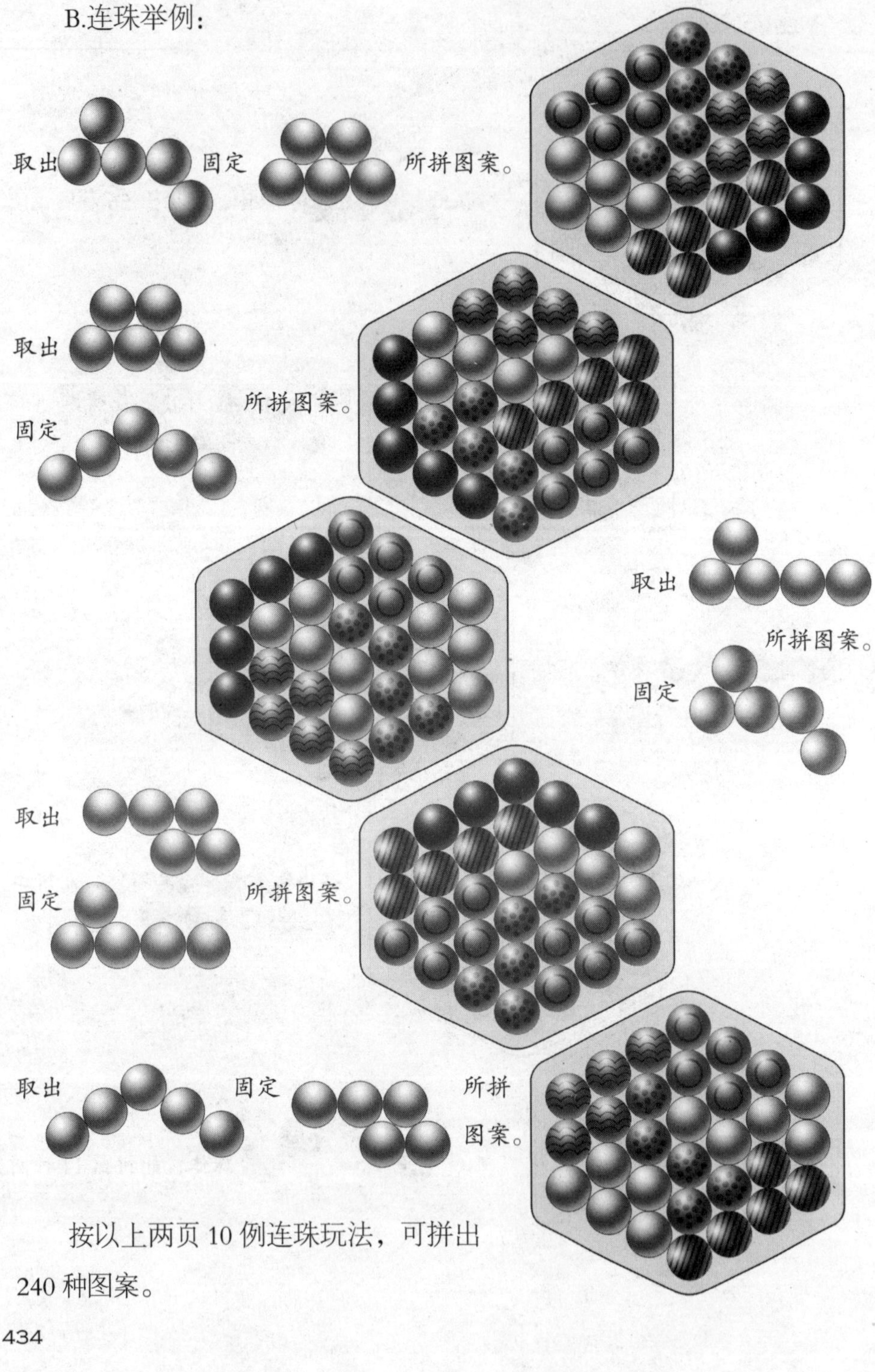

按以上两页 10 例连珠玩法，可拼出 240 种图案。

C.连珠举例：

①

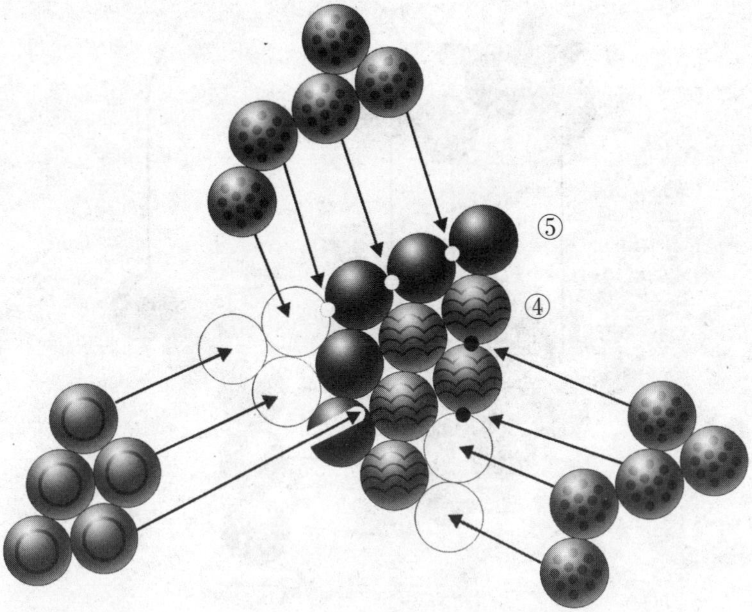

②

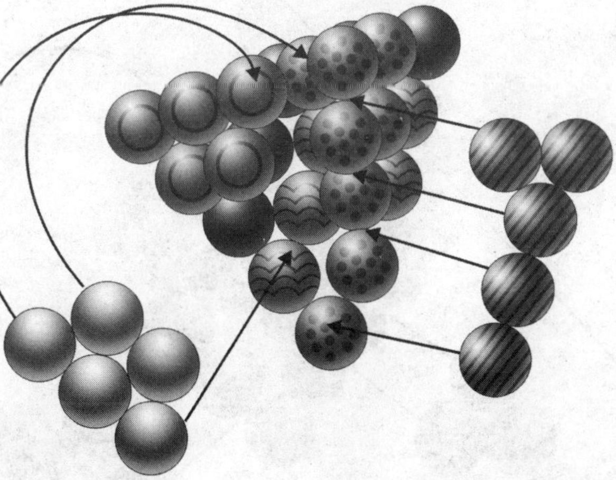

①

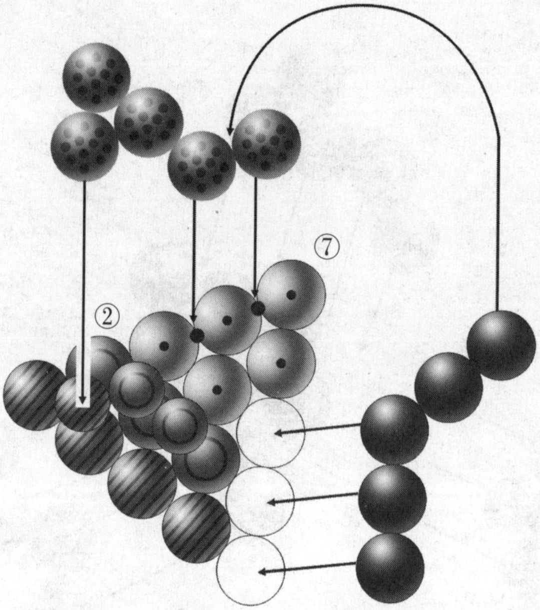

②

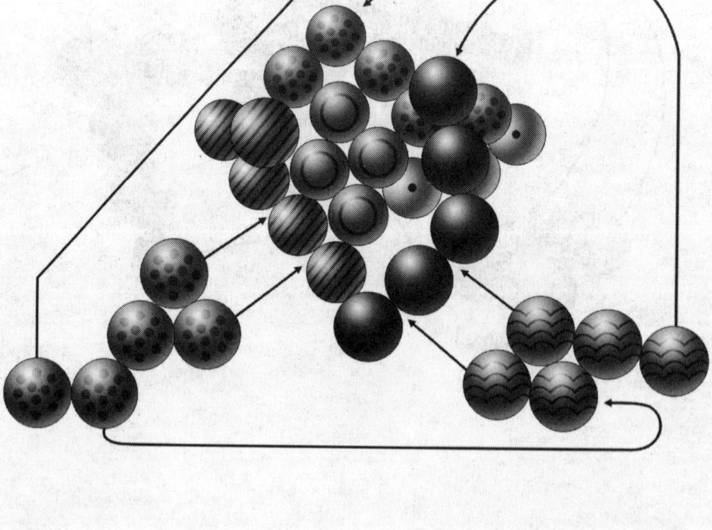

下面从已构成的金字塔展开图，即可看清 7 个珠体的组合方式。

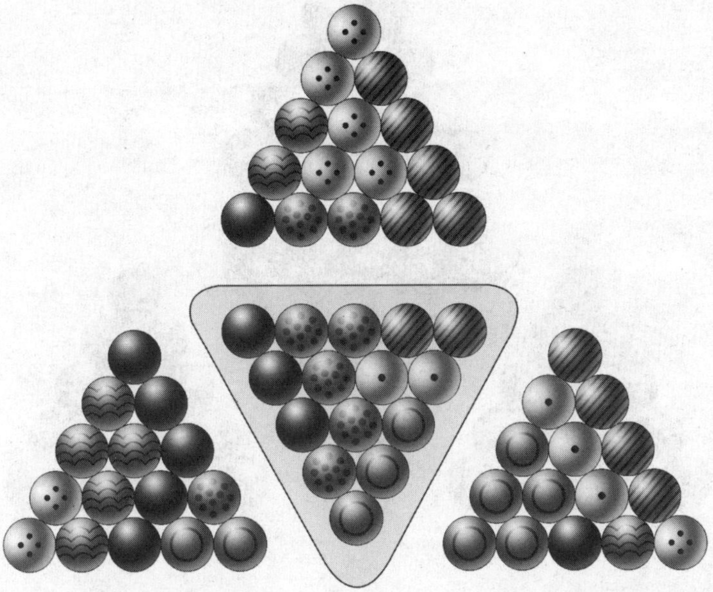

①

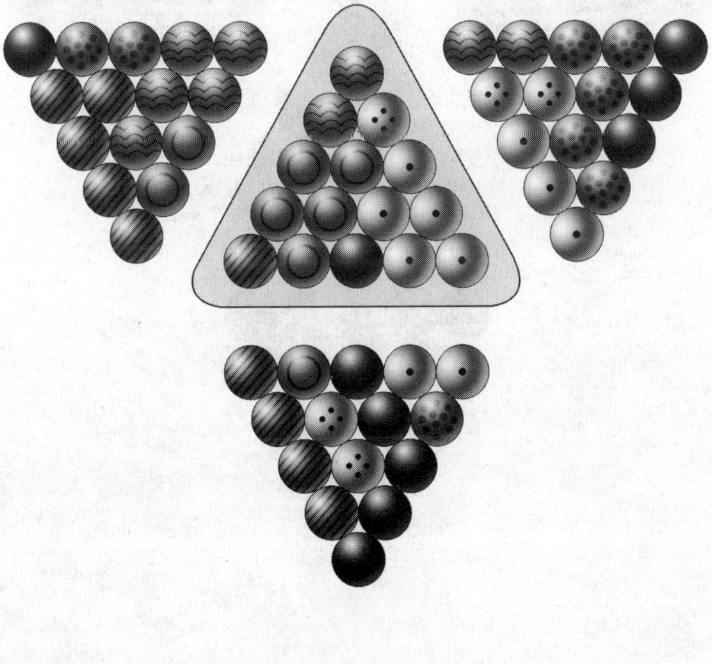

②

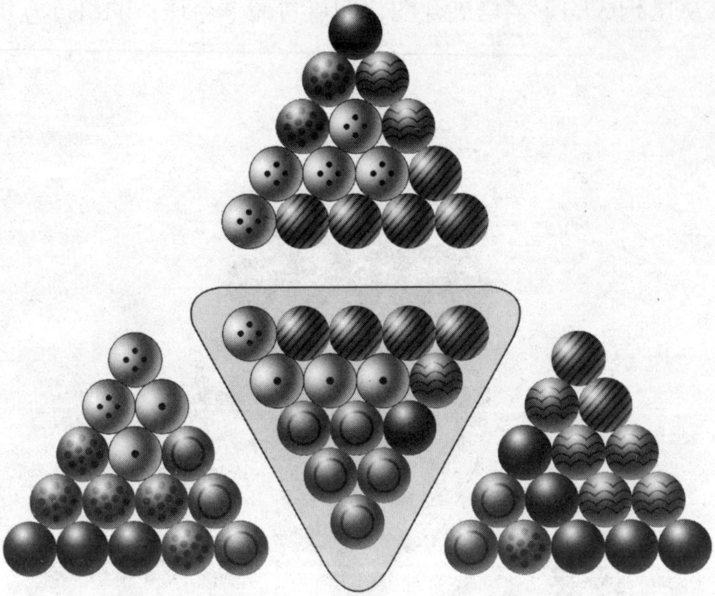

③

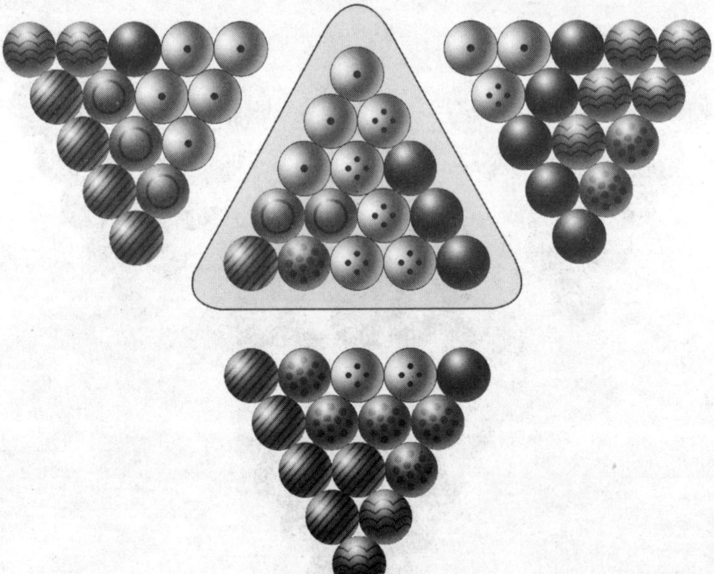

④

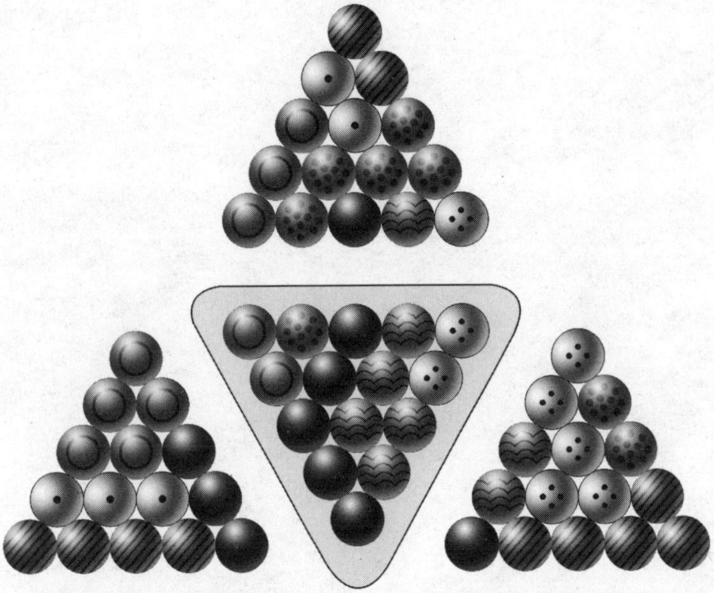

⑤

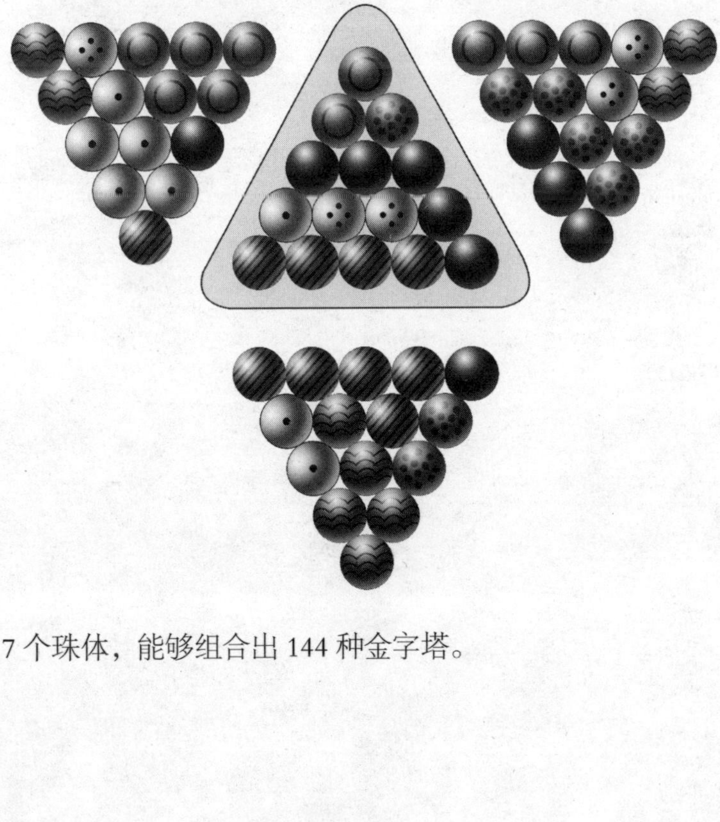

⑥

用 7 个珠体，能够组合出 144 种金字塔。

8 移子

95 华容道

华容道玩具源于三国故事：曹操在赤壁大战中被刘备和孙权的苦肉计、火烧连营打败，溃逃至华容道，遭遇诸葛亮预设的伏兵。关羽感念曹操与他的一段交情，明逼实让，使曹操逃出华容道。

通过玩具盘上的两个空格，逐步移动板块，直至把曹操移到下面的出口。

上图是华容道的基本布局——“横刀立马”，其解法至今的最少步数是81步。

参考答案：

张飞
曹操
赵云
关羽
马超
卒
卒
黄忠
卒
卒
⓪

张飞
曹操
赵云
关羽
马超
卒
卒
黄忠
卒
卒
①

张飞
曹操
赵云
关羽
卒
卒
黄忠
马超
卒
卒
②

张飞
曹操
赵云
关羽
卒
卒
黄忠
马超
卒
卒
③

张飞
曹操
赵云
关羽
卒
黄忠
马超
卒
卒
卒
④

张飞
曹操
赵云
关羽
卒
黄忠
马超
卒
卒
卒
⑤

张飞
曹操
赵云
关羽
卒
黄忠
卒
马超
卒
卒

⑥

张飞
曹操
赵云
关羽
卒
黄忠
卒
马超
卒
卒

⑦

张飞
曹操
赵云
关羽
卒
卒
马超
卒
黄忠
卒

⑧

张飞
曹操
赵云
关羽
卒
卒
卒
马超
黄忠
卒

⑨

张飞
曹操
赵云
卒
关羽
卒
卒
马超
黄忠
卒

⑩

张飞
曹操
赵云
卒
卒
关羽
卒
马超
黄忠
卒

⑪

张飞
曹操
赵云
卒
卒
关羽
卒
卒
马超
黄忠

⑫

张飞
曹操
赵云
卒
卒
关羽
卒
卒
马超
黄忠

⑬

张飞
曹操
赵云
卒
卒
关羽
卒
卒
马超
黄忠

⑭

张飞
曹操
赵云
卒
卒
关羽
卒
卒
马超
黄忠

⑮

张飞
曹操
赵云
卒
卒
卒
卒
马超
黄忠

⑯

张飞
曹操
赵云
卒
卒
马超
关羽
卒
卒
黄忠

⑰

张飞
曹操
赵云
卒
卒
马超
黄忠
关羽
卒
卒

⑱

张飞
曹操
赵云
卒
卒
马超
黄忠
关羽
卒
卒

⑲

张飞
曹操
赵云
卒
卒
马超
黄忠
关羽
卒
卒

⑳

张飞
曹操
赵云
卒
卒
马超
黄忠
卒
卒
关羽

㉑

张飞
曹操
赵云
卒
卒
马超
黄忠
卒
卒
关羽

㉒

张飞
曹操
赵云
卒
卒
马超
黄忠
卒
卒
关羽

㉓

张飞
曹操
赵云
马超
黄忠
卒
卒
卒
卒
关羽

㉔

曹操
赵云
卒
张飞
马超
黄忠
卒
卒
卒
关羽

㉕

曹操
赵云
卒
卒
张飞
马超
黄忠
卒
卒
关羽

㉖

曹操
赵云
卒
卒
张飞
马超
黄忠
卒
卒
关羽

㉗

卒
曹操
赵云
张飞
马超
黄忠
卒
卒
卒
关羽

㉘

卒
卒
曹操
赵云
张飞
马超
黄忠
卒
卒
关羽

㉙

卒
曹操
赵云
卒
张飞
马超
黄忠
卒
卒
关羽

㉚

卒
曹操
卒
张飞
马超
赵云
黄忠
卒
卒
关羽

㉛

卒
曹操
卒
张飞
马超
赵云
黄忠
卒
卒
关羽

㉜

卒
张飞
曹操
卒
马超
赵云
黄忠
卒
卒
关羽

㉝

卒
张飞
曹操
卒
马超
赵云
黄忠
卒
卒
关羽

㉞

卒
张飞
曹操
卒
卒
马超
赵云
黄忠
卒
关羽

㉟

张飞
曹操
卒
卒
马超
卒
卒
赵云
黄忠
关羽

㊱

张飞
曹操
卒
卒
马超
卒
卒
赵云
黄忠
关羽

㊲

张飞
曹操
卒
卒
马超
卒
卒
黄忠
关羽
赵云

㊳

张飞
曹操
卒
卒
马超
卒
卒
关羽
赵云
黄忠

㊴

张飞
曹操
卒
卒
卒
马超
卒
关羽
赵云
黄忠

㊵

卒
张飞
卒
曹操
卒
马超
卒
关羽
赵云
黄忠

㊶

张飞
卒
卒
卒
曹操
马超
卒
赵云
黄忠
关羽

㊷

卒
卒
张飞
曹操
卒
马超
卒
关羽
赵云
黄忠

㊸

卒
卒
卒
张飞
曹操
马超
卒
关羽
赵云
黄忠

㊹

卒
卒
卒
张飞
曹操
黄忠
马超
卒
关羽
赵云

㊺

卒
卒
卒
张飞
曹操
黄忠
马超
卒
关羽
赵云

㊻

卒
卒
卒
张飞
曹操
黄忠
马超
关羽
卒
赵云

㊼

张飞
卒
卒
卒
黄忠
马超
曹操
赵云
关羽
卒

㊽

张飞
卒
卒
卒
黄忠
马超
曹操
赵云
关羽
卒

㊾

张飞
卒
卒
卒
黄忠
马超
曹操
赵云
关羽
卒

㊿

马超
张飞
卒
卒
卒
黄忠
曹操
赵云
关羽
卒

51

马超
张飞
卒
卒
卒
黄忠
曹操
赵云
关羽
卒

52

马超
张飞
卒
卒
黄忠
曹操
卒
赵云
关羽
卒

53

⑤④

⑤⑤

⑤⑥

⑤⑦

⑤⑧

⑤⑨

⑥⓪

⑥①

⑥②

⑥③

⑥④

⑥⑤

⑥⑥

⑥⑦

⑥⑧

⑥⑨

⑦⓪

⑦①

⑦②

⑦③

⑦④

⑦⑤

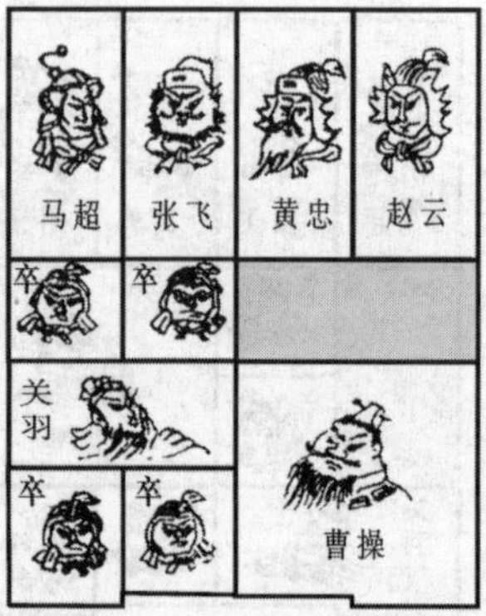

⑦⑥

⑦⑦

⑱

⑲

⑳

㉑

华容道除“横刀立马”基本布局外，尚有各种各样的布局法。按张飞、赵云、马超、黄忠、关羽“五虎上将”横排分为：一横式、二横式、三横式、四横式、五横式布局。我国齐尧先生用网络图方法，设置和解开了 180 种布局。

后面仅列几例，请读者独立思考，找出最佳开解路线。

一横式布局

81 步、54 步

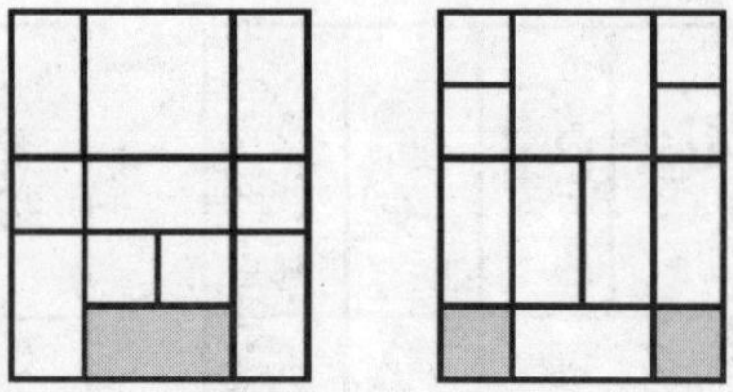

二横式布局

84 步、63 步

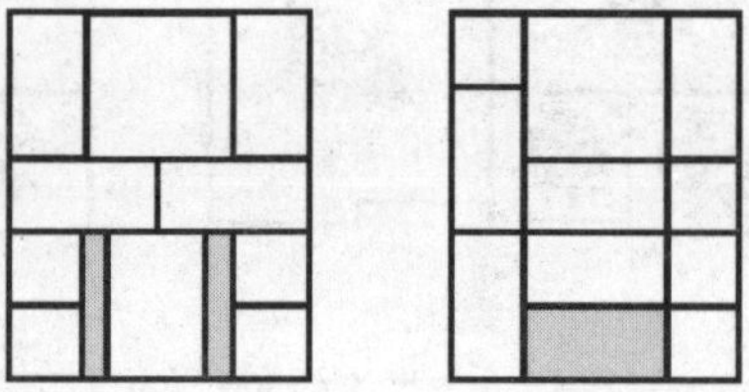

三横式布局

103 步、102 步

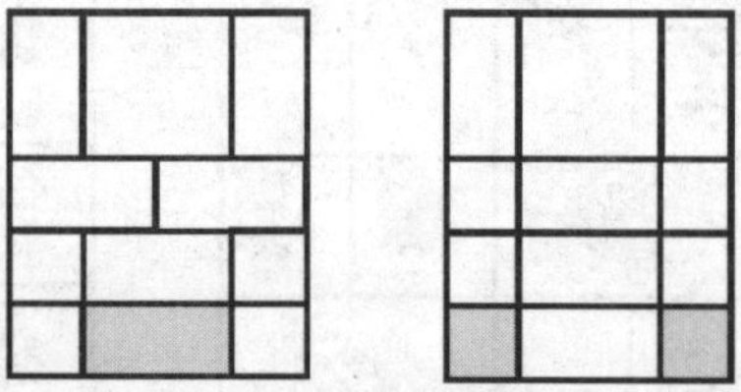

四横式布局

79 步、87 步

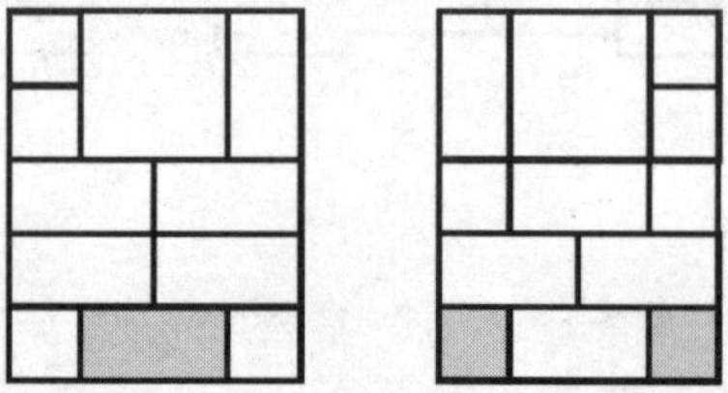

五横式布局

34 步

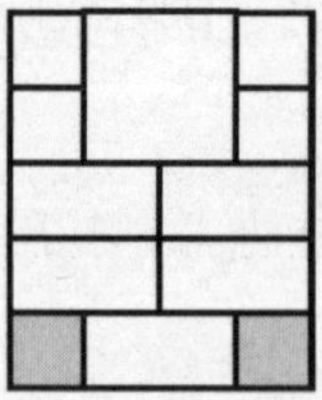

96 牛郎会织女

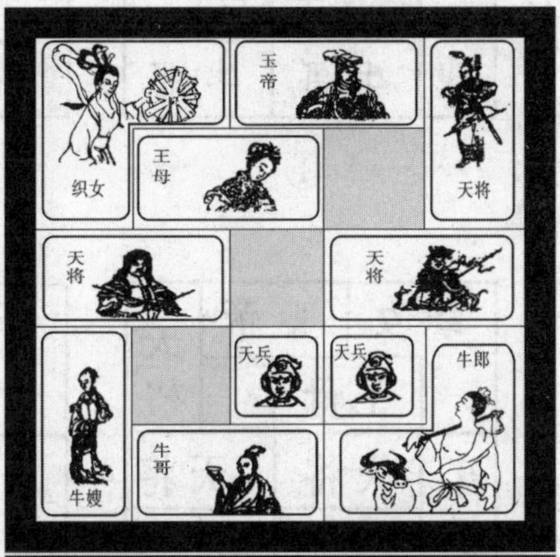

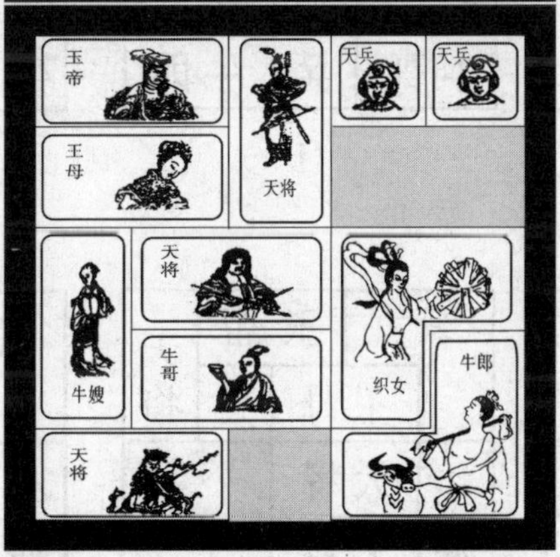

牛郎会织女玩具取材于民间故事。第 42 步时牛郎与织女靠拢，象征已在鹊桥相会；第 73 步时牛郎在天兵催促下，把织女送回对岸，见面时间结束。

横竖平直移动板块，从上图到下图，第 73 步是解法之一。

参考答案：

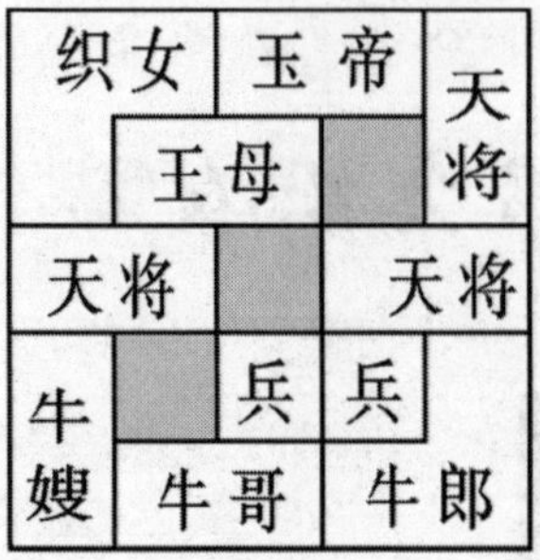

⓪

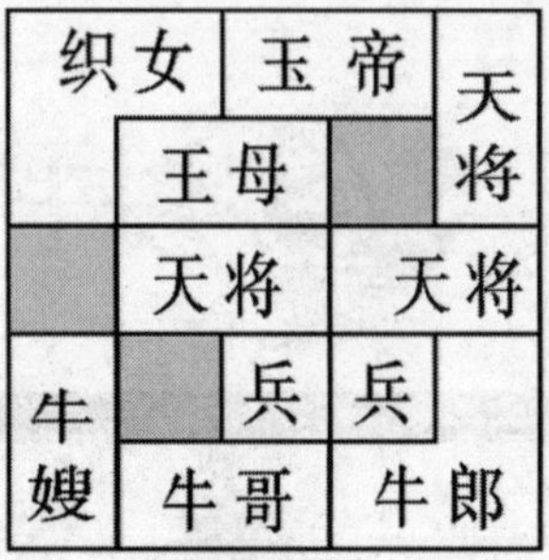

①

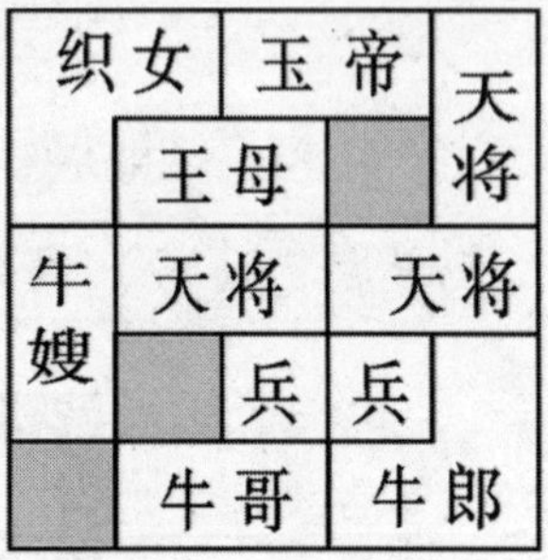

②

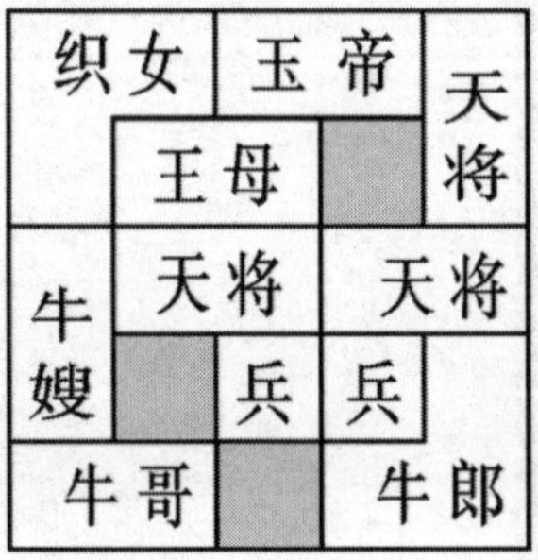

③

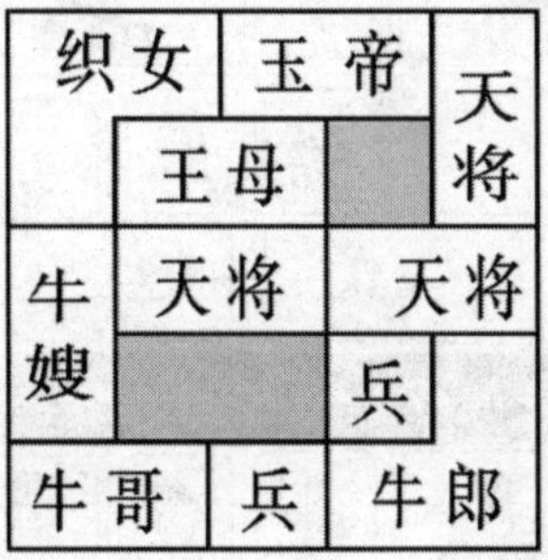

④

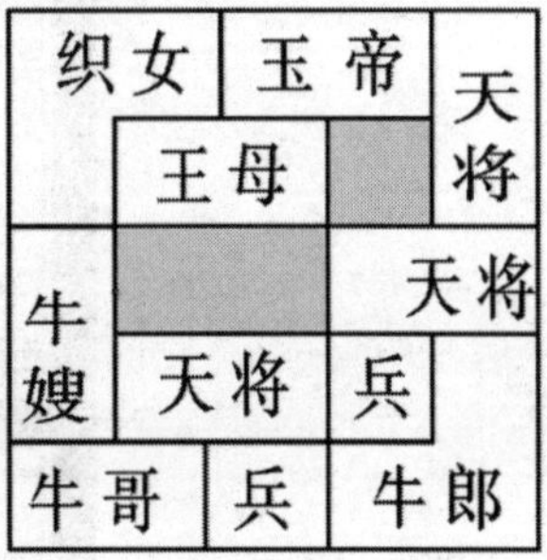

⑤

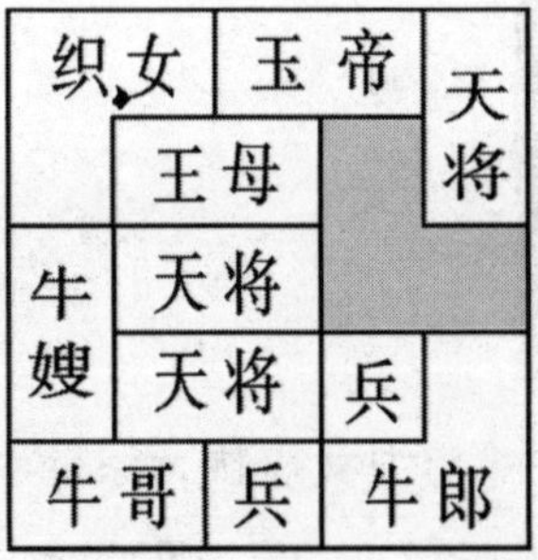

⑥

⑦

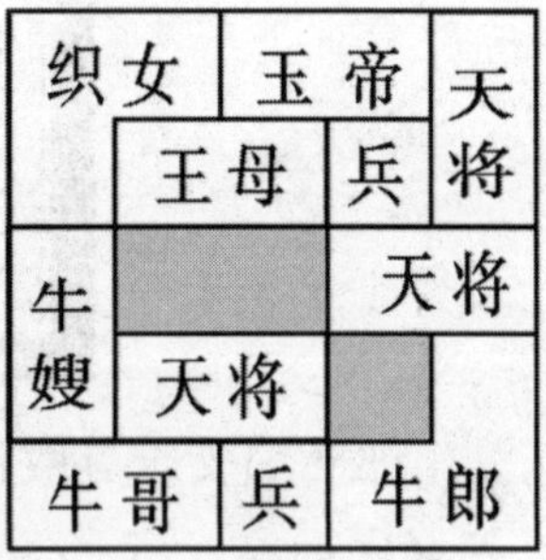

⑧

织女
玉帝
天将
王母
兵
牛嫂
天将
天将
牛哥
兵
牛郎

⑨

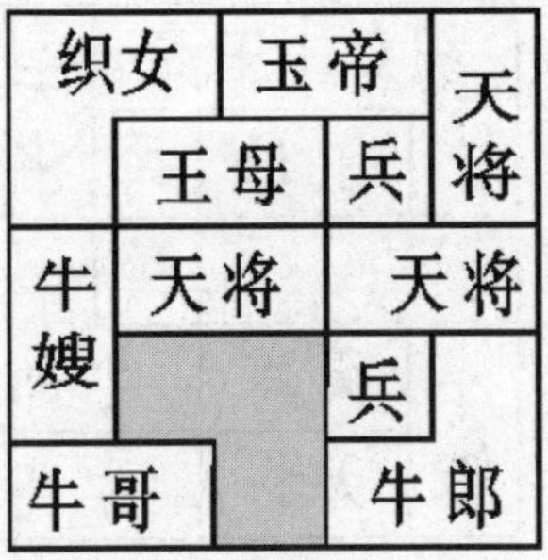
织女
玉帝
天将
王母
兵
牛嫂
天将
天将
兵
牛哥
牛郎

⑩

织女
玉帝
天将
王母
兵
牛嫂
天将
天将
兵
牛哥
牛郎

⑪

织女
玉帝
天将
王母
兵
天将
天将
兵
牛嫂
牛哥
牛郎

⑫

织女
玉帝
天将
王母
兵
天将
天将
兵
牛嫂
牛哥
牛郎

⑬

织女
玉帝
天将
王母
兵
天将
天将
兵
牛嫂
牛哥
牛郎

⑭

织女
玉帝
天将
王母
兵
天将
兵
牛嫂
天将
牛哥
牛郎

⑮

织女
玉帝
天将
王母
兵
天将
兵
牛嫂
天将
牛郎
牛哥

⑯

织女
玉帝
天将
王母
兵
天将
兵
牛嫂
天将
牛郎
牛哥

⑰

织女
玉帝
天将
王母
兵
天将
兵
牛嫂
牛郎
天将
牛哥

⑱

织女
玉帝
天将
王母
兵
兵
牛嫂
天将
牛郎
天将
牛哥

⑲

织女
玉帝
天将
王母
兵
兵
牛嫂
天将
牛郎
天将
牛哥

⑳

织女
玉帝
天将
兵
兵
王母
牛嫂
天将
牛郎
天将
牛哥

㉑

织女
玉帝
天将
兵
王母
兵
牛嫂
天将
牛郎
天将
牛哥

㉒

织女
天将
玉帝
兵
王母
兵
牛嫂
天将
牛郎
天将
牛哥

㉓

织女
兵
天将
玉帝
兵
王母
牛嫂
天将
牛郎
天将
牛哥

㉔

织女
兵
天将
玉帝
兵
王母
牛嫂
天将
牛郎
天将
牛哥

㉕

织女
兵
天将
玉帝
兵
王母
牛郎
牛嫂
天将
天将
牛哥

㉖

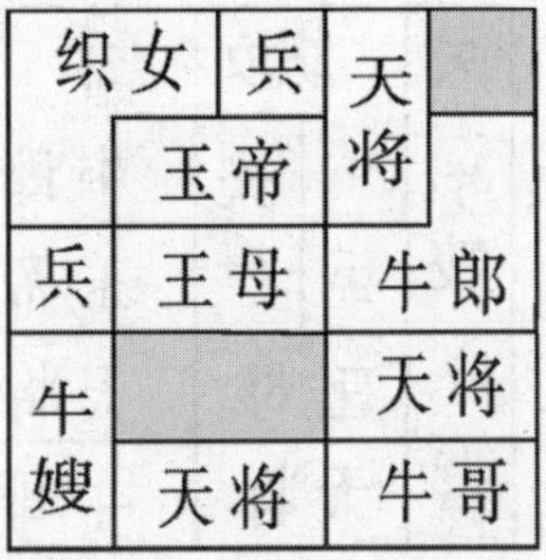
织女
兵
天将
玉帝
兵
王母
牛郎
牛嫂
天将
天将
牛哥

㉗

织女
兵
天将
玉帝
兵
牛郎
牛嫂
王母
天将
天将
牛哥

㉘

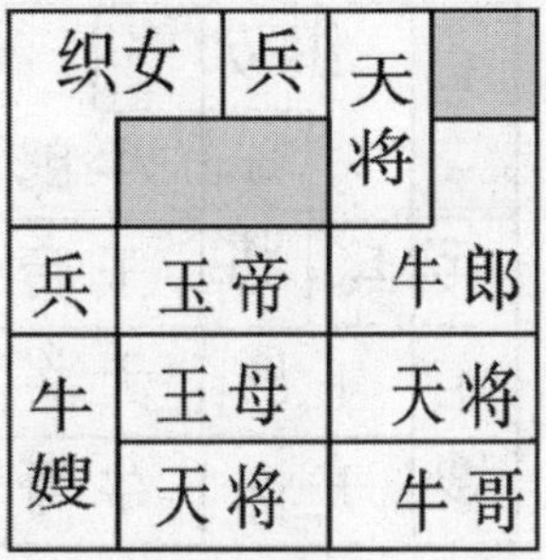
织女
兵
天将
兵
玉帝
牛郎
牛嫂
王母
天将
天将
牛哥

㉙

织女
天将
兵
兵
玉帝
牛郎
牛嫂
王母
天将
天将
牛哥

㉚

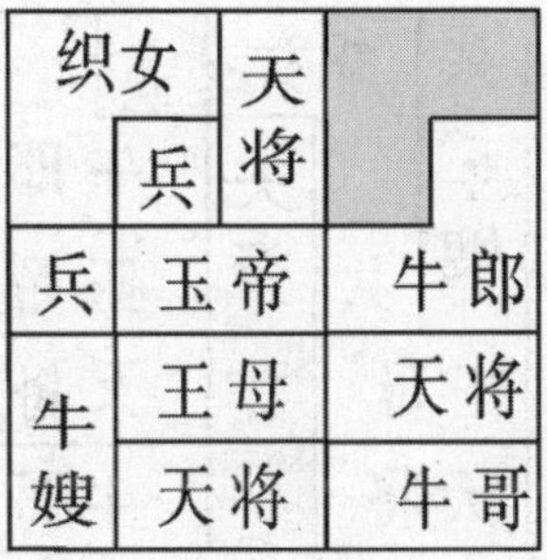
织女
天将
兵
兵
玉帝
牛郎
牛嫂
王母
天将
天将
牛哥

㉛

织女
天将
兵
牛郎
兵
玉帝
牛嫂
王母
天将
天将
牛哥

㉜

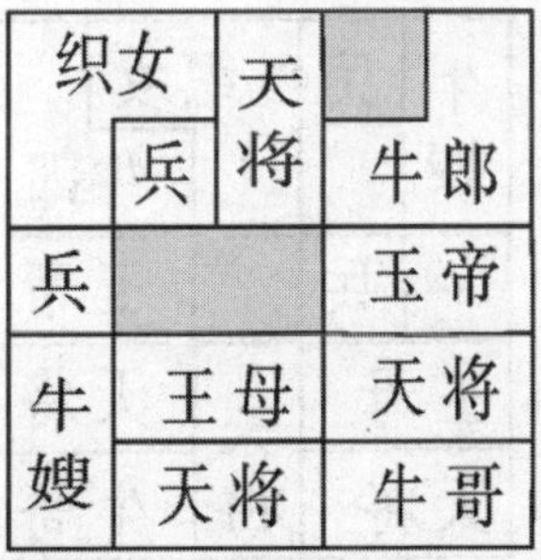
织女
天将
兵
牛郎
兵
玉帝
牛嫂
王母
天将
天将
牛哥

㉝

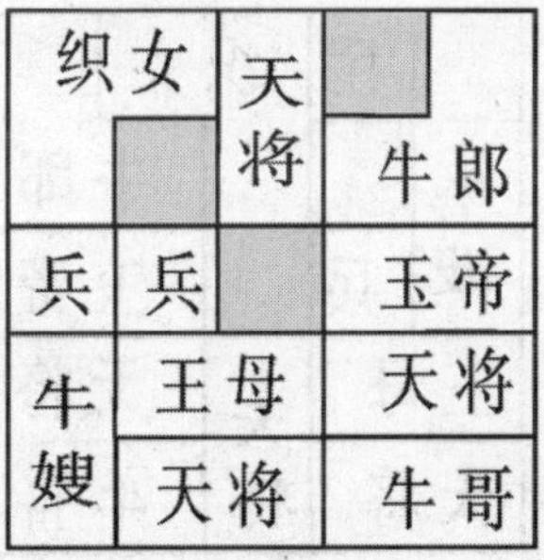
织女
天将
牛郎
兵
兵
玉帝
牛嫂
王母
天将
天将
牛哥

㉞

织女
牛郎
天将
兵
兵
玉帝
牛嫂
王母
天将
天将
牛哥

㉟

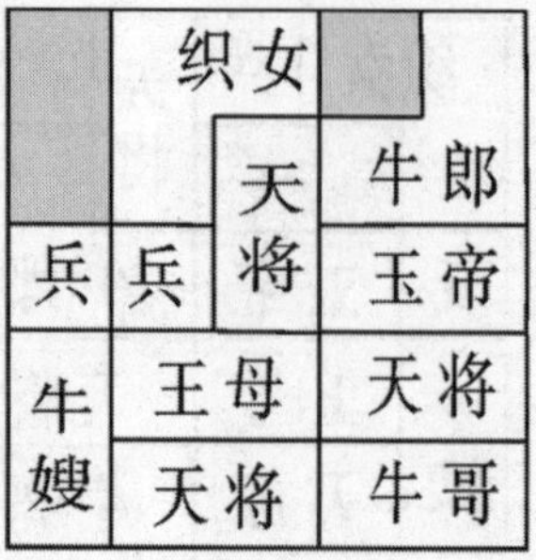
织女
天将
牛郎
兵
兵
玉帝
牛嫂
王母
天将
天将
牛哥

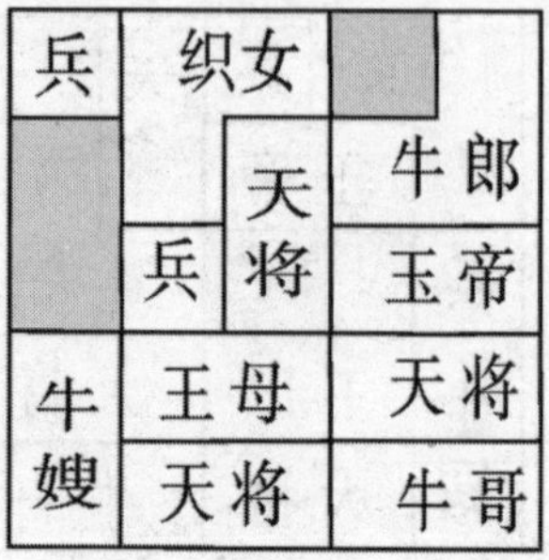
兵
织女
天将
牛郎
兵
玉帝
牛嫂
王母
天将
天将
牛哥

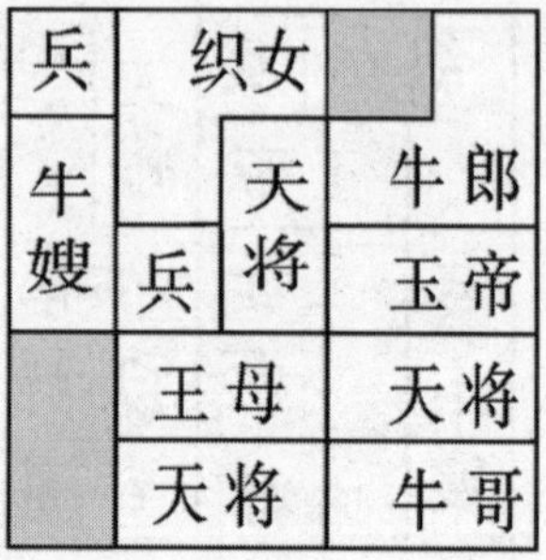
兵
织女
牛嫂
天将
牛郎
兵
玉帝
王母
天将
天将
牛哥

㊱ ㊲ ㊳

兵
织女
牛嫂
天将
牛郎
兵
玉帝
王母
天将
天将
牛哥

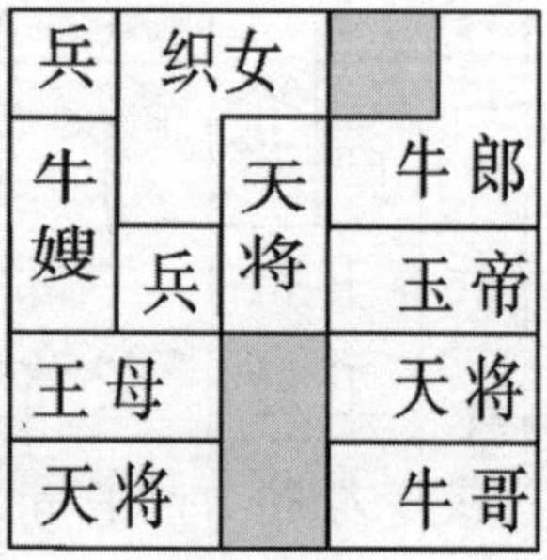
兵
织女
牛嫂
天将
牛郎
兵
玉帝
王母
天将
天将
牛哥

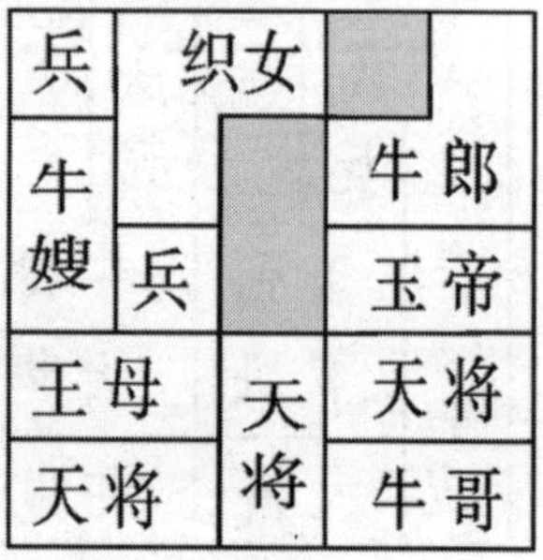
兵
织女
牛嫂
牛郎
兵
玉帝
王母
天将
天将
天将
牛哥

㊴ ㊵ ㊶

兵
织女
牛嫂
牛郎
兵
玉帝
王母
天将
天将
天将
牛哥

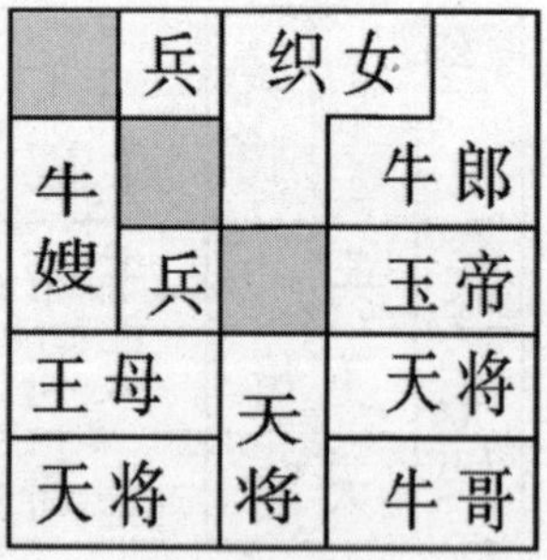
兵
织女
牛嫂
牛郎
兵
玉帝
王母
天将
天将
天将
牛哥

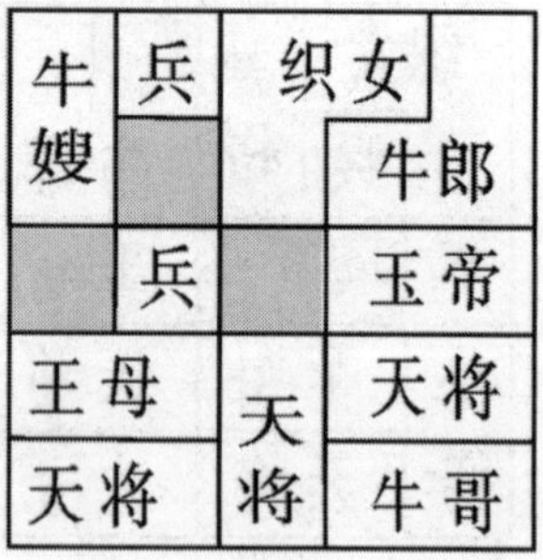
牛嫂
兵
织女
牛郎
兵
玉帝
王母
天将
天将
天将
牛哥

㊷ ㊸ ㊹

㊺

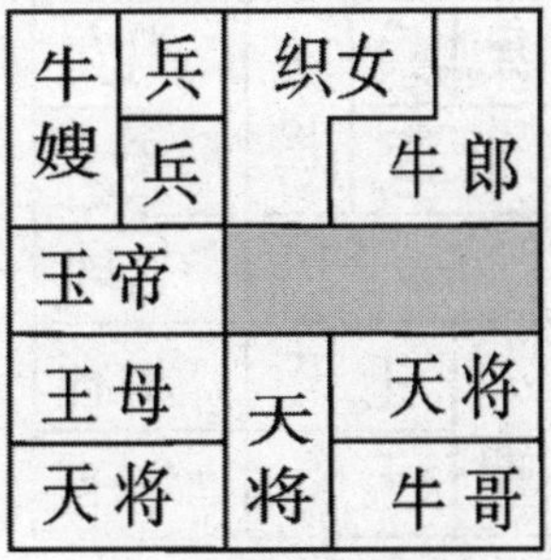

㊻

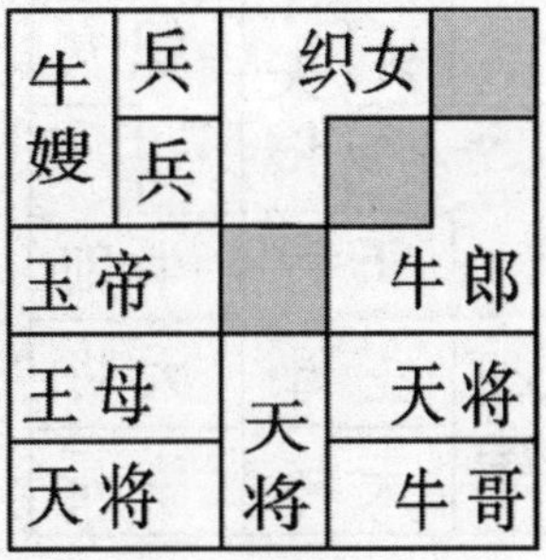

㊼

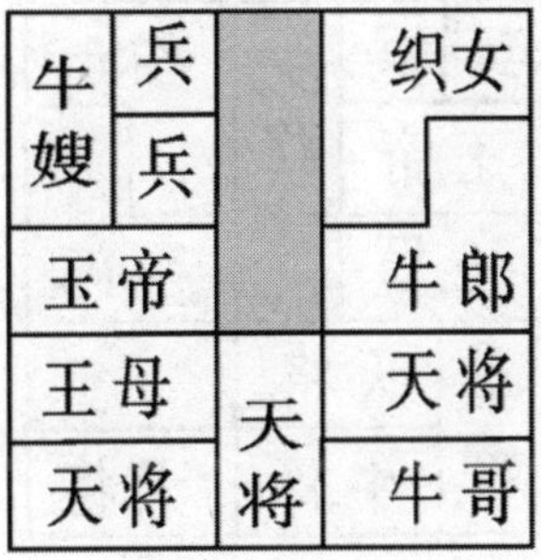

㊽

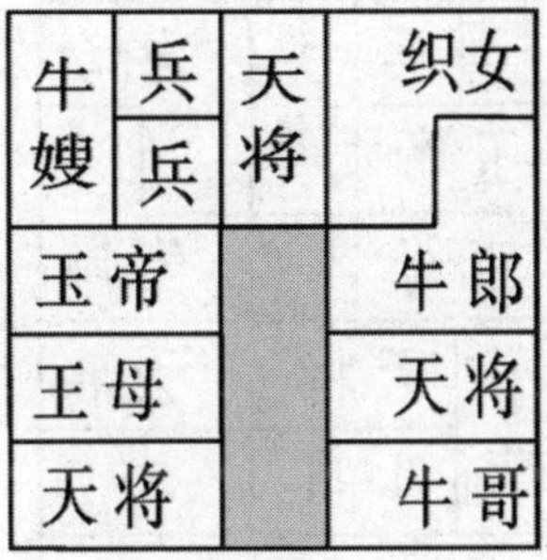

㊾

㊿

51

52

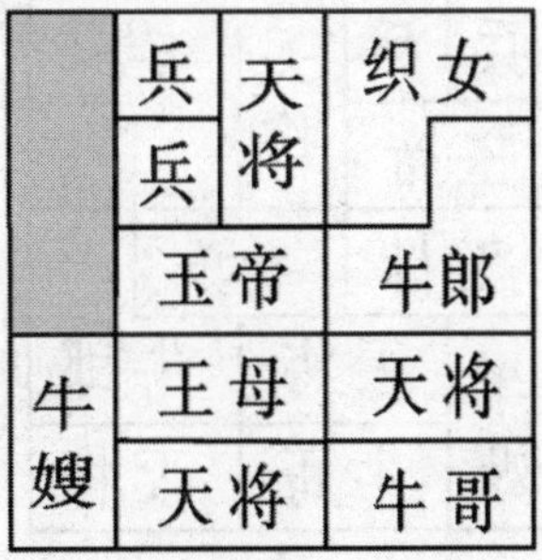

53

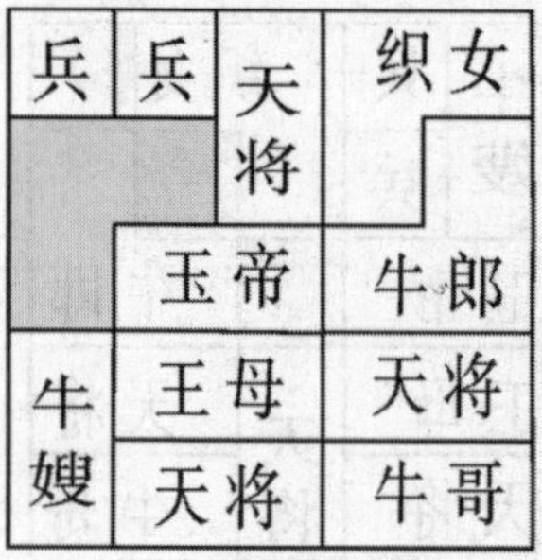

㊹

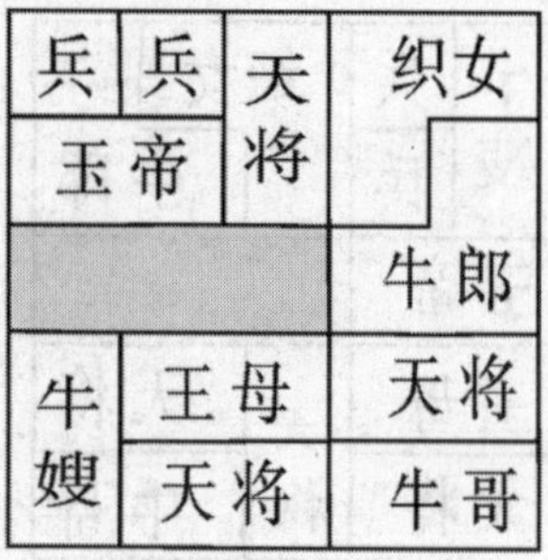

㊺

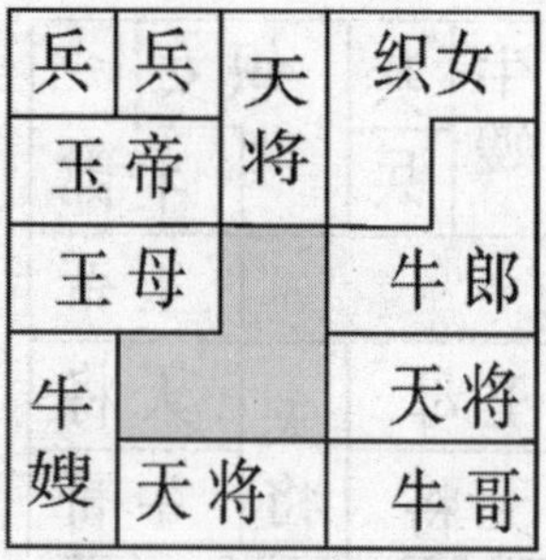

㊻

㊼

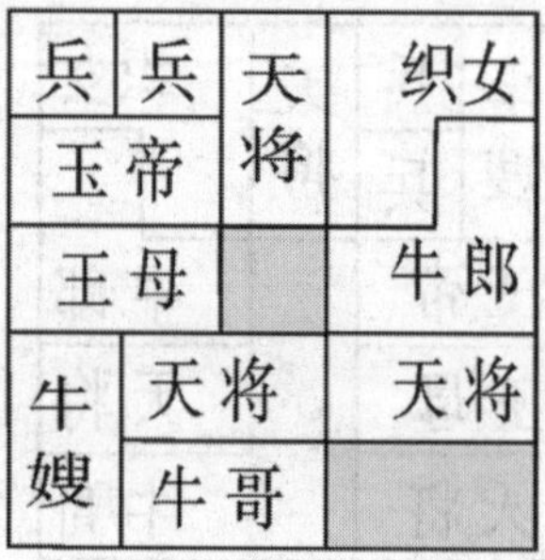

㊽

㊾

㊿

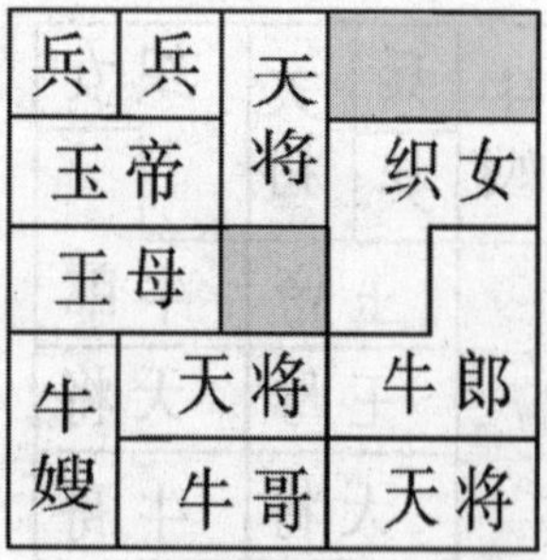

(61)

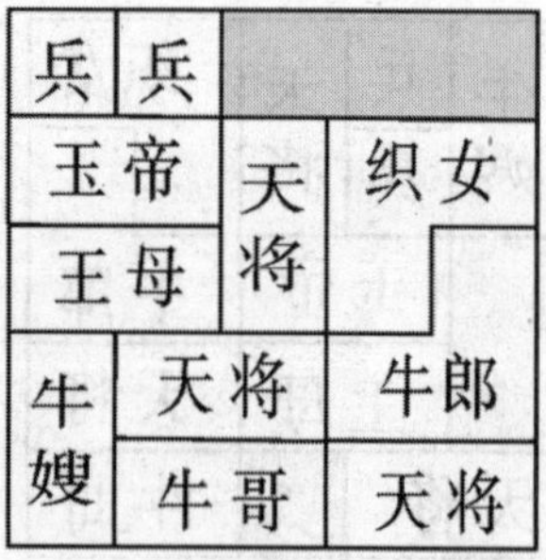

(62)

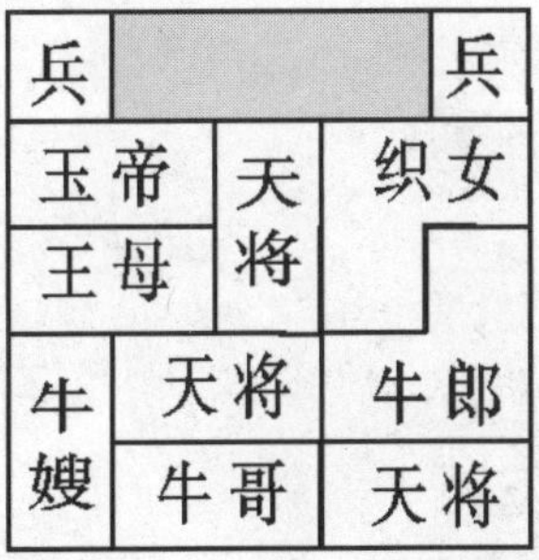

㊳

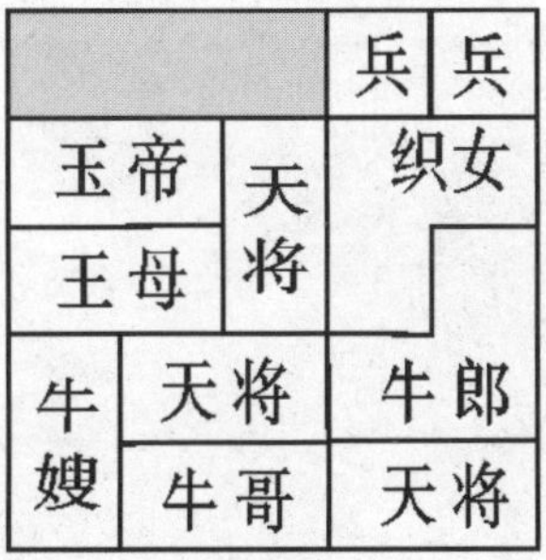

64

65

66

67

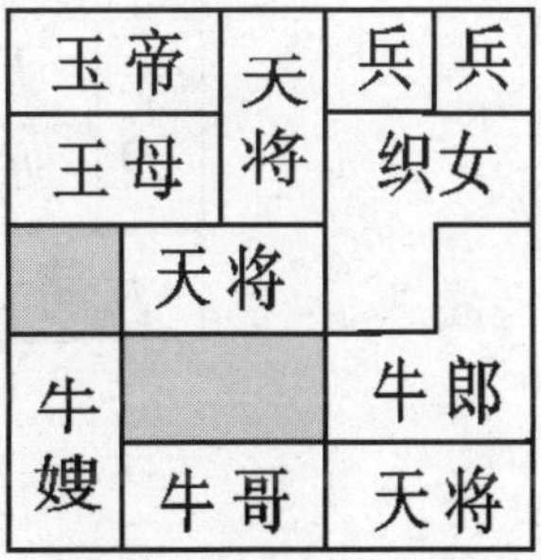

68

69

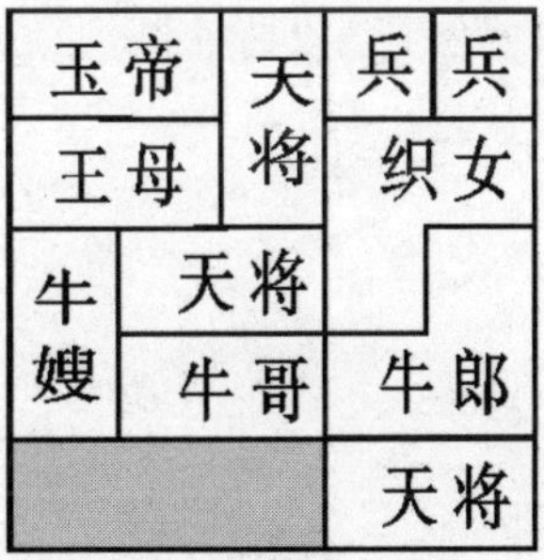

70

71

⑫

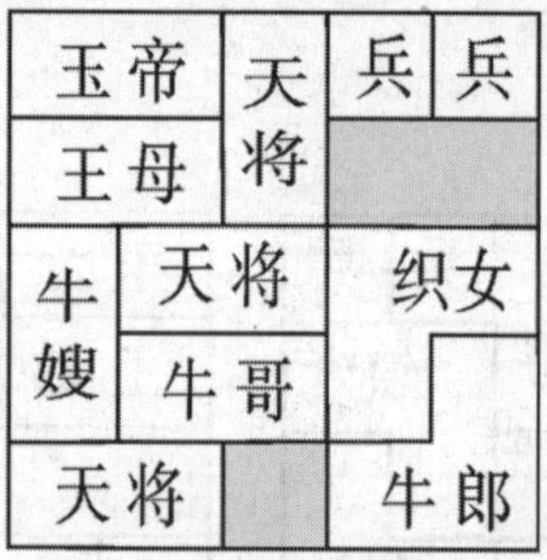

⑬

注：传说天上的牵牛星、织女星相爱，王母认为犯了天规，将牵牛星贬下凡尘耕田。织女逃出天宫，来到人间与牵牛星牛郎结为夫妻。他们男耕女织，生活美好。不料，王母将织女劫走，牛郎前去追赶，王母划了一道天河，从此夫妻隔河对泣。喜鹊被感动而成群结队搭起彩桥，使他们得以鹊桥相会。

97 请君入瓮

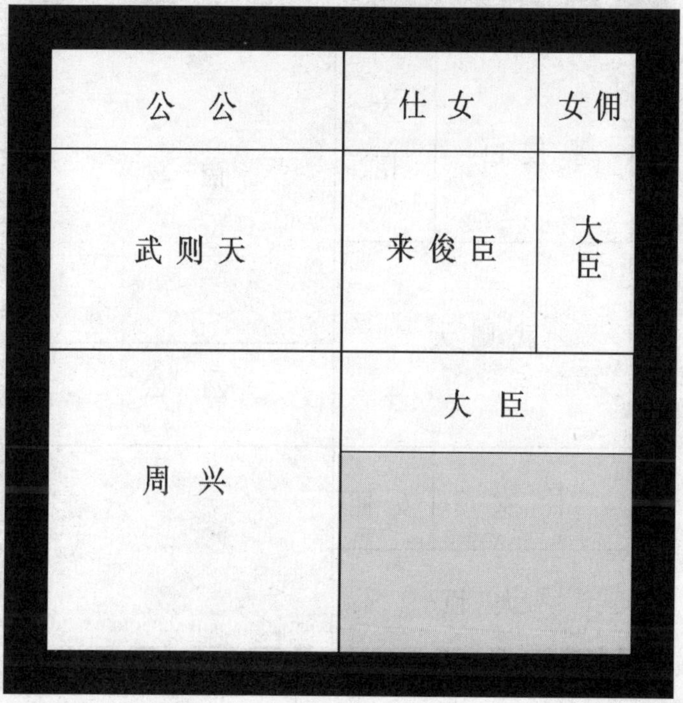

唐朝，周兴和来俊臣都是武则天信任的酷吏，有人状告周兴与丘神勣一起谋反，太后命来俊臣鞫（审问）之。俊臣与兴方推事对食，谓兴曰：“囚多不承，当为何法?”兴曰：“此甚易耳！取大瓮，以炭四周炙之，令囚入中，何事不承?”俊臣乃索大瓮，火围如兴法，因起谓兴曰：“有内状推（审问）兄，请兄入此瓮。”兴惶恐叩头伏罪。请君入瓮玩具即由此史料设计而成。

将上面滑板移动至下页状态，用 43 步完成。

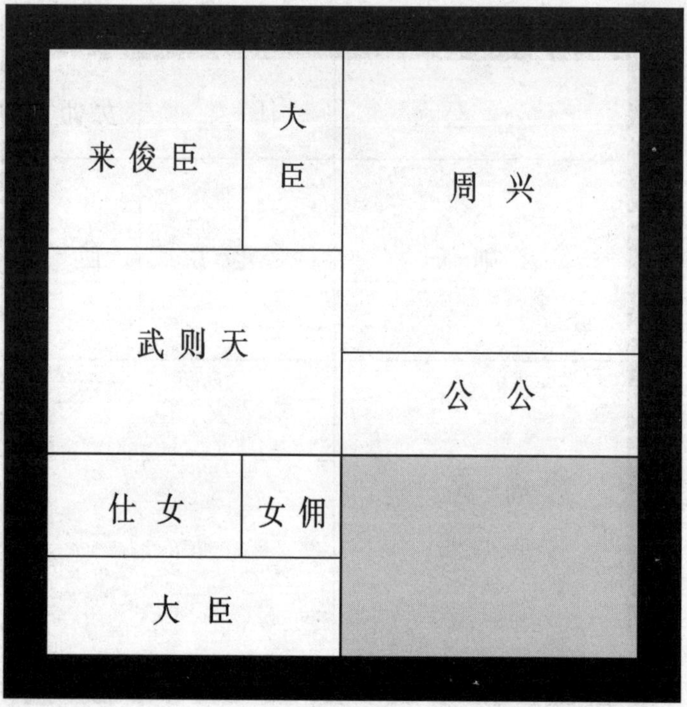
来俊臣
大臣
周兴
武则天
公公
仕女
女佣
大臣

98 汉诺塔

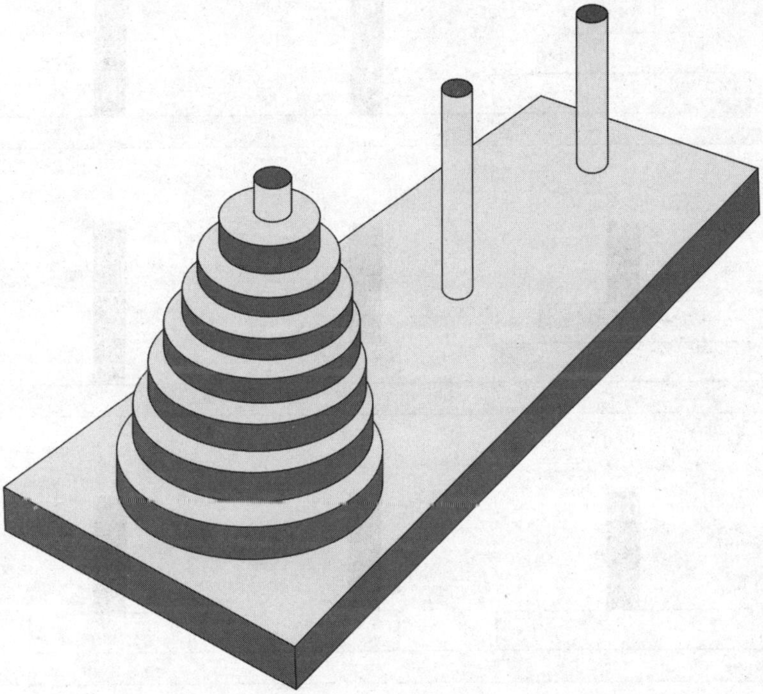

法国人发明的汉诺塔，要求把木棒上的圆盘按原样移动到其他木棒上。一次只能移动一个圆盘，小圆盘不能在大圆盘下面。这个玩具的发明人介绍:传说印度一座圣庙的主神，在创世时把64个大小不同的金片，依次套在一根宝石针上，他让众僧日夜不停地把金片在3根针上移动，直到把64个金片全部移到另一根宝石针上，并宣布届时世界将在霹雳中消亡。

假设每秒种移动一个金片，需要 5800 亿年遭遇世界末日；而 7 个圆盘的汉诺塔，也要移动 127 次才能到达另一个木棒上。我们简化为 3 个圆盘，用 7 幅图来说明移动步骤。

参考移法：

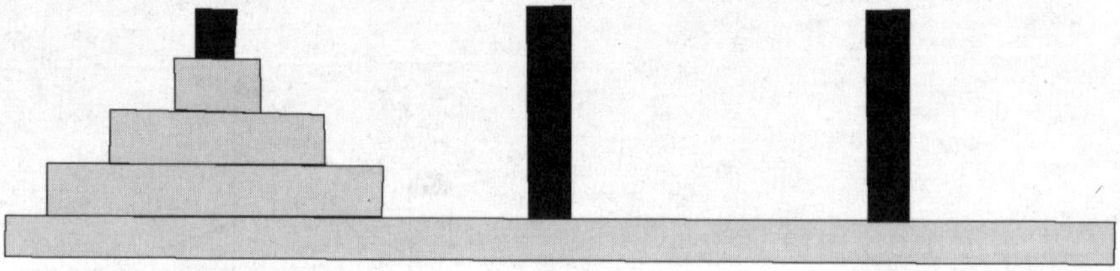

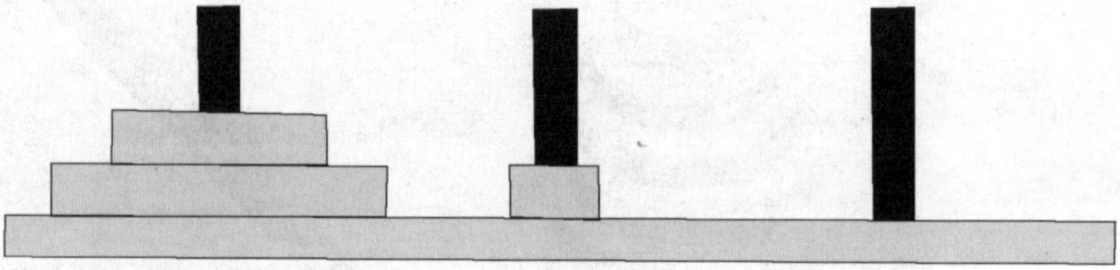

①

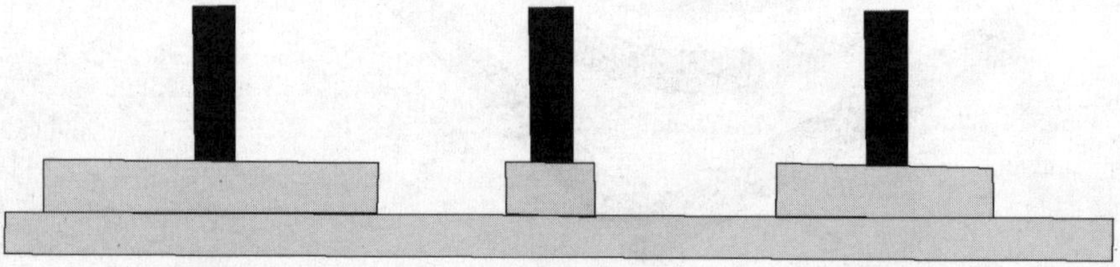

②

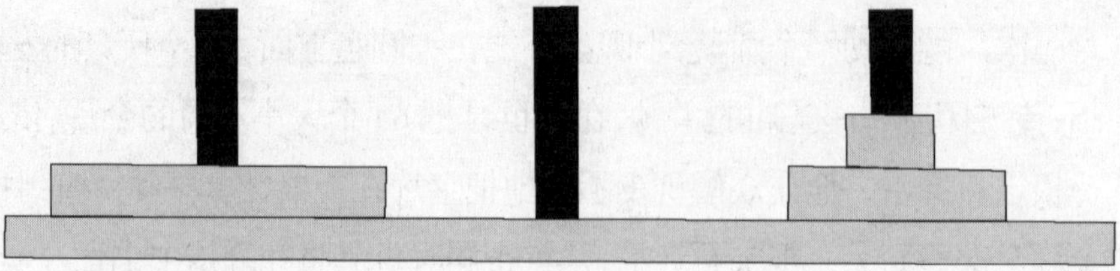

③

④

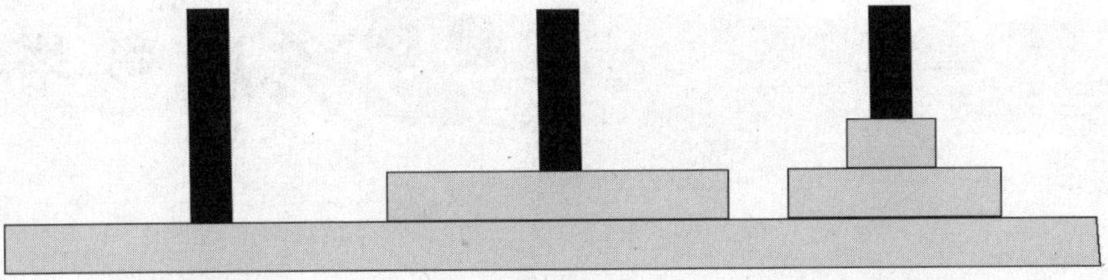

⑤

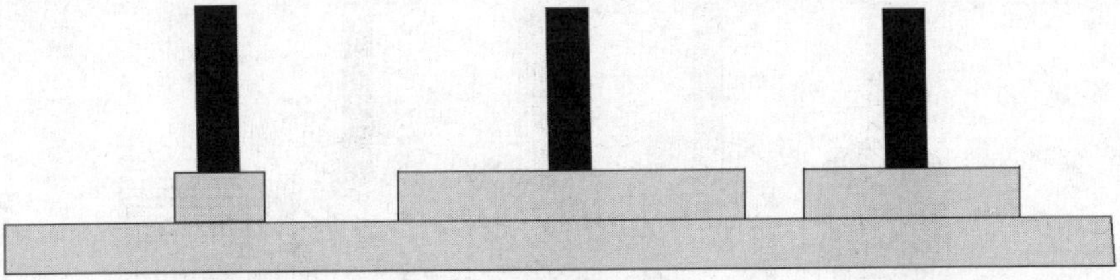

⑥

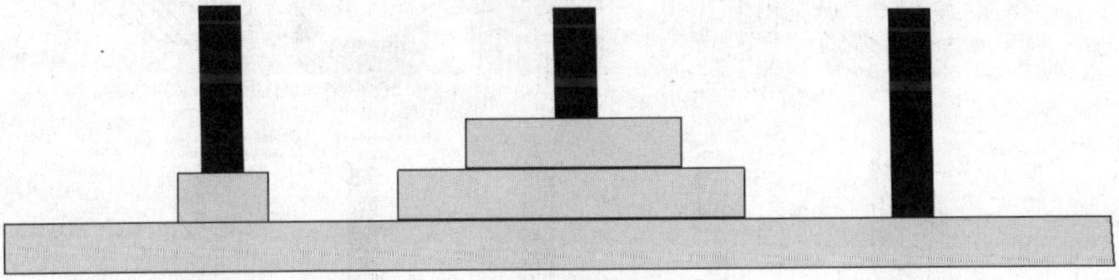

⑦

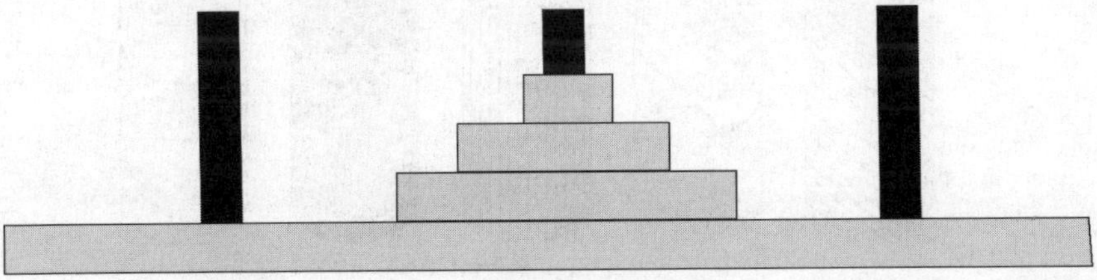

99 迷 彩 塔

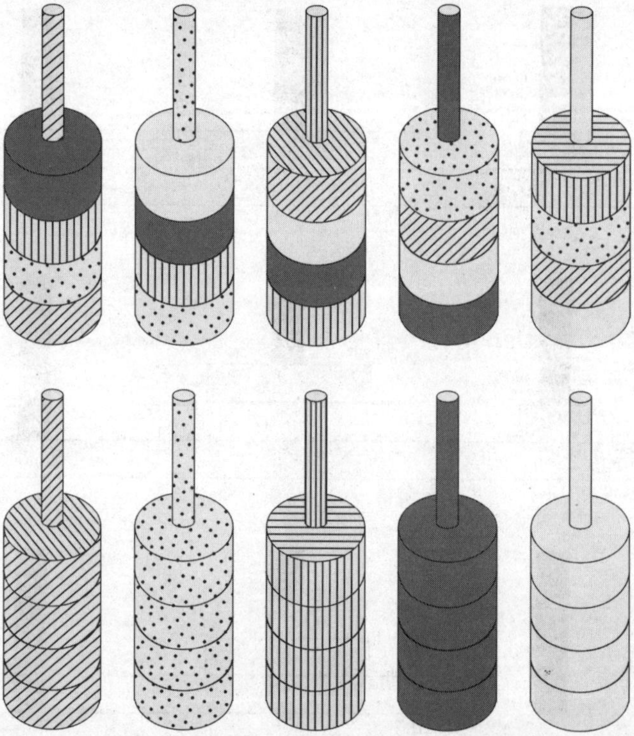

迷彩塔流行于美国，它由红、黄、蓝、绿、黑五色棋子和木杆构成。要求来回平移棋子，从上图直到下图。如每次移动 1~2 个棋子，经 17 步即可完成。

参考移法：

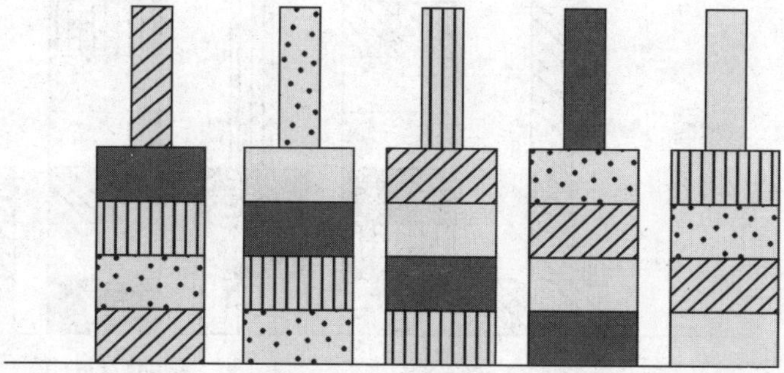

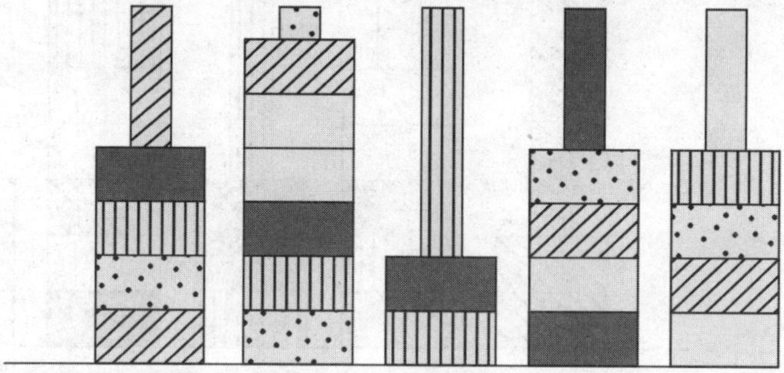

①

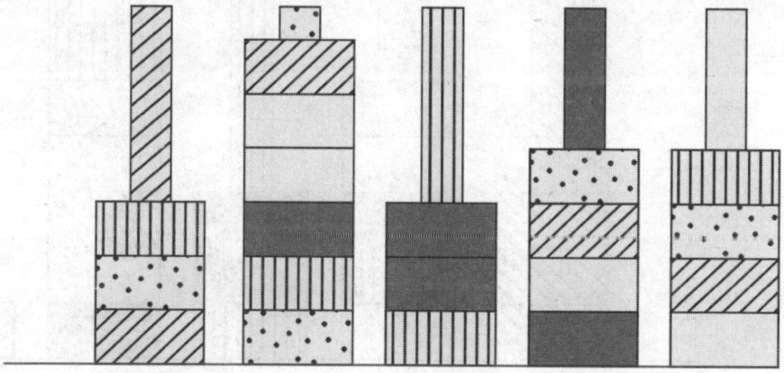

②

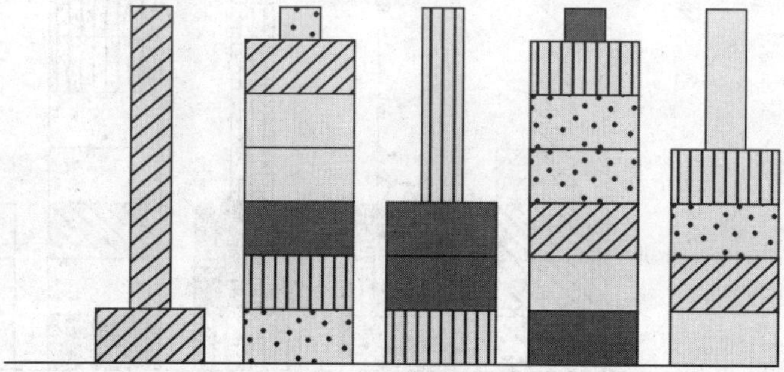

③

④

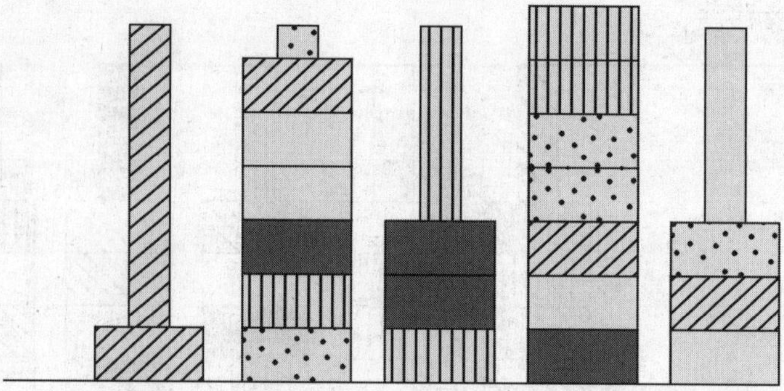

⑤

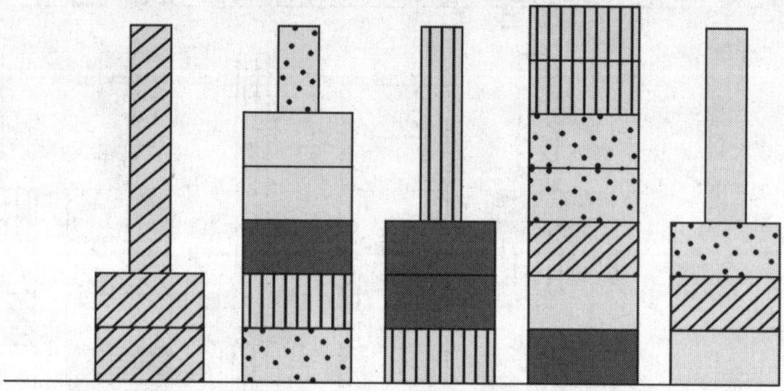

⑥

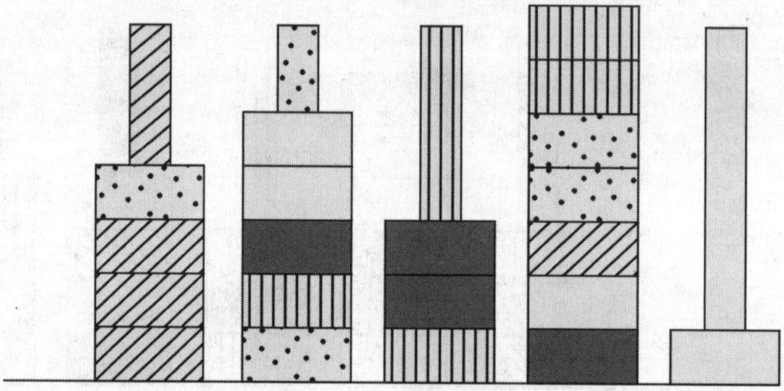

⑦

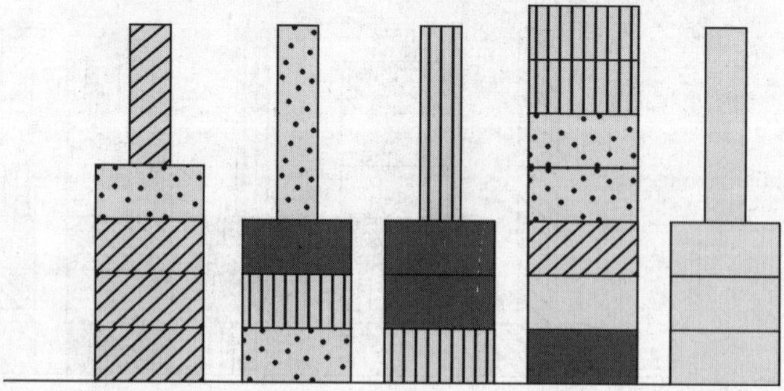

⑧
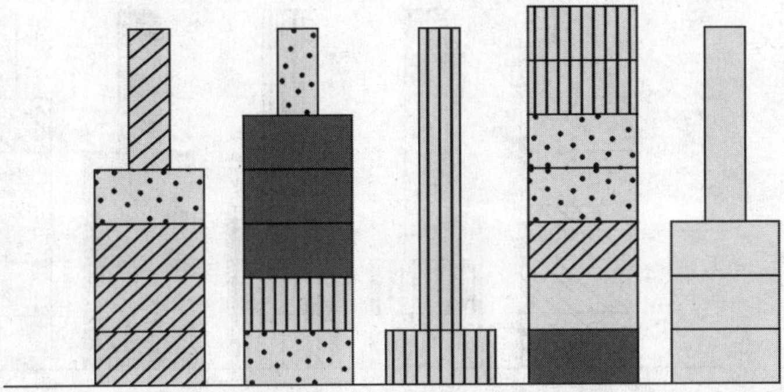

⑨
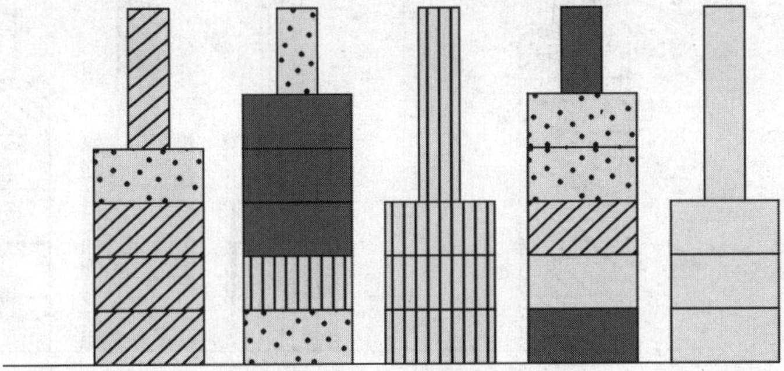

⑩
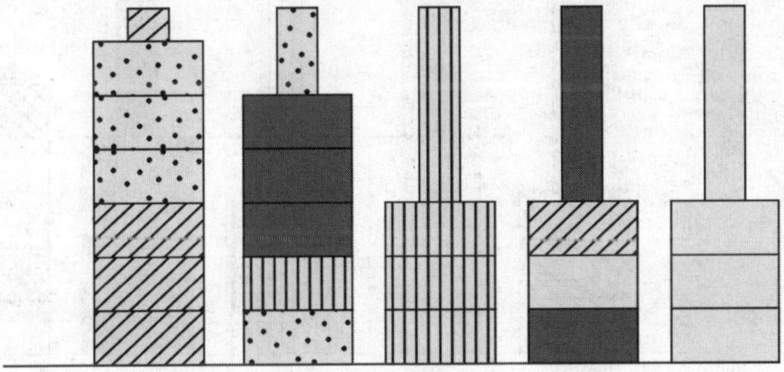

⑪
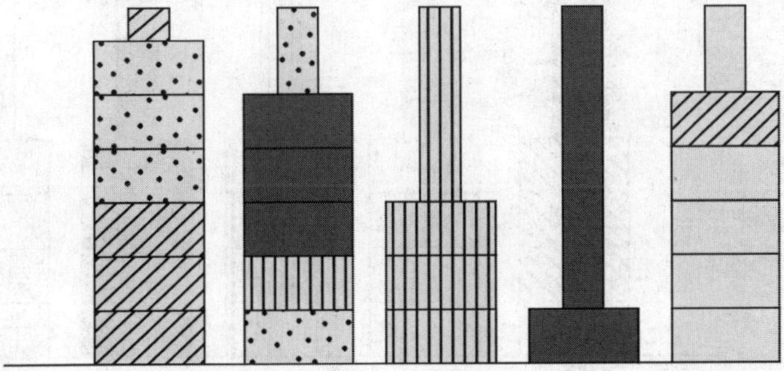

⑫
⑬

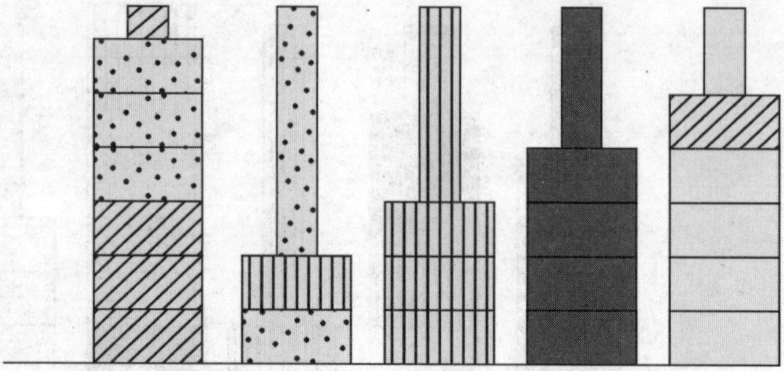

⑭

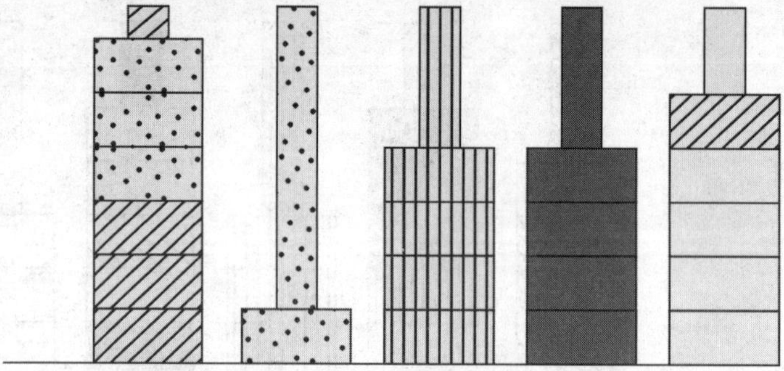

⑮
⑯

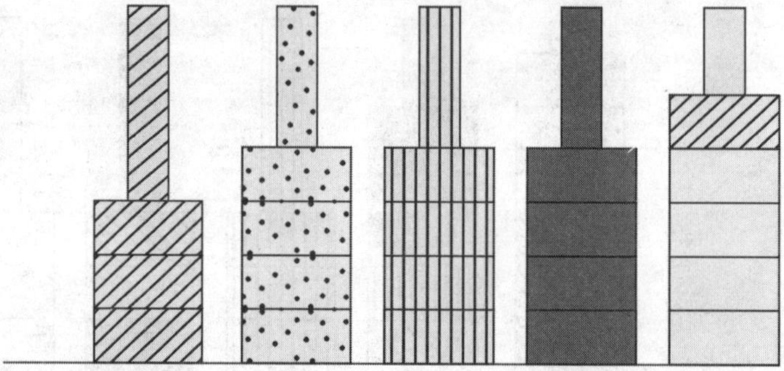

⑰

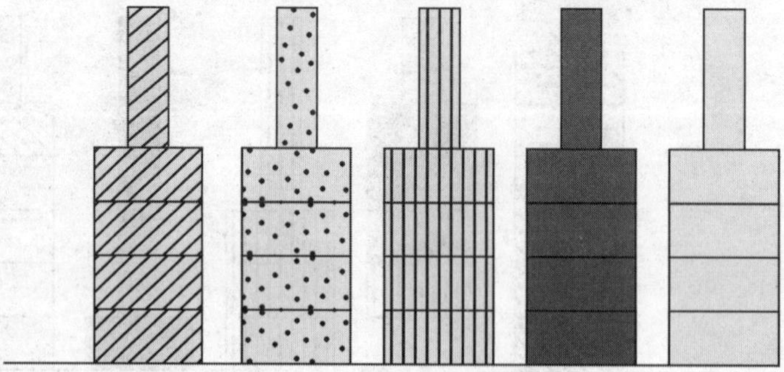

100 独粒钻石

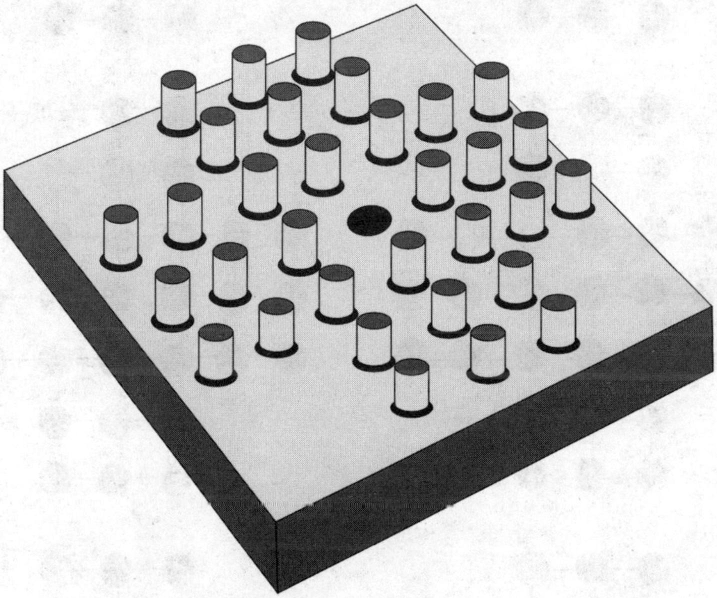

除中间一孔外的 32 个孔里均插有棋子。每次用一个棋子跳过邻近的棋子，到前边的空孔里，被跳过的那个棋子就拿掉。只能纵跳、横跳，不能斜跳；可以一次连续跳，跳过的棋子都拿掉；不准跳过空孔、两子或走步。最后剩一个棋子，最好在中央位置。目前创造的最好纪录是 18 次完成。依据移动棋子次数和余子多少，来测试智力和比较输赢。

此棋是法国发明的，它从欧洲传遍世界。

参考移法：

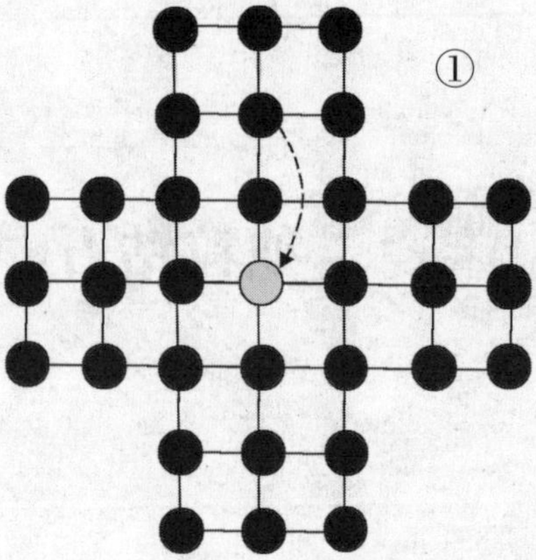

①

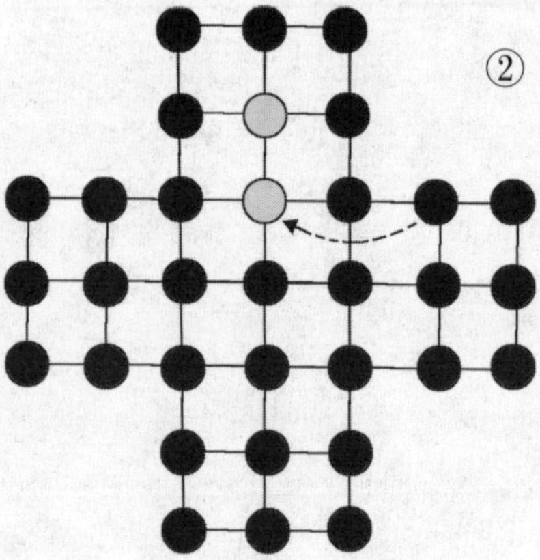

②

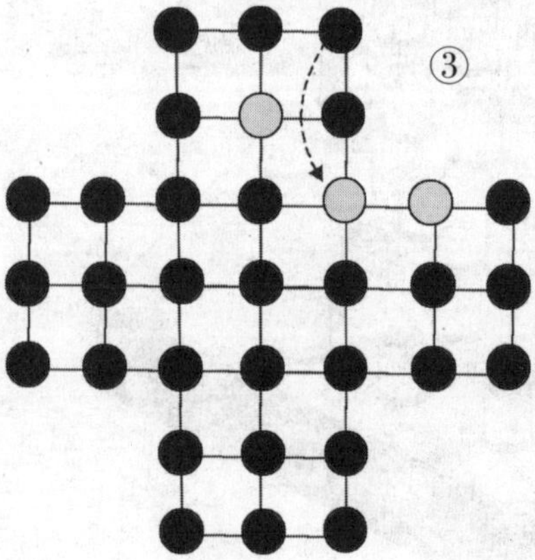

③

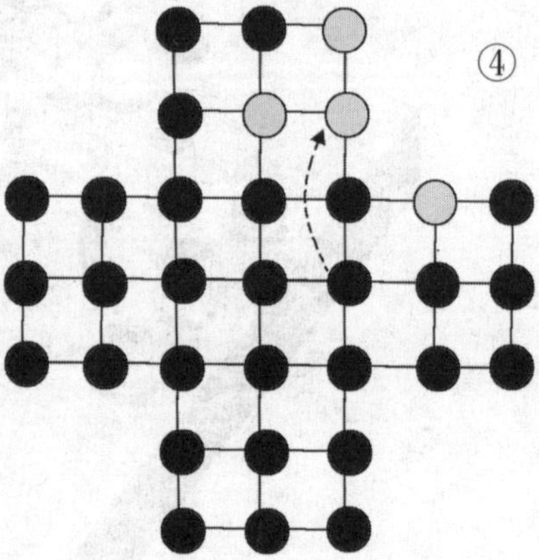

④

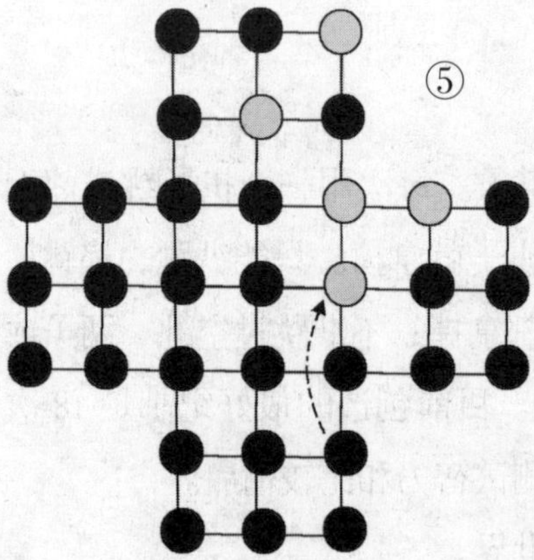

⑤

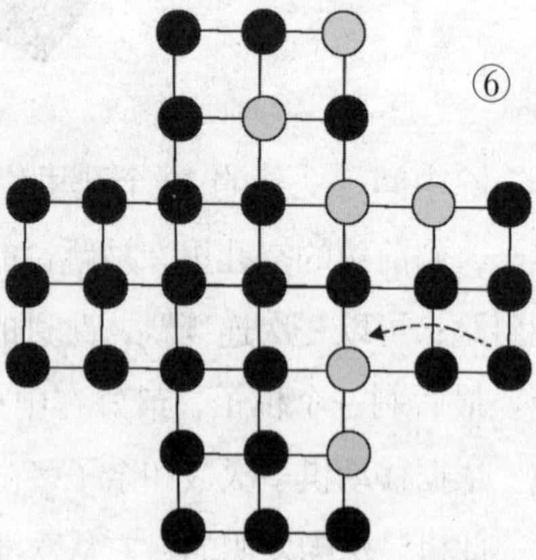

⑥

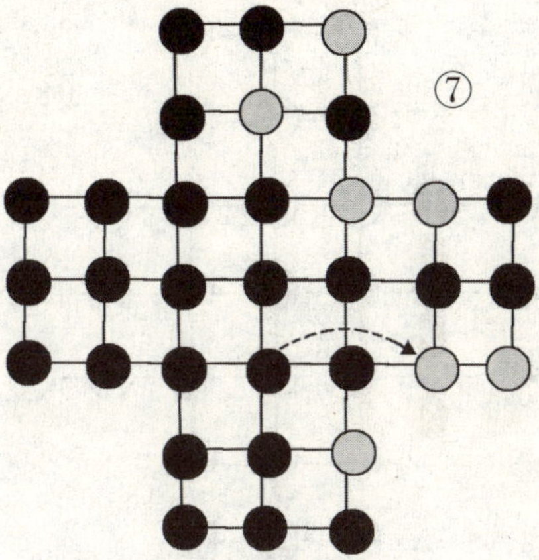
⑦

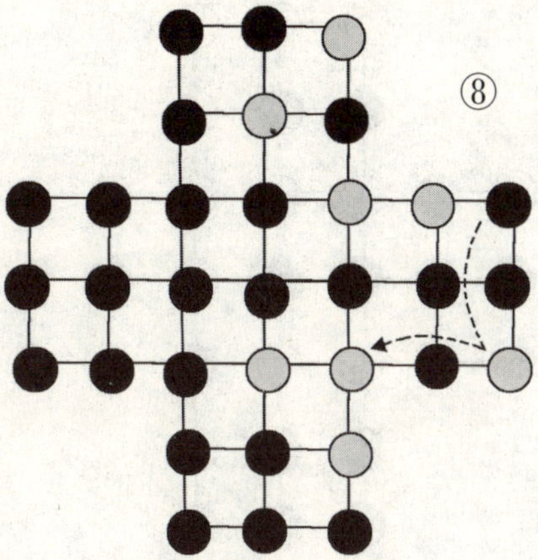
⑧

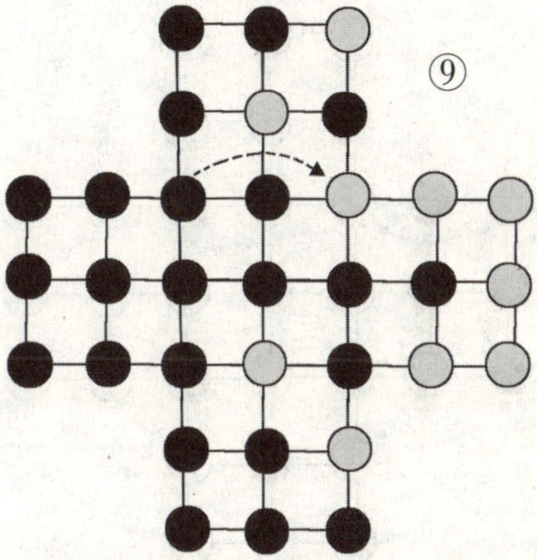
⑨

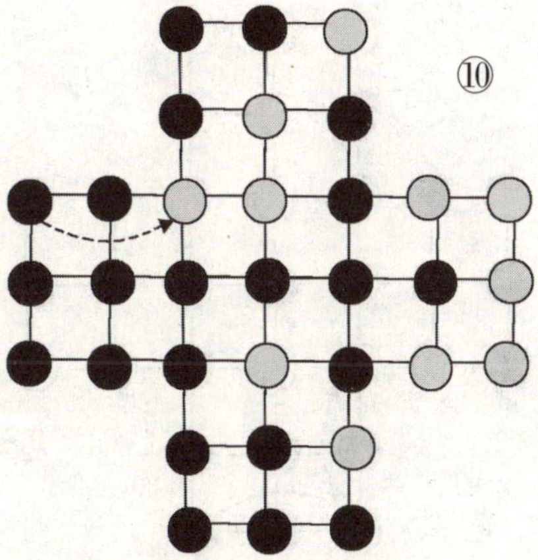
⑩

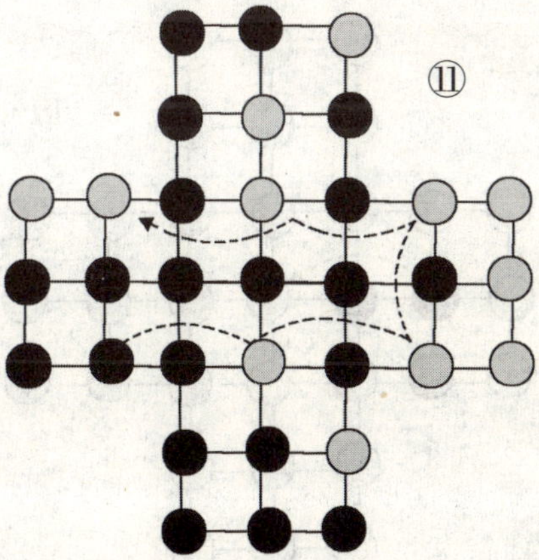
⑪

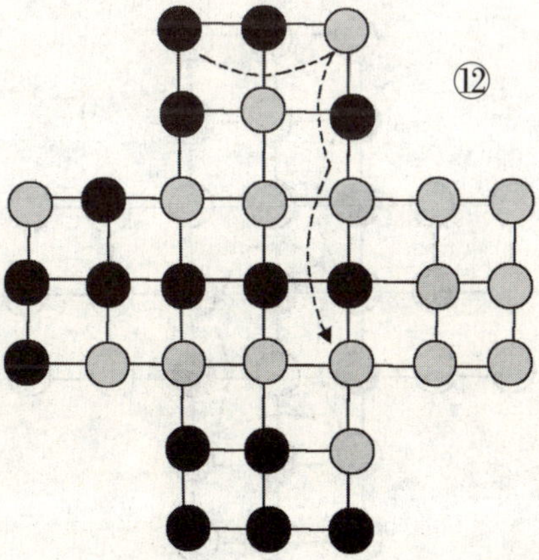
⑫

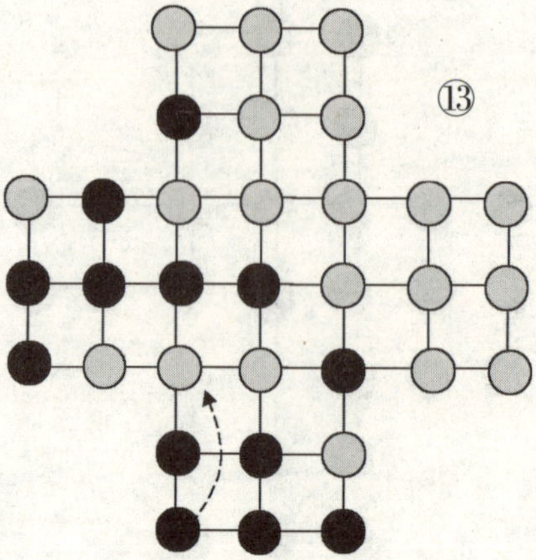

⑬

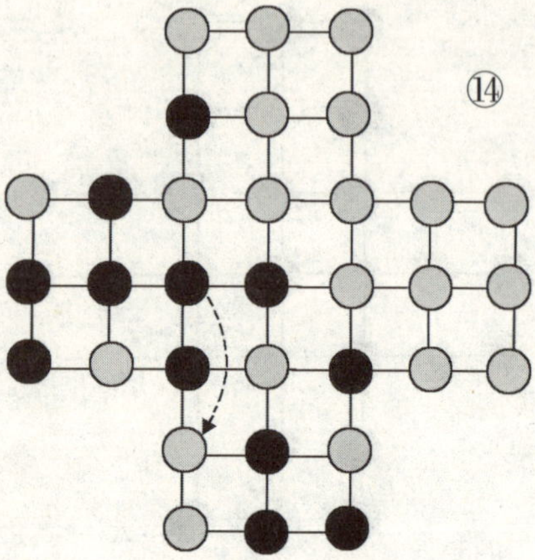

⑭

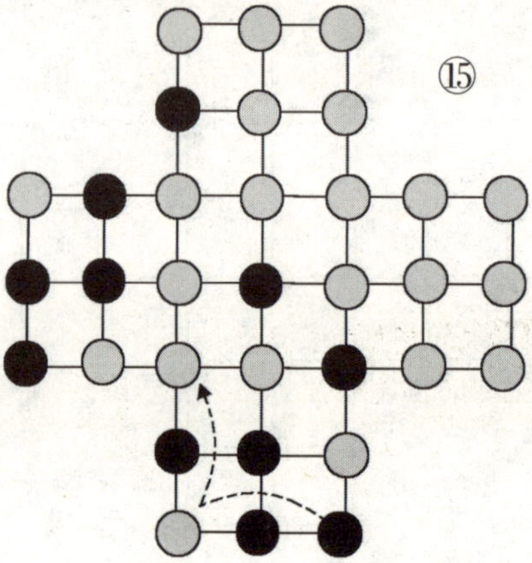

⑮

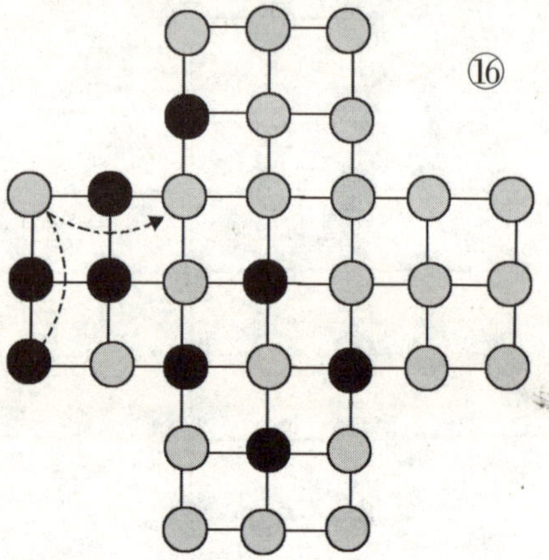

⑯

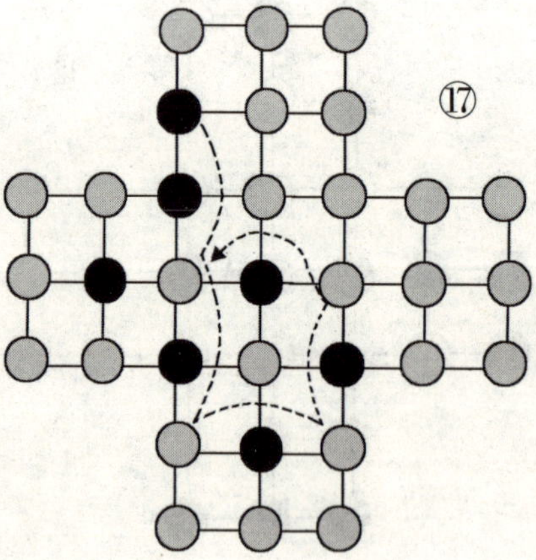

⑰

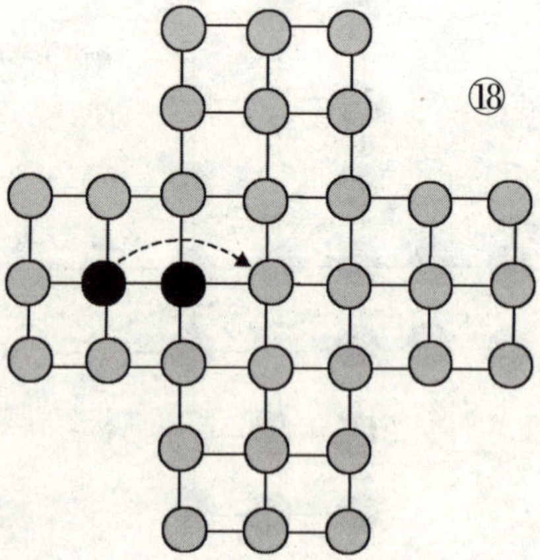

⑱